세상 모든 것의 물질

보이지 않는

세계를

발견하다

세상 모든 것의 물질

수지 시히

노승영 옮김

까치

역자 노승영(盧承英)

서울대학교 영어영문학과를 졸업하고, 서울대학교 대학원 인지과학 협동과
정을 수료했다. 컴퓨터 회사에서 번역 프로그램을 만들었으며 환경단체에서
일했다. "내가 깨끗해질수록 세상이 더러워진다"라고 생각한다. 옮긴 책으로
『오늘의 법칙』, 『휴먼 해킹』, 『우리 몸 오류 보고서』, 『약속의 땅』, 『시간과 물에
대하여』, 『천재의 지도』, 『바나나 제국의 몰락』, 『트랜스휴머니즘』, 『그림자 노
동』 등이 있다. 홈페이지(http://socoop.net)에서 그동안 작업한 책들에 대한
정보와 정오표를 볼 수 있다.

편집, 교정 _ 권은희(權똔흠)

세상 모든 것의 물질 : 보이지 않는 세계를 발견하다

저자/수지 시히
역자/노승영
발행처/까치글방
발행인/박후영
주소/서울시 용산구 서빙고로 67, 파크타워 103동 1003호
전화/02 · 735 · 8998, 736 · 7768
팩시밀리/02 · 723 · 4591
홈페이지/www.kachibooks.co.kr
전자우편/kachibooks@gmail.com
등록번호/1-528
등록일/1977. 8. 5
초판 1쇄 발행일/2024. 1. 25

값/뒤표지에 쓰여 있음
ISBN 978-89-7291-819-6 03420

차례

제3부

표준모형과 그 이후

들어가는 말

몇 해 전, 나는 찡그린 얼굴로 노트북 앞에 앉아 쉬워 보이는 문제와 씨름하고 있었다. 옥스퍼드 대학교의 입자물리학 교수 4명이 내준 문제였다. 교수들의 이름은 잊어버렸는데, 긴장이 되기도 했고, 또 오스트레일리아 오지의 모텔 방에서 툭 하면 인터넷이 끊기는 상황에서 박사 과정 면접시험을 치러야 했기 때문이기도 했다. 교수들이 물었다. "입자물리학이 어떤 점에서 매혹적이던가요?"

나를 떠보려는 것이 틀림없었다. 옥스퍼드의 입학 면접시험은 까다롭기로 정평이 나 있으니까. 그 순간 나는 정직이 최선이라고 판단했다. 가장 작은 아원자 입자에서부터 우리 몸을 이루는 원자까지, 우주의 가장 큰 척도까지 모든 것을 기술하고 이 모든 것이 어떻게 연결되어 있는지를 설명하는 물리학의 능력에 경탄했다고 답했다.

입자물리학이야말로 만물의 토대라고 말이다.

그로부터 5년 전 나는 멜버른 대학교에서 토목공학을 공부했다. 물리학자가 되겠다는 생각은 단 한 번도 해본 적 없었다. 학교 물리학 수업이 재미있기는 했지만 공학으로 나아가기 위한 징검다리로만 생각했다. 그런데 학부 1년 만에 모든 것이 달라졌다. 물리학 연구 동아리 연례 행사의 하이라이트인 천문학 캠프에 초대를 받은 후로 말이다.

7

어느 금요일 오후 멜버른을 떠나 두 시간 뒤 리언 모 밤하늘 관측소에 도착했다. 울퉁불퉁한 흙길을 걸어 양철 지붕 건물에 들어가 맥주와 망원경을 꺼낸 뒤 넓은 공터에 텐트를 쳤다. 해가 저물자 기온이 뚝 떨어지고 매미 소리가 공기를 꿰뚫기 시작했다. 나는 야간 시력을 유지하기 위해서 손전등에 머리끈으로 빨간색 셀로판지를 동여맸다. 온기를 주고 벌레를 막아주는 고마운 침낭에 기어들어가 유칼립투스의 친숙한 내음을 들이마셨다. 그러고는 위를 올려다보았다.

"저기 있어!" 옆에서 남자애가 소리쳤다. 활활 타는 별똥별이 하늘을 가로질렀다. 눈이 어둠에 익숙해질 무렵 "밤하늘 관측소"의 진정한 장관이 모습을 드러냈다. 잡담이 속삭임으로, 다시 쉿 소리로 잦아들었다. 금성이 지평선 아래로 천천히 지고 다른 행성들이 시야에 들어왔다. 나는 그날 밤새도록 느리지만 끊임없이 달라지는 밤하늘을 관측했다. 친구의 망원경으로 토성의 근사한 고리를 관찰했다. 이미 사진으로 보았기에 친숙했지만 렌즈를 통해서 보니 색달랐다. 빛나는 먼지로 가득한 성운에서 형성되는 항성들을 보았고, 10만 광년 떨어진 채 우리은하를 공전하는 수백만 개의 항성과 더불어 반짝이는 구상성단도 보았다.

가장 극적인 장면은 항성과 먼지의 밝은 띠, 우리은하의 빛나는 원호, 바로 은하수였다. 남반구에서는 원반 모양인 우리은하의 가운뎃부분이 보인다. 우리는 중앙으로부터 약 3분의 2 지점에서 태양을 공전하는데, 태양 자체도 은하수 안에서 공전하고 있다. 우리은하는 국부은하군과 함께 초속 약 600킬로미터로 우주를 유영한다. 그 너머에는 항성과 성운, 블랙홀과 준항성체에 이르기까지 이런 천체들이 수십억 개나 있다. 시공간의 드넓은 영역을 아우르며 변형된 에너지로부터 형성된 물질들이다.

그 순간 내가 얼마나 작은지, 인생이 얼마나 짧은지, 눈에 보이는 장엄한 광경을 말로 표현하기가 얼마나 힘든지를 절감했다. 항성과 행성은 저기 위에 있고 나는 여기 아래에 있는 것이 아니었다. 모든 것이 우주라는 거대한 물리계의 일부였다. 나도 그 일부였다. 물론 이미 알고 있었던 사실이었지만, 이전까지는 우주에서 내가 차지하는 위치를 한 번도 실감한 적이 없었다.

문득 이것 말고는 모든 것이 무의미해졌다. 더 알고 싶어졌다. 중력과 입자와 암흑물질과 상대성에 대해서. 항성과 원자와 빛과 에너지에 대해서. 무엇보다 이 모든 것이 어떻게 연결되었고 내가 이것들과 어떻게 연결되었는지 알고 싶어졌다. 만물의 이론이라는 것이 정말로 있는지 궁금해졌다. 이 모든 것이 중요하다는 것을, 한 인간으로서 나에게 중요하다는 것을 느꼈다. 이것을 이해하는 일은 원대한 목표이므로, 아주 조금이나마 이해할 수만 있다면 의식을 가진 존재로서 나의 찰나적 삶을 허비하는 것은 아닐 것이라고 말이다. 그렇게 나는 물리학자가 되기로 결심했다.

물리학의 목표는 우주와 그 안의 모든 것이 어떻게 돌아가는지 이해하는 것이다. 한 가지 방법은 질문을 던지는 것인데, 물리학을 공부해보니 모든 것의 핵심에 놓인 질문은 이것이었다. "물질은 무엇이며 우리를 비롯한 주변 만물과 어떻게 상호작용하는가?" 당시에 나는 내 존재의 의미를 이해하고자 노력하고 있었던 것 같다. 나는 철학을 공부하기보다 더 간접적인 방법으로 접근했다. 우주 전체를 이해하려고 노력하기로 말이다.

사람들은 수천 년간 물질의 본성에 대해서 질문을 던졌지만, 이 궁금증의 답을 얻기 시작한 것은 불과 120년 전부터이다. 오늘날 자연의 가장 작은 성분들과 그것들을 다스리는 힘들에 관해서 우리가 알고 있는 것은 입자물리학粒子物理學, particle physics이라는 분야가 밝혀낸 것들이다.

입자물리학은 인류가 이제껏 감행한 모험 중에서 가장 경이롭고 정교하고 창조적인 것으로 손꼽힌다. 오늘날 우리는 우주의 물리적 물질과 이 모든 것이 어떻게 어우러지는지 속속들이 안다. 또한 인류가 몇 세대 전에만 해도 상상조차 하지 못한 풍부함과 복잡성이 실재實在, reality에 담겨 있음을 발견했다. 원자가 이 세상의 가장 작은 조각이라는 통념을 무너뜨렸으며, 평범한 물질에서는 어떤 역할도 하지 않지만 우리의 실재를 (다소 기적적으로) 기술하는 수학에 근거할 때는 반드시 있어야 하는 기본 입자도 발견했다. 우리는 단 몇십 년 만에 우주가 시작될 때 일어난 에너지 분출에서부터 자연의 가장 정밀한 측정에 이르기까지 이 모든 조각들이 어떻게 들어맞는지 알게 되었다.

지난 120년에 걸쳐 자연의 가장 작은 성분에 대한 우리의 이해는 방사능과 전자에서 원자핵과 핵물리학 분야까지 급격히 달라졌으며, 여기에는 (가장 작은 규모에서 자연을 기술하는) 양자역학의 발전이 한몫했다. 20세기 들어 새로운 입자가 발견되고 초점이 원자핵에서 다른 쪽으로 이동함에 따라 이 분야는 "고에너지 물리학high energy physics"으로 불리게 되었다. 오늘날 수많은 입자들과 이것들이 어떻게 형성되고 행동하고 변형되는가에 대한 연구는 간단히 입자물리학이라고 불린다.

입자물리학의 표준모형Standard Model은 자연에서 알려진 모든 입자들과 이것들을 상호작용시키는 힘을 분류한다. 수십 년간 많은 물리학자들에 의해서 발전을 거듭해왔으며, 현재의 모형은 1970년경 탄생했다. 이 이론은 완전한 승리이다. 수학적으로 우아하고 믿을 수 없을 만큼 정확하면서도 머그잔에 새길 수 있을 만큼 간략하다. 학생 시절 나는 표준모형이 자연현상을 기본적인 수준에서 어찌나 완벽하게 기술하는지에 매료되었다.

표준모형은 우리의 일상적 존재를 구성하는 모든 물질이 단 세 가지 입자로 이루어졌다고 말한다. 우리 몸을 이루는 것은 "위"와 "아래"라고 불리며 양성자와 중성자를 구성하는 두 종류의 쿼크이다. 이 두 가지 쿼크는 전자와 결합하여 원자가 되는데, 이것을 붙들어두는 힘은 전자기력, 강한 핵력, 약한 핵력이다. 이것이 전부이다. 이것이 우리와 주변 만물이다.[1] 그러나 우리는 만물이 쿼크와 전자로만 이루어졌음에도, 자연에 이보다 훨씬 더 많은 것이 존재함을 알아냈다.

우리가 거둔 지식의 승리는 순전히 관념적이고 이론적인 도약으로만 달성된 것이 아니다. 책상머리에서 꼴똘히 생각에 잠긴 고독한 천재라는 고정관념은 대부분 사실과 다르다. 한 세기 넘도록 물리학자들은 "원자 안에는 무엇이 있을까?" "빛의 성질은 무엇일까?" "우리 우주는 어떻게 진화했을까?" 같은 질문들을 지극히 실용적인 방식으로 공략했다. 우리가 오늘날 이 모든 것을 알고 우리의 이론 모형이 실재를 나타낸다고 말할 수 있는 이유는 우리에게 근사한 수학이 있기 때문이 아니라 우리가 실험을 했기 때문이다.

우리는 양성자와 중성자와 전자가 세상을 이룬다는 것을 어릴 적에 배웠지만, 물질과 힘과 모든 것에 대해 배우면서도 그것들이 어떻게 그렇게 되었는지에 대해서는 거의 알지 못한다. 양성자는 크기가 모래 알갱이 한 알의 1조 분의 1에 불과하며, 이렇게 작은 규모에서 우리가 물질과 어떻게 상호작용하는가는 결코 분명하지 않다. 호기심을 따라 발상의 씨앗에서 실제 물리적 장비에, 새로운 지식의 축적에 이르는 것은 실험물리학의 영역이다. 그날 밤 밤하늘 관측소에서 나는 물리학을 직접 체험하면 더욱 즐기게 된다는 점을 깨달았다. 이 깨달음이 나를 실험물리학자로 이끌었다.

이론물리학자는 수학적 가능성에 탐닉할 수 있지만, 실험은 우리를 무시무시한 취약함의 최전선인 현실 세계로 데려간다. 이것이 이론과 실험의 차이점이다. 이론물리학자의 개념은 실험 결과를 반영해야 하지만, 실험물리학자의 임무는 더 미묘하다. 단지 이론물리학자의 개념을 검증하는 것이 아니라 스스로 질문을 던지고 그 개념을 검증할 수 있는 장비를 설계하고 실물을 제작해야 한다.

실험물리학자는 이론을 이해하고 활용할 수 있어야 하지만 이론에 얽매이면 안 된다. 뜻밖의 것, 미지의 것을 발견할 수 있도록 열린 마음가짐을 가져야 한다. 그밖에도 여러 가지를 이해해야 한다. 전자공학에서 화학은 물론이고, 용접에서 액체 질소 처리까지 다양한 실용적 지식도 갖춰야 한다. 이것들을 접목하여 눈에 보이지 않는 물질을 다룰 수 있어야 한다. 실험은 고되며 시작부터 잘못되거나 끝에 가서 실패하는 경우가 허다하다. 이 길에 들어설 마음을 먹으려면 남다른 호기심과 성격이 필요하다. 결코 쉽지 않은 일이지만 역사를 통틀어 수많은 사람들이 그런 열정과 끈기를 발휘했다.

지난 세기에 걸쳐 입자물리학 실험은 1인이 주도하는 실험실 규모에서 출발하여 지구 최대의 기계로 발전했다. 1950년대에 시작된 "거대 과학"의 시대는 이제 100여 개국과 수만 명의 과학자들이 협력하는 실험으로 성장했다. 고정밀 전자기 장비로 가득하며 길이가 수 킬로미터에 이르는 지하 입자 충돌기가 건설 중이다. 이 사업은 25년이 넘는 시간과 수십억 달러의 비용이 소요된다. 우리는 어느 나라도 독자적으로는 이런 위업을 달성할 수 없는 시점에 도달했다.

그와 동시에 우리의 일상생활도 이와 비슷한 극적인 변화를 겪었다. 1900년에는 대부분의 가정에 전기가 없었고, 말이 주된 운송 수단이었으며, 영국인과 미국인의 평균 수명은 50세 이하였다. 오늘날 우리가 더 오래 사는 이유들 중 하나는 아프면 병원에 가서 MRI, CT, PET로 질병을 진단받고 다양한 의약품, 백신, 첨단기기로 치료를 받기 때문이다. 컴퓨터, 인터넷, 스마트폰은 우리를 연결하며 완전히 새로운 산업과 업무 형태를 만들어냈다. 심지어 자동차 타이어에서 장신구의 보석에 이르는 우리 주변의 제품들도 신기술을 이용하여 설계되고 보강되고 향상된다.

우리는 현대 세계를 구성하는 아이디어와 기술에 대해서 생각할 때, 이와 나란히 발전한 실험물리학의 궤적을 좀처럼 떠올리지 못한다. 그러나 둘은 밀접하게 연관되어 있다. 위의 사례들은 모두 자연의 물질과 힘을 탐구하기 위해 설계된 실험에서 탄생했으며, 전체 사례에 비하면 빙산의 일각에 불과하다. 불과 두 세대 만에 우리는 원자를 하나하나 조작하여 현미경으로도 보기 힘들 만큼 작은 연산장치를 제작하고, 물질의 불안정한 성격을 활용하여 질병의 진단과 치료를 실시하고, 우주에서 오는 고에너지 입자를 이용하여 고대 피라미드의 내부를 들여다볼 수 있게 되었다. 이 모든 일이 가능해진 것은 원자와 입자의 수준에서 물질을 다룰 수 있게 된 덕분이며, 이 지식은 호기심에 이끌린 연구의 결과이다.

나는 가속기물리학 분야의 실험물리학자가 되었다. 내 전문 분야는 이 작은 규모에서 물질을 다루는 현실 장비를 발명하는 것이다. 가속기물리학은 빔(beam : 빛이나 전자파 또는 입자 따위의 흐름/옮긴이)을 만드는 새로운 방법을 끊임없이 발견하여 입자물리학 연구를 지원하고 있지만 사회의 다른 분야에도 점점 보탬이 되고 있다. 학생, 친구, 청중에게 이야기를 하다가, 가까운 병원에는 틀림없이 입자 가속기가 있을 것이고, 스마트폰에 양자역학이 적용되며, 우리가 인터넷을 이용할 수 있는 것은 입자물리학 덕분이라고 말하면 다들 여전히 깜짝 놀란다. 우리가 제작하는 입자 가속기는 바이러스, 초콜릿, 고대 두루마리 연구에 쓰인다. 우리가 지구의 지질과 고대사를 상세히 알고 있는 것은 입자물리학 연구 덕분이다.

호기심에 이끌린 연구는 우리가 알고 기대하는 것의 한계를 넘어 역사의 향방을 바꾸는 개념, 경계선, 해결책으로 우리를 이끈다. 이렇게 새로운 지식을 탐색함으로써 우리는 가능하다고 알려진 것과 불가능하다고 믿어지는 것의 간극을 메운다. 호기심이 진정한 획기적인 혁신으로 이어지는 것은 바로 이 지점에서이다. 물리학, 특히 입자물리학은 이 현상의 가장 놀라운 사례일 것이다. 그렇다면 물리학 실험들은 어떻게 현대 사회의 이 모든 성과를 낳았을까?

물론 오만가지 실험이 이루어졌고 그것들 모두 어떤 식으로든 우리의 지식에 이바지했지만, 이 책에서는 우리가 살아가는 세상을 이해하는 데에 반드시 필요하다고 평가받는 선구적인 열두 가지의 주요 실험—발견—을 살펴본다. 우선 19세기 초에 영국과 독일의 작은 실험실에서 소수의 사람들이 실시한 실험들에서 시작한다. 이 실험들은 고전물리학의 붕괴에 일조했으며 원자보다 작은 단위가 존재함을 입증했다. 그다음에는 양자역학이라는 신생 개념을 확증한 시카고에서 시행된 실험과, 전 세계의 물리학자들이 새로운 입자의 자취를 찾기 위해서 열기구를 타고 하늘로 올라가고 산꼭대기까지 걸어 올라간 과정을 살펴본다. 이 실험들을 생각하면 좌절과 기쁨이 뒤섞인 감정이 떠오른다. 이것은 내가 실험실에서 익히 겪는 일이며, 손으로 과학을 할 때의 지극히 인간적인 경험이다. 하지만 과거를 돌이켜보는 일은 이 초기의 실험가들이 보지 못한 것을, 그들의 발견과 발명이 나중에 어떻게 되었는지를 우리에게 보여준다.

그다음 실험들은 최초의 입자 가속기를 건설하여 원자를 쪼개려는 미국, 독일, 영국의 경주로 우리를 데려간다. 이 실험들은 캘리포니아의 인공 방사능 원소 생성과 관계가 있으며 산업계 과학자들의 우연한 발견으로 이어졌는데, 그들은 연구를 위한 새로운 도구와 천문학에 대한 새로운 이해를 가져다주었다. 마지막으로 브룩헤이븐과 버클리 같은 미국 실험실에서 스탠퍼드 선형충돌기와 페르미 연구소를 거쳐 마침내 유럽 입자물리 연구소(CERN)까지 여러 연구진과 국가들이 힘을 합쳐 대형 실험 설비를 건설한 이야기를 들여다본다. 이 실험들은 내 연구 분야의 배경이기도 하다.

이 모든 실험들은 인간의 호기심에서 비롯한 탐구열이 구체화된 결과물이며 한 세기를 지나는 동안 컴퓨터에서 의료까지, 에너지에서 통신까지, 예술에서 고고학까지 거의 모든 영역에서 우리의 삶을 변화시켰다. 물리학의 핵심은 언제까지나 우주에서 우리가 차지하는 위치를 이해하는 문제일 것이다. 이것은 내가 밤하늘을 새롭게 바라본 뒤로 줄곧 느낀 진실이다. 이 여정은 우리가 지금 당연하게 여기는 여러 현대 기술과 우리가 상상조차 하지 못한 실용적 결과가 어떻게 물리학에서 비롯되었는지도 보여준다. 이렇듯 물리학을 한다는 것은 호기심에 대해서, 세상을 바꿀 수도 있는 혁신의 능력이 모든 사람에게 있다는 사실에 대해서 우리에게 무엇인가를 가르쳐준다.

제1부

고전물리학을 허물다

상상은 탁월한 발견의 능력이에요. 주변의 보이지 않는 세계,
과학의 세계에 침투하는 능력, 실재하는 것, 우리가 보지 못하는 것,
우리의 감각에는 존재하지 않는 것을 느끼고 발견하는 능력이라고요.
─에이다 러브레이스가 아버지 바이런 경에게 보낸 편지, 1841년 1월

1

음극선관 : X선과 전자

우리의 이야기는 1895년 독일 뷔르츠부르크의 한 실험실에서 시작된다. 그곳은 현대 과학자들이 사용하는 순백의 청결한 공간과는 사뭇 달랐다. 바닥에는 아름다운 쪽모이 마루가 깔려 있었고 높고 웅장한 창문으로는 맞은편의 공원과 포도농장이 내다보였다. 물리학자 빌헬름 뢴트겐은 덧창을 닫고서 다시 작업에 착수했다. 그는 기다란 나무 탁자에 작은 포도주 병만 한 유리관을 놓았다. 안에 들어 있던 공기는 진공 펌프로 대부분 제거했다.[1] 금속 전극 두 개가 전선에 연결된 채, 하나는 유리관 끝(음극)에, 다른 하나는 가운데쯤(양극)에 부착되어 있었다. 고전압을 가하자 유리관 안에서 광선이 나타났다. 유리관이 "음극선관cathode ray tube"이라고 불리게 된 것은 이 때문이다. 지금까지는 모든 것이 그가 예상한 대로였다. 그러다 시야 가장자리 바깥에서 실험실 맞은편의 작은 형광판이 빛나는 것을 알아차렸다.

그는 무슨 일인지 알아보려고 다가갔다. 형광판에서는 초록빛이 뿜어져 나오고 있었다. 음극선관의 전원을 차단하자 빛은 사라졌고, 전원을 다시 연결하자 빛이 돌아왔다. 음극선관의 빛이 반사된 단순한 눈속임일까? 하지만 유리관을 검은색 마분지로 덮어도 형광판은 여전히 빛을 발하고 있었다. 이제껏 한 번도 보지 못한 현상이었지만, 그는 이것이 중요한 것일 수도 있겠다는 생각이 들었다.

물리학이 전혀 다른 학문으로 탈바꿈한 순간이었다. 음극선관 실험에서 최초로 이루어진 이 행운의 관찰은 물리학 분야를 완전히 새로운 영역으로 이끌었으며, 자연 세계에 대한 수천 년간의 통념을 뒤집기 시작했다. 시간이 흐르면서 음극선관은 사람들이 살고 일하고 소통하는 방식을 바꾼 기술들로 이어졌다. 모든 것이 여기에서, 형광판과 한 사람의 호기심에서 시작되었다.

빌헬름 뢴트겐은 19세기 말 전 세계의 여느 과학자들과 마찬가지로 물리학이 거의 완성되었다는 데에 동의했다. 우주는 물질로 이루어졌고 물질은 "원자atom"로 이루어졌다. 과학자들은 원자의 종류에 따라 화학 원소가 달라진다는 것을 알아냈다. 나무에서 금속까지, 물에서 털까지 주변의 온갖 복잡한 물질들이 강도, 색깔, 질감 면에서 제각각인 것은 저마다 다른 원자로 이루어졌기 때문이다. 그들은 원자를 작고 동그란 레고 블록으로 여겼다. 올바른 설명서만 있으면 알맞은 원자 세트를 가지고 무엇이든 만들 수 있을 것이라고 말이다.

그들은 만물을 상호작용하도록 하는 힘이 존재한다는 사실도 알고 있었다. 중력은 항성들을 우리은하에 붙들어두었고 지구가 태양을 공전하게 했다. 심지어 신비로운 힘인 전기력과 자기력도 마침내 전자기력electromagnetism이라는 하나의 힘으로 통합되었다. 우주는 예측할 수 있었다. 내부의 작동 방식을 속속들이 알면, 모든 물질의 운동을 완벽하게 예측할 수 있었다.

남은 탐구 과제는 자질구레한 것들뿐이었다. 음극선관이 정확히 어떻게 작동하는지는 과학자들이 설명하지 못한 소수의 사소한 문제들 중 하나였다. 물론 이론은 있었다. 그중 하나는 음극선관 내부의 빛이 에테르aether의 물결과 관계가 있다는 발상이었다. 에테르는 가설적인 개념으로, 소리가 공기를 통해서 전파되듯이, 빛이 전파되는 매질로 간주되었다. 그런데 음극선관을 자세히 들여다본 뢴트겐은 복잡한 문제를 맞닥뜨렸다. 설명할 수 없는 무엇인가가 유리관 안에서 일어나고 있었을 뿐만 아니라 밖에서도 신기한 효과가 벌어지고 있었다.

뢴트겐의 어린 시절은 평범했다. 포목상의 아들로 태어나 전원과 숲에서 자연을 탐구했다.[2] 그는 기계 장치를 만드는 일에 꽤나 소질을 보였는데,[3] 이 어릴 적 재능은 만년의 실험에서 요긴하게 발휘되었다. 성인 시절에는 검은 머리카락이 "마치 스스로의 열정에 영구적으로 대전帶電된 듯" 이마 위로 삐죽 솟아 있었다.[4]

뢴트겐은 지독히 낮은 목소리로 강연하는 수줍은 남자였고, 학생들에게 엄격했으며, 실험실에 조수를 두는 것조차 꺼렸다. 하지만 과학을 사랑했으며 위대한 공학자 베르너 폰 지멘스의 말을 빌려서 "지적인 삶은 인간이 누릴 수 있는 가장 순수하고 고상한 기쁨을 선사한다"라고 말하고는 했다.

지금 그는 일찍이 누구도 보지 못한 것을 발견했다. 신기하게 빛나는 형광판을 보고서 그는 이것이 음극선관을 빛나게 하는 것과 같은 종류의 "광선ray"이 아니라고 가정했다. 음극선관의 효과는 내부에 국한되는 듯했기 때문이다. 그가 발견한 것은 눈에 보이지 않으며 훨씬 멀리 이동할 수 있는 새로운 종류의 광선이었다. 그는 당장 더 많은 것을 탐구하는 일에 전념하기로 마음먹고서 모든 시간과 에너지를 실험에 쏟아부었다. 당시 무슨 생각을 했느냐는 질문에 그는 이렇게 말했다. "생각을 한게 아닙니다. 연구를 했죠." 실험실에는 형광판에 빛을 쏠 수 있는 비슷한 유리관이 여러 개 있었는데,[5] 그는 유리관을 체계적이고 치밀하게 설치하여 새로운 광선의 성질을 탐구했다. 유리관과 형광판 사이에 종이, 나무, 심지어 경질 고무 등 여러 재료들을 넣어보았지만, 광선은 조금도 약해지지 않은 채 모든 재료를 통과했다. 광선은 옆 실험실의 두꺼운 나무 문을 뚫고 문 건너편에서도 검출되었다. 유리관 앞에 알루미늄박을 댔을 때에만 제대로 통과하지 못했다.

그는 7주간 실험실에서 두문불출했으며 아내 안나 베르타가 부르지 않으면 식사 시간조차 잊을 정도였다. 그는 식사 시간을 제외하고는 거의 혼자 일했으며 연구하는 동안 침묵을 지켰다. 외국의 동료들은 고사하고 조수들과도 이야기를 나누지 않았다. 그는 이 발견을 맨 먼저 발표하지 않으면, 실험실에 앉아 비슷한 실험을 하고 있는 수백 명의 과학자들에게 선수를 빼앗기리라는 것을 알고 있었다. 친한 친구 한 명에게만 연구에 대해서 넌지시 귀띔했다. "흥미로운 것을 발견했다네. 하지만 내 관찰이 옳은지 모르겠어."[6]

그다음으로 손을 광선에 대보고서 이렇게 말했다. "방전관과 형광판 사이에 손을 대면 손 자체의 약간 어두운 그림자 이미지 안에 뼈의 더 어두운 그림자가 보인다네." 이때 그에게 아이디어가 떠올랐다. 그는 광선을 이용하여 베르타의 손 사진을 감광판에 찍었는데, 이로써 광선이 피부와 살은 쉽게 통과하지만 뼈나 금속은 잘 통과하지 못한다는 가설을 확증했다. 그녀의 손뼈와 결혼반지는 맨눈에 보이는 살보다 진하게 표시되었다. 새 광선이 차단되는 정도는 물체의 밀도와 관계가 있었다. 속설에 따르면, 베르타는 자신의 손뼈를 보고서 "나의 죽음을 보았어!"라고 외친 뒤 다시는 남편의 실험실에 얼씬하지 않았다고 한다.

뢴트겐은 새 광선에 이름을 붙여야 했다. 과학에서는 미지의 대상을 흔히 "X" 같은 글자로 표기한다. 물리학 역사상 최고의 작명은 무심코 이루어졌으니, 그는 새로 발견한 이 광선을 "X선"이라고 불렀다.

X선이 어떻게 행동하는지 충분히 이해한 뒤 뢴트겐에게는 결정해야 할 문제가 있었다. 이 아이디어에 대한 특허를 출원하고 결과를 발표할 것인가, 자신이 발견한 것을 발표하기 전에 더 깊이 연구할 것인가? X선이 빛과 물질에 대해서 어떤 관계인지, 무엇으로 이루어졌는지, 어떻게 형성되는지 등 아직 궁금한 것들이 많았다. 하지만 더는 발표를 미룰 수 없겠다고 판단했다. 다른 사람이 X선을 발견할 가능성이 너무 컸다. 특허를 출원하기 전에 결과를 발표하면, 이것이 의료에 요긴한 것으로 드러나더라도 돈 한 푼 벌 수 없었다. 하지만 뢴트겐은 물리학자이지 의사가 아니었기 때문에 의료계가 자신의 아이디어에 관심을 가질지는 알지 못했다. 그는 자신의 발견을 활용하는 최선의 방법은 이를 공개하고 의료계에 설명하는 것이라고 결론 내렸다.

1896년 1월 23일 뢴트겐은 평소의 수줍음을 억누른 채 실험실에서 별로 떨어지지 않은 뷔르츠부르크 물리의학회 강당의 대형 탁자에 X선 실험 설비를 설치했다. 대중은 이미 신문 기사로 그의 발견을 알고 있었으며 참석자가 너무 많아 복도에까지 들어찼다. 뢴트겐은 자신의 발견에 대한 최초의 강연을 시작했다. X선이 나무와 고무는 통과하지만 금속은 통과하지 못한다는 것을 청중에게 보여주었다. 베르타의 손 사진을 보여주고는 X선으로 인체 내부를 본다는 아이디어에 대해서 설명했다. 그는 청중을 설득하려면 비슷한 사진을 얼마나 쉽게 찍을 수 있는지 시연해야 한다고 생각했다.

뢴트겐이 강당 앞쪽에 선 채 저명한 해부학자인 학회장에게 손을 X선 앞에 대보라고 청했다. 그가 음극선관 스위치를 켜자 학회장 손의 X선 사진이 촬영되었다. 참석한 의사들은 어안이 벙벙했다. 그들은 이 발견의 가치를 한눈에 알아보았으며 학회장은 어찌나 감명을 받았던지 뢴트겐을 향해 세 번이나 청중의 박수갈채를 유도했다. 심지어 새 광선에 그의 이름을 붙이자고 제안하기까지 했다.[7]

새로운 현상에 대한 소문은 들불처럼 번져 전 세계에서 경탄과 두려움을 불러일으켰으며 심지어 시詩의 소재가 되기도 했다. 지구 중심으로 여행한다는 쥘 베른의 소설이 대중의 상상력을 사로잡은 바로 그 시기에 뢴트겐이 갑자기 인체 내부를 들여다보는 방법을 발견한 것이다. X선으로 여성의 옷 안쪽을 훔쳐볼 수 있다는 등 우스꽝스러운 오해가 벌어지기도 했다(남성의 알몸은 관심거리가 아니었다). 사업가들은 X선이 통과하지 못하는 납 속옷을 판매하기 시작했는데, 아마도 여성 전용이었을 것이다. 여러 오페라 하우스에서 "X선 오페라글라스"를 금지했는데, 실제로는 존재하지도 않았다. 철학자들은 X선이 인간 내면의 자아를 까발릴지도 모른다며 우려했다.

당시 음극선관은 물리학 실험실의 기본 장비였으며, 이미 전 세계 수백 명의 과학자들이 보유하고 있었다. 그래서 그들이 뢴트겐의 발견을 확증하고 음극선관을 활용하기까지는 몇 개월밖에 걸리지 않았다. 1년이 채 지나지 않은 1896년 X선은 이탈리아-에티오피아 전쟁에서 부상을 당한 병사들의 골절 부위와 포탄 파편을 찾는 데에 이용되었으며, 글래스고 왕립병원에는 세계 최초의 병원용 X선 촬영 장비가 설치되었다.

X선은 사회의 여타 분야에서도 다양한 서비스에 상업적으로 활용되

었다. 당시 유행한 서비스로 "페도스코프pedoscope"가 있었는데, 신발을 신고 있는 고객의 발을 X선으로 촬영하는 것이었다. 이 서비스는 훗날 X선이 피부나 조직을 손상시킬 수 있다는 증거가 드러나기 시작하면서 중단되었다(이 문제는 나중에 다시 언급할 것이다). 뢴트겐 본인은 불투명한 상자 안에 든 금속 무게추의 영상을 촬영하여 산업적 이용 잠재력을 보임으로써 또다른 쓰임새를 제안했다. 이 초기 "라디오그래프radiograph"는 오늘날 공항에서 볼 수 있는 보안 검색대를 위한 길을 닦았다.

뢴트겐은 의료적 응용에 걸림돌이 될 것을 우려해 자신의 발견에 특허를 출원하지 않기로 마음먹었기 때문에 이 모든 사업으로부터 어떤 수익도 거두지 못했다. 다른 연구 때문에 여력이 없다며 현명하게도 이 기술을 발전시킬 책임을 의료계에 넘겨주었으나 필요할 때는 계속해서 도움을 주었다.

뢴트겐이 특이한 인물처럼 보일지도 모르겠다. 느닷없이 "우연한 발견"을 한 "고독한 천재" 말이다. 어쨌거나 형광판이 옆에 있을 만큼 운좋은 사람이라면 누구나 똑같은 발견을 했을지도 모른다. 하지만 좀더 자세히 들여다보면 또다른 요인들이 작용했음을 알 수 있다. 그는 전 세계의 방대한 전문가 네트워크와 연결되어 있었고, 다년간 실험 훈련을 받았으며, 흥분한 와중에도 인내와 겸손을 잃지 않는 절제를 배웠다. 빛나는 형광판을 보고서 그 의미를 간파할 지식과 더 깊이 파고들 호기심도 있었다.

온갖 호언장담이 난무했지만 X선이 **무엇인지** 정말로 아는 사람은 아무도 없었다. 뢴트겐이 밝혀낸 바에 따르면, X선은 반사와 굴절 같은 성질 측면에서 가시광선 또는 정상적 가시 범위 너머의 자외선이나 적외선과 사뭇 달랐다. X선이 어떻게 음극선에서 생겨나는지, 형광판 같은 다른 물질과 어떻게 상호작용하는지에 대해서는 명확한 개념이 전혀 없었다. 그의 발견은 물질과 빛이 무엇으로 이루어졌고, 어떻게 상호작용하는지에 대한 새로운 질문들을 무더기로 제기했다. 이 질문들에 답하려면 음극선관으로 더 많은 실험을 실시해야 했는데, 음극선관은 다음에 이루어진 발견에서도 핵심적인 역할을 했다.

세계적인 물리학 실험실의 창립자이자 소장이던 조지프 존("J. J") 톰슨은 1897년 초 영국 케임브리지에서 20년 묵은 논쟁에 종지부를 찍기로 마음먹었다. 그는 음극선관 외부의 X선에 초점을 맞추는 것이 아니라 내부에서 빛나는 음극선의 정체를 확인하고 싶었다.

톰슨의 가설은 인기가 없었다. 그는 음극선이 일종의 소체corpuscle, 즉 입자particle라고 믿었다. 이 때문에 뢴트겐과 대립했는데, 뢴트겐과 그의 독일인 동료들은 음극선이 비물질적이며 빛의 일종이라고 생각했다.[8] 톰슨은 실험실에 있는 음극선관으로 기체 속의 전기를 연구하고 있었지만, 이번에는 새로운 실험을 고안했다. 실험의 목적은 이 질문에 답하는 것이었다. 음극선의 본질은 무엇인가?

맨체스터 서점 주인의 아들로, 수줍음 많은 소년이던 톰슨은 열한 살에 독창적인 연구를 하고 싶다고 공언했다. 이 조숙한 포부가 어디에서 비롯되었는지는 불분명하다. 아버지는 톰슨이 열여섯 살에 세상을 떠났으며 학비를 전혀 남기지 않았다. 케임브리지 대학교 트리니티 칼리지에 입학한 톰슨은 물리학으로는 장학금을 한 푼도 받을 수 없었기 때문에 수학을 선택했다. 종종 소년 같은 미소로 표출되는 차분한 유머 감각과 여기에 더해진 확고한 지적 자신감은 많은 동급생을 압도했다. 그들은 톰슨을 경외감에 가까운 시선으로 우러러보았다.[9]

톰슨은 불과 스물일곱 살에 케임브리지 대학교 교수이자 캐번디시 연구소 소장으로 임명되었다. 그는 작달막한 키에 콧수염을 기르고 검은 머리카락 한가운데 가르마를 탔으며 외모에는 별로 신경 쓰지 않았다. 오랜 친구가 훗날 회상한 바에 따르면 나비넥타이가 귀에 걸린 줄도 모르고 희희낙락하며 걸어다녔다고 한다. 가정생활은 소박했지만 물질의 본성과 우주를 추론할 때면 혁명가가 따로 없었다.

톰슨은 앞선 연구자들의 실험을 신중하게 반복하면서 연구를 시작했다. 첫째, 그는 음극선과 전하가 분리될 수 없음을 확인하고 싶었다. 자석으로 음극선을 구부려 전하량을 측정하는 기기인 검전기에 닿도록 했다. 그러자 놀랍도록 큰 음전하가 기록되었는데,[10] 이로써 음극선이 실제로 전하를 띤다는 자신의 견해를 입증했다.

다음으로는 전기장으로 음극선을 구부리는 실험을 재현했다. 그는 특수 제작한 진공관 안에 조수가 설치한 두 장의 금속판 사이로 전압을 걸었다. 음극선이 그의 생각대로 입자라면 전압에 의해서 휘어져야 했다. 반면에 빛으로 이루어졌다면 손전등 빛이 전압에 구애받지 않고 직전하듯이 휘어지지 않고 직선으로 이동해야 했다.

톰슨은 음극선이 높은 전압에는 많이 휘어지고 낮은 전압에는 적게 휘어질 것이라고 예견했다. 앞서 전자기파를 발견한 독일의 물리학자 하인리히 헤르츠는 톰슨보다 먼저 같은 실험을 시도했는데, 당시 음극선은 높은 전압에는 휘어졌지만 낮은 전압에는 전혀 휘어지지 않았다. 톰슨은 이 실험을 처음 실시했을 때 헤르츠와 동일한 결과를 얻고서 낙심했다. 마치 음극선이 높은 전압에는 입자처럼, 낮은 전압에는 빛처럼 행동하는 것 같았다. 이것은 톰슨의 입자설이 맞닥뜨린 커다란 난관이었다.

톰슨은 자신의 장비로 실험하면서 관찰 결과를 이해하려고 골머리를 썩었다. 처음에는 음극선관 내부의 기체 종류를 바꿔보았지만 결과에는 아무런 변화가 없었다. 그런데 펌프질로 기체의 양을 줄여 진공도를 높이자 결과가 달라졌다. 그의 예상대로 음극선은 낮은 전압에서는 적게 휘어졌고 높은 전압에서는 많이 휘어졌다. 확실히 하기 위해서 기체를 다시 채웠더니 낮은 전압에서 전혀 휘어지지 않았다. 음극선관에 남은 소량의 기체는 대전되어 낮은 전압을 상쇄하는 효과를 냈지만 높은 전압은 상쇄하지 못했다. 이런 탓에 음극선은 기체가 있을 때는 낮은 전압에 반응하지 않았던 것이다. 헤르츠의 결과와 톰슨의 첫 번째 결과는 이 때문이었다. 톰슨은 훗날 회고록에 이렇게 썼다. "물리학 실험실에서 사용하는 정교한 장치는 조작법을 숙달할 때까지는 어느 날은 이 결과를 내고 다음 날은 모순되는 결과를 낼 수도 있다. 이는 '자연의 불변 법칙은 결코 물리학 실험실에서 밝혀진 것이 아니다'라는 옛말이 참임을 보여준다."[11]

이 모든 결과를 통해서 톰슨은 "음극선의 경로는 기체의 성질과 무관하다"라는 결론을 얻을 수 있었다.[12] 말하자면 그가 관찰한 효과는 음극선관의 기체 때문이 아니었다. 사람들의 생각과 달리 음극선은 대전된 기체 분자의 흐름이 아니었다. 그보다 훨씬 더 기본적인 것이었다. 이를 통해서 그는 다음과 같은 핵심 주장을 내놓았다. 이 모든 현상은 음극선이 실제로 음전하를 띤 입자일 경우 예상되는 결과라는 것이었다.

유일하게 남은 문제는 어떤 **종류**의 입자인지—원자인지, 분자인지, 다른 것인지—를 밝혀내는 것이었다. 톰슨은 이를 위해서 전기장과 자기장을 이용하여 전하량(e)과 질량(m), 특히 둘의 비율 "e/m"을 구했다. 수치는 그가 예상한 것보다 훨씬 컸다. 당혹스러운 결과였다. 모두가 자연에서 가장 작은 성분이라고 알고 있는 어떤 원자나 분자를 대입해도 들어맞지 않았다. 톰슨이 생각할 수 있는 설명은 두 가지였다. 하나는 그 입자가 원자처럼 극도로 큰 음전하를 가진 "무거운" 입자라는 설명이었고, 다른 하나는 표준적 음전하를 가진 매우 가벼운 입자라는 설명이었다. 어느 쪽도 솔깃하지 않았다. 매우 큰 전하를 가진 원자라면 전하 개념을 송두리째 바꿔야 했다. 반면에 가벼운 입자라면 원자는 불가분의 기본 입자가 될 수 없었다.

톰슨은 생각할 수 있는 거의 모든 조건을 변화시키고, 음극선관에 다른 기체를 넣고, 전극의 금속을 바꾸고, 진공도를 달리했다. 실험을 아무리 거듭해도 전하 대 질량 비가 동일한 같은 종류의 새로운 입자가 산출되었다. 그는 화학 실험에 대한 지식, 항성에서 관찰한 빛 스펙트럼, 심지어 자석의 구성까지 동원하여 입자의 본성을 궁리했다. 그는 이 입자가 매우 큰 전하를 가진 원자라는 생각에서 천천히, 하지만 확실히 멀어졌다. 이제 결과를 발표할 준비가 되었다.

뢴트겐이 자신의 결과를 발표한 지 1년이 막 지난 1897년 4월 30일 금요일 톰슨은 런던 왕립연구소에 운집한 청중 앞에 야회복 차림으로 등장하여 자신의 실험에 대해서 설명했다. "금요 저녁 강연"은 공개 강연으로, 매주 금요일 저녁에 열렸으며 부유한 런던 시민으로 입추의 여지가 없었다.[13] 당시는 최신의 과학적 발견이 고급문화로 대우받았다. 톰슨은 강연의 클라이맥스에서 신비한 음극선이 실은 음전하를 띤 입자이며 무게는 가장 가벼운 원자인 수소의 약 2,000분의 1이라고 발표했다. 최초의 아원자 입자인 전자電子, electron를 발견한 것이었다.[14]

이것은 지적 승리였다. 톰슨은 음극선의 신비한 빛을 파고들다가 물질의 본성을 새롭게 이해하게 되었다. 같은 해 10월 그는 한 번 더 도약할 수 있었다. 음극선은 작은 입자로 이루어졌을 뿐 아니라 이 입자는 이제껏 알려지지 않은 물질의 성분으로서, 원자가 나눌 수 없는 가장 작은 단위라는 관념을 산산조각 냈다. 그는 전자가 어디에서 왔는지는 아직 확실히 알지 못했지만 틀림없이 원자 안에 들어 있을 것이라고 믿었다. 증거가 제시되자 뢴트겐과 독일인 동료들조차 톰슨이 옳다고 인정했다. 뢴트겐과 톰슨은 하나의 장비로 이전까지 한 번도 관찰되지 않은 자연의 완전히 새로운 두 측면을 발견했다.

이제 우리는 두 사람의 생각을 합쳐 음극선관에서 무슨 일이 일어나고 있었는지 설명할 수 있다. 높은 전압이 음극을 가로지르면 전자가 빠른 속도로 방출되는데, 양전하를 띤 양극이 전자를 끌어당긴다. 하지만 일부 전하는 양극을 때리지 않고 빠른 속도로 스쳐지나가 기체와 유리 벽에 부딪히며 이 과정에서 전달되는 에너지가 빛을 발생시킨다. 이것이 수십 년간 과학자들을 어리둥절하게 한 광채의 정체이다. 이 과정은 "제동복사bremsstrahlung"라고 불리는데, 전자가 유리 벽 안에서 제동이 걸린다는 뜻이다. 전자가 충분한 에너지를 잃으면 X선이 발생할 수 있다. 이것은 고에너지 형태의 빛—전자기 복사electromagnetic radiation—으로, 손을 비롯한 인체 부위를 통과할 수 있다.

톰슨의 발견은 X선과 달리 당시에는 쓰임새가 분명하지 않았다. 톰슨은 전자처럼 작고 하찮은 것이 물리학 바깥에서 무슨 관심을 끌 수 있겠느냐며 공개적으로 의구심을 표했다. 1900년대 초 그가 전자를 발견한 캐번디시 연구소에서 주최한 연례 만찬의 자료집에는 이런 농담조의 건배사가 실려 있었다. "아무짝에도 쓸모없을 전자를 위하여!"[15] 하지만 전자를 발견한 지 20년 뒤 톰슨은 왕립연구소에서 다시 한번 금요 강연을 했는데, 이번 주제는 "전자의 산업적 응용"이었다. 돌이켜보면 그의 발견과 우리의 이해가 전자공학electronics이라는 분야 전체의 토대가 되었음을 알 수 있다.

어떻게 된 영문일까? 물론 피상적으로 보면 말이 되는 것 같다. 전자 공학은 명칭에서 보듯이 전자의 운동을 다루는 학문이다. 하지만 톰슨의 발견이 여기에 조금이라도 일조했을까? 그의 연구는 꼭 필요했을까, 아니면 전자공학은 어차피 탄생할 운명이었을까? 톰슨의 호기심과 전자 공학 혁명이 어떤 관계인지 이해하려면 그의 연구를 맥락 안에서 살펴보아야 한다.

런던 과학박물관에는 "현대 세계를 만든 발견들"이라는 상설 전시실이 있다. 복도 한가운데에 있는 작고 보잘것없는 유리 상자 안에는 유리 물품 몇 개와 소소한 설명문이 들어 있다. 그중 하나는 J. J. 톰슨이 전자를 발견하는 데 사용한 그 음극선관이다. 같은 상자 안에 초기 전구가 있고 맞은편에는 플레밍 밸브라는 신기하게 생긴 물체가 두 개 보인다. 작은 전구처럼 생겼고 바닥에는 핀처럼 생긴 세 개의 다리가 달렸다. 이 상자는 초창기 전자공학의 발명을 보여주는 역사의 축소판이다.

근처에는 또다른 유명 발명가 토머스 에디슨을 기리는 진열품이 있다. 톰슨 같은 과학자들이 실험실에서 음극선관과 씨름하던 1880년에 에디슨은 조수들과 함께 전기 조명을 만들려고 시도하다가 비슷한 기술을 우연히 발견했다. 당시 에디슨은 서른세 살로 톰슨보다 아홉 살 위였으며 실험과학자들과는 사뭇 다른 접근법을 취했다. 그를 이끈 것은 발명으로 돈을 벌려는 동기였다. 에디슨의 팀은 전구의 물리 법칙을 속속들이 탐구하는 것이 아니라 무작정 최대한 많은 소재와 조합을 시도하는 "끼워 맞추기"식 물량 공세 전술을 동원했다. 대부분의 필라멘트는 대번에 타버렸지만, 팀의 일원인 아프리카계 미국인 발명가 루이스 래터 머가 고안한 탄소 필라멘트는 15시간가량 버틸 수 있었다.[16]

그러나 문제가 있었다. 전구를 켜면 유리 표면이 검게 변한 것이다. 마치 탄소 입자가 필라멘트에서 유리로 "운반되는" 것 같았다. 진공도를 아무리 높여도 전구는 여전히 그을렸다. 지금은 이것이 필라멘트의 증발 때문임을 알지만 당시에 에디슨은 알지 못했다. 그는 이 문제를 해결하기 위해서 전구 안에 전극을 하나 더 넣어 탄소 입자를 중간에 낚아채려고 했는데, 그 과정에서 전류가 흐른다는 사실을 우연히 발견했다. 전류는 한 방향으로만 흘렀다. 이 장치는 흑화 문제를 해결할 수는 없었지만 물의 흐름을 밸브로 제어하듯이 전기의 흐름을 제어하는 것처럼 보였다. 그는 이 현상을 "에디슨 효과"라고 불렀다. 그는 전류의 흐름이 어떻게 제어되는가에는 전혀 관심이 없었다. 그가 아는 것은 제어된다는 사실뿐이었다. 에디슨은 "에디슨 효과 전구"에 특허를 출원했다가 쓰임새를 찾지 못해 특허를 포기했다. 그는 전구 연구를 계속하여 소소한 개량을 거듭하다가 마침내 탄소 필라멘트의 수명을 600시간까지 늘려 상업성이 있는 전구를 만들어냈다. 훗날 누군가가 "에디슨 효과 전구"의 작동방식에 대해서 묻자, 에디슨은 자기 연구의 "미적인" 부분을 파고들 시간이 없었다고 답했다.[17]

미적인 부분—연구의 이면에서 작동하는 원리—을 파고들 시간을 낸 사람은 J. J. 톰슨이었다. 전자를 발견한 지 고작 2년 뒤인 1899년 톰슨은 전구의 필라멘트가 음극선관과 마찬가지로 전자를 방출한다는 사실을 밝혀냈다. 에디슨이 했던 것처럼 필라멘트를 가열하면 "열전자 방출 thermionic emission"이라는 과정을 통해서 전자가 튀어나왔다. 이것은 필라멘트의 증발과 전혀 달랐으며 에디슨 효과를 푸는 열쇠로 드러났다. 에디슨의 쓸모없어 보이는 발명은 톰슨의 연구 덕분에 마침내 여분의 전극이 어떻게 전류를 흐르게 하는지 밝혀지기 전까지 20년 가까이 방치되었다. 전극이 양전하를 띠면 진공을 통해서 전자의 흐름을 끌어당겨 회로를 연결하지만 음전하를 띠면 전자를 밀어내어 전류를 차단한다. 이 원리가 온전히 이해됨으로써 에디슨의 "밸브"는 급속히 발전하는 세상에서 쓰임새를 찾았다.

우리 이야기의 다음 단계는 1904년으로 건너뛴다. 주인공은 무선과 통신의 선구자인 마르코니 무선전신회사의 고문이다.[18] 영국의 물리학자 존 앰브로즈 플레밍은 전화를 개발하기 위해서 약한 교류 전류를 직류 전류로 변환해야 했다. 그는 에디슨 앤드 스완 유나이티드 일렉트릭 라이트 사의 고문으로 일하던 1889년에 에디슨 효과를 접했는데,[19] 에디슨이 발명한 밸브로 이 문제를 해결할 수 있음을 알아차렸다. 무선 송신기에서 방출되는 미세한 신호는 밸브 전류를 켰다 껐다 하기에 충분할 것 같았다. 이 연결이 불현듯 그의 머릿속에 떠올랐다. 그는 훗날 이렇게 썼다. "기쁘게도 이 특이한 전기 램프에 해답이 있음을 발견했다."

음극선관 지식에 필라멘트 전구가 접목되어 최초의 "열전자 이극관 thermionic diode", 즉 "플레밍 밸브"가 발명되었다. 최초의 **전자** 장치였다. **전기** 장치는 전자가 전선을 흐르는 운동과 관계가 있는 반면에, **전자 장치**는 전자가 진공을 통과하는 운동과 관계가 있으며 예전 전기 장치와 달리 기계적 동작 없이도 빠르고 쉽게 제어할 수 있다. 플레밍의 발명은 기술 혁신을 낳았다. 몇 년 뒤 미국인 발명가가 열전자 이극관에 세 번째 전극을 덧붙였는데, 매 단계마다 톰슨의 이론을 길잡이로 삼았다.[20] 1911년 무렵 "삼극관triode"은 증폭기로 쓰이고 있었으며 얼마 지나지 않아 진공관 속 전자의 흐름은 발진기, 전기 신호 변조기 등에 쓰이게 되었다. 이 순수한 전자 장치들은 장거리 무선 및 통신, 레이더와 초기 컴퓨터로 이어졌다. 전자산업이 탄생한 것이다.

이 이야기에서 서로 다른 두 가지 접근법이 작동하고 있다는 점에 유의할 필요가 있다. 한편으로 호기심에 이끌린 톰슨의 접근법은 진공관의 작동을 이해하는 데에 분명히 핵심적이었던 것 같다. 하지만 그는 지식 말고는 그 무엇도 창조할 의사가 없었다. 다른 한편으로 에디슨의 시행착오 방식은 사업적 성공으로 이어졌지만, 그는 이 기술이 어떻게, 왜 이런 식으로 작동하는지 속속들이 이해하는 일에는 관심이 없었다. 플레밍은 어떤 면에서 이 두 가지 접근법을 접목하여 정교한 기술을 고안할 수 있었다. 모든 참가자들이 전자산업의 탄생에 필수적이었다는 것은 의심할 여지가 없지만, 상업적 목적을 전혀 염두에 두지 않고서 음극선관 실험을 실시한 과학자들이 없었다면, 그 무엇도 가능하지 않았을 것이다.

　시행착오를 거쳐 신제품을 발명하는 것이 아니라 과학적 과정으로 지식과 이해를 추구하는 것에는 누적 효과가 있으며 시간이 지날수록 점점 많은 효용이 생긴다. 이것은 전자와 X선 둘 다에 해당했다. 둘은 서로 연결되어 있기 때문이다. 전자산업이 탄생하면서 X선을 발생시키는 특수 관을 제작할 수 있게 되었으며, 이 덕분에 의료용 및 산업용 X선 관의 시장이 번성할 수 있었다. 과학박물관 전시실에서 이 관들의 표본은 J. J. 톰슨의 음극선관과 초기 플레밍 밸브 바로 옆에 놓여 있다.

X선의 나머지 이야기는 박물관에서 불과 몇 발짝 떨어진 곳에서 펼쳐진다. 그것은 전자산업과 X선 덕분에 가능해진 대형 의료 기계이자 생명을 구하는 기술인 전산화 단층Computed Tomography(CT) 촬영기이다.

1970년대 이전에만 해도 의사가 환자의 뇌 영상을 촬영하려면 "공기 뇌조영pneumoencephalography"이라는 방법을 이용해야 했다. 우선 척수 기저나 두개골에 구멍을 뚫어 환자의 뇌척수액을 대부분 뽑아낸다. 그런 다음 공기나 헬륨을 불어넣어 뇌와 두개골 사이에 기포를 만든다. 환자는 사방으로 회전하는 의자에 묶인 채 기포가 뇌와 척수에서 돌아다니도록 강제로 (물구나무를 서거나 옆으로 눕는 등) 다양한 자세를 취하는데, 각 자세마다 X선 촬영이 실시된다. 안 그래도 아픈 환자는 지독한 통증, 구역질, 두통을 억지로 참아야 했으며 마취 없이 시술받는 경우도 흔했다. 이 모든 고역을 치르는 것은 단지 X선 영상의 명암 대비를 키워 뇌와 (이제는 빠져나간) 뇌척수액을 구분하기 위해서였다. 이 고통스러운 절차가 끝나면 의사는 X선 사진을 들여다보면서 뇌의 형태가 병터나 종양 때문에 조금이라도 왜곡되었는지 알아볼 수 있기를 기대했다. 잔혹한 시술이기는 했지만 1919년부터 1970년대까지는 유일한 방안이었다.

당시 X선으로는 2차원 영상밖에 찍을 수 없었다. 인체가 상자이고 상자 속 액체에 다양한 물체(뼈, 장기, 근육)가 들어 있다고 상상해보라. 상자 한가운데에 있는 물체는 앞뒤의 모든 물체에 가려져 X선으로 보기 힘들 것이다. 의사가 2차원으로 표현된 영상을 보고서 3차원 구조를 이해하기란 여간 힘든 일이 아니다. 정말로 필요한 것은 혁신, 제대로 된 3차원 영상을 촬영할 수 있는 기술이었다.

1960년대에 전자 장비 등을 제조하는 영국 대기업 EMI의 직원 고드프리 하운스필드는 컴퓨터를 응용할 분야를 찾다가 개량된 의료용 X선 장비를 만드는 기발한 방법을 떠올렸다. 그의 아이디어는 광원과 검출기를 환자 주위로 회전시켜 일련의 X선 영상을 촬영한 다음 컴퓨터를 이용하여 디지털로 재구성한다는 것이었다. 그 덕에 체내의 온전한 3

차원 이미지를 얻을 수 있게 되었다. 이것은 "전산화 단층촬영computed tomography", 즉 CT라고 불렸다.[21]

그는 아이디어를 현실화하기 위해서 우선 실험적 뇌 촬영기를 제작했다. 장치를 검증하기 위해서 그는 인근 도살장에 가서 소의 뇌를 잘라내어 촬영했다.[22] 한 인터뷰에서 그는 영국인 특유의 너스레를 떨며 이렇게 말했다. "기계에 넣을 [뇌를] 종이봉투에 담은 채 런던을 활보하는 것은 여간 힘든 일이 아니었다."[23]

초기 검증에서는 장기 조직 내부의 온전한 3차원 영상이 놀랍도록 뚜렷하게 보였다. CT 촬영기는 뢴트겐이 불가능하리라 생각했던 미세한 차이까지도 보여주었다. 뢴트겐의 초기 X선에서는 조직이 투명하게 보였지만 여러 영상을 겹치자 형체가 드러났다. 비록 컴퓨터 연산, 회전 장치, 복잡한 수학을 동원해야 했지만 이 기법은 효과가 있었다. 뇌 촬영기는 1971년 런던 앳킨슨 몰리 병원에서 시험 운용되었다. 환자는 특수 설계된 이동식 침대에 누워 촬영 장치가 들어 있는 동그란 구멍에 머리를 넣었는데, 오늘날의 형태와 별반 다르지 않았다.

1971년에 최초로 촬영된 환자는 전두엽 왼쪽에 종양이 의심되는 여성이었다. CT 촬영으로 종양이 성공적으로 식별되었으며 이에 따라 수술이 실시되어 환자는 건강을 되찾았다. 그제야 하운스필드 팀은 "결승골을 넣은 축구팀처럼 팔짝팔짝 뛰었다."[24] 마침내 그는 자신의 발명이 어떤 의미인지를 깨달았다. 그의 발명으로 전통적인 뇌 X선 촬영의 고통이 종식되었다는 의미였다.

1972년 뇌 촬영기를 전 세계에 선보인 하운스필드는 거기서 멈추지 않고 나머지 인체의 내부 활동을 보여줄 수 있는 기계의 제작에 착수했다. 1973년 최초의 CT 촬영기가 미국의 병원들에 설치되었으며, 1980년에는 전 세계에서 300만 건의 CT 촬영이 실시되었다. 시간이 흐르면서 CT 촬영기는 더욱 널리 보급되어 2005년에는 촬영 건수가 연간 6,800만 건에 이르렀다.

그 뒤로 새로운 아이디어들이 탄생하여 실시간 영상, 여타 영상 기법과의 조합(이것에 대해서는 이후에 살펴볼 것이다), 응급의학과 일차 진단 기법으로서의 CT 이용 등으로 이어졌다. 1970년대에는 영상 하나를 얻는 데에 30분이 걸렸지만 현대의 기계는 1초도 걸리지 않는다. 이제는 의사가 스텐트를 삽입하는 동안 심장을 3차원으로 탐색할 수 있는 CT 기법까지 등장하여 시술 성공률이 높아졌다. 이것에 더해 CT로 촬영한 내부 구조를 3D 프린터로 출력하여 의사가 피부에 바늘 하나 꽂지 않고도 환자의 몸 안에서 실제로 무슨 일이 벌어지고 있는지 파악하여 수술과 이식을 계획하는 데에 활용할 수 있게 되었다. 기술과 성능은 계속 향상되고 있으며, 촬영 속도를 앞당기고 방사선 조사량을 줄이고 더 정밀한 3차원 영상을 얻는 데에 중점을 두고 있다.

X선 발견에서 현대 CT 촬영기까지의 여정이 열매를 맺기까지는 70년 이상이 걸렸다. 이것은 잇따른 발명, 수학 기법에서의 돌파구, 갓 등장한 컴퓨터가 하나로 어우러진 결과이다. 이제는 전 세계 어느 병원에서든 이 기술이 쓰이고 있는 현장을 볼 수 있다. 뢴트겐 시절의 의사에게 어떻게 하면 인체 내부에 대한 지식을 개선할 수 있겠느냐고 물으면, 방금 더 좋은 수술칼을 장만했노라고 대답했을 것이다. 뢴트겐과 톰슨이 막연해 보이는 물리학의 영역을 이해하려고 탐구한 덕분에 그들의 발견은 완전히 새로운 도구를 탄생시켰으며, 하운스필드를 비롯한 사람들은 이 도구를 다듬어 의료에 혁명을 가져왔다.

물론 X선의 혜택을 입은 분야가 의료만은 아니다. 주위를 둘러보면 어디에서나 X선이 쓰이고 있음을 알 수 있다. 다음번에 공항에 가거든 X선 수화물 검색기를 유심히 살펴보기를 바란다. 그 기계들도 뷔르츠부르크의 실험실로 거슬러 올라간다. 보안 분야 이외에서도 우리의 물질적, 물리적 세계는 X선에 대한 지식에 기대고 있다. 송유관에서 항공기, 다리에서 계단에 이르는 시설물을 제작하는 회사들은 X선을 이용하여 결과물이 표준을 준수하는지 검사한다. 균열이 생겼거나 기포가 발생했으면 뢴트겐의 원래 실험에서처럼 X선으로 찾아낼 수 있다. 이 "비파괴 검사" 기법은 우리의 눈에 보이지는 않지만 송유관이 좀처럼 터지지 않고 항공기가 좀처럼 추락하지 않는 이유이기도 하다. 130억 달러 규모의 산업이 된 비파괴 검사는 끊임없이 성장하고 있는데, X선은 이 시장에서 약 30퍼센트를 차지한다.

전자공학이 현재의 잠재력을 실현하기까지는 반세기가 걸렸고 X선은 한 세기가 꼬박 걸렸지만, 이 장에서 살펴본 이야기는 한 단면에 불과하다. 완전한 이야기는 수 세기에 걸쳐 지식과 기술이 점진적으로 축적된 과정이며, 1643년 에반젤리스타 토리첼리가 최초의 실험실 진공을 구현하고, 1654년 오토 폰 게리케가 최초의 진공 펌프를 발명하면서 시작된다. 진공이 유지되도록 연결 부위가 밀봉된 정밀하면서도 정교한 장치를 제작하려면 대롱불기(속이 빈 대롱 끝에다가 유리를 부풀려 용기를 만드는 기술/옮긴이) 장인이 필요했다. 전자를 금속 음극선에서 뜯어낼 만큼 높은 전압을 발생시킬 장비가 필요했다. 이렇듯 혁신이 눈 깜박할 사이에 일어난 것처럼 보이더라도 그 전체 과정은 여러 세대에 걸쳐 있다.

 1895년과 1897년 사이에 실시된 음극선관 실험이 전자기 스펙트럼에 대한 우리의 이해를 넓히고, 원자가 자연에서 가장 작은 입자라는 통념을 깨뜨리고, 최초의 아원자 입자를 발견하도록 이끈 과정은 그야말로 경이롭다. 당시 사람들에게 이 실험의 결과를 예측해보라고 질문했다면, 그들은 이것이 우리의 물리학 지식에 미친 영향을 터무니없이 과소평가 했을 것이다. 그러나 사회에 미친 영향을 예측해보라는 질문에는 더더욱 헛짚었을 것이다.

뢴트겐과 톰슨의 발견에서 또다른 공통점은 이것이 재빨리 기술로 채택되었다는 사실이다. 두 아이디어는 그 뒤로 수십 년에 걸쳐 일어난 전자공학과 구명 의료 장비의 혁신에 필수적이었다. 하지만 이 기술의 바탕이 된 기본 개념은 산업이 아니라, 우리의 집합적 지식을 확장하기 위해서 실험을 수행하는 호기심 많은 정신으로부터 배출되었다. 오늘날 많은 사람들은 "음극선관" 하면 구식 텔레비전을 떠올리지만 여기에는 훨씬 더 큰 의미가 있다. 음극선관은 호기심에 이끌린 연구가 엄청난 혁신으로 이어질 잠재력이 있음을 보여준다.

음극선관 실험은 물리학이 거의 완성되었다는 통념을 무너뜨렸다. 아원자물리학이 시작되면서 호기심 많은 과학자들에게 새로운 지평이 열렸다. 다음으로 살펴볼 주요 실험은 톰슨의 학생이 실시한 것이다. 그때 물리학자들은 이런 질문을 던지기 시작했다. 원자 안에는 또 무엇이 있을까?

2

금박 실험 : 원자의 구조

어니스트 러더퍼드는 몬트리올에 온 지 몇 달 지나지 않았을 때, 지역 물리학회의 토론 자리에 초대받았다. 때는 1900년이었고 토론 주제는 "원자보다 작은 물체의 존재"였다. 러더퍼드는 열성적으로 토론에 참가하고 싶어했으며 스승 J. J. 톰슨에게 편지를 써서 자신의 적수, 여섯 살 연하로 옥스퍼드에서 수학한 화학자 프레더릭 소디의 코를 납작하게 해주고 싶다는 희망을 피력했다. 소디는 물리학과 화학의 접점에 있는 문제들에 언제나 매혹되었으나, 러더퍼드가 화학의 토대 자체를 뒤흔들리라는 사실은 아직 몰랐다.[1] 토론은 과학에서 가장 놀라운 발견들을 촉발했으며 과학자뿐만 아니라 예술가, 철학자, 역사가로 하여금 세상에 대한 가정을 완전히 바꾸도록 했다.

소디가 먼저 포문을 열었다. 그는 키가 크고 표정이 진지하고 금발에 파란 눈이었다. 영국 남부에서 일곱 형제 중 막내로 태어나 학창 시절 언어장애를 극복했으며 자신의 놀이방을 화학 실험실로 개조하여 실험을 진행했고, 이따금 집을 태울 뻔한 적도 있었다. 그가 굳게 견지한 두 가지 가치는 진리와 아름다움이었다.[2]

소디가 토론에 나선 것은 원자를 지키기 위해서였다. 톰슨 등에 의해서 발견된 전자는 자신 같은 화학자가 아는 "물질"과는 다른 무엇인가라는 것이 그의 논지였다. 그는 이렇게 말했다. "원자가 비록 불변은 아닐지 몰라도 화학자는 분명히 아직은 변화되지 않은 구체적이고 영구적인 실체로서의 원자에 대한 믿음과 경의를 간직할 것입니다." 그는 러더퍼드에게 도전장을 던졌다. "러더퍼드 교수가 자신이 알고 있는 물질이 우리가 알고 있는 물질과 정말로 같다는 것을 우리에게 납득시킬 수 있는지 두고 봅시다."[3]

러더퍼드가 자신의 논지를 방어하려고 나섰다. 그는 전자가 평범한 물질의 일부라며 톰슨을 비롯하여 독일의 하인리히 헤르츠와 필리프 레나르트, 프랑스의 장 페랭, 영국의 윌리엄 크룩스 같은 선배 과학자들의 연구를 거론했다. 전자를 발견한 톰슨의 실험을 언급하면서 전자가 물질에서 생겨난 것처럼 보이므로 원자의 일부임에 틀림없다고 설명했다. 러더퍼드가 새 실험 결과를 어찌나 훌륭히 설명했던지, 맥길 대학교의 학생과 교수 청중은 원자가 물질의 더 이상 나눌 수 없는 가장 작은 구성요소라는 오랜 신념을 버려야겠다고 설득당했다. 하지만 러더퍼드가 토론에서는 이겼을지 몰라도 물질 안에서 무슨 일이 벌어지고 있는가에 대해서는 많은 질문들이 남아 있었다. 화학자들과 물리학자들은 여전히 나뉘어 있었다.

친구들에게는 "언"이라고 불린 러더퍼드는 물리학자였지만 내성적인 물리학자의 전형과는 천양지차였다. 그는 키가 크고 다부진 몸매에 목소리가 하도 커서 실험실의 예민한 장비를 교란할 정도였다. 부아가 치민 그의 학생들은 급기야 다음과 같은 정교한 조명 표지판을 제작하여 실험 설비 위에 걸었다. "대화는 조용히." 과학 저술가 리처드 P. 브레넌은 러더퍼드에 대해서 이렇게 썼다. "욕을 퍼부으면 실험이 잘 풀린다는 굳은 신념을 품고 있었는데, 결과적으로 그가 옳았던 것 같기도 하다."[4]

맥길 대학교에 도착한 러더퍼드는 물리학 교수라는 새 임무를 맡기에는 다소 어려 보였다. 옛 스승 톰슨의 적극적인 추천 덕분에 초고속 임용된 것이었다. 불과 몇 년 전 고국 뉴질랜드에서 영국으로 이주한 러더퍼드는 자신의 가치를 입증하겠다는 명석한 젊은이의 패기로 방사선radiation 분야에서 새로운 물질을 발견하는 일에 뛰어들었다. 그는 금세 케임브리지에서 촉망받는 학생이 되었으며 스승이 바쁠 때는 독자적인 연구 실력을 발휘했다(한마디 덧붙이자면 당시에 그의 스승은 전자를 발견하고 있었다).

방사능radioactivity은 1896년 우라늄 결정의 발광 효과를 연구하던 프랑스의 물리학자 앙리 베크렐에 의해서 다소 우연히 발견되었다. 1898년 마리 퀴리는 토륨 원소에서 방사선이 방출된다는 것을 발견했으며 연구에 합류한 남편 피에르와 함께 폴로늄[5]과 라듐의 발견을 발표하고 방사능이라는 명칭을 정했다. 이 모든 업적이 한 해에 이루어졌다. 러더퍼드는 케임브리지에서 박사 과정을 밟던 중에 이 조류에 올라타 방사선에 적어도 두 가지 유형이 있음을 밝혀냈다. 종이 한 장으로 막을 수 있는 알파선과 나무 한 토막으로 막을 수 있는 베타선이었다.[6] 알파선, 베타선, 그리고 몇 년 뒤 발견된 감마선은 각각 그리스 알파벳의 첫 세 글자를 따라 명명되었다. 이 방사선들의 성질은 처음에는 알려지지 않았지만, 얼마 지나지 않아 베크렐이 1899년 베타선이 전자임을 확인했으며, 러더퍼드는 1907년 알파선이 (전자를 두 개 잃어 이중으로 양전하를 띠는) 헬륨 원자로 이루어져 있음을 알아냈다. 당시에는 알려지지 않았지만 감마선은 X선과 비슷한 고에너지 빛으로 이루어졌다. 방사능에 대한 러더퍼드의 발견이 톰슨의 관심을 끌었음은 분명하다.

맥길 대학교에서 교수로 임용되어 처음으로 연구진과 자신의 실험실을 가지게 된 러더퍼드는 방사능 현상을 더 깊이 파고들고 싶었다. 캐나다의 분위기는 케임브리지와 사뭇 달랐지만, 그는 유서 깊은 영국 대학교의 사교적 제약에서 벗어난 덕분에 자신이 원하는 대로 연구할 수 있었다. 그는 목표를 높게 잡았다. 그의 바람은 원자의 구조를 이해하는 것이었다.

1900년에 벌어진 초창기 토론 이후 소디와 러더퍼드 사이에는 순수한 관심과 협력이 싹텄다. 두 사람은 상대방의 연구에 대한 호기심이 더욱 커졌다. 방사선에 대해서 더 알고 싶어진 소디는 러더퍼드의 고급 과정을 들으면서 X선, 우라늄과 토륨의 방사선, 전위계 사용법 같은 실용적인 지식을 배웠다. 화학자인 그에게 가장 인상 깊었던 것은 전위계로, 이 장비는 방사선 방출량을 바탕으로 미량의 토륨을 검출할 수 있었다. 단순히 재료의 무게를 재는 화학자들의 방법보다 훨씬 더 정밀했다. 전기적 측정법은 가장 좋은 화학 저울의 10^{12}(1,000,000,000,000)분의 1에 불과한 양의 물질도 검출할 수 있었다.

한편 러더퍼드는 첫 대학원생을 받아들였다. 해리엇 브룩스라는 여성이었다. 마리 퀴리의 성공이 어느 정도 반향을 일으키기는 했지만 당시는 여성 대학원생이 극히 드물었다. 아홉 형제 중 셋째로 태어난 브룩스는 온타리오 서부의 작은 마을 출신이었다. 아버지는 밀가루 장사를 했는데, 자녀들에게 돌아갈 양식이 부족할 때가 많았다. 그녀가 어쩌다 물리학을 사랑하게 되었는지는 애석하게도 거의 알려지지 않았다. 그녀의 성격이나 태도도 마찬가지이다. 이런 것들은 아예 기록되지 않았다.[7] 분명해 보이는 사실은 고등 교육이 자신에게 무엇을 가져다줄 것인지를 그녀가 자각했다는 것이다. 그것은 가족에게서 벗어나 독립할 수 있는 능력이었다. 그녀는 맥길 대학교에서 4년을 보낸 뒤 우등으로 졸업했으며 수학과 독일어에서 많은 장학금을 받았다. 덕분에 가족은 그녀를 뒷바라지할 부담을 덜었다. 그녀는 야심만만한 학생이었기 때문에 여성과 함께 연구하는 것에 전혀 거리낌이 없던 러더퍼드에게 합류 제의를 받은 것은 자연스러운 일이었다.

브룩스와 러더퍼드는 함께 토륨 원소를 연구하여 토륨이 신비한 "누설방사물emanation"을 내뿜는다는 사실을 알아냈다. 이전에 본 것과는 전혀 다른 종류의 기체였다. 이것만 해도 신기한 현상이었지만 두 사람은 누설방사물의 근처에 있는 물체가 방사성을 띤다는 사실도 발견했다. 말하자면 누설방사물과 접촉한 물체는 마치 라듐과 폴로늄 같은 자연 방사능 재료와 똑같이 자연적으로 알파선, 베타선, 감마선을 방출했다.

브룩스는 러더퍼드와의 박사 과정 연구를 위한 연구비를 받았는데, 이 돈으로 1902년 캐나다에서 영국으로 가서 J. J. 톰슨과 연구했다. 캐번디시 연구소 최초의 여성 연구원이었다. 러더퍼드는 그녀의 결과를 보고서 화학 기법에 능통한 사람이 있으면 현상을 이해하는 데에 도움이 되겠다는 생각이 들어 소디에게 협업을 제안했다. 소디는 기존 연구를 당장 팽개치고 제안을 받아들였다.[8]

소디는 화학적 방법으로 브룩스의 연구에 대한 후속 연구를 진행하면서 토륨 누설방사물이 다른 화학적 조건에서도 반응을 일으키는지 알아보았으나 전혀 성과가 없었다. 실험의 온도는 아무런 차이를 일으키지 않았으며 공기 대신 이산화탄소로 실험해도 마찬가지였다. 누설방사물은 일종의 불활성 기체 같았다. 그는 이것이 토륨은 아니지만 어떤 식으로든 토륨에 의해서 생성된 물질이라고 확신했다.

마침내 퍼즐이 맞춰졌다. 토륨이 기체로 **바뀌고 있던** 것이었다. 토륨 원자가 저절로 형태를 변화시키고 있었다. 납을 금으로 바꾼다는 연금술사의 꿈과는 거리가 멀었지만 원자는 변화하고 있었다. 소디는 "엄청난 의미에 넋을 잃은 듯 멍하니 서서 '러더퍼드 교수, 변환transmutation입니다!'라고 외쳤다."[9]

우리는 러더퍼드와 소디가 관찰한 것이 방사성 원소의 붕괴이고, 이 원소가 알파 입자와 베타 입자를 방출하여 다른 원소로 변환되었다가 마침내 안정된 물질을 형성하는 과정임을 안다. 자연은 지금껏 자진해서 연금술을 부리고 있었다. 소디는 불과 몇 년 전까지만 해도 화학적 원자가 불변이라고 주장했으나 이제 자신의 세계관을 송두리째 뒤엎는 증거를 발견했다.

뒤이어 두 사람은 방사성 붕괴가 **지수법칙을** 따른다는 사실을 밝혀냈다. 방사성 물질 덩어리에 들어 있는 원자의 절반이 다른 종류의 원자로 바뀌려면 "반감기半減期, half-life"라는 일정한 시간이 걸린다. 처음에 산소-15(원자질량이 수소 원자의 15배인 방사성 산소) 원자 100개가 있다가 2분이 지나면 50개만 남는다. 나머지 50개는 질소-15로 바뀐다. 2분이 더 지나면 25개밖에 남지 않는다(50 ÷ 2). 또 2분이 지나면 12.5개가 남는다. 이런 식으로 계속된다(엄밀히 말해서 원자의 개수가 절반이 될 수는 없지만, 2분이라는 "반감기"는 달라지지 않는다). 물질은 통념과 달리 더는 안정적이고 불변하는 실체가 아니었다.

러더퍼드와 소디의 아이디어는 20세기 초의 기준에 비추어 급진적이었기 때문에 학계의 반응은 엇갈렸다. 런던에서는 영국 물리학계의 최고참 켈빈 경(윌리엄 톰슨)이 원자가 붕괴한다는 가설을 대뜸 거부했다. 물질의 불멸성을 믿는 화학자들 또한 이 연구의 의미에 반기를 들었다. 맥길에서도 러더퍼드의 기행과 방사능 이론이 교수들의 심기를 불편하게 했다. 교수들은 물질에 대한 러더퍼드의 비정통적 개념 때문에 대학이 오명을 뒤집어쓸지도 모른다고 생각했다. 러더퍼드와 소디가 토론을 벌인 물리학회의 회원들은 매우 비판적이었으며 논문 발표를 미루고 신중을 기하라고 충고했다.[10] 한번은 러더퍼드의 동료 교수가 그를 회의에 끌고 들어와서 너무 밀어붙이지 말라고 경고했다. 러더퍼드는 간신히 울분을 감추고 회의실을 뛰쳐나갔다.

수모는 오래가지 않았다. 1904년 러더퍼드는 캠퍼스를 걷다가 지질학 교수 프랭크 도슨 애덤스를 맞닥뜨렸다. 그는 대뜸 애덤스에게 지구의 나이가 얼마로 추정되느냐고 물었다. 애덤스는 당시의 여러 추정 방식을 근거로 수억 년을 제시했다. 러더퍼드는 호주머니에 손을 쑤셔넣어 검은색 돌멩이를 꺼내더니 "애덤스 교수님, 나는 이 손에 들린 이 역청우란석이 7억 년 되었다는 걸 분명하게 알고 있습니다"라고 말하고는 자리를 떠났다.

러더퍼드는 자연에서 끊임없이 붕괴하는 방사성 물질을 지구의 나이측정에 이용할 수 있음을 알고 있었다. 암석에는 자신과 소디가 연구하고 있던 방사성 원자가 소량 함유되어 있었다. 원자의 붕괴율을 알면 붕괴하지 않은 원자의 개수와 "딸" 입자의 개수를 비교하여 물체가 얼마나 오래되었는지 계산할 수 있었다. 러더퍼드는 "방사성 연대 측정" 개념을 제시한 것이었다. 그의 최초 추정은 우라늄-238을 근거로 삼았다 (여기에서 "238"은 원자 질량수[mass number : 원자핵을 구성하는 양성자 수와 중성자 수의 합/옮긴이]를 가리킨다). 질량수가 다른 원소들은 **동위원소**

isotope라고 불리며 화학적으로는 동일한 원소이지만 방사성이 다를 수 있다(동위원소는 소디가 1913년 발견하여 이름을 붙였다). 우라늄-238은 반감기가 45억1,000만 년이며 일련의 중간 단계를 거쳐 서서히 붕괴하여 안정된 원소인 납-206이 된다. 러더퍼드는 자신의 실험실에서 대략적으로 추정한 반감기를 토대로 역청우란석 표본에 들어 있는 우라늄과 납의 양을 비교하여 이 암석이 지구의 추정 나이보다 훨씬 더 오래되었음을 발견했다.

러더퍼드는 지질학 교수에게 과시할 수는 있었지만, 원자의 변환에 대한 자신의 생각을 아직 물리학자와 화학자들에게 납득시키지는 못했다. 러더퍼드는 영국으로 건너가 1904년 5월 20일 왕립연구소 강연에서 방사성 발견에 대해서 발표했다. 그는 청중 가운데에서 켈빈 경을 발견했다. 켈빈은 이미 원자가 붕괴한다는 개념에 반발하고 있었으며, 러더퍼드는 지구의 나이를 언급하는 강연 후반부가 켈빈의 심기를 거스르리라는 것을 알고 있었다. 켈빈은 지구의 냉각 속도를 계산하여 지구 나이를 계산했으며 이 방면의 권위자로 통했다.[11] 러더퍼드는 이렇게 회상했다. "다행히도 켈빈은 곤히 잠들었지만, 내가 중요한 요점을 언급하려는 찰나 그 노친네가 똑바로 앉아 눈을 뜨고는 심술궂은 눈빛을 던졌다! 그때 문득 묘안이 떠올라 이렇게 말했다. '켈빈 경은 지구 나이의 상한선을 정하면서 새로운 [에너지]원이 발견되지 않았다는 것을 단서로 달았습니다. 그 예언적 발언은 우리가 오늘밤 살펴보려는 것을 일컫는 것입니다. 바로 라듐 말입니다!' 그러자 노인이 내게 미소 지었다."[12]

다른 실험실들에서도 증거를 내놓자, 많은 원소가 불안정하고 반감기를 가진다는 가설은 확증되었다. 켈빈 경은 영국 과학진흥협회 회의에서 방사능에 대한 기존 입장을 공개적으로 철회했으며, 물리학자 레일리 경과의 내기에서 돈을 날렸다. 학계는 러더퍼드와 소디가 추측한 대로 방사능 현상이 실제로 일어났음을 서서히 받아들였다.

러더퍼드는 1908년 노벨 화학상을 받는 자리에서 그동안 실험실에서 많은 변환을 목격했지만 자신이 물리학자에서 화학자로 바뀐 것보다 더 빠른 변환은 없었다고 말했다. 소디도 방사화학에 대한 공로를 인정받아 1921년 노벨상을 수상했다. 추천자는 러더퍼드였다. 한편 해리엇 브룩스는 소디와 러더퍼드가 변환을 발견한 1902년에 케임브리지에 있었지만, J. J. 톰슨은 자신의 연구에 정신이 팔려 그녀의 연구를 주목하지 못했다. 그녀는 1903년 캐나다로 돌아가 훌륭한 방사능 연구 성과를 내다가 1905년 약혼했다. 그러자 대학에서는 그녀에게 결혼하면 퇴직해야 한다고 말했다.[13] 그녀는 파혼하고 연구를 계속했다. 1907년 파리에서 퀴리 부인을 만나 함께 연구한 뒤 브룩스는 선택의 기로에 섰다. 그녀의 전직 실험교수이던 캐나다의 교수가 편지를 잇따라 보내며 연정을 표하기 시작한 것이다. 당시 그녀는 서른한 살이었는데 결혼해서 아이를 낳으라는 주변의 압박이 거셌다. 당시 맨체스터에 있었던 러더퍼드는 그녀가 금전적으로 독립할 수 있도록 일자리를 마련해주려고 최선을 다했다. 그는 추천서에 그녀가 방사능 분야에서 퀴리 다음으로 저명한 여성 물리학자라고 보증했다. 하지만 브룩스는 결국 청혼을 받아들여 캐나다로 돌아간 뒤 세 아이를 낳았다. 그녀의 물리학 경력은 이렇게 끝났다. 원소가 붕괴하여 다른 원소로 변화한다는 러더퍼드와 소디의 발견에 그녀의 연구가 필수적이었음은 1980년대에야 인정받았다.[14]

노벨상은 대부분의 사람들에게 경력의 절정일 테지만, 러더퍼드에게는 첫걸음에 불과했다. 그는 아직 맨 처음 품었던 의문에 답하지 못했다. 원자의 구조는 어떤 형태일까? 지금껏 그는 창의적인 도약을 감행하고 간단하지만 효과적인 실험으로 이를 발전시키는 능력으로 명성을 얻었다. 1907년 영국으로 돌아온 그는 맨체스터 대학교 물리학과를 이끌었다. 그의 두 번째 발견을 위해서는 물리학자와 화학자들이 훨씬 큰 도약을 감행해야 했으며 그 바탕은 물리학에서 가장 간단하지만 가장 유명한 연구, 바로 금박 실험이었다.

러더퍼드는 많은 발전을 이루었지만 1908년에 그가 제작하던 실험 설비는 여전히 매우 초보적이었다. 그는 자신의 접근법을 절묘하게 표현했다. "돈이 없으니 생각을 해야 한다." 러더퍼드 연구진의 학생과 연구원들은 깡통, 담뱃갑, 봉랍sealing wax 같은 물건을 활용하는 등 각고의 노력을 기울이는 것으로 유명했다. 그들은 조잡하지만 기발한 수법으로 자연을 검증하는 방법을 알아내면서 즐거움을 느꼈다. 그의 학생이던 오스트레일리아 출신의 물리학자 마크 올리펀트는 훗날 이렇게 썼다. "그는 아이디어가 넘쳤지만 언제나 간단한 아이디어였다. 그는 무슨 일이 벌어졌는지 말로 설명하기를 좋아했다."[15] 원자에 대한 견해도 마찬가지였다.

러더퍼드는 20세기 초입에 자신의 원자 개념을 "근사하고 단단한 친구이며 색깔은 취향에 따라 빨간색이거나 회색이다"라고 묘사했다. 음식, 신체, 행성을 구성하는 아주 작은 원자는 작은 당구공으로 상상하면 수월한데, 학교에서도 종종 이렇게 가르친다.[16] 톰슨이 전자를 발견한 지 10년이 지난 1908년에도 물리학자들은 여전히 원자의 내부 구조가 실제로 어떻게 생겼는지는 전혀 몰랐다. 하지만 러더퍼드는 원자의 구성과 방사능이 밀접하게 연관되어 있다는 낌새를 맡고 있었다.

톰슨을 비롯한 많은 사람들의 견해는 원자가 양전하를 띤 공이고 음전하를 띤 전자가 안에 박혀 있다는 것이었다("건포도 푸딩 모형plum pudding model"이라고 불린다). 그밖에도 여러 개념들이 제안되었고, 일본의 물리학자 나가오카 한타로는 "끌어당기는 질량이 가운데에 있고 공전하는 전자의 고리가 주위를 둘러싸고" 있는 "토성" 모형을 제시했지만 이 모형을 입증하는 증거는 전혀 없었다.[17] 러더퍼드는 옛 스승 톰슨을 매우 높이 평가했지만 이제는 의심을 품기 시작했다.

러더퍼드의 영역이 커지면서 그의 책임도 덩달아 막중해졌다. 그는 맨체스터 대학교 물리학과 전체를 관장하고 있었는데, 웅장한 적벽돌 건물에는 용도에 맞게 건축된 실험실과 연구실이 들어서 있었다. 러더퍼드는 그중 하나를 개인 실험실로 썼다. 여느 실험실과 마찬가지로 바닥은 단단한 목제 바닥이었으며, 벽은 바닥 근처는 겨자색 타일, 책상 높이에는 진홍색 줄무늬 타일, 그곳부터 천장까지는 크림색 타일로 덮여 있었다. 단출해 보일지도 모르지만 무척 실용적이었다. 이곳에서 러더퍼드는 원자의 내부가 실제로 어떻게 생겼는지 탐구하는 일에 착수할 수 있었다. 실제로 연구는 연구원과 학생들의 몫이었다.

러더퍼드는 연구소장 일로 너무 바빠서 설령 직접 실험하고 싶었어도 그럴 여유가 없었다. 그의 임무는 모두가 목표를 위해서 노력하도록 연구진을 단합시키는 것이었다. 그는 이따금 실험실에 들러 결과를 살펴보고 조언을 건네고 사기를 북돋웠다. 그러다가 어니스트 "어니" 마스든을 만났다. 마스든은 랭커셔 출신의 스무 살 학부생으로, 활력과 열정이 넘쳤다. 러더퍼드는 여느 때와 마찬가지로 자신보다 약간 작은 마스든에게 허리를 숙였다. 면 방직공의 아들 마스든은 어릴 적에 과학뿐 아니라 음악과 문학도 좋아했는데, 고등학교 교사들의 영향으로 물리학을 선택했다. 그의 웃음은 전염력이 강했으며 동료들에 따르면 주변을 즐겁게 하는 사람이었다.[18] 마스든은 학부 논문을 위해서 연구 과제가 필요했고, 러더퍼드는 아이디어를 하나 던져주었다.

캐나다에서 러더퍼드는 알파 입자를 얇은 금속판에 통과시키자, 감광판에 뿌연 이미지가 나타나는 것을 목격했다. 금속판을 치우면 이미지가 뚜렷했다. 알파 입자가, 아마도 금속의 원자에 의해서 휘어져 산란한 것 같았지만 이유는 알 수 없었다. 대부분의 사람이라면 그냥 지나쳤을 사소한 효과였다. 러더퍼드는 마스든에게 이 효과를 더 자세히 들여다볼 실험을 해보라고 격려했다.

러더퍼드는 마스든이 조언을 구할 수 있도록 여섯 살 연상인 독일 태생의 물리학자 한스 가이거에게 연구 지도를 맡겼다. 가이거는 라인란트 팔츠 주의 아름다운 포도주 산지인 노이슈타트에서 태어났다. 그는 자연에 매혹되었으며 실험을 설계하는 일에서 즐거움과 자부심을 느꼈다. 최근 박사 과정을 마친 그는 러더퍼드와 같은 시기에 맨체스터로 옮겼다. 훗날 가이거 계수기를 발명하여 유명해진다. 러더퍼드는 두 젊은이에게 자신의 개인 실험실을 내어주었다.

러더퍼드 연구진은 전자가 금속을 통과할 때 전자들이 산란하는 현상을 이미 연구한 적이 있었다. 그들은 전자들을 금속 원자에 잇따라 충돌시키면 전자 몇 개가 원래 방향으로 되튀는 것을 발견했다. 이제 문제는 알파 입자가 비슷한 실험에서 어떻게 행동할 것인가였다. 알파 입자(지금은 헬륨 핵으로 밝혀졌다)는 전자보다 약 7,000배 무거우며 이 덩치 때문에 방향을 바꾸게 하려면 큰 힘이 필요하다. 직관적으로 생각하면 알파 입자는 얇은 금속판을 직진으로 통과해야 했다. 하지만 알파 입자는 금속판을 통과하면서 뿌연 이미지를 만들었다. 이 현상은 러더퍼드에게 매우 흥미로웠다. 문제는 분명했다. 알파 입자를 하나씩 금속에 발사하면 금속의 두께가 산란과 편향에 어떤 영향을 미칠까?

실험 준비를 돕는 일은 마스든에게 좋은 훈련이었으며 러더퍼드의 실험실에서는 아주 흔한 일이었다. 이런 실험에서는 몇 시간 내리 현미경으로 형광판을 들여다보면서 알파 입자로 인해 반짝이는 작은 빛의 개수를 세어야 했다. 시간과 체력이 필요한 일이었다. 그렇게 가이거와 마스든은 실험을 시작했다.

실험을 위해서는 다양한 진공관이 필요했다. 음극선관은 전자를 생성했는데, 그들이 원한 것은 알파 입자였다. 그들은 진공관 한쪽 끝에 라듐으로 만든 강력한 방사성 알파 방사원을 부착하고 반대쪽 끝은 알파 입자가 통과할 수 있는 얇은 재료인 운모雲母 창문으로 밀봉했다. 진공관을 입사각 45도로 두꺼운 금속 조각을 향하도록 놓고 황화아연 검출판detector screen을 반사각 45도로 놓아 알파 입자가 그 검출판을 때리면 빛이 나도록 했다. 그들은 알파 입자가 검출기로 직진하여 결과를 망치지 않도록 진공관과 검출기 사이에 납을 댔다. 이러한 설계의 의도는 금속에서 반사된 알파 입자만 검출되도록 하는 것이었다. 가이거와 마스든은 검출판의 불빛을 볼 수 있는 곳에 자리를 잡았다.

우선 두 사람은 알파 입자가 두꺼운 금속 조각의 표면을 때렸을 때 무슨 일이 일어나는지 관찰했다. 전자와 마찬가지로 알파 입자 몇 개는 반사되었다. 두꺼운 금속판에서는 알파 입자가 전자와 대동소이하게 행동했다. 금속 안에서 개별 원자에 의한 알파 입자의 편향은 사소할 것으로 예상되었다. 두꺼운 금속판에는 원자가 여러 겹 들어 있으며, 알파 입자가 전자보다 7,000배 무겁기는 하지만, 실험 결과에 따르면 충돌이 충분히 많이 일어날 경우 이 무거운 탄도체조차 이따금 원래 방향으로 되튀었다. 그렇다면 금속의 종류에 따라 차이가 발생할까? 그래 보였다. 금처럼 무거운 원소로 이루어진 금속은 알루미늄처럼 가벼운 원소로 이루어진 금속에 비해 알파 입자를 더 많이 반사했다.

다음으로 가이거와 마스든은 금속 두께에 따라 차이가 발생하는지 알아보았다. 두 사람은 금속박을 충분히 얇게 만들면 알파 입자가 직진하지만 러더퍼드가 관찰한 것처럼 조금은 산란할 수도 있으리라고 추론했다. 이번에 고른 것은 금박이었는데, 얇게 만들기가 쉬웠기 때문이다. 두 사람은 금박의 두께를 조금씩 바꿔가며 검출판에서 "번쩍임"(scintillation : 형광체에 방사선이 부딪혀 빛을 발하는 현상이나 별이 반짝이는 현상/옮긴이)이 몇 번이나 관찰되는지 확인했다. 금박의 두께를 줄이면 알파 입자는 예상대로 직진하기 시작하는 것처럼 보였다. 하지만 신기한 현상이 일어났다. 금박을 아무리 얇게 만들어도 여전히 황화아연 검출판에서 이따금 빛이 번득인 것이다. 알파 입자 8,000개당 약 1개가 금박에 맞고 튀어나와 검출판을 때리는 것 같았다. 이것은 단순히 알파 입자의 방향을 살짝 바꾸는 정도가 아니었다. 알파 입자의 방향을 완전히 휘게 하여 마치 금박에서 반사된 것처럼 형광판으로 돌려보내는 엄청난 효과였다. 하지만 어떻게 그럴 수 있을까? 그들이 알기로 금 원자 안에는 이런 효과를 낼 수 있는 것이 전혀 없었다. 이 현상은 알려진 모든 물리법칙을 거스르는 것 같았다. 어떻게 무거운 알파 입자가 작은 전자에 의해서나 두루 퍼져 있는 원자의 양전하에 의해서 방향이 달라질 수 있을까?

가이거와 마스든은 러더퍼드에게 소식을 전했다. 그는 훗날 이렇게 술회했다. "내 평생 가장 믿을 수 없는 사건이었다. 15인치 포탄을 휴지 한 장에 발사했는데 도로 튕겨나와 나를 맞히는 것만큼이나 믿을 수 없었다." 실험 결과를 듣고 나서 러더퍼드는 데이터에 들어맞는 설명을 모조리 떠올리며 하나씩 배제해야 했다. 건포도 푸딩 모형이 옳다면 알파 입자의 편향은 사소해야 했지만, 가이거와 마스든이 관찰한 결과는 그렇지 않았다. 그들은 알파 입자가 어떻게 되돌아오는지 알아내야 했다. 알파 입자를 튕겨내려면 금 원자 안에 어마어마한 힘이 있어야 했다. 몇 가지 가능성을 생각해볼 수 있었다. 실험이 틀렸을 수도 있고, 알파 입자가 원자에 흡수되었다가 다시 방출되었을 수도 있고, 어쩌면 원자의 모든 양전하가 원자 내부 한가운데에 몰려 있을 수도 있었다.

실험은 1907–1908년에 실시되어 1909년에 발표되었지만, 이것이 원자와 관련하여 무슨 의미인지에 대한 러더퍼드의 이론이 여물려면 1911년까지 기다려야 했다. 그동안에 러더퍼드는 실험실에서 나와 계산을 했으며 자신이 옳은지 확인하려고 수학 강의를 수강하기까지 했다. 아무리 들여다보아도 데이터에 들어맞는 설명은 하나뿐이었다. 원자는 대부분 빈 공간으로 이루어져 있으며 가운데에 작고 조밀한 핵이 있는 것이 **틀림없었다**.

통용되는 원자 모형을 뒤엎고 싶다면 새 모형이 옳다는 것을 의심의 여지 없이 입증해야 했다. 그 뒤로 몇 년간 마스든과 가이거는 가이거가 발명한 계수기의 도움을 받아 또다른 실험을 실시하여 모든 조각들을 끼워맞췄다. 그런 뒤에야 러더퍼드는 자신의 새 이론을 세상에 내보낼 수 있었다. 원자는 음전하를 띤 전자가 점점이 박혀 있는 푸딩이 아니었다. 양전하를 띤 작은 핵이 한가운데에 들어 있었는데, 어찌나 조밀한지 알파 입자가 가까이 오면 튕겨낼 수 있을 정도였다. 전자는 원자의 일부이기는 했으나 핵으로부터 어마어마하게 멀리 떨어진 채 공전하고 있었다. 원자가 성당이고 전자들이 벽에 붙어 있다면 핵은 파리만 했다. 그 사이에는 아무것도 없었다.

가이거와 마스든의 실험은 원자를 바라보는 관점을 완전히 바꿨으며 이로써 우주를 바라보는 관점 또한 완전히 뒤엎었다. 수천 년간 덩어리인 줄 알았던 원자는 알고 보니 대부분 빈 공간으로 이루어져 있었다. 이 결과가 얼마나 놀라웠는지는 아무리 강조해도 지나치지 않다. 아서 에딩턴은 1928년에 이렇게 썼다.

지금 우리가 알고 있는 우주를 예전에 알고 있던 우주와 비교했을 때 가장 흥미로운 변화는 아인슈타인에 의해서 시공간이 재구성된 사건이 아니라 우리가 실체라고 여긴 모든 것이 (허공을 떠다니는) 작은 점들로 분해된 사건이다. 이것은 사물이 눈에 보이는 모습과 대동소이하다고 생각하던 사람들에게 느닷없는 충격을 선사한다. 원자 안이 허공이라는 현대 물리학의 선언은 성간interstellar 공간이 거대한 허공이라는 천문학의 선언보다 더욱 심란하다.[19]

원자 내부가 어떻게 생겼는지를 이해하는 것은 한낱 흥밋거리처럼 보일 수도 있다. 하지만 방사성 붕괴 및 변환의 메커니즘에 대한 발견과 이해는 거기에서 그치지 않고 수십 년간 과학, 기술, 심지어 정치를 지배했다. 원자가 작고 조밀하고 양전하를 띤 핵으로 이루어지고 음전하를 띤 전자가 주위를 돈다는 사실로부터 "핵물리학nuclear physics"이라는 완전히 새로운 분야가 탄생했다.

이런 간단한 실험으로부터 방대한 지식의 가능성이 생겨났다. 러더퍼드가 이 일에 어찌나 흥분했던지 그의 케임브리지 공동 연구자이자 훗날 유명 작가가 된 화학자 C. P. 스노는 러더퍼드가 영국 과학진흥협회 회의에서 들뜬 표정으로 "우리는 위대한 과학의 시대를 살아가고 있습니다!"라고 외치는 동안 나머지 사람들은 어리둥절하여 말문이 막힌 채 앉아 있었다고 회상했다.

러더퍼드의 열광에는 근거가 있었다. 그는 원자핵과 방사능에 대한 이해가 가져올 어마어마한 가능성을 보았다. 오늘날 많은 사람들은 "핵"과 "방사능" 하면 수십 년 뒤에 등장한 핵무기와 원자력 발전을 떠올린다. 우리의 핵 탐구에 의해서, 또한 방사능의 보이지 않는 성질에 의해서 풀려난 능력은 이따금 두려움을 일으키기도 한다. 그러나 방사능이 존재하지 않았다면, 모든 원소가 안정적이었다면, 핵이 놀랄 만큼 복잡하지 않았다면 우리와 지구와 그 뒤의 모든 것들은 이곳에 없었을 것이다. 방사능이 발생하는 것은 원자에 구조가 있기 때문이며 이 구조를 발견함으로써 우리는 물질의 본성을 더 깊이, 더 근본적으로 이해하게 되었다. 이것은 수천 년간 우리가 추구해온 목표였다.

방사능은 자연적 과정이다. 이것은 우리 삶의 모든 것, 심지어 물질 자체가 끊임없이 진화하는 변화 상태에 있다는 개념이 구체화된 것이다. 이 변화는 경우에 따라 지독히 느려서 일부 원자는 "안정하다"라고 불린다. 이 말은 이 원자들의 반감기가 우주의 나이보다도 훨씬 길어서 아직 붕괴가 관찰되지 않았다는 뜻이다. 하지만 어떤 원자들은 확실히 불안정하다. 이 원자들의 반감기는 몇십억 년에서부터 며칠이나 몇 분까지로 짧은 것도 있으며, 이런 이유로 우리에게 훨씬 흥미롭고 종종 더 유용하다.

이런 방사성 원소는 암석, 공기, 거의 모든 곳에서 자연적으로 발견된다. 부엌 조리대의 화강암에는 우라늄과 토륨, 그리고 이 원소들의 방사성 붕괴 생성물이 들어 있다. 칼륨 같은 일부 원소는 안정적인 동위원소와 불안정한 동위원소가 둘 다 있는데, 이들의 원자질량이 다른 이유는 핵의 중성자 개수가 다양하기 때문이다. 양성자 개수보다 많을 수도 있고 적을 수도 있다. 한 원소의 동위원소들은 방사성 성질이 다를 수 있다. 이를테면 대부분의 칼륨은 안정 동위원소 K-39이지만, 0.0012퍼센트를 차지하는 동위원소 K-40은 중성자가 1개 더 있어서 반감기가 13억 년인 베타선(전자)을 주로 방출한다. 이것은 바나나조차 (엄밀히 말하면) 방사성이 있다는 뜻이다. 그러나 방사선 양이 미미해서 한자리에서 500만 개를 먹지 않는 이상 악영향을 받지 않는다. 우리 인체에도 불가피하게 이런 동위원소가 들어 있으니, 우리 모두는 방사성이 있는 셈이다.

오늘날 많은 기술에서 자연 방사성 원소를 활용한다. 연기 감지기는 아메리슘의 알파 입자 방사원에서 미세한 전류를 발생시키는데, 연기가 알파 입자를 산란시키면 이 전류가 검출되는 원리를 이용한다. 방사원을 깊은 구멍에 집어넣어 지하 암석의 구성을 파악하는 "검층檢層" 기법은 암석 속 원소들의 감마선 방출을 자극함으로써 땅을 최소한으로 시추하고도 땅속 깊숙이 매장된 귀금속 광물, 석유, 가스 등 귀중한 자원을 탐사할 수 있다. 그밖의 방사원도 오래 전부터 암 치료와 우편물 살균에 쓰였다. 특히 2001년 우편으로 탄저균을 살포하려는 시도가 있은 이후 미국 정부의 우편물은 방사선으로 살균된다.[20]

사회 다른 분야에서도 자연 방사능이 무척 중요한 역할을 하고 있기 때문에 우리는 러더퍼드, 소디, 브룩스, 가이거, 마스든의 발견 이전에는 이 기법이 존재하지 않았다는 사실을 잊기 쉽다. 이 증거는 러더퍼드의 옛 실험실에서 몇 발짝 떨어지지 않은 맨체스터 박물관에서 찾아볼 수 있다. 이곳에 진열된 것은 오래된 물리학 실험 장비가 아니라 수많은 화석이다(스탠이라고 불리는 거대한 티라노사우루스 렉스도 있다). 진열품 중에는 석탄기 후기의 우람한 나무뿌리 계를 재현한 것이 있는데, 안내문에는 나이가 2억9,000만-3억2,300만 년이라고 나와 있다. 노스요

크셔에서 대학생 탐사단이 발견한 1억8,000만 년 된 수장룡 화석은 박물관 바닥에 놓인 커다란 유리 상자에 들어 있다. 우리는 화석, 암석, 고대 인공 유물의 절대연대를 측정하는 기법이 처음부터 있었다고 생각하기 쉽지만, 러더퍼드가 지질학 교수 애덤스와 만난 일화에서 알 수 있듯이 그렇지 않았다. 기록이 없는 역사 유물의 연대를 객관적으로 알 수 있게 된 것은 무엇보다 방사능에 대한 우리의 지식 덕분이다.

러더퍼드가 핵을 발견한 이후 원자마다 반감기가 다른 이유를 이해할 만큼 핵물리학 지식이 발전하기까지는 오랜 시간이 걸렸다. 한편 반감기가 다른 여러 불안정한 원자들이 자연에서 발견되면서 화석뿐 아니라 거의 모든 것의 연대를 측정하는 다양한 도구와 기법들이 등장했다. 방사성 연대 측정기법 덕분에 알게 된 모든 것을 일일이 열거하는 것은 불가능하지만 그중 몇 가지만 살펴보자.

우리는 토리노의 수의가 중세의 위조품임을 알며,[21] 사해 문서의 연대를 측정할 수 있다. 호모 사피엔스가 한 번이 아니라 여러 시기에 걸쳐 아프리카에서 이주했음을 알며,[22] 어떻게 지구 방방곡곡에 퍼졌는지도 안다. 이것은 오리건의 동굴에서 발견된 1만4,300년 전 유해를 비롯한 인간 유해의 연대를 측정할 수 있기 때문이다.[23] 고고학에서는 국제적 유물의 연대를 측정하는 것에서 더 나아가 서로 다른 나라나 심지어 대륙끼리 비교하여 전 세계의 선사 이야기를 재구성할 수 있다. 또한 150만 년 전 얼음의 연대를 측정하여[24] 얼음 코어로부터 고대 기후를 이해할 수 있다. 우리가 언제 공룡이 지구를 누비고 다녔는지 알고 6,500만 년 전 소행성이 공룡을 몰살시켰음을 아는 것도 방사성 연대 측정 덕분이다.[25] 더 과거로 거슬러 올라가면 최초의 동물 화석일지도 모르는 것의 증거를 확인할 수 있는데, 그 화석은 사우스 오스트레일리아 트레조나층의 6억

6,500만 년 전 암석에서 발견된 초기 해면의 일종이다.[26]

이런 지식은 우리의 삶과 인류의 문화적, 역사적 맥락에서 풍성한 토대를 이룬다. 우리가 이 모든 이야기를 정확히 짜맞출 수 있는 것은 암석 층과 뼈대를 서로 비교할 수 있기 때문일 뿐 아니라 원자가 저절로 다른 원자로 붕괴하기 때문이며 러더퍼드 연구진과 이후의 과학자들이 이 방법을 발전시키고 개량했기 때문이다. 자연의 가장 작은 물체를 찾기 위한 탐구는 당시에는 막연한 물리학 연구처럼 보였을지도 모르지만 문화, 예술, 지질, 그리고 세계 역사에서 우리가 차지하는 위치 등을 이해하는 데에 중요한 토대가 되었다.

물질 자체의 심장부에 작은 핵이 들어 있다는 획기적인 지식을 낳은 것은 이번에도 소수의 사람들이 실시한 간단한 실험이었다. 이 발견으로부터 중요한 후속 질문들이 터져 나왔다. 핵은 어떻게 뭉쳐 있을까? 전자는 어떻게 원자 안에 머물러 있을까? 이 질문들에 대한 최초의 대답은 양자역학 초창기에 제시되었는데, 그 계기는 빛의 본성과 물질과의 상호작용을 연구하기 위해서 설계된 실험이었다. 시간이 흐르면서 물리학은 점차 복잡해졌으며 러더퍼드가 그토록 좋아한 간단한 실험으로는 더는 원자의 비밀을 밝힐 수 없게 되었다. 심지어 자연에서 발견되는 방사성 물질도 충분히 효과적이거나 유연하지 않은 것으로 드러났으며 결국은 발견의 도구라기보다는 한계가 되었다. 기술적, 이론적 발전은 실험과 손잡고 나아가기 시작했다. 물리학자들은 서로 동떨어진 것처럼 보이는 자연의 측면들 사이에서 경이로운 연관성을 찾아내기 시작했다. 이제 우리의 이야기는 그 경이로운 연관성들 중 첫 번째 것으로 이어진다. 빛과 물질의 상호작용을 통해서 물리학자들은 가장 기본적 차원에서 우리 세상에 대한 놀랍도록 새로운 관점을 받아들이게 되었다.

3

광전 효과 : 광양자

빛은 무엇일까? 빛의 본성에 대한 논쟁은 17세기 이후 격렬하게 전개되어왔다. 처음에는 빛이 입자라는 주장이 우세했다.[1] 빛이 가상의 매질인 에테르 속을 빠르게 직진하는 물체라는 이 개념을 옹호한 인물은 아이작 뉴턴이다. 반대편에는 네덜란드의 물리학자 크리스티안 하위헌스가 있었다. 그는 과학혁명의 주역으로, 토성의 위성 타이탄을 발견했으며 1690년 「빛에 대한 논고*Traité de la lumière*」에서 빛의 파동설을 설명하는 수학을 확립했다. 하위헌스는 빛이 에테르 속에서 진동하는 파동이라고 주장했다(훗날 에테르는 존재하지 않는 것으로 드러났다[2]). 뉴턴의 명망 때문에 입자설이 오랫동안 우세했으나, 과학에서는 실험이 언제나 명성을 이겼으며 결국 파동설이 우위를 차지했다.

논쟁을 일단락 짓고 파동설의 손을 들어준 주요 실험은 1801년 영국의 토머스 영에 의해서 처음 실시되었다. 이 실험의 현대적 버전은 쉽게 재현할 수 있으며 대부분의 물리학과 학생들이 시도한다. 우선 두 개의 작은 슬릿이 뚫린 검은색 금속판에 레이저 포인터를 비춘다. "이중 슬릿 실험double slit experiment"이라는 이름은 여기에서 나왔다. 이중 슬릿 뒤에는 스크린이 놓여 있다. 질문은 이것이다. 스크린에서는 무엇이 보일까? 우리의 직관은 경험에 의한 유추로 직행한다. 널판이 두 개 사라진 이 빠진 울타리에 햇빛이 비친다고 상상해보라. 울타리는 햇빛을 가려 길에 그림자를 드리우지만, 널판이 빠진 틈새로 밝은 부분이 두 군데 생긴다. 대부분의 사람들은 이중 슬릿이 널판 구멍 두 개인 셈이니 스크린에 선명한 붉은색 줄 두 가닥이 생기고 나머지 부분은 어두울 것이라고 생각한다. 이런 예상과 달리 실제로 일어나는 현상은 그렇지 않다. 대신 **간섭 무늬**interference fringe가 생긴다. 밝은 띠와 어두운 띠가 스크린을 가로지르며 반복되는 것이다.[3]

이 **간섭**干涉은 파동의 독특한 성질이다. 이를테면 물의 파동을 이용하여 비슷한 무늬를 만들 수 있다. 축구공 두 개를 가지고 잔잔한 연못으로 가서 공을 한 손에 하나씩 1미터 간격으로 들고 동시에 올렸다가 내렸다 하면서 두 개의 물결을 일으키면 하나의 무늬가 생기는 것을 볼 수 있다.[4] 두 파동의 마루가 만나면 "보강" 간섭이 일어나며, 마루와 골이 겹치는 반대의 경우에는 "상쇄" 간섭이 일어나 파동이 사라진다. 이로 인해서 물결치는 부분과 정지한 부분이 교대로 반복되는 아름다운 부채꼴 무늬가 연못 전체로 퍼져 나간다.

빛의 간섭 효과는 (그림자보다는 미묘하지만) 일상생활에서도 볼 수 있다. 비누 거품의 근사한 색깔, 나비 날개의 다채로운 색깔, CD나 DVD 뒷면의 무지갯빛은 빛의 간섭 효과가 낳은 산물이다. 이런 경우에 간섭이 좀더 복잡해 보이는 이유는 백색광(레이저 포인터가 하나의 색깔로 이루어진 반면에 백색광은 여러 색깔로 이루어진다)이 이용되고 간섭 무늬가 색깔에 의해서 발생하므로 밝은 부분과 어두운 부분 대신에 색색의 무늬가 생기기 때문이다.

영의 이중 슬릿 실험에서는 이 간섭이 어떻게 작용하는지 볼 수 있다. 빛에 빛이 더해졌는데, 어느 부분은 더 밝아지고 어느 부분은 어두워진다. 레이저 포인터 광선의 파장을 알면 화면에서 밝은 지점들의 거리를 측정하고 빛의 파동 이론을 이용하여 관찰 결과를 예측할 수 있다. 19세기의 과학자들이 이 지식으로 빛의 간섭뿐 아니라 회절回折, diffraction과 굴절屈折, refraction을 설명할 수 있게 되자—이것은 모두 입자가 아니라 파동의 성질이다—논쟁은 종결되었다. 빛은 파동임이 입증되었다.

고전적인 빛의 파동 이론은 19세기 내내 점차 힘을 더해가며 실험실에서 관찰되는 빛의 알려진 모든 행동을 예측했다. 이를 바탕으로 우리는 현미경과 망원경, 거울과 렌즈를 제작하고 이해할 수 있었다. 무지개가 어떻게 생기는지, 하늘이 왜 푸른지, 그밖에도 여러 현상들을 설명할 수 있었다. 스코틀랜드의 물리학자 제임스 클러크 맥스웰이 여기에 자신의 전자기 이론을 접목하여 광파光波의 본성을 더욱 명확하게 정의한 뒤에도 고전 이론은 건재했다. 더 정확히 말하자면 빛은 초속 3억 미터 가까운 속도(c)로 이동하는 전자기파electromagnetic wave라고 할 수 있다. 이 파동에는 진동하는 전기 성분과 자기 성분이 있으며 둘은 교대로 작용한다. 1900년 즈음 빛의 본성은 더는 논란의 여지가 없었다.

그때 일련의 실험이 파동설에 심각한 의문을 던지기 시작했다. 실험 결과 빛이 언제나 파동처럼 행동하지는 않는다는 사실이 드러났다. 빛은 때로는 입자처럼 행동하는 듯했다. 과학자들은 파동 이론이 물리학의 다른 분야와 어떻게 상호작용하는지 묻기 시작했으며 그러자 고전 이론은 문제에 봉착하기 시작했다. 양탄자 밑에 숨겨둔 질문이 비져 나왔다. 빛과 물질은 왜 서로 다른 것으로 취급되어야 하는가? 빛과 물질이 서로 다르게 행동하는 것은 무엇 때문인가? 물리학자들이 이 질문들로 골머리를 앓으면서 빛과 물질 둘 다 우리가 생각한 것과 다르다는 급진적인 생각이 떠오르기 시작했다. 이것은 물리학에서 벌어진 온전한 혁명의 시작이자, **양자역학**quantum mechanics이라는 기이하면서도 놀라운 이론의 출발이었다.

1896년 뢴트겐의 실험실에서 X선이 발견된 이후 우리의 여정이 어디로 흘러갔는지를 살펴보자. 전자와 금박 실험은 원자가 자연에서 가장 작은 것이 아님을 물리학자들에게 보여주었다. 원자 안에는 음전하를 띠는 작은 전자가 들어 있기 때문이다. 원자는 화학자들이 바란 것과 달리 안정적이고 영구적인 실체가 아닌 것으로 드러났다. 물리학자들은 원자가 변할 수 있다는 사실, 즉 방사선을 방출하면서 다른 원소로 변환되어 형태를 바꾸다가 결국 안정 상태에 도달한다는 사실을 밝혀냈다. 원자는 단단한 공 모양 물질이 아니며 대부분 빈 공간으로 이루어졌음이 드러났다. 이 모든 발견은 다음의 주요 발견들을 예고했으며 이 발견들은 물리학을 거의 알아볼 수 없을 정도로 변모시킨다. 20세기 초입 이후에 등장한 물리학은 명칭조차 다르다. 우리는 마치 이 시기 이전의 모든 이론은 다소 평범한 것이었다는 듯이 새로운 물리학을 **고전물리학**에 대립되는 **현대물리학**이라는 이름으로 부른다.

문제의 토대가 놓인 것은 1887년이다. 하인리히 헤르츠는 빛이 전기 불꽃(방전할 때 일어나는 불빛/옮긴이)을 일으킬 수 있음을 우연히 발견함으로써 자신이 이전에 발견한 전자기파 이론을 뒤집었다. 더 정확히 말하자면, 그가 발견한 것은 금속 표면에 자외선을 조사照射하면 전자가 방출된다는 사실이었다. 빛과 전기의 이 연관성은 **광전 효과**光電效果, photoelectric effect로 불리며 인기 있는 연구 주제가 되었다.[5] 독일의 빌헬름 할박스와 필리프 레나르트, 이탈리아의 아우구스토 리기, 영국의 J. J. 톰슨, 러시아의 알렉산드르 스톨레토프 등이 모두 광전 효과의 원리를 이해하려고 달려들었다.

파동 이론에 따르면 빛은 **진폭의 제곱**(파동의 크기, 또는 빛의 밝기)에 비례하는 일정한 양의 에너지를 가진다. 광전 효과를 연구하는 물리학자들은 금속 안의 전자가 원자에 묶여 있기 때문에 조금이나마 에너지를 얻어야만 원자 밖으로 튕겨나갈 수 있다고 추측했다. 이 최초의 에너지 장벽을 뛰어넘으면 빛을 더 많이 가할수록 더 많은 에너지가 전자에 전달되다가 결국 빛이 에너지를 지닌 채 뛰쳐나가는데, 이 에너지는 빛으로부터 흡수한 에너지(에서 금속을 탈출하는 데에 필요한 에너지를 뺀 것)와 같다. 이로부터 세 가지를 예측할 수 있다. 첫째, 빛이 밝으면 전자가 더 빨리 이동한다. 물리학자들은 금속에 조사하는 빛이 강할수록 전자가 더 **많은** 에너지를 가져 금속으로부터 더 빨리 달아날 것이라고 추론했다. 이 추론은 합리적으로 보였다. 둘째, 빛이 충분히 희미하면 탈출에 필요한 에너지가 천천히 누적되어 약간의 지연이 발생하며 그런 뒤에야 전자가 느린 속도로 탈출할 것이다. 셋째, 전자는 돌아다니면서 탈출에 필요한 에너지를 흡수해야 하므로 금속의 온도가 결과에 영향을 미칠 것이다.

1902년 헝가리계 독일 물리학자 필리프 레나르트[6]는 첫 번째 예측에 문제가 있음을 발견했다. 탈출하는 전자의 속도와 빛의 세기 사이에는 어떤 상관관계도 없었던 것이다. 심지어 레나르트는 광전 효과 개념이 통째로 틀렸다는 가설을 제시하기까지 했다. 광전 효과에서 빛 에너지는 전자 에너지로 변환되는 것이 아니며 빛은 원자가 전자를 방출하도록 방아쇠 역할을 할 뿐이라는 것이었다.[7] 이 "방아쇠" 가설은 터무니없어 보였지만, 이것 말고는 그럴듯한 설명이 전혀 존재하지 않았다.

그때 지구 반대편에서 또다른 실험물리학자가 레나르트를 따라잡으려 하고 있었다. 시카고 대학교의 조교수 로버트 밀리컨은 물리학 분야에서 족적을 남기고 싶었지만 장비 부족에 시달렸으며 실험실의 동료들은 그의 연구에 관심이 없었다.

　밀리컨이 물리학과 처음 사랑에 빠진 것은 오하이오 주에 있는 오벌린 대학교의 그리스어 교수에게서 물리학 수업을 해달라는 부탁을 받으면서부터였다. 그는 물리학에 대한 사전 지식이 전혀 없었지만 여름 방학 동안 교과서에 실린 실험들 중에서 직접 해볼 수 있는 것은 모조리 시도하면서 물리학을 독학했다. 그는 컬럼비아 대학교에서 박사 학위를 받고 독일에서 1년간 공부한 뒤 시카고 대학교에 임용되었다. 밀리컨은 엄청나게 혹독한 스케줄로 유명했다. 그는 하루에 6시간은 강의하고 6시간은 연구하며 12시간 일했다.

　운 좋게도 그는 X선과 방사능이 발견된 1895-1896년을 독일에서 보냈는데, 이 경험은 그가 새로운 연구 아이디어의 얼개를 짜는 데에 도움을 주었다. 그러나 시카고에서는 엄격한 스케줄과 꾸준한 낙관주의에도 불구하고 학계에서 고립된 탓에 연구가 지지부진했다. 밀리컨은 레나르트가 독일에서 전문가들에게 둘러싸여 결과를 쏟아내고 있는 반면에 자신은 거의 혼자서 연구하고 있음을 알았다.

　당시의 여느 실험실과 마찬가지로 그의 실험실 또한 현대의 실험실과는 매우 딴판이었다. 1900년대 초였으니 그럴 수밖에 없었다. 전기 조명은 신문물이었고 효율이 낮았기 때문에 실험실은 오늘날의 밝고 순백의 공간이라기보다는 어두컴컴한 공장에 가까웠다. 시카고에 있는 대부분의 주택은 여전히 가스램프나 양초로 집 안을 밝혔다. 전기가 보급되려면 20년을 더 기다려야 했다. 물론 컴퓨터도 전혀 없었다. 모든 계산은 계산자, 연필, 종이로 해야 했으며, 과학 장비를 만들어줄 회사가 전무했기 때문에 모든 것을 직접 제작해야 했다. 이런 이유로 당시에는 실험이 필요한 연구를 진행하려면 공을 많이 들여야 했지만, 이는 밀리컨이 바라던 바였다.

밀리컨에게 필요한 것은 착수할 만한 좋은 문제뿐이었다. 이를 위해 그는 최신 연구 논문을 모조리 읽어야 했는데, 학과의 주간 세미나를 조직하는 업무를 겸하고 있었으므로 어차피 해야 할 일이었다. 어느 날 그는 논의에 활기를 불어넣기 위해 무척 인상적인 연구 논문을 세미나에서 발표했다. 우리가 이미 살펴본 전자의 발견에 대한 J. J. 톰슨의 1897년 논문이었다. 밀리컨은 톰슨의 연구에 어찌나 감명을 받았던지 이 새롭고 흥미진진한 주제에 뛰어들기로 마음먹었다. 그는 고진공 방전을 연구하고 싶었지만 실험실에는 고진공 상태를 만들어낼 진공 펌프가 없었다.

당시의 진공 펌프는 대부분 수은 펌프였다. 유리관과 유리구가 연결된 정교하지만 섬세한 기구로, 유리 제품은 모두 대롱불기 장인이 직접 불어서 만들었다. 진공 펌프의 원리는 액체 수은이 밀려나면서 공기 분자를 조금 뽑아내는 것이다. 이 과정을 여러 번 거치면 적절한 진공 상태가 될 만큼 공기를 충분히 빼낼 수 있다. 하지만 밀리컨은 백지에서 시작해야 했다. 3년간 시행착오를 겪으며 분투하다가 결국 훨씬 나은 장비를 고안했다. 그는 액체 공기liquid air에 적신 숯이 들어 있는 유리관을 일반적인 수은 펌프에 추가했다. 1903년이 되자 공기를 충분히 뽑아내어 기압을 대기압의 10억 분의 1로 낮출 수 있었다.[8] 오늘날 기준과 비교해도 매우 훌륭한 진공도였다. 이제 측정에 착수할 준비가 되었다.

밀리컨이 진공 펌프와 씨름하는 동안 J. J. 톰슨은 새 책을 출간했는데,[9] 톰슨은 광전자 방출이 대체로 온도에 의해서 좌우될 것이라는 예측을 내놓았다. 이것은 모든 실험물리학자들이 그때까지 발견한 것과 일치했다.[10] 고전적 견해에 따르면 고온에서는 금속 안의 전자가 더 많은 에너지를 가지기 때문에 저온에 비해 금속에서 훨씬 수월하게 더 빠른 속도로 방출될 것으로 예상되었다.

고진공 상태를 달성한 밀리컨에게 이 결과를 재현하는 것은 좋은 출발점으로 보였다. 그는 온도를 조절할 수 있는 유리 기구 안에서 금속 전극에 빛을 비추었다. 여느 실험물리학자와 마찬가지로 그는 전자의 속도를 측정하기 위해서 전압을 가하여 자유 전자를 방해했다. 전자의 속도가 빠를수록 멈추게 하려면 더 높은 전압을 걸어야 하기 때문이다. 하지만 밀리컨이 자신의 진공 시스템으로 실험한 결과는 온도와 완전히 별개였다. 뭐가 잘못된 것일까?

밀리컨은 문제를 쪼개서 대학원생들에게 맡겼다. 그들은 작은 방에서 작업했는데, 실험용 전극에 수분이 달라붙지 않도록 제습을 위해서 놓아둔 황산과 염화칼슘 접시를 넘어다녀야 했다. 사나흘간 깨끗한 공기를 끊임없이 불어넣은 뒤에야 신뢰할 만한 측정값을 얻을 수 있었으나 몇 주일 뒤 진공 시스템에서 공기가 새는 문제가 생기는 바람에 처음부터 다시 시작해야 했다. 이런 난관에도 밀리컨은 결국 알루미늄 전극의 온도를 15도에서 300도까지 변화시키며 방출 전류를 측정하는 데에 성공했다. 이번에도 온도는 아무 상관이 없었다. 그들은 몇 년간 꼼꼼하게 노력했다. 연구진은 회전 바퀴가 달린 복잡한 진공 설비를 제작하여 구리, 니켈, 철, 아연, 은, 마그네슘, 납, 안티몬, 금, 알루미늄, 황동의 11가지 금속 원반을 장착했다. 마노瑪瑙, agate 베어링을 끼운 바퀴는 지름이

8센티미터인 유리 원통 안에 들어 있었으며 (원반보다 작은) 좁은 광원에서 유리관에 빛을 비추었다. 그들은 바퀴 테두리에 철 띠를 두르고 유리관 근처의 커다란 자석을 조심스럽게 움직임으로써 시스템을 공기 중에 노출시키지 않은 채 각 금속 표본을 회전시켜 빛의 경로에 들어가도록 했다.[11] 그들이 발견한 사실은 적어도 100도가 될 때까지는 **모든 결과**가 온도와 무관하다는 것이었다. 이것은 11가지 금속으로 시도할 수 있었던 최고 온도였다. 훗날 밀리컨은 이렇게 썼다. "[그때까지는] 실험물리학자로서 거의 성공을 거두지 못한 것 같았다."[12]

그러나 밀리컨의 결과는 실제로는 성공이었다. 그의 결과가 이전에 과학자들이 얻은 것과 달랐다는 것은 그가 가장 아리송하고 귀중한 과학적 상태, 즉 지식의 간극을 만들어냈다는 뜻이었다. 그는 긍정적인 결과를 얻지 못한 것이 단순한 실험 실수가 아니라 중대한 무엇인가를 암시할지도 모른다는 감을 잡은 것이 틀림없었다. 어쨌든 실험을 빈틈없이 해내기 위해서 수년간 노력하지 않았던가. 그렇다면 대안적 설명은 무엇일까? 그의 결과가 옳고 광전 효과가 정말로 온도와 무관하다면, 결론은 고전물리학으로는 광전 효과를 결코 설명할 수 없다는 것이었다.

1905년 알베르트 아인슈타인은 베른에서 광전 효과를 접하고서 밀리컨의 실험에 실마리를 제공할 이론적 도약을 이루게 된다. 그는 취리히에서 물리학을 공부했는데, 세르비아 태생의 물리학자이자 그의 반에서 유일한 여성이던 약혼녀 밀레바 마리치와 저녁마다 연구를 계속했다.[13] 아인슈타인은 졸업 시험을 치른 뒤 물리학 조교 자리를 찾지 못해 북쪽으로 20킬로미터 떨어진 빈터투어에서 박봉의 교사 자리를 임시로 맡았다. 1901년 어느 날 그는 밀레바에게 보낸 편지에서 자신이 "크나큰 행복과 기쁨으로 가득하다"고 썼다.[14] 그녀는 그의 행복을 예상하고 있었는지도 모른다. 그에게 곧 아버지가 될 거라는 편지를 보낸 직후였기 때문이다. 하지만 그가 흥분한 이유는 자외선에 의해서 전자가 생성될 수 있음을 보여주는 레나르트의 광전 효과 실험 결과를 접했기 때문이었다.

아인슈타인은 물리학에서 대부분의 영역이 입자와 비슷하다는 사실을 기이하게 여겼다. 원자, 전자, 그리고 열을 일으키는 개별 분자의 진동은 모두 개별적이고 이산적인 물체의 운동에 의존했다. 심지어 수파水波도 작은 물체─물 분자─가 집단적으로 움직이는 것이었으며 음파는 기체 분자의 압력파였다. 그런데도 광파는 연속적인 현상으로 간주되었다. 왜일까?

아인슈타인은 옛 동료인 독일 물리학자 막스 플랑크의 최근 연구를 알고 있었다. 플랑크는 심오하고 근본적인 이론물리학의 신봉자였다. 플랑크는 젊을 때 물리학 교수에게서 "거의 모든 것이 발견되어 이제 남은 것은 구멍 몇 개를 메우는 것뿐"이라는 말을 듣고서도 음악 대신 물리학을 선택했다. 그는 최근에 매혹적인 새 아이디어를 떠올렸는데, 기계적 진동(열)과 전자기(빛)를 통합하여 물리학의 여러 영역을 아우른다는 것이었다. 플랑크는 열과 빛 사이에 분명히 모종의 관계가 있음을 인식하기 시작했다. 물체는 온도에 따라 다른 색깔의 빛을 방출한다. 그래서 뜨거운 석탄은 붉게 빛나는 반면에 태양빛은 더 노랗거나 하얗다.

내가 빛이라고 말할 때는 가시 스펙트럼만 뜻하는 것이 아니다. 빛, 더 정확히 말하자면 전자기 복사electromagnetic radiation는 X선과 감마선에서 적외선과 전파에 이르는 넓은 진동수 범위에 걸쳐 있다. 하지만 여기에서는 가시광선만 빛으로 지칭하겠다. 그렇다면 물체는 왜 특정한 색깔로 빛날까? 뜨거운 석탄이 자주색으로 불타거나 목성이 X선을 내뿜지 않는 이유는 무엇일까?[15] 다시 말하지만 고전물리학은 제대로 설명하지 못했다.

이전 물리학자들은 단순화된 뜨거운 물체인 **흑체**blackbody에서 방출되는 빛을 규정하려고 노력했다. 흑체는 1859년에 열 방출을 이해하기 위해서 도입된 가상의 물체로, 상자나 공동空洞을 일정한 온도로 유지하여 만든다. 시간이 지나면 흑체는 **흑체 복사**blackbody radiation라는 독특한 빛을 방출한다.[16] 흑체 복사에서 핵심은 크기가 완두콩만큼 작든 행성만큼 크든 상관없다는 것이다. 흑체가 복사를 완벽하게 흡수하고 방출하는 한 빛의 **스펙트럼**, 즉 흑체에서 방출되는 각각의 색깔에 대한 빛의 양은 언제나 동일하다. 이것이 흑체의 독특한 점이다. 흑체 복사의 근삿값을 구하려고 노력한 실험물리학자들은 방출되는 빛의 양이 처음에는 진동수에 비례하여 계속 증가하다가 어떤 색깔에서 정점에 도달한 뒤에는 진동수가 높아질수록 감소한다는 사실을 밝혀냈다. 정점은 오로지 물체의 온도에 달렸다. 이 현상은 대장간에서 볼 수 있다. 쇠는 처음에는 빨간색으로 빛나다 가 주황색으로 바뀐 뒤 더 뜨거워지면 마지막으로 흰색이 되는데, 이 지점이 빨간색에서 파란색에 이르는 스펙트럼의 정점이다.

흑체에서 방출되는 빛을 고전물리학으로 계산하여 얻은 방정식은 실험 결과와 전혀 들어맞지 않았다. 영국의 물리학자 레일리 경이 실시한 이 초기 계산에 따르면 스펙트럼의 낮은(빨간) 끝에서는 방출되는 빛의 양이 적다가 노란색, 초록색, 파란색, 자주색, 자외선으로 이동함에 따라 점차 늘어서 결국 고에너지 X선과 더 높은 진동수의 감마선에서 정점에 도달한다. 진동수가 두 배가 될 때마다 방출되는 빛의 양은 네 배로 증가해야 한다. 하지만 이것은 명백히 틀렸다. 우리가 보는 세상은 완전히 파랗거나 자주색이 아니며,[17] 고에너지 X선으로 우리를 굽지 않는다.

예측이 불가능한 또다른 이유는 모든 진동수에서 복사하는 빛의 세기를 모두 더하면 **무한대**가 될 것이기 때문이다. 이것이 참이라면 모든 물질은—심지어 아무리 차가운 물질이라도—격렬히 복사하여 모든 에너지가 고진동수 빛의 연기 속에 사라질 것이다. 이것은 이론물리학자들에게 무척이나 난감한 상황이어서 "자외선 파국ultraviolet catastrophe"이라는 이름이 붙었다.

플랑크는 이 상황을 받아들일 수 없었다. 1900년경 이 문제에 뛰어든 그는[18] 방출되는 방사선의 스펙트럼에 대한 초창기 계산에서 에너지가 흑체 내부에서 어떻게 행동하는지에 관해 몇 가지를 가정했음을 알아차렸다. 에너지가 상자 안의 원자("공진체resonator")들 사이에서 어떤 식으로든 공유될 수 있기 때문에 에너지가 분포할 수 있는 방식은 무한하다는 것도 그런 가정 중 하나였다.[19] 그러나 이 말은 방출되는 빛의 전체 세기를 더하면 이 **모든** 가능한 상태들이 일조하고 전부 더해져야 한다는 뜻이었다. 빛의 세기가 무한해지는 것은 이 때문이었다. 플랑크는 수학적 편법을 사용하면 이 문제에서 벗어날 수 있음을 알았지만 그러고 싶지 않았다.

에너지가 덩어리로만 흡수되거나 방출될 수 있다면, 즉 에너지에 일정한 최소 크기가 있다면 공유될 수 있는 경우의 수는 더는 무한해지지 않는다.[20] 이것은 사람 10명을 나눌 수 있는 경우의 수가 제한된 것과 마찬가지이다. 5명과 5명, 10명과 0명, 4명과 6명으로 나눌 수는 있지만, 2.32명과 7.68명으로 나누는 것은 말이 안 된다. 이것은 사람이 연속적 물체가 아니라 이산적 물체이기 때문이다.

플랑크는 에너지가 이산적 덩어리인 것처럼 문제에 접근했는데, 수학적으로 말하자면 이 덕에 문제를 회피할 수 있었다. 이런 편법을 쓰기 위해서 플랑크는 전달될 수 있는 에너지의 최소 꾸러미를 도입하여 여기에 에너지의 **양자**量子, quantum라는 이름을 붙였다. 여기에 더해서 그의 수학이 들어맞으려면 에너지가 이 기본 양의 정수 배로만 존재할 수 있다고 규정해야 했다. 이 에너지 양의 크기는 미세했으며 그가 발명한 새로운 물리 상수 h를 통해서 빛의 진동수와 연관되었다. 그는 h의 값이 약 6×10^{-34}J.s.라고 말했다.[21] 그는 다른 어떤 방식으로도 옳은 결과를 산출할 수 없음을 알았지만 "무슨 대가를 치르더라도 반드시 이론적 설명을 내놓아야 했기" 때문에[22] 이 문제를 해결하기 위해서 이른바 "필사적 행보"를 감행했다.

플랑크는 실제로 에너지가 작은 꾸러미로 존재한다고는 생각하지 않았지만, 자신의 수학적 편법이 통한다는 사실을 발견했다. 이 방법으로 산출된 방정식에 따르면 흑체에서 방출되는 빛의 양은 처음에는 증가하다가 특정 색깔에서 정점에 도달한 뒤 진동수가 높아짐에 따라 다시 감소했다. 더 중요한 사실은 그의 방정식이 실험 데이터와 맞아떨어졌다는 것이다. 하지만 그의 방법이 효과가 있었어도 그의 결과는 물리학자들 사이에서 혁명을 일으키지 못했다. 새로운 복사 법칙은 금세 수용되었지만, 그가 이 법칙을 얻기 위해서 에너지 양자화라는 매우 기묘한 개념을 끌어들여야 했다는 사실은 대체로 간과되었다.[23]

그러나 아인슈타인은 플랑크의 개념을 진지하게 받아들였다. 그는 에너지가 정말로 작은 꾸러미에 들어 있다고 믿기로 마음먹고는 한발 더 내디뎠다. 빛 자체가 파동이 아니라 바로 그 작은 에너지 꾸러미인 **양자**로 이루어졌다고 제안한 것이다. 플랑크가 의도한 것을 훌쩍 넘어 이 개념을 밀어붙임으로써 아인슈타인은 빛 자체가 이산적이라고, 빛은 우리가 현재 **광자**光子, photon라고 부르는 것으로 이루어졌다고 말했다. 그런 다음 신비로운 광전 효과를 설명할 수 있는 이론을 내놓았다.

그의 이론에 따르면 광자는 자신의 모든 에너지를 금속의 전자 하나에 내보낼 수 있다. 광자의 에너지는 진동수(색깔)를 플랑크가 일찍이 도입한 상수 h로 곱한 것에 지나지 않는다. 아인슈타인은 누군가 빛의 진동수를 바꿔 광전자의 에너지를 측정하는 실험을 한다면 결과가 직선이고 기울기는 h일 것이라고 예측했다. 더 밝은 빛은 더 많은 전자를 방출하겠지만 에너지는 빛의 **진동수**에만 좌우된다는 것이다. 아인슈타인의 이론에서는 일정한 탈락 진동수cut-off frequency 이하에서는 빛이 아무리 밝아도 상관없으리라는 두 번째 예측도 도출되었다. 빛으로부터 도달하는 에너지가 전자를 금속으로부터 탈출시킬 만큼 높지 않기 때문에 전자가 하나도 방출되지 않으리라는 것이다. 온도는 잊고 진동수를 주목하라. 이것이 아인슈타인의 말이었다.

아인슈타인이 논문을 발표한 1905년에 그의 이론이 옳은지 검증하기 위해서 에너지와 진동수의 관계를 자세히 탐구한 사람은 아무도 없었다. 하지만 바다 건너 시카고에서는 풀 죽은 실험물리학자 한 명이 이 일을 시도할 경험과 야망을, 그리고 이제는 장비도 갖추고 있었다.

로버트 밀리컨은 아인슈타인의 이론을 믿지 않았다. 그의 이론이 일반적으로 좋은 평가를 받지 못했음을 감안하면 놀라운 일은 아니었다. 심지어 양자 개념의 창시자이자 아인슈타인의 논문을 승인한 학술지 편집자인 막스 플랑크도 그다지 진지하게 받아들이지 않았다. 플랑크는 아인슈타인의 개념이 다소 허무맹랑하다고 생각한 것이 틀림없다. 훗날 그는 추천서에서 이렇게 평했다. "그가 이따금, 이를테면 자신의 광양자 가설에서처럼 자신의 추론에서 본래의 목표를 넘어서기도 했다는 사실에 너무 신경을 쓰지는 말아야 합니다."[24] 그러나 밀리컨이 보기에 아인슈타인의 이론은 단지 흥미로운 개념에 불과한 것이 아니었다. 그는 아인슈타인의 이론이 틀려야 한다고 진심으로 믿었다. 빛은 분명히 **입자**가 아니라 **파동**이기 때문이었다. 그는 빛이 양자로 이루어졌다는 가설이 "무모한 것까지는 아니더라도 당돌한 가설"이라고 생각했다. 앞에서 살펴본 이중 슬릿 실험에서 보듯이 빛이 파동과 비슷한 현상이라는 명백한 증거에 어긋났기 때문이다. 어떻게 빛이 입자로 이루어질 수 있다는 말인가?

이제 아인슈타인은 실험 결과를 비교할 수 있는 확실한 예측을 내놓았으며 밀리컨은 물리학자로서 이름을 날릴 기회를 포착했다. 1907년 활기를 되찾은 밀리컨은 실험실로 돌아가서 아인슈타인을 반박하는 작업에 착수했다.

이제 그와 연구진은 빈틈없는 솜씨를 연마했으며 장비에서 생길 수 있는 오류 가능성을 모조리 배제했다. 광원, 금속 표면, 전자를 세는 기기라는 기본 구성은 여전히 같았지만 더욱 정교해졌다. 밀리컨은 불꽃 간격spark-gap 광원—고전압 전극으로 기체를 통해서 전기불꽃을 일으켜 자외선을 포함하는 빛을 발생시키는 방법—을 버리고 더욱 안정적인 장치를 선택했다. 전기불꽃은 전기적 진동을 일으켜 오류를 발생시키기 때문이다. 또한 그는 신뢰할 만한 결과를 얻으려면 금속 표면이 매우 깨끗해야 한다는 사실을 알게 되었다. 자칫하면 순수한 금속이 아니라 표면에 달라붙은 금속 산화물의 광전 효과를 측정하는 꼴이 될 수 있기 때문이다. 결국 1909년[25] 밀리컨 연구진은 날카로운 칼날이 진공 시스템 안에서 회전하면서 금속이 빛에 노출되기 전에 표면을 긁어내는 방식을 비롯한 시스템을 만들어냈다. 그들은 금속 표면에 빛을 비출 때마다 전자를 멈추게 할 만큼의 전기장을 가함으로써 금속에서 방출되는 전자의 에너지를 측정했다.

　이 실험의 시작으로부터 밀리컨이 최종 결과를 발표하기까지 12년이 걸렸다. 그 기간에 숱한 연구원들이 그의 실험실에 들어와 연구하고 학교를 졸업했다. 그는 1909년과 1912년에 두 건의 중요한 실험을 실시했으며, 1916년에 마침내 결과를 발표했다. 밀리컨이 1903년에 실시한 최초의 실험은 광전 효과가 온도와 무관하다는 사실을 이미 확증한 바 있었다. 아인슈타인이 예측을 내놓은 이후 밀리컨은 그 문제로 돌아가 광자 같은 허무맹랑한 개념은 필요하지 않으며 고전적인 파동 이론을 조금만 손보면 실험 데이터를 충분히 설명할 수 있음을 밝혀내겠노라 자부했다. 아인슈타인이 틀렸음을 입증하기 위해서 그가 보인 끈기는 흡사 강박의 경계에 있는 듯 보였는데, 그가 결과를 얻기까지 왜 그토록 오랜 시간이 걸렸는지는 의문을 품을 법하다. 그 이유는 애틋하도록 인간적이다. 밀리컨의 결과가 그 자신에게 심란하고 골치 아팠던 이유는 그가 아인슈타인을 **반증하려고** 노력했음에도 불구하고 실험에서는 반증의 기미가 전혀 보이지 않았기 때문이다.

　사실 밀리컨은 아인슈타인의 거의 모든 예측이 입증되는 것을 지켜보았다. 방출 전자의 에너지는 아인슈타인이 말한 그대로 유입되는 빛의 진동수에 정비례했다. 밀리컨은 일정한 탈락 진동수 이하에서는 전자가 하나도 측정되지 않음을 밝혀냈는데, 이것은 빛이 양자로 이루어졌을 때 예측되는 결과였다. 그는 심지어 플랑크 상수 h를 오차 범위 0.5퍼센트 이내로 측정했다. 그때까지 측정된 것 중에서 가장 정확한 수치였다. 밀리컨은 자신이 반증하려던 이론이 실제로는 옳음을 보여주는 가장 훌륭한 증거를 발견한 셈이었다.

　밀리컨은 1916년 논문 말미에서 자신이 실험 결과를 받아들이기는 했지만 여전히 결과의 함의를 도무지 믿을 수 없음을 분명히 밝혔다. 밀리컨이 이 새 이론과 악전고투를 벌이기는 했어도 나머지 모든 물리학자들은 그의 결과를 확인하고 빛이 양자로 이루어졌다는 아인슈타인의 견해를 선뜻 받아들였으리라 생각하기 쉽지만, 그렇지 않았다. 밀리컨은 아인슈타인의 이론에서 도출된 예측이 옳음을 입증했지만 어느 누구도 빛 입자를 보지 못했기 때문에 대부분의 과학자들은 빛이 입자라는 개념을 그냥 무시하고 광전 효과를 미해결 문제로 치부하는 것에 조금도 거리낌이 없었다.

그들은 추하고 반反직관적으로 보이는 관념을 회피했다. 빛이 입자 흐름처럼 행동한다는 밀리컨의 결과와 빛이 파동처럼 행동한다는 수 세기 동안의 증거를 둘 다 감안하면 결론은 빛이 입자의 성격과 파동의 성격을 한꺼번에 가진다는 것이어야 하니 말이다.

영국과 오스트레일리아에서 활동한 물리학자 윌리엄 헨리 브래그는 당시 이런 농담을 남겼다. "양자 이론가들은 월요일, 화요일, 수요일에는 빛을 파동으로 묘사하고 목요일, 금요일, 토요일에는 입자로 묘사한다." 하지만 우리는 현실을 어떻게 묘사하든 그것을 있는 그대로 받아들여야 한다. 이따금 자연에 대한 직관적 심상이 너무 강력해서 무엇인가가 A(파동)든 B(입자)든 둘 중 하나여야만 한다는 사고방식에 얽매일 때가 있다. 하지만 이 경우 어떤 상황에서는 파동 이론 A를 쓸 수 있고 다른 상황에서는 입자 이론 B를 쓸 수 있다. 어느 쪽도 틀리지 않았으며, 어느 쪽을 적용할 것인가는 실험을 어떻게 하기로 정하느냐에 달렸다.

명확히 해야 할 요점은 빛의 입자성을 감안할 때 영의 이중 슬릿 실험이 어떻게 작동하는가의 문제이다. 영의 이중 슬릿 실험에서 광자를 한 번에 하나씩만 내보내면 무슨 일이 일어날까? 그 상황에서도 낱낱의 광자는 파동처럼 행동하며, 낱낱의 광자들이 화면에 무늬를 그릴 만큼 많이 모일 때까지 기다리면 더 강력한 레이저 포인터와 똑같은 간섭 무늬를 볼 수 있다. 광자 하나하나는 어찌 된 영문인지 **양쪽** 슬릿을 통과하는 것처럼 보인다. 이것은 빛을 파동으로 생각하면 정상적이고 빛을 입자로 생각하면 어리둥절한 현상이다.

양자역학적 철학의 이모저모를 밝히려면 책 한 권으로도 모자라겠지만, 중요한 것은 자연이 실제로 어떻게 행동하느냐이며 이것이야말로 실험물리학자들이 밝혀내려는 목표이다. 과학이 궁극적으로 실험의 문제인 것은 이 때문이다. 이론 모형이 아무리 훌륭하더라도, 우리가 어떤 "사실"을 안다고 생각하더라도 결국 우리는 자연에서 일어나는 일을 기술하려고 끊임없이 노력하며 이는 실험으로만 입증할 수 있기 때문이다. 아인슈타인이 빛을 입자로 묘사한 것은 매혹적인 이론이었지만, 자연이 정말로 이렇게 행동한다는 증거를 끈질기게 수집한 사람은 로버트 밀리컨이었다. 하지만 밀리컨의 이름을 들어본 사람은 거의 없을 것이다.

광전 효과의 설명은 무척 중요한 업적이었기 때문에 아인슈타인은 1921년 (더 널리 알려진 상대성 이론 덕분이 아니라) 이 공로로 노벨상을 수상했다. 2년 뒤인 1923년 로버트 밀리컨도 노벨상을 수상했다.[26] 그는 수상 연설을 할 즈음 배경 이야기를 살짝 바꿔 자신이 처음부터 아인슈타인의 이론을 입증하고 플랑크 상수를 측정할 작정이었다고 주장했다. 실제로는 그가 밝혀낸 사실을 받아들이기까지 그에게나 물리학계 전체에나 오랜 시간이 필요했다.

오늘날 양자역학은 가장 작은 규모의 실재reality에 대해서 우리가 가진 최상의 기술 방법이며 단순히 모호한 철학과는 거리가 멀다. 그 뒤에 등장하여 빛의 입자성과 파동성을 온전히 기술하는 최종 이론은 오늘날 양자전기역학Quantum Electrodynamics(QED)이라고 불리며 밀리컨의 실험으로부터 40년이 지난 뒤에야 결실을 맺었다. QED는 양자역학과 아인슈타인의 특수 상대성 이론을 통합했는데, 이에 대해서는 뒤에서 더 자세히 살펴볼 것이다. 지금 시점에서 QED의 중요한 점은 이 이론을 이용하여 자연의 양量을 10억 분의 1보다 더 정밀하게 계산할 수 있다는 것이다. 많은 분야와 첨단 산업에서 과학자들이 양자역학을 이런저런 형태로 일상적으로 이용하고 있으며 우리는 그 결과를 일상생활에서 부지불식간에 이용하고 있다. 자연이 왜 이런 식으로 행동하는지 답을 얻지 못했다고 해서—사실 우리는 "왜"라는 질문에 답할 수 없다—학습하고 이용할 수 없는 것은 아니다.

밀리컨이 연구했던 개념—이제는 빛이 진공에서와 물질 내부에서 전자에 에너지를 부여하는 것으로 이해된다—은 실험실에서 한 번 벌어졌다가 이해된 뒤 망각된 실험이 아니다. 오히려 정반대이다.

밀리컨은 책상에서 연필과 종이를 가지고 연구했을 것이며 창문을 열어 환기를 시켰을 것이다. 오늘날 우리는 노트북을 가지고 연구하며 리모컨 단추를 눌러 간편하게 에어컨을 켠다. 리모컨에는 이진수 신호를 비가시광선(적외선) 형태로 보내는 LED(발광 다이오드)가 들어 있다. 우리가 단추를 누르면 광자가 리모컨에서 튀어나와 에어컨에 장착된 검출용 광 다이오드photo diode를 때리며—밀리컨의 실험에서와 마찬가지로—이 광자는 운동 에너지를 부여하여 전자를 풀어준다. 광 다이오드는 반도체semiconductor라는 물질이 두 개의 층으로 접합된 것이다. 이 접합부는 전기가 한쪽 방향으로 더 수월하게 흐르도록 함으로써 광 다이오드에 빛이 쬐이면 전기가 흐르도록 한다.[27] 에어컨은 이진수 패턴을 해석하여 우리의 명령을 따름으로써 받아들인 전기 신호에 반응한다. 에어컨과 텔레비전은 혼동을 일으키지 않도록 이진수 패턴이 다르다. 밀리컨의 시대에 살았던 사람에게는 이 모든 것이 순전히 마법처럼 보일 것이다.

반도체 소재의 성질에 광전 효과 물리학을 접목함으로써 대략 1940년대부터 다양한 전기 부품이 개발될 수 있었으며 지금은 전 세계에서 엄청난 규모로 제조되고 있다. 태양(광기전력photovoltaic) 전지는 태양의 광자를 전류로 변환하는 일종의 광 다이오드인데, 주택과 산업에 전력을 공급할 만큼 효율성이 뛰어나다. 그 덕분에 위성 통신과 우주 탐사 같은 경이로운 위업을 달성할 수 있게 되었다. 하지만 광 다이오드의 응용 분야는 이것이 끝이 아니다. 주변의 대수롭지 않아 보이는 기술 중 상당수가 이 조그만 광 다이오드의 솜씨이다.

당신이 방에 들어설 때 자동으로 조명을 켜고 화장실에서 물비누와 손 세정제를 뿜고 당신을 위해서 문을 열어주는 모든 기기는 물체(당신)에서 반사되는 적외선을 광 다이오드로 검출하는 근접 센서를 이용한다. 물체가 가까이 다가오면 적외선이 더 많이 반사되어 전류를 발생시킨다. 대부분의 보안 시스템에서도 같은 기술이 쓰인다.

광전 효과를 토대로 하는 장치가 매우 유용한 이유는 받아들이는 빛의 양에 비례하여 전류를 출력하기 때문이다. 전자를 생산할 정도로 진동수가 높은 한 빛이 많아질수록 전자가 많아지고 전류도 커진다. 이런 까닭에 출력이 선형적이어서 여느 전기, 전자 부품에서도 잘 동작한다. 이를테면 GPS 스포츠 시계의 빛 기반 심박수 모니터는 광 다이오드를 이용하여 착용자의 손목에서 끊임없이 맥박을 읽어들인다. 초록빛이 피부에 조사되면 심박 주기마다 피하 조직의 혈류에서 반사된 빛의 양이 달라지는데, 광 다이오드가 이 빛의 변화를 포착하면 알고리즘으로 심박수를 계산하여 표시하는 원리이다.[28] 당신의 스마트폰은 기기에 비치는 빛의 양에 따라 주변이 밝은지 어두운지를 감지하여 화면 밝기를 자동으로 조절한다. 이 기술은 차량 계기판의 주야간 모드를 자동으로 전환하는 데에도 이용되며 현대 디지털카메라의 조리개와 셔터 속도를 조절한다.

광 다이오드가 간접적으로 응용되는 분야는 훨씬 더 방대하다. 레이저 측정은 모두 광 다이오드를 이용하는데, 이 말은 주변의 거의 모든 도로와 건물을 지을 때 측량과 정렬에 광 다이오드가 쓰였다는 뜻이다. 광 다이오드는 광섬유를 이용한 통신 네트워크에서 광신호를 포착하는 데에도 이용된다. 당신이 광섬유 고속 인터넷을 설치했다면, 이 네트워크는 신호를 빛으로 변환했다가 다시 전기 펄스로 변환하여 정보를 전 세계에서 당신에게로 전달하기 위해서 광 다이오드를 이용한다. 속도계와 주행계에서도 광 다이오드가 쓰이며 전기 자동차의 모터가 원활하게 회전하도록 하는 피드백 시스템에서도 마찬가지이다. 광 다이오드는 공장의 많은 자동화 공정에서 위치, 속도, 작동을 제어하는 데에 쓰이므로, 완전한 수제품이 아니라면 당신이 가진 대부분의 제품은 광 다이오드를 이용하여 제조된 것이다.

이 모든 응용은 우리가 광전 효과를 이해했다는 증거이며, 최초의 기초적인 실험으로부터 발전한 기본적 물리학 지식이 없었다면 탄생할 수 없었을 것이다. 밀리컨의 연구는—이중 슬릿 실험과 흑체 복사 데이터도 마찬가지인데—물리학자들이 실재에 대한 새로운 양자역학적 관점을 구축할 수 있는 튼튼한 발판이 되어주었다. 양자역학이 자리를 잡자 빛을 설명하는 것을 넘어서 재빨리 응용 분야가 확대되었다. 양자역학은 모든 물질을 기술하는 이론이기도 하다.

아인슈타인과 플랑크가 최초로 기여한 이후 많은 물리학자들이 양자역학의 발전에 한몫했다. 물리학에서 새로운 문제가 등장할 때마다 양자역학은 진화하여 해결책을 찾아냈다. 양자역학은 물질의 본성을 이해하는 데에 필수적이었다. 러더퍼드의 원자 모형—제2장에서 살펴본 작은 핵 주위를 공전하는 전자 모형—은 물리학자들이 원자의 필연적 불안정성을 깨닫자 더는 성립할 수 없을 것처럼 보였다. 전자는 방사선을 방출해야 하며 빛을 방출하는 죽음의 나선을 따라 핵에서 붕괴해야 하니 말이다. 하지만 덴마크의 젊은 이론물리학자 닐스 보어는 **양자화** 개념을 이용하여 전자가 핵 주위에 배열되는 원리를 설명함으로써 이 문제를 해결했다. 전자는 일정한 값의 에너지만 가질 수 있으며—즉, 전자의 에너지도 양자화된다—이런 까닭에 에너지 값에 따라 핵으로부터 일정한 거리만큼 떨어진 채 공전한다.[29] 전자는 빛(광자)의 형태로 방사선을 흡수하거나 방출함으로써 에너지 준위들을 오르락내리락할 수 있지만 준위들 사이에 있을 수는 없다. 또한 전자가 가질 수 있는 에너지 값의 최솟값이 존재하는데, 이것은 전자가 핵에 가장 가까이 있을 때의 에너지 준위이다.

1923년, 드 브로이 공작의 막내아들로 태어난 프랑스 귀족이 아인슈타인의 바통을 이어받아 물리학자들이 **빛**과 **물질**을 다르게 취급하는 이유를 탐구하기 시작했다. 루이 드 브로이는 박사 논문에서 빛이 입자처럼 행동할 수 있다는 것이 양자역학에 위배되지 않는 듯하지만 오히려 그 반대가 참이 아닌지 의문을 제기했다. 물질 입자가 파동처럼 행동할 수는 없을까? 그 질문의 답은 "그럴 수 있다"로 밝혀진다. 양성자陽性子, proton처럼 질량이 있든 광자처럼 질량이 없든 간에 **모든** 입자, 즉 물질의 조각에는 파동의 성질이 있는데, 에너지와 파동 진동수의 관계는 $E = hf$이며, 여기서 h는 (이번에도) 플랑크 상수이다. 이것으로부터 생겨난 이론인 파동 양자역학wave quantum mechanics은 원자와 입자의 모든 새로운 행동을 기술할 수 있었다. 심지어 이 이론은 아원자 입자는 실체가 아니며 임의의 시간에 특정 상태나 장소에서 발견될 일정한 확률을 가졌을 뿐이라고 말하기까지 했다.

물질이 파동으로 이루어졌다는 이 개념은 믿기가 힘들다. 당신은 누워도 바닥을 뚫고 떨어지지 않는다. 누군가에게 맞으면 아프다. 실수로 투명 유리문을 뚫고 걸어가려다가는 민망한 꼴을 당한다. 이 모든 현상을 겪으면 당신은 자신의 몸이 고체이며 몸을 이루는 물질의 표면은 연속적이고 부서지지 않는다고 믿게 된다. 그럼에도 당신은 거의 무無로 이루어져 있다. 물질이—핵과 전자가 일정한 크기를 가지는—단단한 입자로 이루어졌다는 과거의 견해를 받아들이더라도 각 원자의 실제 부피는 너무나 작기 때문에 지구상의 모든 사람으로부터 물질을 거둬들여 뭉친다고 해도 각설탕 한 조각 크기밖에 되지 않는다. 이제 문제가 그렇게 간단하지 않음을 알 수 있다. "물질"은 완전한 실체가 아니기 때문이다. 양자역학이 등장하면서 모든 것이 달라졌다.

이 새로운 개념은 물리학뿐 아니라 사회 전반에 파란을 일으켰다. 양자역학이 대중의 상상력에 미친 영향을 뼈저리게 느낀 화가 바실리 칸딘스키는 이렇게 썼다.

원자가 바스라지는 것은 내 영혼이 보기에 온 세상이 바스라지는 것 같았다. 가장 단단한 벽이 갑자기 무너져 내렸다. 모든 것이 불확실해지고 위태로워지고 연약해졌다. 돌이 내 앞의 허공에서 분해되어 사라졌다면, 차라리 놀라지 않았을 것이다. 과학은 파괴된 것처럼 보인다.[30]

물질은 확실하지도 결정론적이지도 않으며 확률과 파동에 얽혀 있다. 물질의 실체성은 파동 비슷한 실체들의 상호작용으로 인한 결과에 불과하다. 당신은 지금 앉아 있거나 서 있는 표면 위에 살짝 떠 있는데, 그것은 전자의 파동들이 서로 밀어내기 때문이다. 우리가 아는 한 세상에서 일어나는 모든 것, 또한 당신의 몸과 마음에서 일어나는 모든 것은 이런 소규모 상호작용에서 비롯한다. 이제 당신은 동료 인간에 대해서 완전히 새로운 관점을 가지게 된다.

이 때문에 실재에 대한 감각이 뒤죽박죽이 되었는가? 당신만 그런 것은 아니다. 당신은 밀리컨, 칸딘스키, 플랑크, 러더퍼드, 보어, 심지어 아인슈타인조차 쉽사리 받아들이지 못한 것을 경험하고 있다. 당신이 물질의 파동—입자 이중성wave-particle duality을 의식하지 못하는 것은 이것을 일상적인 감각으로 느낄 수 있는 방식으로 물질과 상호작용할 수 없기 때문이다. 우리의 척도는 양자 척도가 아니라 인간 척도이다. 우리가 일상적 물체의 파동성을 보지 못하는 것은 파장이 하도 짧아서 측정할 수 없기 때문이다. 드 브로이 파장은 물체의 운동량—질량 × 속도—과 반비례 관계이기 때문에, 크리켓 공의 질량(156–163그램)과 에너지를 가진 물체를 시속 160킬로미터로 던지면 그 파장은 1마이크로미터의 10억 분의 1의 10억 분의 1의 10억 분의 1로 쪼그라든다(소수점 뒤에 0이 33개 붙는 숫자이며 과학적 기수법으로는 1×10^{-34}미터이다). 사람의 척도로 올라가면 파장은 더욱 짧아진다. 100미터 달리기를 하는 우사인 볼트만 한 물체의 파장은 크리켓 공의 200분의 1인 약 5×10^{-37}미터이다.[31] 이런 파장은 하도 짧아서 우리는 파동을 닮은 신기한 행동을 전혀 알아차리지 못한다. 그래서 단순히 고전물리학을 이용하여 운동을 어림하고 마는 것이다. 하지만 원자와 입자 같은 매우 작은 물체에 대해서는 그럴 수 없다. 양자역학이 발견된 이후 이 척도에서 실시된 **모든** 실험은 양자역학이 옳다고 말한다.

그러나 우리는 입자의 파동성을 이미 보지 않았던가? 드 브로이가 논문을 발표한 직후인 1925년 웨스턴 일렉트릭(현재 벨 연구소)에서 일하던 미국의 물리학자 클린턴 데이비슨과 레스터 거머는 금속의 니켈 결정체로부터 전자를 튕겨나오게 하는 최초의 실험을 실시하여 전자가 광파와 똑같이 간섭 무늬를 그린다는 사실을 입증했다. 너비가 1나노미터에 불과한 분자의 드 브로이 파장은 1피코미터(1나노미터의 1000분의 1)인데, 이 또한 간섭을 일으켰다. 이중 슬릿 실험에서 간섭을 나타내는 가장 큰 물체를 찾으려는 경쟁이 물리학자들 사이에서 벌어졌다. 현재 기록 보유자는 잔드라 아이벤베르거로, 2013년 빈에서 박사 과정을 밟던 중 빼어난 실험을 실시하여 800개의 원자로 이루어진 거대 분자(아원자 입자 개수는 1만 개를 넘는다)에서 간섭을 관찰했다.[32] 이 규모에서의 분자 파장은 약 500펨토미터로, 분자 크기의 1만 분의 1가량이다. 연구자들은 바이러스나 세균 같은 살아 있는 생물체에서도 간섭 무늬를 만들어낼 수 있지 않을지 궁리하고 있다. 이렇게 되면 의식이 실험의 파동성을 망치게 될지도 모른다는 매혹적인 질문을 던지게 될 것이다. 살아 있는 유기체가 이중 슬릿 장치를 통과하면서 동시에 두 장소에 있을 수 있는지도 탐구 대상이다. 이런 실험이 실시되기까지는 10년 정도의 시간이 걸릴 것으로 보인다.

물리학자들조차 이따금 혼란스러워하는 파동-입자 이중성의 핵심 한 가지는 이중 슬릿 실험에서의 단일 광자처럼 **단일** 전자가 혼자서 간섭을 나타낼 것인가이다. 답은 물론 "그렇다"이다. 1970년대에 이런 실험들이 실시되었는데, 그즈음 모두가 비슷한 실험이 과거에 이미 실시된 줄 알고 있었다. 볼로냐의 줄리오 포치가 이끄는 이탈리아 연구진과 히타치의 도노무라 아키라[33]가 이끄는 일본 연구진은—두 실험은 독자적으로 실시되었다—심지어 연구 결과를 물리학 학회지가 아니라 교육용 학술지에 실었다.[34] 그들은 입자가 파동처럼 행동한다는 것을 이미 받아들였기 때문에 자신들이 새로운 것을 밝혀낸다고는 전혀 생각하지 않았다. 단지 그들은 이 실험을 할 수 있는 장비가 1970년대에 도입되었기 때문에 실험을 했을 뿐이다. 파동-입자 이중성을 작동 원리로 삼으며 대부분의 사람들이 생각하는 것보다 더 흔한 그 장비는 바로 전자현미경이다.

전자현미경은 1930년대에 처음 발명되었으며, 요즘은 첨단 기기 판매점에서 200만-300만 달러 남짓에 살 수 있다. 그렇다면 얼마나 널리 보급되었을까? 정확히 말하기는 힘들지만 전 세계 수만 곳의 실험실, 회사, 연구소에 설치된 것으로 추산된다. 멜버른 대학교 물리학과에 있는 나의 실험실과 마주보는 캠퍼스 건너편에는 바이오21이라는 생물학 연구소가 있는데, 그곳에 전자현미경이 여러 대 설치되어 있다.

연구소에는 흰 가운 차림의 과학자들이 가득한 깨끗하고 밝은 업무 공간이 있지만, 전자현미경 실험실은 원뿔형 플라스크와 시험관이 놓인 선반, 개수대, 후드 같은 실험실 풍경과는 사뭇 대조적이다. 전자현미경은 몇 미터 높이의 원통형 금속 장치로, 전자 제어기가 딸려 있으며 전용 보관실을 차지하고 있다. 투시창 너머의 형광 화면에서 초록색 빔이 스쳐 지나가는데, 이것으로 현미경이 작동하고 있다는 것을 알 수 있다. 컴퓨터 한 대로 장치를 제어하며, 이를 통해서 이용자는 일반 광학현미경을 들여다보듯이 상을 볼 수 있다.

전자현미경을 이용하는 다양한 연구자들은 작은 물체와 그 상호작용을 원자 규모로까지 보아야 한다는 점에서 공통점이 있다. 애석하게도 이 척도는 일반 광학현미경으로는 역부족이다. 광학현미경으로 측정할 수 있는 한계—**공간 분해능**分解能이라고 한다—는 약 200나노미터, 즉 2,000배율에 불과하다. 생물 분자와 심지어 이보다 더 작은 일부 전자 부품은 일반 현미경에서 뿌연 영상으로만 보인다. 물체의 크기가 현미경에 쓰이는 빛의 파장과 같거나 커야만 볼 수 있기 때문이다.

전자현미경을 이용하는 것은 입자에도 파장—드 브로이 파장—이 있다는 사실과 전자 에너지가 클수록 파장이 작다는 사실을 활용하는 셈이다. 이 덕분에 전자현미경은 피코미터 단위의 파장에서 작동하여 나노미터—10억 분의 1미터—또는 그 이하의 공간 분해능으로 물체를 볼 수 있다. 이 척도에서 물체를 볼 수 있게 되면서 1980년대 후반 이후 "나노기술"의 응용이 폭발적으로 증가했다. 과학자와 공학자들은 섬유에서부터 식품 제조, 의약품 설계에 이르기까지 모든 것에 쓰이는 원자 단위 구조와 부품을 연구하고 제작할 수 있게 되었다.

양자역학과 파동-입자 이중성은 현미경이나 원자를 연구하는 물리학자에게만 중요한 것이 아니다. 화학과 생물학에도 막강한 직접적인 영향을 미친다. 양자역학은 분자가 형성되고 상호작용하고 결합하는 방식에 직접적인 영향을 미치며, 이것은 양자화학의 연구 주제이다. 생물학을 보자면 자연에서 이루어지는 기본적 생명 활동의 상당수는 양자역학적이다. 양자생물학이라는 신생 분야는 고전물리학으로 설명하지 못하는 현상들을 한창 따라잡는 중이다. 양자역학으로 설명해야 하는 현상의 범위는 광합성에서부터 철새의 길 찾기에 이르기까지 방대하다.

나는 앞에서 반도체에 기반한 전자 부품이 광전 효과를 직접 이용한다고 언급했는데, 사실 이것은 전자공학에서 양자역학이 얼마나 중요한가를 낮잡은 것이다. 현대의 **모든** 전자 기기는 양자역학에 대한 우리의 이해를 활용하고 있다. (이 책의 첫머리에서 살펴본) 초기 진공관 시절부터 현대의 모든 스마트폰, 데스크톱, 자동차, 가전제품의 트랜지스터와 칩에 이르기까지 컴퓨터의 진화는 양자 효과를 토대로 한다. 특히 실리콘 내에서 파동성 전자가 일정한 에너지 값만 가질 수 있어서 (원자 주위의 전자와 비슷하게) "에너지 준위"를 만들지만 많은 원자를 결정 형태로 뭉치면 허용 준위를 바꿀 수 있다는 사실을 활용한다.[35] 우리는 이 현상의 물리적 원리를 이해하기 때문에 실리콘의 성질을 매우 정밀하게 조작할 수 있다(여기에 쓰이는 기법은 뒤에서 살펴볼 것이다). 빛과 물질의 양자역학적 성질은 레이저와 원자시계(GPS 내비게이션에 필수적이다)를 비롯하여 우리가 일상생활에서 쓰는 여러 기술의 토대가 되었다. 양자역학의 응용 분야를 모조리 없애면 이 세상은 알아볼 수 없는 곳이 될 것이다.

우리의 미래 기술은 거의 전적으로 양자역학을 토대로 삼을 것이다. 양자 컴퓨팅은 쓰임새가 빠르게 증가하고 있는데, 멜버른 대학교 물리학과 지하실에 대형 전자현미경을 들여놓은 것은 이 때문이다. 전자현미경은 실리콘 위에 있는 얇은 다이아몬드 층의 상을 얻는 데에 이용되며, 물리학자들은 여기에 "도핑doping"이라는 공정으로 헬륨 이온을 조심스럽게 주입한다. 물리학자들은 이 기법을 이용하여 양자 컴퓨터의 토대로 쓰일 수 있는 양자 장비를 만들고 있다. 전자현미경은 초창기 양자역학지식에서 탄생한 기술이지만, 차세대 양자 기반 기술을 개발하는 데에 쓰임으로써 연구와 기술의 피드백 고리를 이어가고 있다.

이 장에서는 고전물리학이 맞닥뜨린 문제들이 어떤 식으로 작은 척도에서 자연을 기술하는 완전히 새로운 분야인 양자역학으로 이어졌는지 살펴보았다. 이 모든 사건의 한가운데에서 로버트 밀리컨과 그의 연구진은 좌절을 곱씹으며 실험실에서 12년을 보내는 동안 기술을 연마하여 처음에는 광전 효과의 세부 사항에 대한 최초의 필수적 정보를 수집했고 마침내는 아인슈타인의 도발적 가설이 옳음을 밝혀냈다. 밀리컨이 양자역학을 발명하지는 않았지만 그의 실험은 양자역학 이론이 자연의 실재를 고스란히 반영한다는 사실을 확립하는 데에 중요한 역할을 했다. 지식은 이런 식으로 진보한다. 불현듯 떠오르는 영감의 순간 같은 것은 없으며 우리는 어둠 속을 조금씩 헤치며 나아간다. 종종 오랜 시간 동안 세부적인 것들을 감지하며 우리가 살아가는 이 우주의 어느 구석에 자리를 잡으려고 애쓴다. 마침내 깨달음이 찾아오고 자연의 새로운 이미지가 우리의 머릿속에서 형체를 갖추기 시작한다.

오늘날 우리는 양자역학을 이론적, 개념적 승리로 칭송하며 이는 의심할 여지 없는 사실이다. 하지만 실험이 없었다면 우리는 양자역학이 세상의 행동을 실제로 기술하는지 영영 알지 못했을 것이다. 지금처럼 (실용적 차원에서) 활용하는 법도 영영 알지 못했을 것이다. 이런 세부 사항과 막연한 실험으로부터 아원자 세계에 대한 우리의 이해가 커져갔다. 이 지식은 전자 기기, 컴퓨터, 태양 전지판, 그리고 광학현미경으로는 접근할 수 없는 척도의 물체를 볼 수 있는 장비를 만드는 데에 중요한 역할을 했다. 이 모든 업적은 고전물리학 법칙에 따라 행동하지 않는 아원자 세계의 기이한 성질에서 비롯했다.

지금까지 우리는 소수의 실험이 고전물리학을 무너뜨리고, 원자가 물질의 가장 작은 조각이라는 관념을 허물고, (대부분 빈 공간으로 이루어진) 원자가 시간에 따라 변할 수 있고 빛이 입자처럼 행동할 수 있고 입자가 파동처럼 행동할 수 있는 완전히 새로운 물리학을 낳는 과정을 살펴보았다. X선과 전자, 방사능, 원자핵, 그리고 방금 살펴본 양자역학에 이르기까지 이 발견들은 세상을 영영 바꿔놓았다. 하지만 놀랄 일은 더 남아 있다. 제1-3장에서는 물질의 심장부 깊숙이 파고들었으니, 이제는 눈을 들어 위를 올려다볼 때이다. 하늘 위에서 과학자들에게 (말 그대로) 비처럼 내린 자연의 경이로움으로 눈길을 돌려보자.

제2부

원자 너머의 물결

지식에 대한 우리의 갈증은 미지의 세계의 광대함 때문에 해소할 수 없을지도 모르지만, 이러한 활동 자체는 모든 문명에 의해서 그 세계의 일부로서 유지되고 축적되는 점증적인 지식의 보고를 남긴다.
—한나 아렌트, 『정신의 삶*The Life of the Mind*』(1973)

4

안개상자 : 우주선과 새 입자들의 소나기

할리우드 사인이 세워져 있는 산에 웅장한 흰색 석조 건물이 서 있다. 이곳은 저택이 아니라 그리피스 천문대라는 공공 박물관이다. 관람객은 천체투영관 영상을 보고 망원경으로 밤하늘을 관찰하면서 우주에서 자신의 위치가 어디인지 탐색한다. 서늘하고 시커먼 대리석 안에 일련의 진열품이 있는데, 그중 1제곱미터 크기의 아크릴 상자에 우리 여정의 다음 기착지를 여는 열쇠가 들어 있다. 그것은 눈에 띄지 않으며, 운석 덩어리, 월석, 거대한 밤하늘 영상에 주눅 든 것처럼 보인다. 하지만 호기심 많은 관람객은 매혹적인 경험을 하게 된다. 작은 물방울 자취가 검은색 배경에 산발적으로 나타난다. 1초에 20개가량 보인다. 불쑥 나타나 0.5초간 우아하게 내려가다가 사라진다.

이 장치는 **안개상자**cloud chamber("구름상자"라고 부르기도 한다/옮긴이)로, 1억 분의 1초마다 스쳐 지나가는 입자를 인간이 볼 수 있게 해주는 입자 검출기의 초기 버전이다. 내부에는 알파 입자(헬륨 핵)에 의해서 생성된 연필 굵기의 짧은 자취와 주로 전자(베타선)나 감마선에 의해서 생성된 얇고 연약하고 거미줄 같은 자취가 나타난다. 이것들은 원자보다 작아서 우리가 결코 보거나 만지거나 감각으로 느낄 수 없는 자연의 물체이다. 하지만 여기 있는 이 장치 덕분에 볼 수 있다. 이 입자들은 너무 작아서 우리가 직접 지각할 수는 없지만 안개상자를 이용하면 입자가 남기는 효과를 관찰할 수 있다.

그리피스 천문대에 있는 이 특별한 버전은 확산 안개상자diffusion cloud chamber라고 불린다. 미국의 물리학자 알렉산더 랭스도프가 1936년 설계한 것으로, 1900년대 초의 원래 발명품을 개량했다. 이것은 간단한 아이디어이지만, 자연의 기본 성분에 대한 우리의 이해를 변혁했다. 밀봉된 상자 안에서 알코올 증기가 맨 위로부터 바닥의 차가운 금속판까지 아래로 떨어져 내린다. 떨어지고 냉각된 증기는 과포화 상태가 되어 조그만 교란에도 물방울을 맺는다. 하전 입자들은 증기를 통과하면서 이온화하여 약간의 에너지를 남기는데, 이것이 제트기의 흰 비행운처럼 작은 구름 띠를 형성한다.

이 장에서는 안개상자의 소박한 탄생으로부터 물질에 대한 우리의 관점을 바꾼 전혀 뜻밖의 새로운 입자를 비롯한 일련의 놀라운 발견을 촉진한 1930년대 초반의 전성기까지를 살펴본다. 사실 이 입자들은 결코 원자의 일부가 아니었다. 우리는 이 새로운 입자 검출기가 실험물리학자들을 지하실에서 끌고 나와 산으로 데려가서는 새로운 풍경을 열어주고 이론물리학자들을 허겁지겁 따라오게 한 과정을 돌아볼 것이다. 또한 물질에 대한 이 새로운 발견들이 피라미드와 화산의 내부를 들여다보는 전혀 새로운 방법으로 이어지고 지구에 대한 새로운 깨달음을 가져다준 과정을 살펴볼 것이다.

이 새로운 발견의 시대는 단순해 보이는 질문에서 출발했다. 그것은 안개상자를 돌아다니는 입자가 남긴 끊임없는 물줄기를 관찰하면서 그리피스 천문대 관람객들이 으레 던지는 질문이기도 하다. 이 모든 입자들은 어디에서 왔을까?

1900년대 초에 과학자들이 제기한 질문도 거의 비슷했다. 그들의 말로 표현하자면, 그들은 장비에서 검출되는 여분의 방사선이 어디에서 오는지 알고 싶었다. 방사선 연구는 베를린, 빈, 케임브리지의 실험실에서 이루어졌는데, 검전기electroscope라는 단순하고 다소 조잡한 장비를 이용했다. 쉽게 예측할 수 있는 성질로는 이른바 역제곱 법칙이 있는데, 이것은 실험자가 방사원으로부터 두 배 멀리 떨어지면 검출되는 세기가 네 배 줄어든다는 원리이다. 적어도 그렇게 행동할 것이라고 가정되었다. 하지만 몇몇 예리한 과학자들은 장비에 여분의 방사선이 포착된다는 사실을 알아차렸다. 왜 방사선이 예측보다 많을까? 이 문제에 답하지 못하면 자신의 실험실에서 벌어지는 일을 이해할 가망도 없었다.

답은 간단해 보였다. 여분의 방사선은 지구의 광물로부터 오고 있었다. 마리 퀴리가 라듐과 폴로늄—둘 다 실험용 방사원으로 쓰인다—을 발견하기까지 오두막에서 수 톤의 역청우란석을 빻고 정제하며 여러 해를 보냈다는 사실은 널리 알려져 있었다. 이 두 원소는 방사선의 성질을 연구하는 과학자들에게 귀한 재료였으며 지구 자체로부터 왔다. 그러므로 이 광물들이 골치 아픈 배경 방사선을 만들어낸 것이 논리적으로 틀림없었다. 답은 분명해 보였으며 검증 방법도 마찬가지였다. 방사선이 지구에서 왔다면 대기 위로 올라갈수록 덜 보여야 한다. 과학자들은 지상으로부터 약 300미터 위로 올라가면 여분의 방사선이 완전히 없어질 것이라고 추측했다.

젊고 모험심 충만한 물리학자에게 이것은 완벽한 도전 과제였다. 필요한 것은 방사선을 검출할 장비와 고도뿐이었다. 당신이 산악인이 아니라면 1900년대 초에 그렇게 높은 고도로 올라가는 방법은 단 하나였는데, 바로 열기구를 타는 것이었다. 적어도 세 명의 연구자가 각각 배경 방사선을 사냥하기 위해서 재빨리 하늘로 올라갔다. 그들은 연구를 위해서 간단한 검전기를 가져갔지만,[1] 셋 다 실패했다. 열기구의 움직임 때문에 검전기가 흔들렸으며 압력의 변화 때문에 공기 누출이 발생했고 절연에 문제가 생겼다.

검전기가 인기 있었던 이유는 누구나 값싸게 만들 수 있었기 때문이다. 유리병처럼 절연된 밀폐 용기 안에 금속 막대를 꽂는 것이 전부였다. 막대 끝에는 얇은 금박 두 장을 부착했다. (털가죽에 문지른 유리 막대 같은) 대전된 물체로 검전기 위쪽을 건드리면 전하가 금박으로 이동하는데, 그러면 금박은 전기적 척력 때문에 벌어져 뒤집힌 V 모양이 된다. 검전기가 완벽하게 절연되었다면 금박은 영원히 그 상태에 머무른다. 방사선을 측정하려면 검전기를 대전한 뒤에 방사성 시료를 가까이 가져가면 된다. 그러면 검전기 내부의 공기 중 일부가 이온화됨으로써 금박이 전하를 잃고 천천히 오므라든다. 금박이 오므라드는 속도는 장치에 조사된 방사선의 양을 나타낸다. 그러나 검전기는 안정된 실험대에서 쓰도록 설계된 것이었지, 열기구에 실어 높은 고도로 가져가려고 만든 것이 아니었다.

실험이 실패하고 혼란이 커지자 독일의 예수회 사제이자 물리학자 테오도어 불프는 검전기를 더 튼튼하게 만드는 것이 관건임을 깨달았다. 1909년 불프는 검전기를 개조하여 금박 대신 백금을 입힌 가느다란 철사 두 개를 부착했다. 이랬더니 훨씬 튼튼했다. 불프는 자신의 장비를 서로 다른 두 고도에서 검사하기 위해서 파리로 갔다. 처음에는 에펠탑 밑에 서서 방사선 수치를 측정했다. 그런 다음 탑에 올라가 방사선이 사라질 것으로 예상되는 300미터 높이에서 측정했는데, 방사선은 여전히 검출되었다. 다른 사람들도 그의 방법을 채택했지만 결과는 여전히 당혹스러웠다. 이탈리아의 물리학자 도메니코 파치니는 위로 올라가는 것이 아니라 아래로 내려가야겠다고 판단하고는 불프의 검전기를 가지고 물속으로 들어갔다. 그는 지구 광물에 둘러싸이면 방사선이 많아질 것이라고 예상했다. 결과는 정반대였다. 개량된 검전기는 제대로 작동하는 듯했지만 예상한 결과는 나오지 않았다. 몇몇 과학자들은 방사선이 지구 광물에서 나오는 것이 아닐 가능성을 고려하기 시작했다.

그중에서 스물아홉 살의 오스트리아 물리학자 빅토르 헤스가 기회를 포착했다. 그는 열기구 조종사를 고용하고 양털 코트를 껴입고는 빈 외곽의 들판에서 이륙했다. 기구는 에베레스트 산 베이스 캠프보다 훨씬 높은 고도 5,300미터까지 솟아올랐다. 헤스는 열기구에 신형 불프 검전기 두 대를 매달았는데, 온도와 압력의 변화에 대처할 수 있도록 특수 개조한 것이었다. 공기가 희박하고 기온이 영하 20도였음에도 그는 정상적으로 측정을 한 뒤 무사히 착륙했다.

그런 고도까지 올라가서 대기 중 방사선 수치를 측정한 사람은 헤스가 처음이 아니었지만, 신뢰할 만한 결과를 얻을 만큼 제대로 측정한 사람은 그가 처음이었다. 헤스는 지상으로 돌아와 자신이 기록한 수치를 들여다보았다. 고도가 높아지자 방사선 양은 처음에는 조금 줄어들다가 이내 증가하기 시작했다. 낮은 고도보다 높은 고도에 훨씬 더 많은 방사선이 있다는 사실이 분명해졌다. 방사선은 지구에서 오는 것이 아니었다. 대기 밖에서 오는 것이 틀림없었다. 하지만 어디에서? 헤스는 태양이 방사원일 가능성을 배제하기 위해서 일식 때 다시 열기구를 띄웠다. 그가 발견한 것은 새로운 방사원이었다. 이제 헤스, 불프, 파치니와 그밖의 물리학자들은 방사선이 광물이나 실험실에만 있는 것이 아님을 알게 되었다. 우주에서 오는 방사선도 있었다.

헤스가 발견하여 **우주선**宇宙線, cosmic rays[2]이라고 이름 붙인 방사선은 15년 넘게 물리학자들의 골머리를 썩인 여분의 방사선 수수께끼를 해결했지만, 그 과정에서 방사선의 출처에 대한 견해가 완전히 달라지고 말았다. 이 대목에서 내가 말하는 방사선은 **이온화** 방사선으로, 원자에서 전자를 해방시킬 만큼 충분한 에너지를 가진 것들이다. 여기에는 과학자들이 알던 세 종류의 방사선인 알파선(헬륨 핵), 베타선(전자), 감마선(고에너지 빛)이 포함된다. 우주 어딘가에서 격렬하고 거센 상호작용이 일어나, 머나먼 거리를 가로질러 대기를 뚫고 지구에 도달할 만큼 강력한 방사선을 내뿜고 있었다. 하지만 어디에서? 방사선은 어떻게 생성되었을까? 이 방사선은 새로운 종류일까, 우리가 이미 아는 것일까? 대기와 상호작용했을까, 곧장 통과했을까? 헤스는 우주선을 발견했지만 우주선의 성질에 대해서는 아는 것이 거의 없었다. 필요한 것은 우주선과 지구의 실험실에 있는 방사선에 대해서 더 많이 알아낼 수 있는 장비였다.

헤스와 동료들이 실제로 바란 것은 방사선을 볼 방법이었다. 이것이 유난히 까다로웠던 이유는 방사선이 대부분 비가시광선이기 때문이다. 그러나 그들은 물리학이 기발한 도구를 통해서 자연의 다른 부분들을 보이게 만들었음을 알고 있었다. 이를테면 머나먼 우주를 볼 수 있게 된 것은 망원경으로 희미한 빛을 모을 수 있었기 때문이며, 이로써 우주와 그 안에서 우리의 위치를 바라보는 시각이 넓어졌다. 생물학은 볼 수 있는 것을 대상으로 하는 학문이었으나 최초의 현미경이 등장하여 미생물이 우글거리는 세계를 보여주었으며 이 덕분에 질병 전파와 생명 자체의 형성을 이해하는 데에 엄청난 도약을 이룰 수 있었다. 이제 1900년대 초의 물리학자들도 비슷한 장벽을 맞닥뜨렸다. 그들에게는 방사선을 시각화할 수 있는 돌파구가 필요했다.

찰스 "C. T. R." 윌슨은 수줍고 왜소한 스코틀랜드 출신의 물리학자로, 방사선이 발견될 즈음 과학자의 길에 들어섰다. 그의 출신지는 자신의 생각을 발전시키는 데에 중요한 역할을 했다. 스코틀랜드는 안개를 연구하기에 거의 완벽한 장소이기 때문이다. 1894년 스물다섯 살의 윌슨은 포트윌리엄으로 가서 영국제도에서 가장 높은 산인 벤네비스에 올랐다.

벤네비스의 뭉툭한 꼭대기는 1년에 355일 동안 위험한 안개가 끼어 있지만 윌슨에게는 기적이 일어났다. 날씨가 전례 없이 맑았던 것이다. 그는 무사히 벤네비스를 등정하여 2주일 동안 머물면서 기상 관측소에서 자원봉사를 했다. 케임브리지 캐번디시 연구소에서 일하기는 했지만 그의 첫사랑은 물리학이 아니라 기상학이었다. 정상에서는 구름이 대부분 그의 아래에 있었으며, 이 지점에서 그는 구름 위에서 춤추는 빛의 효과를 보았다. 자신이 서 있는 산의 그림자에서 "그림자광륜"(glory : 산지의 독립된 산봉우리에서 태양을 등지고 그 앞쪽에 짙은 안개가 끼어 있을 때, 그 안개의 장막에 관찰자 자신의 그림자가 크게 비치고, 그 그림자의 주위와 안쪽은 푸른색, 바깥쪽은 붉은색 띠가 보이는 현상/옮긴이)이라는 색색의 고리를 관찰했다. 그는 이 효과에 매혹되어, 실험실에서 재현하고 연구하고 싶었다. 그렇다면 그의 첫 번째 과제는 구름을 만드는 법을 알아내는 것이었다.

케임브리지에 돌아온 그는 바로 그 일을 위한 실험 설비를 제작했다. 물을 채운 커다란 유리병 안에 비커를 거꾸로 넣고는 여러 유리관과 밸브를 진공 상태의 두 번째 병에 연결했다. 윌슨이 상자를 작동시키기 위해서 끈을 당기면 작은 코르크 마개가 빠져나와 비커 안의 공기가 팽창하면서 압력과 온도가 뚝 떨어졌다.[3] 탄산음료의 병뚜껑을 열었을 때 칙 소리가 나면서 기포가 올라오는 것과 같은 원리이다. 압력이 낮아지면 공기가 팽창하면서 과포화 상태가 된다. 조건이 충족되면 공기 중의 수분이 먼지 입자에 응결하고 고운 물방울을 형성하여 구름이 된다. 윌슨은 이 현상을 실험실에서 재현하는 데에 성공한 뒤 벤네비스 산 꼭대기에서 본 빛의 효과를 재창조하려던 찰나 자신이 기대하지 않은 무엇인가를 발견했다. 실험에 먼지가 없는 공기를 이용했는데도 구름 방울이 생긴 것이다.

어떻게 이럴 수 있지? 구름이 생기려면 물방울 형성의 실마리가 될 교란이 일어나야 했다. 전문 용어로 **응결핵**이 필요했다. 지금까지는 먼지가 응결핵 역할을 했다. 하지만 먼지가 없는 공기에서 어떻게 물방울이 생겼을까? 윌슨은 앞선 실험들을 통해서 교란을 일으키는 것이 무엇이든 그것이 (아마도 공기 중의 분자나 원자만큼) 작다는 사실을 알고 있었다. 그래서 구름을 형성하는 물방울이 상자 안의 이온 주위에 형성되었으리라는 막연한 아이디어를 떠올렸다. 이것이 참이라면 그는 공기 중의 원자나 분자를 시각화하고 개수를 세는 방법을 발견한 것인지도 몰랐다.

윌슨은 방사선 관찰에는 관심이 없었다. 때는 1895년이었으며 방사선은 발견된 지 얼마 되지 않아 제대로 규명되지도 않은 상태였다. 그는 공기 중 이온이 구름 형성의 원인이라는 가설을 파고들었다. 공기가 훨씬 빨리 팽창하도록 더 정교한 실험 설비를 새로 제작했다. 새 실험이 준비되자 윌슨은 초보적 X선 관을 쥐고 상자에 비추었다. 그랬더니 알맞은 조건에서는 자신이 이전에 관찰한 효과가 증폭되어 X선이 다량의 물방울을 만들어냈다. 전하eletric charge의 존재가 구름 형성의 원인이었다. 그의 감은 확증되었다. X선은 공기 중에 이온을 만들었으며 이 이온은 응결핵을 만들었다.

윌슨이 이 실험을 진행하는 동안 다른 물리학자들은 검전기를 들고 열기구에 올라타서 우주선 수수께끼를 풀려고 애쓰고 있었다. 그는 방사선 분야의 발전을 모르지 않았다. 어쨌거나 어니스트 러더퍼드와 J. J. 톰슨을 매일같이 만났을 테니 말이다. 1901년의 어느 날 그는 흥미가 동하여 검전기로 배경 방사선을 찾아보기로 마음먹었다. 그래서 한밤중에 칼레도니아 철도 터널에 검전기를 설치했다. 그는 여느 과학자와 마찬가지로 지구의 광물에서 발생하는 여분의 방사선을 찾고 있었지만, 터널에서나 실험실에서나 방사선의 양에는 주목할 만한 차이가 없었다.[4] 그는 수수께끼의 방사선과 씨름하는 문제는 다른 과학자들에게 남겨둔 채 더 유망한 연구로 관심을 돌렸다.

윌슨은 방사선에 흥미를 보이지 않고 신기한 구름 형성 실험에 몰두한 탓에 캐번디시 연구소에서 괴짜로 통했다. 그는 신중하고 복잡한 대롱불기 작업을 며칠씩 계속했으나 유리병은 깨어지기 일쑤였다. 학생과 연구원들은 모두 그에게 연민을 느꼈다. 다들 이른바 "교육 실험실nursery lab"에서 대롱불기를 배워야 했던 경험이 있었기 때문이다. 그곳은 연구생들이 과거의 실험을 재현하는 과정에 착수하기 전에 전위계 같은 장치를 제작하는 정교한 기술을 배우는 특수 실험실이었다. 훗날 많은 사람들이 캐번디시에 마치 노동요처럼 울려퍼졌던 윌슨의 대롱불기 배경 소음을 즐겁게 회상했다.

요즘은 과학자가 대롱불기 작업을 하는 일이 드물기 때문에, 현대적 실험에서 이용하는 캐드CAD와 밀링 머신milling machine이 등장하기 전에 안개상자 같은 실험 장비를 만들려면 무엇이 필요했는지 상상하기가 힘들다. 필요한 기법을 숙달하려면 여러 해가 걸렸지만 윌슨은 남다른 끈기와 온화한 성격으로 (러더퍼드에 따르면) "과학 역사상 가장 독창적이고 경이로운 도구"를 만들어냈다. [5]

유리 기구를 만드는 일은 장인의 솜씨를 요하는 과정으로, 유리를 알맞은 온도로 가열하는 것도 그중 하나이다. 윌슨은 한 손에 토치램프를 들고 있었다. 유리가 정확히 필요한 만큼만 녹도록 알맞은 열을 가하기 위해서 그는 가스 주입구를 살짝 열어 토치에서 쉭쉭 소리가 확실하게 나도록 했다. 훗날 사람들이 회상한 바로 그 소리이다. 그는 정확한 순간에 입을 벌려 대롱에 공기를 불어넣음으로써 유리 용기를 꼭 알맞은 힘으로 부풀리는 동시에 말랑말랑한 유리를 칼과 연장으로 매만졌다. [6]

뜨겁고 신체적으로 고된 과정이었지만, 윌슨은 단 1−2분 만에 유리를 플라스크나 공, 코일로 솜씨 좋게 가공할 수 있었다. 그의 안개상자에 들어가는 주요 부품인 원통은 꼭 들어맞아야 했기 때문에 유리가 냉각된 뒤에 몇 시간 동안 공들여 연마해야 했다. 가장 아슬아슬한 과정은 여러 조각을 합치는 것이었는데, 새 조각을 덧붙일 때마다 전체를 망칠 위험이 있었다. 실험 장비가 통째로 바닥에 내동댕이쳐지는 일도 많았다. 윌슨은 러더퍼드와 달리 결코 장비에 욕설을 내뱉지 않았다. 나직하게 "이런, 이런"이라고 말하고는 다시 시작했다.

오늘날 윌슨의 초기 안개상자는 케임브리지의 뉴캐번디시 연구소 박물관에 소장되어 있는데, 언뜻 보기에는 다소 조잡해 보인다. 안개상자의 단순한 구조는 당시가 그저 그런 물리학자도 우주에 대한 획기적인 발견을 할 수 있는 손쉬운 발견의 시대였다는 인상을 풍긴다. 그러나

1900년대 초 유리로 유용한 물건을 만드는 데에 필요했던 기술과 인내의 수준을 이해하고 나면, 윌슨과 동료들의 실험이 무척 비범해 보인다. 이 강력한 새 도구를 이용하여 물질에 대한 우리의 시각을 영영 바꿔놓은 발견들이 탄생한 것이다.

윌슨이 안개상자를 처음 개발했을 때는 설령 이 장치가 X선에 반응하더라도 이것을 가지고서 방사선을 본격적인 정량적 방법으로 연구할 수 있는지 여부가 불분명했다. 러더퍼드가 알파선과 베타선의 성질을 규명한 뒤에야 윌슨은 1910년에 안개상자를 다시 꺼냈다. 이번에는 새로운 활력과 야심찬 목표를 품었다. 그의 계획은 하전 입자charged particle를 볼 수 있는 장비를 만들겠다는 것이었다.

안개상자를 발명한 지 15년이 지난 1911년 윌슨은 알파 입자와 베타 입자 낱낱의 운동을 관찰하고 촬영한 최초의 인물이 되었다. 그는 하전 입자가 하얀 자취를 남김으로써 노출되고 촬영될 수 있도록 장치를 개량했다. 그는 안개상자 안에서 전자가 만들어내는 자취를 "안개의 작은 줄기와 가닥"으로 묘사했다.[7] 윌슨은 영국과 오스트레일리아에서 활동한 물리학자 W. H. 브래그에게 알파 입자의 자취를 담은 사진을 보여주었다. 브래그는 알파 입자가 갑자기 멈추기 전에 먼저 서서히 느려져야 하고 경로의 끝에서 가장 강하게 상호작용하여 입자가 감속하다가 결국 멈추는 과정에서 안개의 자취가 점차 불투명해지고 굵어질 것이라고 처음 예측한 인물이다. 윌슨과 브래그는 "사진과 브래그의 개념도가 놀랍도록 비슷하다"는 사실을 발견했다.[8]

전 세계 연구자들은 안개상자를 느리지만 꾸준히 받아들여 더 유용하게 개조했다. 1920년대 후반 대부분의 안개상자는 하전 입자의 자취가 휘어지도록 커다란 자석의 양극 사이에 놓였다. 양전하 입자와 음전하 입자가 반대 방향으로 휘었으며 에너지가 큰 입자는 에너지가 작은 입자보다 덜 휘었다. 연구자들은 사진을 면밀히 측정하여 입자의 전하와 에너지를 알아낼 수 있었다. 그들은 실험실 안에서 입자들이 안개상자 속에서 어떻게 보이는지 알아내고 성질을 규명할 수 있었다.

그동안 입자의 상호작용에 대한 개념들은 수년간의 고된 실험을 통해서 얻어야 했으나 이제는 물리학자의 눈앞에서 펼쳐졌다. 이 새로운 기법을 우주선의 성질을 이해하는 데에 적용할 때가 무르익었다.

패서디나의 칼텍(캘리포니아 공과대학교)에서는 로버트 밀리컨(그는 제3장에서 설명한 광전 효과 실험 이후 1921년에 시카고에서 패서디나로 옮겼다)이 이전에 박사과정을 밟은 칼 앤더슨에게 흥미로운 우주선 연구들에 대한 후속 연구를 안개상자로 진행해보라고 독려했다. 1929년 러시아의 과학자 드미트리 스코벨친은 안개상자에서 거의 휘어지지 않는 자취를 발견했다.[9] 이것은 5,000메브MeV(백만 전자 볼트million electron volt) 이상의 어마어마한 에너지를 가졌다는 뜻이다(실험실에서 이용하는 방사원의 에너지보다 1,000배 많은 양이다). 이 자취들은 에너지만 큰 것이 아니라 신기한 형태로 무리 지어 나타났다. 둘, 셋, 또는 그 이상의 광선들이 안개상자 바깥의 점에서 유입되는 것 같았다. 그의 실험 결과는 안개상자로 우주선에 대한 새롭고 흥미로운 사실을 밝혀낼 수 있음을 암시했다.

스웨덴 이민자의 아들로 태어난 앤더슨은 (가족 중에 기술 분야에 몸담은 사람이 한 명도 없었음에도) 로스앤젤레스에서 어릴 때부터 전기공학자가 되기로 마음먹었다. 교사는 그에게 칼텍에 가라고 권유했는데, 그곳에서 그는 물리학이 도르래와 지렛대보다 훨씬 더 복잡하다는 사실을 깨달았다. 그는 전공을 바꾸기로 결심했으며 다시는 뒤를 돌아보지 않았다.[10] 앤더슨은 대학원 재학 중 밀리컨과 연구하면서 이미 안개상자를 사용해본 적이 있었으며, 수증기 대신 알코올 증기를 이용하면 자취가 훨씬 밝아지고 촬영도 수월해진다는 사실을 알고 있었다. 그는 여기에 맞는 새로운 안개상자를 제작하기 시작했다.

앤더슨은 항공학과에서 전동 발전기를 찾아냈으며 이를 바탕으로 나머지 부품을 설계했다. 근사한 공작 기계를 살 돈이 없었기 때문에—당시는 대공황 초기였다—장비는 몰골이 형편없었지만, 그래도 작동했다. 안개상자는 장치의 심장부에 놓인 채, 전기를 흘려 커다란 전자석 역할을 하는 동관으로 둘러싸여 있었다. 동관은 속이 비어 있었는데, 자석이 녹지 않도록 냉각수가 흐르고 있었다. 거기에 자기장의 방향을 조절하는 쇠막대까지 더해서 실험 장비의 크기는 소형 자동차만 했으며 무게는 2톤가량이었다. 상자 자체는 자석 한쪽 끝에 있는 구멍으로 들여다볼 수 있었으며 카메라로 안개의 자취를 촬영할 수 있었다. 장치를 작동시키려면 내부의 알코올 증기를 반복적으로 매우 빠르게 팽창시켜야 했다. 이를 위해서 앤더슨은 이동식 피스톤을 이용했는데, 이 때문에 장치가 작동할 때마다 요란하게 쾅 소리가 났다. 장치가 설치된 건물의 지붕에서 연신 울려퍼지는 쾅 소리는 칼텍의 캠퍼스 어디에서나 들을 수 있었다. 다행스럽게도 앤더슨은 야간에만 실험 설비를 가동했다. 장비를 가동하려면 425킬로와트의 전기가 필요했는데, 캠퍼스 전체의 전력 소비량에서 상당 부분을 차지했기 때문이다.

앤더슨은 사진 자료들을 뒤지다가 1,300장 중 약 15장에서 양전하를 띤 입자와 일치하는 자취를 발견했다. 하지만 자취는 양전하 입자 중에서 가장 가볍다고 알려진 양성자로 보기에도 너무 길었다. 새로운 입자 같은데, 대체 무엇일까? 사진 속 입자는 한 단위의 양전하를 띠고 있었으며 질량은 전자와 비슷했다. 그는 처음에는 단순히 "쉽게 휘는 양전하 입자"라고 불렀지만 논문을 완성할 즈음 놀랍도록 대담한 결론에 도달했다. 그는 자신이 완전히 새로운 종류의 기본 입자를 발견했다고 믿었으며, 이 입자에 "양전자陽電子, positron"라는 이름을 붙였다.[11]

앤더슨이 몰랐던 사실은 몇 해 전인 1928년에 영국의 물리학자 폴 디랙이 순전히 수학적 통찰만으로 양전자의 존재를 예측했다는 것이다. 디랙은 원자에 대한 통찰을 얻고자 (매우 작은 사물을 기술하는) 양자역학 이론과 (매우 빨리 움직이는 사물을 기술하는) 아인슈타인의 특수 상대성 이론을 접목했다. 디랙은 말수가 적었지만 그의 연구는 물리학에서 가장 널리 회자되는 새로운 이론 두 가지를 통합했다. 그가 만든 방정식은 간단히 디랙 방정식으로 불리는데, 많은 사람들에게 물리학을 통틀어 가장 아름다운 방정식으로 꼽힌다. 그리고 이 방정식에는 뜻하지 않은 예측력이 있었다. 4의 제곱근에 +2와 −2의 두 가지 해가 있는 것처럼 디랙 방정식은 전자와 똑같지만—즉, 질량이 같지만—전하가 반대인 입자가 존재해야 한다고 예측했다. 이 기묘한 함의 때문에 디랙은 자신의 이론이 물리적 실재를 나타내는지 확신하지 못했다. 하지만 디랙 방정식은 알려진 모든 종류의 입자에 반대 입자가 존재한다고 예측하는 듯했으며, 이런 입자는 "반물질反物質, antimatter"로 알려지게 된다.[12]

디랙은 캐번디시 연구소의 실험물리학자 패트릭 블래킷과 친분이 있었다. 블래킷은 이탈리아 태생의 물리학자 주세페 오키알리니와 함께 안개상자 기법을 발전시키고 있었다. 디랙은 자신이 창안한 새 이론을 블래킷에게 설명했으며, 두 사람은 양전자가 안개상자의 자기장에 나타난다면, 전자와 동일하되 휘어지는 방향이 반대인 자취를 남길 것임을 밝혀냈다. 앤더슨의 연구보다 거의 3년 전에 두 사람은 실험실에서 방사원 실험으로 얻은 블래킷의 안개상자 사진을 들여다보았다. 디랙은 양전자의 증거가 충분하다고 생각했지만 블래킷은 논문으로 발표하기에는 너무 불확실하다고 생각했다. 바깥에서 오는 전자가 충돌하여 우연히 양전자처럼 보인 것인지도 모른다고 주장했다. 실험을 다시 실시하지 않고서는 이런 삐딱이 전자와 실제 양전자를 구분할 방법이 전혀 없었다.[13]

블래킷이 주저한 데는 디랙의 아이디어가 호응을 얻지 못한 탓도 있는 듯하다. 당시 학계의 거물들은 우주가 "정상normal" 물질과 거울상 "반물질"로 이루어졌을지도 모른다는 개념에 대해서 (좋게 말해서) 심드렁했다. 양자 이론의 창시자 중 한 명인 오스트리아의 물리학자 볼프강 파울리는 반물질 가설을 "헛소리"라고 치부했으며, (제2장에서 만난) 닐스 보어는 "전혀 못 믿겠다"고 말했다.[14] 불확정성 원리uncertainty principle를 비롯하여 양자역학의 상당 부분을 확립한 독일의 이론물리학자 베르너 하이젠베르크는 1928년 "현대 물리학에서 가장 안타까운 대목은 예나 지금이나 디랙의 이론이다"라고 말했다.[15] 블래킷은 디랙의 괴상한 이론을 뒷받침하는 증거가 실제로 있는지 알아내기 위해서 계산을 실시했지만, 그가 이 문제를 궁리하는 동안 앤더슨이 양전자를 발견했다는 소식이 전해졌다.

앤더슨은 실험하느라 바빠서 디랙의 논문을 읽을 겨를이 없었다. 양전자 발견 경쟁에서 블래킷과 오키알리니를 물리친 것을 보면 그가 초점을 잘 맞춘 것인지도 모른다. 하지만 그의 결과는 물리학계에서 열띤 논란을 불러일으켰다. 사진 몇 장만으로는 이런 괴상한 이론을 뒷받침할 증거로 미흡해 보였기 때문이다. 케임브리지 연구진은 이 사실을 감안하여 자신들에게 승산이 있다고 판단했다. 블래킷과 오키알리니는 흥미로운 사진 몇 장을 찾고자 수천 장을 수집하기보다는 흥미로운 입자가 안개상자를 지나가는 장면을 포착하는 성공률을 80퍼센트로 높이는 데에 주력했다. 이를 위해서 두 사람은 카메라 셔터를 누르는 전기적 방법을 개발했다. 장비의 위와 아래에 가이거 계수기를 장착하여 계수기가 동시에 입자를 감지하면 사진이 찍히도록 했다. 1932년 즈음 두 사람에게는 앤더슨의 연구를 자체 실험으로 보완할 방법과 필요성이 생겼다.

블래킷과 오키알리니는 양전자의 존재를 재빨리 확증했으며 데이터가 풍부한 관측 결과들을 가지고서 세부 사항을 더 깊이 파고들 수 있었다. 그들은 전자와 양전자가 사진에서 함께 발견되는 광경을 다수 관찰했다. 사실 사진에서는 전자와 양전자의 개수가 같아 보였다. 정상 물질과 반물질이 같은 양으로 생겨난 것이었다. 블래킷과 오키알리니는 이 과정을 실시간으로 관찰할 수 있었다. (우주선에 들어 있는) 고에너지 감마선이 안개상자에 들어와 **쌍 생성**pair production이라는 과정으로 전자와 양전자를 동시에 만들어냈다. 광자(감마선)가 물질(전자와 양전자)로 변환되는 광경이 처음으로 관찰된 것이었다. 양자역학과 아인슈타인의 상대성을 접목했을 때에 예측된 과정이었다. 이 상호작용의 존재는 당시 이론물리학자들이 어렴풋이 깨닫고 있었던 디랙 방정식의 두 번째 황홀한 결과를 드러냈다. 그것은 반물질과 물질이 접촉하면 질량이 에너지로 바뀌어 빛을 방출하면서 **소멸한**다는 것이었다. 말하자면 질량은 에너지로 전환될 수 있고 에너지는 질량으로 전환될 수 있다. 양전자와 쌍 생성의 사진이 숱하게 수집되자, 학계는 디랙의 이론에서 도출된 결론을 더는 거부할 수 없었다. 괴상해 보일지언정 반물질은 실제로 존재했다.

앤더슨은 이야기를 새로 써서 사후에 자신의 탁견을 부풀리려고 하기보다는 "양전자의 발견은 순전히 우연이있다"라고 털어놓았다.[16] 이것은 때가 무르익은 발견이었으며 그가 아니었더라도 다른 누군가가 금세 발견했을 터였다. 앤더슨는 1936년 서른한 살의 나이에 빅토르 헤스와 함께 노벨 물리학상을 받아 최연소 수상자가 되었다. 찰스 윌슨은 1927년 안개상자 발명의 공로로 노벨상을 받았으며, 디랙은 1933년에 수상했다.[17]

앤더슨은 안개상자를 이용하여 우주선을 탐구하려는 첫 시도에서 경이로운 성과를 거두었다. 그러나 이것이 다가 아니었다. 양전자의 발견은 우주선 연구가 흥미로운 방향으로 흘러갈 수 있음을 암시했다. 우주선은 지금껏 알려지지 않은 입자를 발견하는 데에 이용될 수 있었으며, 자연은 과거에 알던 것보다 더 풍성하고 다채로웠다.

양전자 실험은 지상에서 무엇을 검출할 수 있는지 보여주었지만, 우주선 자체에 대해서는 밝혀진 것이 거의 없었다. 앤더슨은 1935년 안개상자로 새로운 모험을 시작했는데, 이번에는 자신의 대학원생 세스 네더마이어와 함께였다. 앤더슨과 네더마이어는 고고도 우주선을 연구하기 위해서 콜로라도 주의 파이크스 피크로 향했다. 두 사람의 계획을 위해서는 4,300미터 고도까지 올라가야 했는데, 그 높이에서는 산소 농도가 해수면의 60퍼센트에 불과하여 고산병에 걸릴 위험이 컸다. 기후도 열악했다. 연중 눈이 쌓여 있었으며 뻔질나게 부는 바람은 시속 160킬로미터에 달했다. 설상가상으로 앤더슨과 네더마이어는 여전히 빈털터리였다.

두 사람은 돈을 긁어모아 평상형 트럭을 400달러에 구입하여 거대한 실험 장비를 짐칸에 싣고 미국을 가로질러 파이크스 피크로 향했다. 산을 오르기 전까지만 해도 만사가 순조로웠다. 하지만 무거운 짐과 고지

대의 낮은 산소 농도 때문에 낡은 트럭으로는 산을 올라갈 수 없었다. 두 사람은 구조와 견인을 요청해야 했다. 마침내 산꼭대기에 도착했지만 장비를 가동할 전력이 부족해서 자동차를 한 대 더 구입하여 엔진을 발전기로 써야 했다.

드디어 장비가 가동되자 두 물리학자는 6주일 내리 사진을 촬영했다. 그런 다음 뭐라도 건질 것이 있는지 살펴보려고 필름을 현상했다. 쌀쌀하고 어두컴컴한 산에서 사진을 들여다보며 전자, 양전자, 양성자, 알파 입자를 찾아보았다. 이번에는 전자와 매우 비슷하게 생겼으나 약 400배 무겁고 양전하를 띤 것과 음전하를 띤 것이 둘 다 있는 입자의 자취가 거듭거듭 발견되었다. 두 사람은 이 입자가 양성자가 아님을 알았다(그러기에는 너무 가벼웠다). 새로 발견된 양전자도 아니었다. 여기에서 끌어낼 수 있는 결론은 하나뿐이었다. 새로운 종류의 입자를 발견한 것이었다.

이제 우리는 이 입자를 "뮤온muon"이라고 부른다. 뮤온은 전자와 성질이 똑같지만(반뮤온은 양전자와 성질이 똑같다), 질량이 더 무겁다. 수명이 짧아서 220만 분의 1초 만에 붕괴하여 전자로 변환된다.[18] 고에너지 우주선이 대기를 때리면 충돌로 인해서 새로운 입자들이 소나기처럼 생겨나는데, 그중 대부분이 뮤온이다. 매일 매 분마다 지표면 1제곱미터당 약 1만 개의 뮤온이 떨어지지만(몇 개는 매 분마다 당신의 머리를 꿰뚫는다), 우리는 특수 장비 없이는 뮤온을 볼 수도 느낄 수도 감지할 수도 없다. 높은 고도에는 지상에 비해 뮤온이 더욱 많다.

지금껏 관찰된 전자, 양성자 등의 입자와 달리 뮤온은 현실적인 존재 이유가 전혀 없어 보였다. 뮤온은 기본 입자여서 다른 입자로 구성되지 않았지만, 우리 주변에 있는 어떤 정상적 물질에도 들어 있지 않다. 당시 한 물리학자는 뮤온의 발견에 이런 반응을 보였다. "누가 주문했지?"[19]

뮤온이 존재하는 이유는 예나 지금이나 오리무중 수수께끼이다. 아원자 세계는 깊고 복잡했으며 물리학자들은 그 세계를 이제 막 피악히기 시작했을 뿐이었다.

뮤온이 무엇인가에 대한 아이디어 중 하나는 1935년의 이론적 이해가 어느 수준이었는지를 보여준다. 전해에 유카와 히데키라는 일본의 젊은 이론물리학자는 핵을 붙들어두는 힘—강한 핵력—을 발생시키는 요인이 전자의 약 200배에 달하는 질량을 가진 입자라고 주장했다. 그는 "중간"을 뜻하는 그리스어를 가져와 이 입자를 **중간자**中間子, meson로 명명했다. 자신의 예측에 따르면 질량이 전자와 양성자의 중간이어야 했기 때문이다.[20] 처음에 일부 물리학자들은 뮤온이 유카와의 중간자라고 생각했지만, 금세 그럴 리 없음을 깨달았다. 중간자는 물질과 강력하게 상호작용해야 하기 때문이다. 이에 반해 뮤온은 납판을 비롯한 재료를 곧장 통과하는 것처럼 보였다.

최상의 시야와 최상의 데이터를 확보하면, 기술의 한계를 밀어붙이는 야심찬 실험을 시도할 수 있었다. 앤더슨의 안개상자 실험 설비는 훗날 해군 B-29 전폭기에 실려 하늘로 날아가 고고도에서 우주선 연구에 이용되었다.[21] 그러나 공학적 난점 때문에 쓸 만한 결과를 많이 얻지는 못했다. 시간이 흐르면서 일상적 물질을 구성하는 입자는 주변의 숨겨진 세계에 비하면 빙산의 일각임이 분명해졌다. 저 너머에 훨씬 더 많은 것들이 숨어 있었다. 방사선의 발견으로 물질에 대한 견해는 정적인 것에서 끊임없이 달라지는 것으로 바뀌었으며, 이제 우주선은 원자가 물질의 유일한 존재 형태라는 생각을 산산조각 내기 시작했다. 뮤온은 시작에 불과했다.

우주선과 새로운 입자에 대한 지식이 확장되면서, 우주선을 지구 대기와 상호작용하기 전에 검출하기 위해서 높이 올라가는 일이 점점 더 긴요해졌다. B-29 실험에서 보듯이 고고도 실험을 위해서는 안개상자보다 튼튼한 검출기가 필요했다. 다른 물리학자들은 보완적 유형의 검출기를 개발하기 위해서 노력했다. 안개상자에 복잡한 피스톤과 카메라가 장착된 것과 달리 이 핵유제nuclear emulsion는 가동 부품이 하나도 없는 수동형 검출기였다. 핵유제는 기본적으로 젤라틴에 할로겐화은 결정이 들어 있는 특수한 종류의 감광판으로, 하전 입자의 통과에 예민하게 반응한다. 핵유제는 안개상자보다 튼튼했으며 조작도 훨씬 수월했다. 몇 달씩 방치한 채 데이터를 수집할 수 있었으며 심지어 걱정 없이 대기 중으로 높이 발사할 수도 있었다.

핵유제를 이용하여 우주선을 연구하는 방법은 오스트리아 빈의 저명한 라듐 연구소에서 무급으로 일하던 물리학자 마리에타 블라우가 개발했다. 그녀는 1919년 프란츠 엑스너와 슈테판 마이어 밑에서 박사 과정을 마쳤는데, 두 사람 모두 여성 과학자를 지지하기로 명성이 자자했다.[22] 블라우는 프랑크푸르트 대학교에서 전도유망한 경력을 시작했다. 의과대학생들에게 방사선학을 가르치는 한편 X선 및 가시광선용 사진유제photographic emulsion에 대한 연구를 발표했다. 하지만 어머니의 병환 치료를 위해서 1923년 빈으로 돌아온 뒤에는 어떤 자리도 얻을 수 없어 라듐 연구소에서 무급으로 일하면서 연구비와 이따금 들어오는 대학 강의로 먹고살았다.

블라우가 빈에서 진행한 연구는 프랑크푸르트에서 배운 것에 신생 분야인 핵과학에 대한 자신의 지식을 접목한 것이었으며, 사진유제가 우주선 연구에 쓰일 수 있음을 밝혀냈다. 그녀는 유제 제조사 일퍼드와 손잡고 입자의 자취를 더 효과적으로 기록할 수 있는 아주 두꺼운 건판을 생산했다. 자신의 지도 학생이던 헤르타 뱀바허와 함께 오스트리아 알프스 산맥에 있는 하펠레카르 연구소에서 4개월간 실험을 진행했다. 결과는 "붕괴의 별"이라는 경이로운 새로운 발견이었다. 이것은 유제 내부의 무거운 핵이 우주선과 충돌하여 폭발하면서 남긴 별 모양의 자취였다.

애석하게도 그녀의 연구는 금세 중단되었다. 블라우는 유대인이었으며 1938년 안슐루스(나치 독일이 오스트리아를 병합한 사건/옮긴이) 전날 오스트리아에서 달아나 오슬로에서 선구적인 화학자 엘렌 글라디슈와 지내다가 멕시코를 거쳐 미국으로 이주하여 아인슈타인의 조수가 되었다. 한편 그녀의 공동 연구자 뱀바허는 나치 당원이었기 때문에 연구 결과를 계속해서 발표했으나, 블라우가 언급된 대목은 모조리 삭제했다.

지구 반대편에는 블라우의 기법을 채택한 또다른 여성이 있었다. 그녀는 인도의 연구자 비바 초두리로, 1934년에 물리학 석사 학위를 받았다. 인도를 비롯한 세계 어디에서든 여성으로서는 드문 성취였다. 초두리는 D. M. 보스 연구진에 처음 참여 신청을 했을 때, 여성에게 알맞은 과제가 없다는 말을 들었다. 그녀는 포기하지 않았으며, 1939년부터 1942년까지 초두리와 보스는 다르질링과 산다크푸 등지의 고지대에서 한 번에 몇 달씩 사진유제를 방치하는 방식으로 우주선 연구를 진행했다. 유제의 현상과 제판(사진술을 이용한 인쇄 제판법으로, 감광제를 바른 판면에 그림이나 사진의 음화陰畫를 밀착한 다음 약품으로 부식시켜서 만든다/옮긴이)은 고역이었으며 몇 달간 현미경으로 들여다보며 작업해야 할 때도 있었다. 초두리와 보스는 질량이 전자의 약 200-300배인 새로운 아원자 입자의 증거를 발견했다. 첫 번째 입자 뮤온은 이미 살펴보았지만, 두 번째 것은 우리 이야기에서 처음 등장하는 파이온pion이다. 파이온은 세 종류(양성, 음성, 중성)가 있는데, 자세한 내용은 뒤의 장들에서 이 입자들과 이 입자들이 상호작용하는 힘들에 대해 설명하면서 언급할 것이다.

초두리는 파이온을 처음으로 알아보았음에도 학계에서 기여를 인정받지 못했다. 1947년 영국의 물리학자 세실 파월은 (주세페 오키알리니와 함께) 같은 방법으로—더 나은 유제를 쓰기는 했지만—파이온의 존재를 입증했다. 1950년 노벨상 위원회는 파월에게 "핵 과정 연구를 위한 사진술을 개발하고 이 방법으로 중간자 관련 발견을 한" 공로로 노벨 물리학상을 수여했지만,[23] 초두리는 노벨상 후보에도 오르지 못했다. 노벨상 위원회에서 초두리의 실험을 파이온의 핵심적 발견으로 받아들이지 않은 이유는 그녀가 사용한 유제의 품질이 확고한 발견을 입증하기에 미흡했기 때문이었을 것이다. 이는 제2차 세계대전으로 인한 공급 문제 때문이었다.[24] 하지만 조금만 검색해보면 파월이 자신의 핵심 논문[25]에서 그녀의 연구를 인용했으며 소립자素粒子, elementary particle에 대한 저서에서 그녀의 선행 연구를 인정했음을 알 수 있다.[26]

블라우는 사진유제 기법을 발명한 공로로 여러 차례 노벨상 후보에 올랐는데, 파월을 비롯한 학계에서는 이를 고고도 우주선의 이해를 증진하는 데에 필수적인 요소로 인정했다. 그녀의 발명은 일퍼드와 코닥에 의해서 대량 생산되어 사진유제가 널리 이용되는 데에 한몫했으며 파월의 파이온 발견에 결정적인 역할을 했다. 그럼에도 노벨상 위원회의 위원 한 명이 그녀의 기여도를 편향적으로 언급하며 노골적으로 부정적인 평가를 내린 탓에[27] 블라우 또한 공로를 인정받지 못했다.

블라우와 초두리 같은 사람들은 예외가 아니다. 역사를 통틀어 과학계에서는 여성의 업적이 인정받지 못하거나 무시당하는 일이 어찌나 비일비재했던지 이 효과를 일컫는 명칭이 생길 정도였다. 바로 마틸다 효과Matilda effect이다. 이 용어는 1993년 역사학자 마거릿 로시터[28]가 미국의 참정권 운동가 마틸다 J. 게이지의 이름을 따와서 명명했다. 게이지는 19세기 후반 여성 혁신기들을 언급하면서 이 현상을 처음 조명한 인물이다. 로시터는 이 효과에 이름을 붙임으로써 역사학자, 사회학자, (바라건대) 과학자들이 과학계에서 조직적으로 잊힌 여성들의 이야기를 더 많이 발굴하고 그들의 업적을 더 많이 인정하기를 바랐다.

전 세계의 물리학 연구진은 그 뒤로 20년에 걸쳐 안개상자와 사진유제를 이용하여 우주선을 연구하면서 우주선의 성질을 조금씩 밝혀냈다. 우주선은 외계에서 기원한 것으로 알려져 있으며 한 세기 가까이 지난 지금까지도 생성 과정이 거의 밝혀지지 않았다. 페르미 우주망원경에서 수집한 정보에 따르면, 우주선은 초신성에서 생성되고, 블랙홀 주변의 중력장에서 고에너지 입자가 되었을지도 모른다. 우주선이 어떻게 형성되었든 대부분 초고에너지 양성자로 이루어졌다는 사실은 알려져 있다. 이 양성자는 지구 대기를 뚫고 내려와 공기 중 원자와 충돌하여 다른 입자들을 산사태처럼 쏟아낸다. 뮤온과 양전자는 이런 "이차" 입자들이다. 거의 모든 양성자와 상당수의 이차 입자들은 땅에 도달하기도 전에 공기와 상호작용하거나 붕괴하는데(뮤온의 수명은 2.2마이크로초이다[29]), 초창기의 선구적 연구자들이 지상에서 우주선을 많이 검출하지 못한 것은 이 때문이다.

우주선은 엄청난 에너지를 간직하고 있어서 원자를 쉽게 박살 낸다. 마리에타 블라우가 처음 알아보았듯이, 이 현상이 적절한 장소에서 일어나면 과학자들은 충돌로 인한 조각들을 관찰하여 원자를 비롯한 입자들의 성질을 알 수 있다. 이제 우리는 많은 우주선이 여러 광년 동안 우주를 가로질러 여행하면서 중성자별, 초신성, 준항성체, 블랙홀 같은 천체에 무엇이 있는지에 대한 정보를 가져다준다는 사실을 안다.

이곳 지구에서 우리는 우주선의 소나기를 완전히 잊고 지내지만 그중 100개는 매 초 우리의 몸을 통과한다. 1초당 10경 개의 우주선이 지구를 강타하는데, 전력으로 따지면 10억 와트를 넘는다. 우리가 이 전력을 활용할 수 있다고 치고 킬로와트로 나타내면(세탁기를 1시간 돌리는 데에 약 1킬로와트가 필요하다) 1시간당 36억 킬로와트, 또는 해마다 3만 2,000테라와트시가 되며, 이것은 2018년 지구 전체의 전력 소비량보다 50퍼센트가량 높다.

여러 입자와 힘이 발견되는 동안 변함없는 것이 하나 있었다. 바로 과학자들이 한결같이 자신이 발견한 입자와 힘에 실용적인 쓰임새가 전혀 없으리라고 믿었다는 사실이다. J. J. 톰슨이 전자의 쓰임새를 보지 못했듯이, 우주선의 가치가 밝혀지기까지도 오랜 시간이 걸렸다. 우주선이 처음 발견된 지 한 세기가 더 지나고, 뮤온이 발견된 지 80년 가까이 흐른 지금, 우리는 기술의 발전 덕분에 우주선이 지구와 어떻게 상호작용하는지 이해하게 되었으며 양전자와 뮤온을 현실에 응용할 수 있게 되었다.

우주선은 지구상의 생명의 역사에 대해서 우리에게 더 많은 것을 알려줄 수 있다. 우주선이 대기 중 질소에 미치는 영향으로 인해서 탄소-14라고 불리는 방사성 탄소 동위원소가 생성된다. 탄소-14는 산소와 결합하여 이산화탄소가 되며 광합성을 통해서 식물에 흡수된다. 그러면 동물과 인간이 식물을 섭취하는데, 대부분은 일반적인 탄소-12이지만 소량의 탄소-14도 들어 있다. 1940년대에 윌러드 리비는 나무와 뼈 같은 유기물에서 탄소-14와 탄소-12의 양을 비교하면 동식물이 죽은 지 얼마나 오래되었는지 계산할 수 있음을 알아냈다. 탄소-14는 5,730년의 반감기로 붕괴하기 때문이다. 다음 장에서 자세히 살펴볼 방사성 탄소 연대 측정은 저마다 다른 지역과 대륙에서 일어난 사건들을 총체적 연대표에 나타냄으로써 고고학에 심대한 영향을 미쳤다. 그 결과 우리는 개별 지역뿐 아니라 전 세계의 선사시대 역사를 탐구할 수 있게 되었다.

우주선의 상호작용은 지구 기후의 역사와 지질학적 시간에 걸친 기후 변화, 특히 태양의 영향에 대해서도 알려준다. 태양은 고에너지 우주선의 원천이 아니지만—이 사실은 빅토르 헤스가 일식 때 열기구를 띄운 이후 한 세기 넘도록 알려져 있었다—얼마나 많은 우주선이 지구에 도착하는지에는 영향을 미친다. 이제 우리는 태양이 태양풍solar wind이라는 물질을 끊임없이 뿜어내어 **태양권**heliosphere을 형성한다는 사실을 안다. 태양권은 태양계에서 행성들을 둘러싼 거대한 우주 거품이다. 태양의 활동이 잠잠해지면 태양권이 약해져서 더 많은 우주선이 태양계에 유입되고 지구 대기의 원자와 충돌한다.

우주선 양성자가 대기 중의 산소를 때리면 베릴륨의 두 동위원소인 베릴륨-7과 베릴륨-10이 생기는데, 이것들은 지구에 퇴적된다. 베릴륨-10은 반감기가 140만 년이며 붕괴하여 보론-10이 된다. 한편 베릴륨-7은 53일 만에 붕괴하여 리튬-7이 된다. 이 동위원소들은 남극과 그린란드의 얼음 층에 쌓이기 때문에, 이 얼음에 구멍을 뚫어 빙하 코어를 채취하면 시간을 거슬러 변화를 추적할 수 있다. 층마다 두 동위원소의 비율을 통해서 해당 층이 대기 중에서 얼마나 오래 전에 형성되었는지 알 수 있으며, 베릴륨-10의 양을 통해서는 태양권이, 따라서 태양이 얼마나 활동적이었는지 알 수 있다. 이 방법을 이용하면 우주선을 통해서 태양 활동이 실제로 지구의 기후 변화와 연관이 있는지를 알아낼 수 있다.

우주선 연구에서 발견된 입자들은 일상생활에서도 중요한 쓰임새가 있다. 양전자는 일부 방사성 붕괴 과정에서 자연적으로 방출되는데, 양전자 방출 단층 촬영술Positron Emission Tomography(PET) 기법을 통해서 질병을 검진하고 이해하는 데에 이용된다. 대부분의 주요 병원에는 이 정밀한 의료 촬영을 실시할 수 있는 기계가 설치되어 있다. 이것의 쓰임새에 대해서는 이후의 장에서 더 자세히 알아볼 것이다.

응용 분야를 찾았다는 사실이 가장 뜻밖인 입자는 뮤온이다. 뮤온은 치밀한 물체를 쉽게 통과할 수 있다는 독특한 특징이 있다. 납으로 만든 벽이나 수백 미터 두께의 암석도 뮤온을 가로막지 못한다. 기술이 발전하면서 물리학자들은 검출기를 제대로 설치할 수 있다면, 우주선의 뮤온을 대형 X선 촬영기처럼 활용할 수 있음을 깨달았다. 뮤온은 거대한 물체를 통과할 수 있기 때문에 X선으로는 불가능한 일을 할 수 있다.

뮤온이 처음 사용된 곳은 발견과 연구가 이루어진 미국이나 유럽이 아니라 다소 놀랍게도 오스트레일리아이다. 1950년대 E. P. 조지라는 물리학자가 우주선 뮤온을 활용했다. 오스트레일리아의 거대한 수력 발전 시스템인 스노이 하이드로snowy hydro 계획에 따라 새로 뚫은 터널 위쪽에 있는 암석의 밀도를 측정한 것이다. 조지는 가이거 계수기로 터널 안과 지표면에서 우주선 뮤온을 검출한 다음 그 결과를 이용하여 사이에 있는 지층의 깊이와 밀도를 측정했다. 하지만 그가 이용한 가이거 계수기는 뮤온이 오는 방향에 대해서는 아무 정보도 제공하지 않았기 때문에 이미지는 전혀 만들 수 없었다.

1960년대가 되자 루이스 앨버레즈(뒤에서 우리 이야기에 등장할 것이다)는 고고학자들과 협력하여 뮤온을 이용해 피라미드 내부의 영상을 촬영했다. 이 연구는 결국 2010년 카이로 대학교와 프랑스 문화유산혁신보전 연구소의 "스캔피라미드ScanPyramids" 사업으로 이어졌다. 고고학자들은 기자의 쿠푸왕 대피라미드에 대해서 모든 것을 알아냈다고 생각했으나, 2017년 스캔피라미드 연구진은 피라미드 주위와 실내 "왕비의 방” 내부에 뮤온 검출기를 설치하여 놀라운 결론에 도달했다. 구조물 안에 무엇과도 연결되시 않은 숨겨진 방이 있었넌 것이다. 19세기 이후 새로운 방이 발견된 것은 처음이었다.[30] 이들의 발견은 피라미드 내부 구조를 파악하는 돌파구가 되었으며 피라미드의 구성을 최종적으로 이해하기 위한 한 걸음이 되었다.

뮤온은 전자나 X선과 달리 물질을 통과하면서 상호작용을 거의 일으키지 않기 때문에 산란이 덜 일어나며 대부분 물체를 뚫고 직진한다. 산란하지 않는다는 것은 놀라운 이점이다. 검출기를 물체의 양쪽에 놓고서 뮤온이 물체를 통과하기 전과 후의 경로를 비교하면 비록 개수가 많지 않더라도 놀랍도록 훌륭한 공간 분해능分解能의 영상을 얻을 수 있다. 이것은 뮤온이 일직선으로 이동하기 때문이다. 이에 반해 X선의 궤적은 언제나 훨씬 많이 산란한다. 이런 식으로 영상을 얻는 방법은 미국에서 처음 개발되었으며 새롭고 개량된 검출 장치가 등장하면서 부피가 크고 밀폐된 구조물의 내부를 들여다볼 수 있게 되었다. 이 기법을 뮤온 단층 촬영muon tomography 또는 “뮤오그래피muography”라고 부르는데, 작동방식은 3D X선 촬영기와 비슷하지만 규모가 훨씬 더 크다. 2000년대에는 이 분야의 연구와 응용이 극적으로 증가했다.

2006년 도쿄 대학교의 다나카 히로유키 교수가 이끄는 일본 연구진이 최초로 뮤온을 이용하여 일본 아사마 산의 화산 내부 구조를 촬영했다. 지질학자들은 뮤오그래피를 누구보다 적극적으로 받아들였으며 에트나 산과 베수비오 산을 비롯한 다른 화산들에서도 용암 통로를 파악하고 분화를 예측하기 위한 촬영이 실시되었다. 이제는 시간 민감성 촬영술 time-sensitive imaging을 통해서 마그마의 움직임을 볼 수도 있다.

기술이 성숙하면서 뮤오그래피는 상업화 단계에 들어섰으며 연구를 진행한 실험실에서 회사를 차리는 경우도 많아졌다. 이 회사들은 뮤온 이용 촬영법을 응용할 방대하고 매혹적인 분야들을 발견했으며 컨테이너 선박의 전체 구조에서 발전소 같은 필수 기반시설에 이르기까지 모든 구조물의 3차원 시각화 서비스를 제공한다.

뮤온 검출 시스템은 국가 안보 기관을 대상으로 하는 시장에도 진출했으며 광업에 응용되어 치밀한 광물 매장지, 동굴, 터널 같은 지하 구조 파악에도 쓰이고 있다. 뮤온은 지구물리학, 지하수 탐사, 광물 탐사에도 활용될 수 있다. 핵 안전과 관련해서는 2011년 일본 쓰나미 이후 가장 먼저 도착한 팀은 뮤오그래피를 이용하여 후쿠시마 제1원자로의 노심reactor core 상태를 분석하고 핵연료의 위치를 파악했다. 이 덕분에 사고 현장을 안정적으로 정화하고 관리할 수 있었다. 이런 영상은 다른 어떤 기법으로도 얻을 수 없다. 핵폐기물 저장시설을 검사하는 데에도 같은 접근법이 이용된다.

보이지 않게 매일 지구로 날아오는 뮤온의 온전한 유익은 이제 막 밝혀지기 시작했을 뿐이다. 미래에 뮤온은 교량의 구조 건전성에서부터 지구의 땅울림에 이르는 모든 것을 추적관찰하는 데에 이용될 것이다.[31]

오늘날 물리학자들은 더는 안개상자를 이용하지 않지만 이 검출기는 우주선의 성질에 대한 경이로운 탐구를 촉발했으며 다양한 새 입자의 발견을 가능하게 했다. 안개상자는 빛이 구름에 미치는 효과를 재현하려는 호기심에서 출발하여 물리학자들이 입자의 비가시 세계를 들여다보는 도구로 발전했다. 사상 처음으로 물리학자들은 입자가 검출기를 가로지르는 광경을 볼 수 있게 되었으며 입자가 생겼다가 사라지는 장면을 사진으로 찍을 수 있게 되었다.

안개상자가 등장하기 전까지만 해도 물리학자들은 유일한 입자가 아원자—원자 내부의—입자인 줄 알았으나, 이제는 우리 주변의 물질에서 어떤 역할도 하지 않는 입자가 존재한다는 사실을 알게 되었다. 그들의 앞에 놓인 과제는 더 많은 입자들이 자연에 존재하는지, 이 모든 조각들이 어떻게 들어맞는지 알아내는 것이었다.

물리학자들에게 가장 큰 난관은 자신들이 관찰하는 것을 제어할 방법이 여전히 전무하다는 것이었다. 그들은 방사성 물질에서부터 우주선 뮤온에 이르기까지 실험에 쓰이는 모든 입자에 대해서 자연적 방사원에 의존해야 했다. 하지만 원자를 더 깊이 파고들고 우주선에서 발견되는 새 입자를 이해하려면, 가장 작은 척도에서 물질을 조작할 기법을 개발해야 했다. 실험실에서 우주선을 흉내 내야 했다.

5

최초의 입자 가속기 : 원자를 쪼개다

찰스 베넷은 뉴욕 주 로체스터의 벼룩시장에서 80달러짜리 바이올린을 구입했다. 그는 앞판에 정교하게 조각된 f자 모양의 구멍을 들여다보다가 "스트라디바리우스"라고 적힌 또렷한 노란색 라벨을 발견했다. 싸구려 골동품이 수십만 달러짜리로 밝혀지는 이런 벼룩시장 횡재 이야기는 얼마든지 있다. 의아하게도 베넷은 전문가에게 감정을 받을 생각을 하지 않았지만, 관련 전문가들은 모두 유럽에 있었을 것이고 1977년에 무일푼의 대학원생 처지로는 운송료를 감당할 수 없었을 것이다. 머지않아 그는 바이올린의 진정한 가치를 알려면 부수는 수밖에 없음을 깨달았다. 베넷은 어찌할 바를 몰랐다. 자신이 명연주자는 아니었을지 몰라도 악기를 고물로 만들고 싶지는 않았다. 그는 다시 물리학 박사 과정에 열중했다.

바이올린이 진짜 스트라디바리우스인지 알려면 악기의 나이를 확인해야 했는데, 베넷은 물리학 교육을 받았기 때문에 우주선과 탄소 연대 측정법에 대해서 알고 있었다. 스트라디바리우스는 가문비나무, 버드나무, 단풍나무를 주로 이용했다. 나무가 베어진 지 오래 지나지 않아 그

악기가 만들어졌다면, 나무에 남아 있는 안정된 탄소-12와 방사성 탄소-14의 양을 탄소 연대 측정법으로 비교하여 자신의 바이올린이 정말로 18세기 초기의 명기인지 확인할 수 있었다. 자신의 지도교수인 로체스터 대학교의 해리 고브와 이 문제를 상의하여 계산하자, 탄소-12 원자 1조 개당 탄소-14 원자는 단 1개밖에 없어야 했다. 탄소 1그램이 들어 있는 시료는 대략 5초에 한 번씩 붕괴하여 전자를 방출한다. 두 사람은 바이올린에서 작은 조각을 떼어내어 바이올린을 보전하면서 측정하려고 했지만 그러면 계수율(count rate : 방사선을 감시하거나 측정할 때에 나타나는 단위 시간당 펄스의 수/옮긴이)이 너무 낮을 터였다. 제대로 측정하려면 커다란 조각을 잘라내야 했다.

몇 주일 뒤에 고브의 동료들이 작은 시료에 들어 있는 탄소-14의 양을 측정하는 실험을 위해서 그의 핵물리학 실험실을 이용하려고 찾아왔다(그들은 바이올린 난제에 대해서는 전혀 몰랐다). 두 동료 앨버트 리델랜드와 켄 퍼서는 예전에 고브와 함께 핵물리학 실험을 진행한 적이 있었으며, 탄소 연대 측정에 가속기를 활용한다는 발상을 각각 독자적으로 떠올렸다. 두 사람은 한 달 전에 열린 학술대회에서 고브와 대화를 나누다가 고브에게 실험 장비와 자신들의 아이디어를 실현할 노하우가 있음을 알게 되었다. 로체스터 대학교의 입자 가속기는 나머지 모든 장비를 압도할 만큼 거대했는데, 작은 물질 시료를 넣으면 구성 원자들의 빔beam을 만들 수 있었다. 고브는 탄소 동위원소의 분리를 시도해본 적은 없었지만, 그들이 제안한 실험이 성공하면 바이올린을 망가뜨리지 않고도 연대를 측정할 길이 열릴 수 있음을 알아차렸다. 고브는 베넷을 연구진에 합류시킨다는 조건으로 실험에 찬성했다.

베넷이 정말로 횡재를 한 것인지 알려면, 먼저 그들이 사용하려는 입자 가속기가 어떻게 작동하는지를 알아야 한다. 지금까지 우리가 살펴본 모든 실험은 매우 단순한 장비와 자연에서 발견되는 방사성 물질을 이용했다. 이 장에서는 우선 자연의 가장 작은 성분을 이해하는 데에 왜 갑자기 코끼리만 한 장비가 필요해졌는지 들여다볼 것이다. 베넷과 고브가 바이올린 딜레마를 맞닥뜨린 1970년대 중엽에 입자 가속기는 지난 수십 년간 핵물리학자들이 애용하는 기계였으며 심지어 전혀 생각지도 못한 과학 및 산업 분야에서 쓰이고 있었다. 그러나 가속기는 그보다 훨씬 전에 발명되었다. 1920년대 케임브리지 캐번디시 연구소로 돌아가보자. 입자 가속기를 향한 여정은 물질의 본성에 대한 가장 거대한 질문에서 시작되었다. 원자핵 안에는 무엇이 있을까?

러더퍼드는 1919년 J. J. 톰슨의 캐번디시 연구소 교수직을 물려받았는데, 그 뒤로도 연구소의 전반적 분위기는 예전과 다르지 않았다. 그러나 수면 아래에서는 좌절감이 피어오르고 있었다. 1911년에 러더퍼드는 핵의 존재를 기술했으며 이후로는 물질의 이 새로운 심장을 이해하는 일에 전념했다. 그는 신속한 승리를 예상했다. 약진에 약진을 거듭하며 늘상 신문 헤드라인을 장식하는 일에 익숙해졌다. 하지만 이제는 중대 발견을 하지 못한 지 10년이 되어가고 있었다.

원자핵을 발견한 가이거와 마스든의 실험으로 러더퍼드는 원자 분야의 세계적인 전문가가 되었다. 1920년대 초 러더퍼드는 자신의 지식을 과학자들의 지식과 접목하여 (쉽지 않은 작업이지만) 90종의 원자를 질량에 따라 구별했다. 시간이 흐르면서 모든 원소의 원자질량이 (가장 가벼운 원소인) 수소의 무게에 대해서 정수배를 이루는 것 같다는 의견이 대두되었다. 헬륨은 4배, 리튬은 6배, 탄소는 12배, 산소는 16배 무거웠다. 이것이 우연일 리 없었다. 게다가 그 모든 질량은 작고 가벼운 전자에서 비롯한 것이 아니있다. 핵이야말로 물질의 침된 본성을 이해하는 열쇠임이 분명했다. 질량의 패턴은 핵 자체가 또다른 구성요소로 이루어졌을지도 모른다는 실마리를 던졌다.

러더퍼드가 확실히 알고 있었던 한 가지는 핵 안에 양성자가 있다는 것이었다. 제1차 세계대전 기간에 그는 질소 기체에 알파 입자를 쏘아 수소 핵을 발생시키는 실험을 실시했다. 1917년에는 모든 원자에 수소 핵—이것은 양전하를 띤 입자였으며 그래서 **양성자**로 불렸다—이 들어 있는 것처럼 보인다는 사실을 밝혀냈다. 문제는 수소보다 무거운 원소들의 원자핵이 **오직** 양성자로만 구성되었을 리 없다는 것이었다. 양전하를 띤 양성자는 전부가 서로를 밀어낼 것이므로, 이런 질문이 제기되었다. 이런 "척력"을 무릅쓰고 핵을 뭉치게 하는 것은 무엇일까? 러더퍼드는 중성 입자가 핵을 붙들어두는지도 모르겠다고 생각했다. 질량이 수소의 4배이지만 최대 전하가 (전자를 2개 잃은 뒤) 2인 헬륨 같은 원자는 자신의 예상대로 양성자 4개가 들어 있지 않을 가능성이 있었다. 그렇다면 양성자는 2개뿐이고, 양성자만큼 무겁지만 전하는 없는 미지의 입자가 2개 있는 것일 수도 있었다. 그들은 미지의 입자에 중성자中性子, neutron라는 이름을 붙였다. 러더퍼드 연구진은 중성자를 찾으려고 애썼지만, 2년이 지나도록 아무것도 발견하지 못했다.

이 시점에 러더퍼드의 위상이 어땠을지 상상해보라. 뉴질랜드 시골 소년이던 그는 1908년 노벨상을 수상했고 1914년 기사 작위를 받았으며 지금은 세계적으로 저명한 물리학 연구소의 소장이었다. 그가 다음번 거대 질문에 답을 내놓는 것은 자존심 문제였다. 당시는 우주선이 발견되었지만 뮤온과 양전자는 아직 발견되지 않았을 때였다. 러더퍼드는 원자핵에 온통 초점을 맞추고 있었으며 성과를 거두는 방법은 하나뿐이라고 생각했다. 그것은 핵을 갈라 안에 무엇이 들어 있는지 알아내는 것이었다. 고작 양성자를 떼어내고 싶지는 않았다. 모든 것을 쪼개어 까발리고 싶었다.

러더퍼드의 수중에 있는 도구는 여느 때와 마찬가지로 알파 입자 방사원, 표적, 형광판이 전부였다. 입자들은 라듐이나 폴로늄에서 방출되었는데, 이 방사원이 들어 있는 금속관은 밀폐된 채 한쪽 끝에 슬릿이 있어서 일종의 알파 입자 총처럼 작동했다. 이런 식으로 입자의 방향은 제어할 수 있었지만 대부분의 알파 입자가 관의 벽에 부딪혀 사라졌기 때문에 연구할 수 있는 입자는 극소수에 불과했다.

그럼에도 캐번디시의 성실한 학생과 연구자들은 핵이 자신의 비밀을 털어놓기를 바라며 끈질기게 실험을 거듭했다. 그들은 알파 입자를 다양한 기체에 조심스럽게 통과시키고 금속박과 금속판에 충돌시키고 구할 수 있는 것이면 무엇에든 쏘아 보내며 반응이 일어나기를 기대했다. 빛 입자 몇 개가 질소처럼 양전자를 몇 개 뱉어냈지만 무거운 원소들은 어떤 결과도 내놓지 않았다. 중성자는 하나도 발견되지 않았으며 놀랍거나 대단한 것은 전혀 생겨나지 않았다. 핵은 여전히 수수께끼였다.

캐번디시의 실험물리학자들은 하찮은 알파 입자 몇 개에 매달리는 신세였다. 실험 매개변수를 조절할 방법은 전무했다. 알파 입자는 언제나 에너지가 같은 방사원의 방사성 붕괴로부터 생겼기 때문이다. 그들은 자연적으로 생기는 알파 입자 이외의 것을 만들어낼 방법을 아직 알지 못했다. 설상가상으로 라듐 같은 알파 입자 방사원은 시간이 흐르면서 붕괴로 인해 점차 약해졌다. 반시간 만에 붕괴하여 사라지는 경우도 있었다.

방사원은 원자핵을 탐구하는 도구로는 미흡해 보이기 시작했다.

그들이 제어할 수 있는 유일한 요소는 실험의 오류였다. 신뢰할 수 없는 입자들을 그나마 최대한 활용하기 위해서 연구진은 신뢰할 수 있는 관찰을 위한 기발한 방법을 고안했다. 실험에는 일반적으로 3명의 연구자가 필요했다. 2명은 눈을 어둠에 적응시키려고 암실에 들어가 앉아 있었다. 세 번째 사람이 기기 준비를 마치고 나서 셔터와 커튼을 닫으면 실험이 시작되었다. 두 연구자는 형광판을 향해 설치된 현미경을 약 1분씩 번갈아 들여다보며 빛이 번득일 때마다 종이에 표시했다. 이렇게 1시간가량 관찰하고 나면 눈이 피로해져서 다음 팀과 교대했다. 고되지만 꼭 필요한 작업이었으며, 마스든과 가이거가 오래 전에 썼던 똑같은 기법을 발전시킨 것이었다.

캐번디시에 새로 들어오는 연구생들은 러더퍼드의 오랜 동료이자 꼼꼼한 성격의 소유자인 제임스 채드윅의 지도하에 입자 개수를 세는 법을 배우고 검사를 받았다. 채드윅은 자신의 연구를 꼼꼼히 진행하는 것과 별도로 "교육" 실험실에서 학생 교육을 감독했다. 준비가 되면 학생들은 러더퍼드에게 보고한 뒤 연구 과제의 방향에 대한 조언을 받았다.

학생들은 백지 상태에서 실험을 설계했다. 캐번디시의 상점에서 실험 부품을 조달하는 것은 만만한 일이 아니어서 창의력과 의지력을 발휘해야 했다. 링컨이라는 이름의 작업장 관리인이 실험실 비품을 꼼꼼히 간수했다. 그는 철사를 뭉치째 넘겨주지 않고 조각조각 잘라서 주었으며 너트와 볼트를 일일이 헤아렸다. 쇠파이프를 찾는 학생에게 톱을 건네며 마당에 있는 자전거를 가리켰다는 일화가 전해진다. 사실 인색함의 근원은 러더퍼드였다. 그는 지출할 핑곗거리를 끊임없이 찾아내거나 자금을 구걸하기보다는 저렴하되 기발한 실험으로 모든 사람을 감탄시키는 쪽을 훨씬 선호했다.

그러나 아무리 묘수를 부리고 신중한 방법과 임기응변을 동원해도 그들은 여전히 아무것도 찾지 못했다. 한 가지 해법은 캐번디시에서 라듐을 더 많이 입수하는 것이었다. 하지만 라듐은 귀한 금속이어서 공급이 달렸으며 절약 정신이 투철한 러더퍼드는 이 방안을 거부했다. 연구진은 경쟁자들이 라듐을 더 많이 입수하여 유리한 입장에 서 있음을 알고 있었다. 마리 퀴리는 미국을 방문했다가 1그램이라는 엄청난 양의 라듐을 선물로 받았으며 그녀의 딸인 물리학자 이렌 퀴리와 프레데리크 졸리오는 파리에서 그 라듐으로 연구에 몰두하고 있었다. 유럽의 수많은 실험실들도 두각을 나타내려 애쓰고 있었으며, 케임브리지 연구진은 오로지 각고의 노력으로 선두를 유지했다. 세계 최고의 실험실이라는 명성에 금이 간 것은 1924년이었다.

빈의 한 연구진이 원자가 쉽게 분해될 수 있음을 밝혀낸 듯한 논문을 유포했다. 그들은 캐번디시 연구진과 똑같은 실험을 하고 있었는데, 결과는 놀랍도록 딴판이었다. 케임브리지는 사기가 땅에 떨어졌다. 채드윅의 지도하에 모든 학생 계수원들은 재교육과 재검사를 받은 뒤에 빈 연구진의 결과를 재현하려고 노력을 배가했다. 하지만 도저히 재현할 수 없었다. 두 연구진은 서로를 존중하면서도 의견 차이를 좁힐 수 없었으며 결국 채드윅이 진상을 규명하기 위해서 빈으로 갔다.

빈의 연구자들은 계수 작업을 전문적으로 담당할 여성들을 고용했지만, 케임브리지와 달리 실험이 시작되기 전에 자신들이 무엇을 찾고 있는지 대략적으로 알려주었다. 그랬더니 여성들은 연구원들이 찾고 싶어 했던 것을 정말로 찾아냈다. 하지만 이런 식으로 개입하지 않은 채 실험을 되풀이하자 앞선 결과가 재현되지 않았으며 빈 연구진의 데이터는 케임브리지의 실험 결과와 일치했다.

이 일화를 뒤로하고 러더퍼드와 채드윅은 천천히 뚜렷해지는 어떤 현실을 인정할 수밖에 없었다. 약한 알파 입자 방사원에 의존하는 탓에 과학의 발전이 지체되고 있었다. 그들은 발견이 기다리고 있음을 알고 있었다. 그곳에 도달하려면 실험을 획기적으로 변화시켜야 했다. 양성자와 알파 입자를 비롯한 입자들을 임의로 다양한 에너지로 발생시킬 방법이 필요했다. 하지만 그런 방법은 아직 존재하지 않았으므로, 그들 스스로 고안해야 했다.

어니스트 월턴은 훈련을 마치고서 독자적으로 연구 과제에 착수할 때가 되었다. 성직자의 아들로 태어난 월턴은 스물네 살의 아일랜드인 물리학자로, 박사 과정을 밟으러 얼마 전 케임브리지에 도착했다. 뉴질랜드를 떠나 영국에 온 러더퍼드처럼 장학금 제도 덕분이었다.[1] 월턴은 수학과 물리학에서 두각을 나타냈으며 더블린에서 두 과목 모두 최고 성적으로 학위를 받았다. 무엇인가를 만드는 것도 좋아했던 탓에 실험물리학은 그에게 안성맞춤인 듯했다. 그는 용기를 끌어모아 러더퍼드에게 자신의 아이디어를 설명했다. 하전 입자를 가속하는 기계를 만들어보고 싶다는 것이었다.

월턴은 알지 못했지만, 러더퍼드는 이틀 전 런던에서 왕립학회 신임 회장으로 선출되어 도발적인 강연을 했다. 그는 저명한 청중 앞에 서서 그해 1927년에 과학에서 가장 중요하고 시급한 과제를 천명했다. 그는 "알파 입자와 베타 입자의 에너지를 훌쩍 뛰어넘는 에너지를 개별적으로 가지는 원자와 전자를 풍부하게 공급할" 방법을 찾고자 했다.[2] 그런 일을 할 수 있다면 1밀리암페어의 빔 전류(beam current : 자유 공간에서 다발로 된 전자의 흐름으로, 넓게는 음극선도 포함한다/옮긴이)만 가지고도 라듐 100킬로그램보다 많은 어마어마한 양의 입자를 만들 수 있었다. 그에게 필요한 것은 기본 입자를 추출하여 고에너지로 원자에 쏠 방법이었다. 그가 바란 것은 월턴이 방금 설명한 바로 그것, **입자 가속기**particle accelerator였다. 젊은 아일랜드인의 패기에 감동한 러더퍼드는 제안을 수락하고는 당장 그와 함께 아래층 실험실로 내려가 작업 공간을 마련해 주었다.

그가 배정받은 실험실은 천장이 높은 벽돌벽 지하실이었다. 실험실에는 3개의 작업대가 놓여 있었고, 토머스 앨리본과 존 코크로프트라는 두 명의 연구자가 먼저 자리 잡고 있었다. "본스"라는 별명을 가진 앨리본은 최근 러더퍼드에게 비슷한 제안을 한 적이 있었고, 이미 고전압 테슬라 코일을 이용하여 전자를 고속으로 가속하려고 시도 중이었다. 러더퍼드는 우호적인 경쟁이 두 젊은 연구자의 사기를 북돋우리라 생각한 것이 틀림없다.

또 한 명의 연구자 존 코크로프트는 나이가 서른으로 두 사람보다 몇 살 많았는데, 이것은 캐번디시 연구소로 오기까지 사연이 조금 있었기 때문이다. 코크로프트는 임무를 완수하는 능력으로 유명했으며 동료들은 그가 전업 연구원 2.5인분의 업무를 거뜬히 해내더라고 종종 이야기했다. 그는 자신의 연구를 진행하면서 옆에 있는 표트르 카피차의 실험실에서 진행 중이던 극도로 강력한 자기장을 만들어내려는 대규모 실험의 관리를 돕고 있었다. 성격이 다른 두 가지 업무를 동시에 진행해야 했기 때문에 검은색 수첩에 깨알만 한 악필로 일정을 기록했다. 동료들은 그가 수첩에 뭐라고 적든 "지체 없이 시행되었다"고 말했다.[3] 그는 입자를 가속하는 고전압 장치를 만드는 일이 힘들 것임은 알고 있었으나, 러더퍼드의 강연을 들은 지금 그 아이디어는 그의 머릿속과 수첩에 단단히 자리를 잡았다. 그는 두 가지 거대한 장벽을 극복해야 한다는 사실을 알고 있었다. 하나는 이론적 장벽이었고, 다른 하나는 실험적 장벽이었다.

코크로프트는 이론적 난관과 실험적 난관을 둘 다 지닌 문제를 해결할 수 있는 독보적인 인물이었다. 제1차 세계대전으로 수학 연구가 중단되자, 그는 "메트로폴리탄 비커스"(메트로빅)라는 회사에서 수습으로 일했다. 이 회사는 맨체스터에 있는 중전기 공업 회사로, 발전기, 터빈, 변압기, 전자 기기 같은 산업 장비를 생산했다. 이 시기를 야간 근무 엔지니어로 보낸 뒤에야 코크로프트는 케임브리지 대학교에 입학하여 수학과 물리학의 기초를 탄탄히 닦았으며, 실험물리학자이자 제법 훌륭한 이론물리학자가 되었다.

그들이 맞닥뜨린 주된 이론적인 문제는 알파 입자나 양성자를 어떻게 원자핵에 쏘아넣을 것인가였다. 양전하를 띤 탄도체가 양전하를 띤 원자핵에 접근하면 전기적 반발이 일어날 것이기 때문이다. 이 반발을 **쿨롱 장벽**Coulomb Barrier이라고 한다. 코크로프트는 우선 알파 입자가 이 장벽을 뚫고 핵에 들어가는 데에 필요한 에너지를 계산해야 했다. 그는 이론 작업을 통해서 이 수치가 알파 입자를 충분한 에너지로 가속하는 데에 필요한 전압의 양과 직접적인 관계가 있음을 알고 있었다. 그는 계산을 해냈지만 결과에 어안이 벙벙했다. 쿨롱 장벽을 뚫기 위해서는 1,000만 볼트에 달하는 전압이 필요했다.

전기를 멀리 운반하는 300킬로볼트 송전탑 근처에 서 있다가 이따금 타닥거리는 소리를 들어본 사람이라면, 이런 고전압을 다루는 일이 매우 위험하리라는 점을 짐작할 것이다. 실제로도 그렇다. 게다가 1927년에는 훨씬 더 무시무시했다. 오늘날 우리는 전기를 늘 이용하기 때문에 전기에 비교적 친숙하다. 하지만 그 시기에는 전기가 여전히 매우 새로운 문물이었으며 실험실에서 이렇게 높은 전압을 발생시키는 것은 전대미문의 작업이었다. 실험실에서 수백만 볼트로 작동하는 장치가 방전되어 코크로프트와 월턴, 그리고 불쑥불쑥 들어오는 러더퍼드를 감전사시킬 위험은 결코 웃어넘길 문제가 아니었다. 게다가 가속기의 모든 부품이 어마어마한 전압을 받고도 갈라지거나 폭발하거나 방전하지 않고 버틸 수 있어야 했다.

코크로프트가 이 문제로 고심하는 동안 미국의 물리학자들은 고전압을 발생시키는 과제에서 이미 진전을 거두고 있었다. 멀 튜브는 앨리본처럼 테슬라 코일을 이용하려고 애쓰고 있었고, 로버트 밴 더 그래프는 대형 금속 돔을 씌운 송전 벨트 시스템을 구축하고 있었다. 고전압 펄스, 축전기 방전, 거대한 변압기 등의 시도도 비슷한 시기에 이루어졌는데, 모두가 입자 빔(particle beam : 매우 좁은 간격으로 서로 충돌하지 않고 한 방향으로 나아가는 미립자 흐름의 다발로, 분자선, 원자선, 중성자선, 전자선 등이 있다/옮긴이)에 에너지를 전달하는 문제를 해결하기 위한 것이었다. 유럽에서는 몇몇 독일인 연구자들이 심지어 목숨을 걸고 산에서 번개를 활용하려고 시도하기도 했다.

한편 케임브리지에서는 월턴과 앨리본이 입자를 가속하려는 시도를 땜질식으로 벌이고 있었다. 월턴은 소형 원형 가속기와 선형 가속기의 시제품을 시도했지만 둘 다 성공하지 못했다. 하지만 그들이 난국을 타개할 방안을 찾아내기 전에 조지 가모라는 러시아의 이론물리학자가 케임브리지에 도착하여 모든 것을 바꿔놓았다.

가모는 최근 독일 괴팅겐에서 박사 과정을 밟으며 양자역학의 새로운 개념들을 배웠다. 모두가 원자의 전자 배열을 연구하고 있었지만, 가모는 양자역학의 개념들을 원자핵에 적용하기로 마음먹었다. 그는 이 주제에 대한 문헌을 섭렵하다가 러더퍼드가 쓴 최근 논문을 읽었다. 우라늄으로 만든 표적으로부터 알파 입자가 산란하는 현상을 기술한 것이었다.[4] 러더퍼드는 알파 입자가 자신의 통상적인 방정식대로 산란한다고 주장했으나, 가모는 수긍하지 않았다. 그는 우라늄이 방사성 붕괴를 통해서 방출하는 알파 입자의 에너지가 애초에 러더퍼드가 쏘아 보낸 에너지의 절반가량임을 알게 되었다.

가모는 핵을 붙들어두는 수수께끼의 힘에 대해서는 아는 것이 별로 없었지만 알파 입자가 핵으로 들어가든 핵에서 나오든 같은 방식으로 행동해야 한다는 것은 알고 있었다. 알파 입자는 러더퍼드의 시도에서처럼 핵으로 들어갈 때는 쿨롱 장벽을 이겨내야 했으며 그런 뒤에는 핵 안에 덫치기(trapping : 입자를 일정 영역 바깥으로 벗어나지 못하도록 만드는 현상, 또는 그렇게 만드는 방법/옮긴이)를 당했다. 반면에 방사성 붕괴에서는 알파 입자가 이 덫치기 힘으로부터 먼저 벗어나야 했으며, 그 뒤 쿨롱 힘 Coulomb force이 작용하여 알파 입자를 밀어냈다. 두 경우는 동일한 과정이 순서만 뒤바뀐 셈이었다. 그렇다면 핵 안에 있는 알파 입자는 어떤 속임수를 써서 필요한 에너지의 절반만 가지고도 빠져나올 수 있었을까?

가모는 학술지를 덮고서 이렇게 회상했다. "나는 이 경우에 실제로 일어난 일이 무엇인지 알고 있었다. 고전적 뉴턴 역학에서는 불가능해 보이지만 새로운 파동역학에서는 실제로 예상되는 전형적인 현상이었다."[5] 제3장에서 보았듯이, 양자역학에서는 모든 입자가 파동의 성질을 가지고 있어서 공간에 퍼져나갈 수 있다. 이 말은 어떤 장벽도 100퍼센트 단단하지는 않다는 뜻이다. 파동은 (고전적으로 말하자면) 전혀 침투할 수 없어야 하는 영역에도 스며들 수 있다. 가모는 이렇게 말했다. "파동은 비록 조금 힘이 들더라도 빠져나갈 때 언제나 입자를 몰래 데려간다."[6] 이 현상은 지금은 양자역학적 터널 효과tunnelling라고 불린다. 가모는 러더퍼드의 논문을 읽고서 이 현상이 우라늄에서 일어날 확률을 기술하는 단순한 모형을 재빨리 정립했으며 자신의 이론이 원소의 방사성 반감기를 아름답게 설명한다는 사실을 발견했다. 방사성 붕괴에서 알파 입자가 핵으로부터 탈출하는 것도 이와 똑같았다. 그는 자신이 실마리를 잡았음을 알아차렸다.

가모는 닐스 보어의 연구소로 가서 이 개념이 역으로도 적용되어 인공적으로 가속된 탄도체로 원소를 때리는 데에 도움이 될 수 있는지 알아내기 위해서 더 많은 계산을 진행했다. 닐스 보어는 그에게 케임브리지로 가라고 권했는데, 러더퍼드가 이따금 이론물리학자를 무시한다고 들었던 탓에 약간의 준비를 해두었다. 가모는 1929년 초 선물을 들고서 도착했다. 알파 입자가 가벼운 핵을 두드리는 러더퍼드의 실험과 관련하여 손으로 그린 그래프 두 점이었다. 첫 번째 그래프는 알파 입자의 에너지를 증가시킬 수 있으면 가벼운 원소에서 떼어낼 수 있는 양성자의 양이 급속히 증가한다는 사실을 보여주었다. 어둠 속에서 불빛을 세는 임무에 시달리던 연구진에게는 솔깃한 내용이었다. 두 번째 그래프는 알파 입자의 에너지가 고정되어 있을 때, 핵이 가벼울수록 떨어져 나오는 양성자가 적다는 사실을 보여주었다. 가모의 두 이론은 실험 데이터와 아름답게 맞아떨어졌다. 전략이 성공하여 가모는 캐번디시에서 환영받았다.

가모의 회상에 따르면 그는 케임브리지에 도착하여 러더퍼드에게 자신의 연구를 보여주었으며 그런 다음 양성자가 가벼운 원소의 핵에 들어가도록 하는 데에 필요한 에너지를 계산하는 임무를 맡았다.[7] 가모는 매우 간단한 논증을 제시하며 알파 입자의 에너지는 러더퍼드가 이전에 생각한 것의 16분의 1가량이면 될 것이라고 말했다. 러더퍼드가 물었다. "그렇게 간단한가? 자네의 망할 공식을 종이에 잔뜩 늘어놓아야 할 거라 생각했네만."

가모가 찾아오기 전 그의 논문 한 편을 이미 입수한 존 코크로프트도 비슷한 계산을 해냈다. 그의 계산에서는 입자 에너지를 전자볼트(eV)로 나타냈는데, 이것은 입자[8]가 1볼트의 전위차電位差를 통과한 뒤에 얻는 에너지의 양이다. 지금껏 그는 양성자를 100만 전자볼트(MeV, 메브)에 도달시키려고 했는데, 그러려면 100만 볼트 입자 가속기가 필요했다. 하지만 이제는 1메브보다 낮은 에너지를 가진 양성자가 핵 안으로 들어갈 가능성이 조금이나마 있다고 결론 내렸다. 사실 필요한 에너지는 300킬로전자볼트(keV)에 불과할 수도 있었다. 코크로프트는 이 개념의 의미를 이미 알고 있었다. 양성자가 쿨롱 장벽을 양자역학 "터널 효과"로 통과할 수 있다면, 자신들이 생각한 것보다 작은 입자 가속기로도 원자핵 속을 파고들 수 있으리라는 것이었다. 코크로프트와 가모 중에서 누가 먼저 러더퍼드에게 이 가능성을 알렸는지에 대해서는 논란이 있지만 중요한 사실은 두 사람 다 같은 결과를 내놓았고,[9] 이 사건이 일어났을 때 두 사람 다 같은 연구소에 있었다는 것이다.

러더퍼드는 마음을 굳혔다. 사상 최초로 순전히 이론적 예측을 근거로 중대한 결정을 내릴 참이었다. 지금 행동하지 않으면 경쟁자들에게 선수를 빼앗길 수도 있음을 알았기 때문이다. 그는 코크로프트를 불러들여 우렁찬 목소리로 지시했다. "100만 전자볼트 가속기를 만들어주게. 우리는 리튬 핵을 무사히 쪼갤 거야!"

이제 코크로프트에게는 예전에 생각한 전압의 10분의 1만 필요했기 때문에 계획이 더 현실적으로 보이기 시작했다. 그는 30만 볼트를 첫 목표로 정했다. 그의 계산에 따르면 흥미로운 현상이 일어날지도 모르는 최소 전압이었다. 하지만 그는 옆방에서 진행 중이던 고자기장 실험실의 모든 업무를 주관하느라 정신없이 바빴기 때문에, 그와 러더퍼드는 실험 진행에 능숙하고 입자 가속에 흥미가 있는 조력자가 필요하다는 것을 깨달았다. 어니스트 월턴이 적임자였다.

한 팀이 된 코크로프트와 월턴은 캐번디시를 통틀어 가장 큰 실험 설비를 만들고자 했다. 300킬로볼트 전압만으로도 정교하고 값비싼 괴물이 될 터였다. 또한 두 사람은 입자 가속기가 작동하도록 하려면 고전압 말고도 해결해야 할 문제가 있음을 깨달았다. 첫째, 입자 방사원이 필요했다. 전자를 방출시키는 것은 손쉬운 일이었지만, 양성자나 알파 입자 등을 꾸준히 방출시키는 것은 훨씬 힘들었다. 그 입자들을 고전압에 통과시켜 고에너지로 끌어올려야 했다. 그런 다음 방사선이 방출될 것이므로 빔과 기계 작동을 안전한 거리에서 제어할 방법을 마련해야 했다. 고에너지 입자를 생성했으면 이것으로 일종의 표적을 때려야 했으며 최종적으로 모든 준비가 끝나면 반응 과정에서 무슨 일이 일어났는지 볼 수 있는 검출기 시스템이 필요했다.

그들이 근심하지 않은 것이 하나 있었다. 연구소는 번쩍임을 헤아리는 작업의 세계적인 전문가들로 가득했으며 윌슨의 안개상자를 비롯하여 실험의 검출 부분에 대해서 새로운 아이디어가 끊임없이 제시되었다. 하지만 양성자 방사원을 만들고, 기기를 망가뜨리지 않은 채 고전압을 발생시키고, 모든 것을 성공적으로 제어하는 문제에서는 벽에 부딪혔다.

고전압을 발생시키도록 제작된 최신 장비를 부실하게 설계된 대학 실험실에 들여놓는 것은 대부분의 물리학자들에게 엄두가 나지 않는 일이었을 테지만 존 코크로프트는 가속기를 가동하겠다는 결심이 확고했다. 그는 필요한 것을 전부 자체적으로 제작할 수는 없음을 알고서 세계 유수의 고전압 장비 제조사인 메트로빅의 전 고용주들에게 손을 벌렸다. 그가 맨 먼저 요청한 장비는 전력원인 전동 발전기였으며, 그는 이것을 후한 값에 구매했다. 다음으로 필요한 것은 전압을 30만 볼트까지 끌어올릴 변압기였지만, 이 장비를 요청했을 때 문제가 생겼다. 고전압 X선관이나 전기 검사에 사용되는 메트로빅의 기존 변압기는 캐번디시 연구소의 좁은 아치형 석조 복도에 설치하기에는 너무 컸다. 당연히 코크로프트는 소형화된 변압기를 개발해달라고 메트로빅에 요청했다.

다음 단계는 변압기에서 출력되는 고전압 교류를 직류 전원으로 변환하는 것이었다. 주택 콘센트에서 흘러나오는 전기가 바로 교류인데, 이것은 양의 값과 음의 값이 1초에 약 50회 변동한다. 그러나 코크로프트는 교류가 입자 가속에는 결코 유리하지 않음을 알고 있었다. 교류에서 음인 부분이 입자를 가속하는 것이 아니라 오히려 감속할 터였기 때문이다. 그에게 필요한 것은 양성자를 언제나 관으로 밀어보낼 전압을 공급하는 직류였다. 그러려면 변압기 후단에 정류기整流器라는 장비를 추가해야 했지만, 시판용 정류기 중에는 그들이 발생시킬 30만 볼트를 견딜 수 있는 것이 하나도 없었다. 코크로프트는 한계에 부딪혔음을 직감했다. 향후 이 전압을 넘어서야 할 것이 불가피했기 때문이다. 그래서 메트로빅이 새 변압기를 제작하는 동안 코크로프트와 월턴은 정류기를 자체적으로 개발하는 일에 착수했다.

코크로프트는 물자 조달의 달인이었으나 실제로는 월턴이 실험을 대부분 도맡았다. 그들이 맞닥뜨린 난관 중 하나는 정류기의 부품인 유리구였다. 월턴은 연구소 소속 대롱불기 장인인 펠릭스 니더게자스에게 유리구의 제작을 맡긴 다음 앨리본의 테슬라 코일을 이용하여 고전압을 가했는데, 번번이 처참한 결과를 낳았다. 먼지나 흠 같은 유리의 뾰족한 가장자리에 전기장이 집중되면 "코로나 효과corona effect"[10]로 일어난 전기불꽃이 표면을 따라 흐르며 구멍을 뚫었다. 유리구의 모양을 완벽하게 다듬기까지는 몇 달간의 시행착오를 거쳐야 했으며 급기야 유리구가 니더게자스의 대롱불기 작업실보다 커지는 바람에 결국 특수 공방에 주문해야 했다.

유리구 말고도 양극과 음극용 특수 전선, 음극용 열원, 전기불꽃을 방지할 코로나 차폐물, 신뢰할 만한 진공 펌프가 필요했다. 캐번디시의 대다수 연구자와 마찬가지로 그들은 모든 접합부와 밀봉부에 영국은행이 사용하던 붉은색 봉랍을 썼다. 모든 부품에 대해서 고전압을 견딜 수 있는지 여부를 검사해야 했다. 월턴은 달마다 임기응변 능력을 발휘해야 했다. 신속하게 일해야 했지만, 위험한 고전압과 씨름하고 있었기 때문에 서두를 수는 없었다. 변화가 필요할 때마다 납봉蠟封을 모두 깨뜨리고 다시 세척하고 가열하고 밀봉한 뒤에 재검사해야 했다. 공정이 진척되는 동안 며칠씩 진공관 누출부를 찾아 밀봉하기도 했다.

러더퍼드는 이따금 들러 진행 상황을 점검했다. 공급업체에서 보낸 대형 부품을 살펴보고는 특유의 말투로 너무 크다거나 너무 비싸다고 불평했다. 이에 메트로빅 물리학자들은 이렇게 말했다. "그는 모든 것에 망원경을 거꾸로 들이대고 보는 게 틀림없어. 뭐든 너무 크다니 말이지!" 1930년이 되자 메트로빅은 약속대로 캐번디시 출입문을 통과하여 지하실 계단을 내려갈 수 있도록 설계된 새로운 소형 변압기를 납품했다. 그럼에도 변압기를 지탱할 수 있도록 연구소 바닥을 보강해야 했다. 메트로빅은 신형 진공 시스템도 공급했는데, 그것은 사내 과학자 빌 버치가 자신이 개발한 새 윤활유(아피에존Apeizon)를 기반으로 발명한 펌프였다. 코크로프트는 세상 누구보다 먼저 시제품을 입수했다.

이 모든 진척에도 불구하고 양성자 방사원이나 입자가 통과할 가속관은 아직 제작되지 않았다. 그들은 양성자 방사원을 위해서 여러 구성을 시험한 끝에 음극선관의 사촌 격인 **양극선관**canal ray tube으로 낙착했다. 이 장치는 음극선관과 비슷하게 생겼는데, 기다란 유리 원통에 수소 기체를 채우고 양극(한쪽 끝)과 음극(이번에는 관의 한가운데) 사이에 대량의 전압을 가한다. 양성자는 관 내부에서 수소 기체가 전기장에 의해서 쪼개져 생성된 다음 음극으로 끌어당겨져 구멍을 통과한다. 마지막으로 전자(음극선)의 반대 방향으로 나오면서 근사한 형광빛을 발한다.

이 섬세한 관은 양성자가 아래로 이동하여 주 가속 부위인 1.5미터 길이의 유리 진공관으로 들어갈 수 있도록 장비 맨 뒤에 설치되었다. 관 내부에서는 고전압이 간격을 띄운 두 개의 원통형 금속 전극에 연결되었다. 그러면 양성자가 아래 방향으로 간극 사이를 지나가면서 고전압에 의해서 가속되었다. 세계 최초의 입자 가속기가 모습을 드러내고 있었다.

1930년 5월 시험 가동을 실시할 준비가 되었다. 코크로프트와 월턴은 일주일에 걸쳐 전압을 5만 볼트에서 10만 볼트까지, 최종적으로 28만 볼트까지 서서히 끌어올렸다. 그러자 전압이 한계에 도달했다는 경고가 표시되었다. 하지만 가속기에서 발생시킨 양성자 빔은 기대에 미치지 못했다. 전혀 집속(빛이 한군데로 모이는 일, 또는 그런 다발/옮긴이)이 이루어지지 못한 채 지름 4센티미터가량의 원에 퍼졌다. 이렇게 넓은 빔으로는 효과를 거둘 수 없었다. 이 문제를 해결하려면 장비를 전부 분해해야 했다.

하지만 우선 그들은 과학적으로 흥미로운 현상이 일어나지 않았는지 점검했다. 이렇게 낮은 에너지에서는 양성자가 핵에 별다른 영향을 미치지 못한 채 내부의 입자 몇 개를 자극하여 감마선을 방출시키는 것이 고작일 것이라고 추측했기 때문에 단순한 검전기를 장착하여 리튬 시료를 빔 아래에 놓았다. 아무 반응도 없었다. 베릴륨은? 약간 효과가 있었다. 그렇다면 납은? 조금은 효과가 있었는지도 모르지만, 그저 장비에서 뭔가 문제가 생긴 것일 수도 있었다. 그런데 그들이 다른 점검을 실시하기도 전에 변압기가 고장 났다.

조사에 착수할 때가 되었다. 변압기가 작동 불능인 상황에서 그들은 300킬로볼트 기계를 새로 제작하겠다고 수리를 하는 것이 가치가 있을지 가늠해야 했다. 지금껏 결과를 내지 못했으니 확신할 수는 없었다. 계산이 틀렸고 300킬로볼트로는 핵을 쪼개기에 충분하지 않으면 어떡하나? 숫자를 조금만 바꿔도 결과가 완전히 달라졌다. 한편 (이제 러더퍼드 경이 된) 러더퍼드는 시험용 가속기에서 결과가 나오지 않자 점점 초조해졌다. 연구진은 그를 안심시키고 대형 실험에 대한 그의 투자가 헛되지 않았음을 입증해야 했다. 300킬로볼트 가속기를 다시 제작하는 것이 더 큰 버전을 새로 제작하는 것보다 빠를 터였지만, 300킬로볼트는 처음부터 첫 단계에 지나지 않았다. 결국 실험실 배정이 선택을 좌우했다. 그들은 더 넓은 새 실험실로 옮겼는데, 한쪽 벽을 따라 높고 아름다운 아치형 창문에서 빛이 쏟아져 들어왔고 반대편 벽에는 칠판이 늘어서 있었다. 이 정도 넓이면 더 큰 기계를 쉽게 들여놓을 수 있었다. 코크로프트와 월턴은 다음번에는 반드시 결과를 얻어야 한다고 다짐하고는 300킬로볼트 가속기를 포기하고 800킬로볼트 신형 가속기를 제작하는 일에 전념하기로 결심했다.

코크로프트가 구상한 새 설계는 기발하게도 최초 정류 단계에 배전압倍電壓 회로를 덧붙였다.[11] 이 단계를 네 번 거치면 200킬로볼트의 입력 전압을 800킬로볼트까지 끌어올릴 수 있었다. 그들은 제작하기 힘든 구형 관 대신에 더 신뢰할 만한 유리 원통을 정류기와 가속 부위에 장착했다. 이것은 미국 칼텍의 물리학자 찰스 로리트센의 작업에서 영감을 얻은 것이었다. 또한 그들은 접합부를 밀봉할 때 봉랍보다 플라스티신(plasticine : 유점토의 일종으로 복잡한 형상의 제품을 가공할 때나, 재료 내부의 소성 유동 등의 변화를 알고 싶을 때의 모델 재료로 사용된다/옮긴이)이 훨씬 효과적이며 수정이 필요할 때 훨씬 더 신속하게 재밀봉할 수 있음을 발견했다. 월턴은 여느 때처럼 새 기계를 제작하기 위해서 쉼 없이 일했으며 그러는 동안 박사 논문까지 집필했다.

코크로프트와 월턴이 과제에 착수한 지 4년 가까이 지난 1932년 초 캐번디시에서 새로운 중대 발견이 이루어졌다. 하지만 주인공은 그들이 아니라 제임스 채드윅이었다. 채드윅은 몇 년간 막후에서 조용히 실험하다가 이렌 퀴리와 프레데리크 졸리오가 파리에서 폴로늄 방사원의 알파 입자로 베릴륨을 때려 믿을 수 없을 만큼 고에너지의 감마선을 발생시킨 듯하다는 이야기를 전해 들었다. 그는 실험이 제대로 실시되었음을 알고 있었다. 두 사람은 그 점에서도 남달리 철저했기 때문이다. 하지만 실험 결과의 해석에는 반대했다. 그는 불과 몇 주일 만에 일련의 실험을 새로 실시하여 베릴륨 충돌에서 방출된 입자가 감마선이 아니라 질량이 양성자와 대략 비슷한 중성 입자임을 입증했다. 12년 가까이 찾아 헤맨 끝에 마침내 중성자를 발견한 것이다.

새로운 돌파구가 열리자 러더퍼드는 시간과 자금을 잡아먹는 대형 가속기 과제에 대해 인내심을 잃기 시작했다. 전해지는 말에 따르면 그는 진행 상황을 점검하려고 실험실에 들어갔다가 젖은 코트를 고전압 전극에 걸치는 바람에 감전되었다고 한다. 정신을 차린 그는 파이프 담배에 불을 붙여 재와 연기를 내뿜으며 그들에게 작업을 계속하라고 말했다.

1932년 4월 14일 아침 월턴은 개량된 기계의 시운전을 혼자 마무리하고 있었다. 코크로프트는 다른 실험실에서 볼일을 보러 자리를 비웠다. 러더퍼드의 강권에 그들은 검전기 대신 그가 좋아하는 황화아연 검출판을 설치해두었다. 월턴은 가속기 관 바닥에 리튬 표적을 두고 기계를 약 25만 볼트의 전압에서 안정시켰다. 그런 다음 양성자 빔을 방출하는 부위를 조정했다. 그는 무슨 일이 벌어지고 있는지 궁금해서 고전압 부품을 피해 제어실에서 가속기까지 바닥을 기어가서 관측용으로 설치된 납 도금 상자에 올라갔다. 그러고는 검은색 천을 당겨 햇빛을 가린 뒤 현미경을 조절하여 렌즈를 들여다보았다.

검출판 곳곳에서 밝은 불빛이 나타나고 있었다. 월턴은 교육 실험실에서 오랜 시간을 보내지는 않았지만 자신이 무엇을 보고 있는지는 단번에 짐작할 수 있었다. 알파 입자, 그것도 헤아릴 수도 없을 정도로 많은 알파 입자였다. 그는 다시 기어나와 빔을 껐다. 그러자 불빛이 사라졌다. 빔을 켜니 불빛이 돌아왔다. 자신의 눈을 믿을 수 없었다. 그는 코크로프트를 데려왔고 코크로프트는 재빨리 가동을 반복했다. 두 사람은 러더퍼드를 불렀다. 그는 비좁은 상자 안에서 무릎을 귓가에 붙인 채 결과를 들여다보았다. 틀림없는 알파 입자였다. 알파 입자를 발견한 장본인이니 모를 수가 없었다! 채드윅도 나중에 동의했다. 그들은 서로 구구절절 말하지 않고도 무슨 일이 일어났는지 알고 있었다. 원자량이 7인 리튬의 핵에 양성자가 들어가 핵을 2개의 알파 입자로 쪼갰다. 역사상 처음으로 인공 핵붕괴를 일으킨 것이었다.[12] 그들은 1메브, 심지어 10메브가 필요할 것이라고 예상했지만, 그보다 훨씬 낮은 250킬로전자볼트로 양성자를 충돌시켜 핵을 쪼개는 데에 성공했다. 가모의 양자 이론이 옳았다.

그들은 코크로프트와 월턴이 필요한 점검을 마치고 급조한 논문을 「네이처Nature」에 보낼 때까지 시험 결과를 비밀에 부치기로 맹세했다. 그들이 침묵을 지킨 1932년 봄의 일주일 동안 원자가 쪼개진 사실을 아는 사람은 전 세계에 단 4명뿐이었다. 그들은 광적인 속도로 실험을 계속하면서 알파 입자의 경로에 얇은 박을 두어 알파 입자가 엄청난 속도로 핵에서 튀어나온다는 사실을 입증했다. 각각의 알파 입자는 8메브의 에너지를 가지고 날아갔는데, 양성자의 에너지가 몇백 킬로전자볼트에 불과한 것을 감안하면 불가능해 보이는 결과였지만 이 측정으로 그들은 자신들의 이해가 옳다는 확신이 더욱 커졌다. 양성자와 리튬이 반응하기 전 둘의 질량의 합은 충돌 이후의 알파 입자 2개의 질량보다 약간 무거웠다. 이 질량의 차이를 (이미 유명해진) 아인슈타인의 방정식 $E = mc^2$에 대입하여 에너지로 변환했더니 계산 결과는 거의 정확히 8메브였다.

러더퍼드는 4월 28일 목요일 왕립학회 회의에 코크로프트와 월턴을 초청했다. 채드윅의 중성자 발견을 축하하려고 모인 청중을 앞에 두고 러더퍼드는 미리 준비한 개회 연설에서 이 위대한 업적을 언급했다. 그러고는 단상에 가만히 서 있었다. 극적인 정적이 흐른 뒤 그는 객석에 있는 두 명의 젊은이 존 코크로프트와 어니스트 월턴이 입자를 인공적으로 가속하여 리튬을 비롯한 여러 가벼운 원소의 핵을 쪼개는 데에 성공했다고 발표했다. 그가 두 젊은이를 향해 손을 들기만 했는데도 객석에서 저절로 박수와 환호가 터져 나왔다.

이틀도 지나지 않아 신문들이 "과학 최고의 발견"을 선언했다.[13] 뉴스는 전 세계에 급속도로 퍼졌으며, 「뉴욕 타임스*New York Times*」는 "원자가 막강한 비밀을 드러내다"라는 기사로 앞장섰다. 코크로프트와 월턴은 러더퍼드나 장비와 함께 카메라 앞에서 포즈를 취하는 새로운 삶에 금세 적응했다. 연구소 출입문에 갑자기 몰려든 기자들과 인터뷰할 때는 약간 당황한 듯 보이기도 했지만 말이다.

경쟁자들은 어안이 벙벙했다. 고작 12만5,000볼트로 리튬 원자를 쪼갤 수 있다는 사실을 알았다면[14] 자신들이 발견자가 될 수도 있었을 테니 말이다. 코크로프트와 월턴이 알파 입자의 개별적 불빛을 쉽게 볼 수 있도록 검전기 대신 황화아연 검출판을 썼다면, 2년 일찍 성공을 거두었을지도 모른다. 마침내 도입된 이 방법은 검전기 속 금박의 막연한 움직임보다 훨씬 선명한 것으로 드러났다. 그들은 첫 번째 가속기의 낮은 전압으로도 충분했으리라는 사실을 도무지 믿을 수 없었다. 1932년 말이 되자 전 세계의 실험실들은 충분한 전압을 가진 모든 장치를 서둘러 원자 분할기로 전환했다. 핵물리학nuclear physics이라는 완전히 새로운 분야가 탄생하고 있었다.

러더퍼드와 그의 연구진은 획기적인 새로운 발견을 하나도 아니고 둘씩이나 동시에 해냈다. 중성자의 존재가 마침내 입증되었지만 원자핵을 인공적으로 둘로 쪼갤 수 있다는 사실이 훨씬 흥미로웠다. 러더퍼드는 핵 안에 무엇이 있는지 알아내겠다는 목표를 이루었다. 안에는 양성자와 중성자가 들어 있었다. 이 실험은 핵에서 양자역학이 중요하다는 사실과 아인슈타인의 $E = mc^2$ 방정식이 원자를 쪼갤 때 실제로 적용된다는 사실도 입증했다. 러더퍼드 연구진은 원자핵을 이해하려는 경쟁에서 다시금 확고한 선두에 섰으며 이제 사상 최초로 핵을 마음대로 쪼개서 더 깊이 연구할 수 있게 되있다. 어떤 시료를 충돌시켜 효과를 확인하고 싶든, 우주선에 의존하는 것이 아니라 가속하는 입자의 종류, 개수, 에너지를 변화시킴으로써 실험을 통제할 수 있게 된 것이다. 그들은 원하는 때마다 충돌을 멈췄다가 시작했다가 할 수 있었다. 핵이 그들의 수중에 들어왔다.

느닷없이 인공적으로 입자를 가속할 수 있게 되자, 연구자들의 가속기 수요가 급증했다. 기업들은 신기술을 도입하려고 재빨리 나섰는데, 자기네 연구 실험실에서 쓰려고 개발하는 경우도 많았다. 유럽에서는 네덜란드의 필립스가 정류기와 코크로프트-월턴 발전기 전체를 기존의 설계 그대로 제작했으며, 캐번디시가 1930년대 중엽 고전압 실험실을 확장할 때 그곳에 1대를 판매하기도 했다. 밴 더 그래프를 비롯한 미국의 경쟁사들도 고전압 가속기로 상업적인 성공을 거두었다. 대발견 직후 웨스팅하우스는 밴 더 그래프의 방법으로 고전압 기계를 만들기 시작했으며, 1937년에는 웨스팅하우스 원자 분할기Westinghouse Atom Smasher로 불리는 5메브 가속기를 제작했다. 1950년대 중엽이 되자 내로라하는 대학의 물리학과나 연구실은 모두 입자 가속기를 보유해야 했다. 오늘날 소수의 기업이 여전히 이런 종류의 기계를 생산하고 있으며, 전 세계 연구소와 실험실에서 여전히 제품들을 볼 수 있다.

　이 장비들을 한 번이라도 본다면, 결코 잊지 못할 것이다. 영국 북부에 있는 코크로프트 연구소는 요즘은 새 입자 가속기의 설계와 제작을 전문으로 하고 있다.[15] 햇빛이 밝게 비치는 연구소 안뜰에서 거대한 금속 장치가 방문객을 막아선다. 골이 진 진갈색 세라믹 절연체 4대가 서 있는데, 중간께에 도넛 모양의 금속 고리들이 둘러싸고 있으며 불그스

름한 구리관이 그 사이를 지그재그로 오간다. 전체 구조는 3층 건물의 옥상 높이로 솟아 있으며 맨 위에는 크고 둥근 은색 금속 전극이 놓여 있다. 바로 이 코크로프트-월턴 발전기가 옥스퍼드 대학교 남쪽에 있는 러더퍼드 애플턴 연구소의 대형 가속기 시설[16]에 양성자를 공급했다. 이 발전기는 대단한 첫인상을 풍기지만, 실은 별로 오래되지 않았다. 1984년부터 2005년까지 듬직하게 제 몫을 하다가 마침내 퇴역하여 현대식 장비로 대체되었다.[17]

1977년 찰스 베넷이 로체스터 대학교의 핵물리학자 해리 고브에게 바이올린의 연대 측정을 도와달라고 부탁했을 때 고브가 실험실에서 이용한 것은 코크로프트-월턴 가속기가 아니라 밴 더 그래프형 가속기였다. 처음에는 불가능해 보였으나 두 사람은 결국 극소량의 탄소-14 자취를 가속기로 탐지한다는 발상을 떠올렸다. 둘은 첫 번째 실험을 위해서 동네 가게로 가서 현재의 탄소를 대표할 (최근에 벌목한 나무로 만든) 바비큐 숯을 여러 봉지 구입했다. 이것을 가속기의 시작점인 이온 발생원에 삽입했다. 그러면 시료를 증발시켜 고전압으로 전자를 떼어낸 뒤 대전된 이온 빔을 이동시키며 가속할 수 있다. 두 사람은 비교를 위해서 흑연 시료도 입수했다. 수백만 년이 지나 탄소-14가 거의 사라졌을 석유 퇴적층에서 채굴한 것이었다. 1977년 5월 18일 두 시료를 검사했더니 숯의 탄소-14가 흑연에 비해 1,000배 이상 많았다. 고브는 이렇게 회상했다. "이렇게 한눈에 알아볼 수 있는 성과를 거두는 것은 과학에서 무척 드문 일이다."[18]

입자 가속기 덕분에 두 사람은 소량의 시료를 채취하여 낱낱의 원자와 동위원소를 가속할 수 있었다. 고속에 도달한 입자는 자석으로 휘게

할 수 있었으며, 탄소-14는 탄소-12보다 질량이 무거워서 약간 덜 휘므로 검출기로 상대적인 양을 간단히 측정할 수 있다. 입자 가속기는 방사성 탄소 연대 측정의 자연적 한계를 우회하여 정교한 제어와 정밀도를 구현할 수 있었다. 이것의 잠재적 쓰임새가 무궁무진하다는 사실이 금세 분명해졌다.

미국 지질조사국 탄소 연대 측정 부서를 이끈 지구화학자 마이어 루빈은 논문을 읽자마자 고브 연구진에게 연락했다. 루빈은 전통적인 탄소 연대 측정법을 적용하기에는 너무 작은 지질학 시료들을 남몰래 보관하면서 누군가가 측정 방법을 고안하기를 기다리고 있었다고 말했다. 몇 주일 뒤 로체스터에 도착한 그는 고브와 베넷 연구진과 함께 새 가속기 기법을 이용하여 밀리그램 크기의 시료를 측정했다.

루빈은 작은 시료를 측정하는 쓰임새에 매료되었다. 무엇보다 지질학, 기후학, 해양학, 연륜연대학(나무의 나이테를 연구하는 학문)에서 활용도가 기대되었다. 연구진은 새 기법을 이용하여 잇따라 획기적인 결과를 내놓았다. 자신들의 방법을 검증하기 위해서 4만8,000년 전 유기물 시료의 연대를 측정했더니 훨씬 많은 시료를 이용한 루빈의 과거 측정 결과와 일치했다. 로체스터 연구진은 자신들에게 연락한 많은 연구자들과 손잡고 남극의 운석, 얼음, 털매머드, 심지어 탄소-14가 밀리그램이 아니라 마이크로그램 단위밖에 들어 있지 않은 고대 공기 시료의 연대를 측정하여 모조리 성공을 거두었다. 1978년 루빈은 약 2,050년 된 것으로 추정되는 이집트 미라를 감싼 천 조각을 입수하여 실험을 통해서 결과를 확증했다. 그런 다음 솔깃하지만 논란의 여지가 있는 과제에 착수했다.

1979년경 영국 토리노 수의학회가 연구진에게 연락을 취했다. 예수가 매장될 때 입었다고 전해지는 수의의 연대를 밝혀달라는 것이었다. 연대 측정이 성사되기까지 10년이 걸려 마침내 1987년 유명한 조사가 실시되었다. 이 목적을 위해서 입자 가속기를 특별히 개조하거나 설치한 전 세계의 여러 연구실로 작은 시료가 보내졌다. 그중에는 로체스터 연구진과 옥스퍼드의 방사성 탄소 연대 측정 시설도 있었다. 고브와 루빈은 토리노 수의가 결코 2,000년 전 것이 아니며 중세(1260-1390)에 제작되었을 확률이 95퍼센트임을 밝혀냈다. 나머지 실험실도 모두 고브의 결과를 뒷받침했다. 결과가 이렇게 나왔지만 토리노 수의는 오늘날까지도 여전히 숭배를 받고 있다.

(부분적으로) 고브의 발명으로 탄생한 기법[19]은 가속기 질량 분석법 Accelerator Mass Spectrometry, 또는 AMS로 불린다. 오늘날 이 기법을 위한 전용 입자 가속기는 미국뿐 아니라 튀르키예, 루마니아, 오스트레일리아, 일본, 러시아, 중국을 비롯한 수많은 나라의 실험실들에 설치되어 있다. 이 설비를 보유한 많은 나라들은 자국의 풍성한 지리적, 문화적 역사를 이해하는 일에 관심이 있으며, AMS는 희귀한 유물을 파괴하지 않고도 그 이야기들을 엮을 수 있게 해준다. 베넷의 바이올린이 그랬듯이 AMS는 시료의 양이 전통적인 탄소 연대 측정에 비해 1,000분의 1만 있어도 된다. 대부분의 경우에는 다른 어떤 방법으로도 연대를 확정할 수 없다. 가속기 기술은 그 뒤로 역사학, 지질학, 고고학을 비롯한 수많은 분야에 새로운 가능성을 열어주었다.

베넷은 자신의 바이올린이 진짜 스트라디바리우스인지 결코 밝혀내지 못했거나 적어도 그 놀라운 주장을 결코 입증하지는 못한 듯하다. 그에 대한 추가 기록이 전혀 남아 있지 않기 때문이다.[20] 하지만 그때쯤 그는 바이올린을 까맣게 잊고서 우리가 아는 가장 정확한 유물 연대 측정법을 발명하는 궁극적인 과학적 흥분에 사로잡혔을 것이다.

＊　　＊　　＊

오늘날까지도 대부분의 사람들은 입자 가속기와 여기에서 나온 빔이 물리학자들에게만 유용하며, 우리의 음식, 물, 가정용품, 인체 근처에는 결코 얼씬도 하지 않을 것이라고 생각한다. 하지만 스마트폰과 컴퓨터의 칩에서 자동차의 타이어, 음식을 싸는 랩에 이르기까지 우리는 입자 빔을 이용하여 강화되거나 개선된 사물들에 둘러싸인 채 하루하루를 살아간다. 이 입자 기반 조사照射 또는 변형 방식이 쓰이는 주된 이유는 화학물질이나 수작업 처리 같은 방법보다 더 빠르고 환경 친화적이며 효과적이기 때문이다. 이것은 미국에서만 해마다 약 5,000억 달러어치의 제품이 입자 빔을 이용하여 제조되거나 변형되는 것으로 추산될 정도로 거대 시장이다. 이 기계들 중 상당수는 정전형 가속기로, 코크로프트와 월턴이 1930년대 초반에 원자를 쪼갤 때에 사용한 기계의 후손이다.

입자 가속기의 최대 응용 부문 중 하나는 반도체 산업이다. 스마트폰과 노트북에 들어 있는 강력한 연산용 칩의 기반이 되는 전자 부품은 반도체로 만드는데, 이를 통해서 모든 컴퓨터 논리의 바탕인 0과 1을 구현한다. 실리콘 같은 반도체를 유용한 장치로 만들려면 붕소, 인, 갈륨 같은 원소를 소량 첨가하여 순도를 약간 낮춰야 하는데, 이를 도펀트dopant라고 부른다. 도펀트는 반도체의 전기적 성질을 정밀하게 제어하는 데에 필요하지만 화학적 방법으로는 첨가하기가 매우 힘들다. 도펀트를 정확하게 첨가하는 유일한 방법은 입자 가속기를 이용하여 낱낱의 이온을 제어하고 주입하는 것이다. 이 공정을 이온 주입법ion implantation이라고 한다. 이런 공장에 입자 가속기가 없으면, 디지털카메라, 세탁기, 텔레비전, 자동차, 기차, 심지어 전기밥솥에 들어가는 현대의 반도체 기반 전자 부품을 제조할 수 없다.

입자 빔으로 변형할 수 있는 것은 반도체만이 아니다. 보석 세공인들도 입자 빔을 요긴하게 활용한다. 다이아몬드 회사인 드비어스는 가속기로 이온 빔을 발생시켜 원석에 충돌시킨다. 이렇게 하면 다이아몬드의 색깔을 바꾸거나 터키석을 탁한 분홍색에서 사람들이 좋아하는 투명한 푸른색으로 탈바꿈시킬 수 있다.

한편 파리 루브르 박물관의 유명한 유리 피라미드 아래로 15미터만 내려가면 오로지 예술품만을 위한 입자 가속기를 볼 수 있다. 그랑루브르 원소분석 가속기Accélérateur Grand Louvre d'analyse élémentaire라고 불리는 이 시설은 길이가 37미터에 달하며 박물관의 유물이 어떤 원소로 이루어졌는지 알아내는 데 쓰인다. 연구소장 클레어 파체코 박사의 지도하에 연구진은 뭉뚱그려 "이온 빔 분석"으로 불리는 다양한 응용 분야에 가속기를 활용한다. 그들은 러더퍼드 후방산란 분광법Backscattering Spectrometry이라는 기법을 즐겨 사용한다. 이 기법은 표적에서 튕겨져 나오는 이온의 개수를 세면서, 캐번디시 과학자들이 금박을 가지고서 원자에 핵이 있음을 밝힌 바로 그런 종류의 결과를 찾는다. 지금은 가속기로 조건을 통제하는 덕분에 원래 실험가들은 꿈도 꾸지 못한 방식으로 이 개념을 온전히 활용할 수 있다. 미술품 표본을 입자 빔의 선에 놓고서 뒤쪽으로 산란하는 이온을 검출기로 찾아낸다. 각각의 검출기 위치에 대해서 원자핵에 따라 제각각 다른 개수의 이온이 튕겨져 나오는데, 가속기는 이온 빔의 에너지를 변화시켜 이온 개수에 대해서 에너지의 특징적 곡선을 그려낸다. 이제 이 곡선을 알려진 물질의 곡선과 비교하기만 하면 표본에 어떤 원자가 들어 있는지, 상대적 양이 얼마인지를 알아낼 수 있다. 이 기법으로 나폴레옹의 칼집이 정말로 순금인지 확인하기도 했다. 이런 방법들을 이용하여 파체코 박사 연구진은 리튬에서 우라늄까지 주기율표에 있는 원소들의 아무리 작은 흔적조차도 식별할 수 있으며 미술품과 유물에 어떤 손상노 가하지 않은 채 그 속에 숨겨진 비밀과 출처를 밝혀낼 수 있다. 이것은 미술사학자가 미술품의 진위 여부를 확실히 알아내는 비법 중 하나이다.

이 기법은 오래된 포도주 병의 정확한 유리 조성을 측정하여 알려진 진품 병과 비교하는 데에도 쓰인다. 가짜 포도주는 고급 포도주 업계의 골머리를 썩이는 중대 문제이며 갈수록 규모가 커지고 있다. 한 수집가가 미국 대통령 토머스 제퍼슨이 소유했던 것으로 알려진 포도주 4병을 50만 달러에 구입했다. 그런데 병을 이온 빔 분석법으로 조사했더니 가짜임이 드러나 판매상을 상대로 신속하게 소송을 제기할 수 있었다.

같은 아이디어가 법의학 분야에서도 쓰이기 시작했다. 코카인 같은 약물이나 총격 잔류물의 흔적을 찾아내는 방법은 대부분 시료를 훼손한다. 하지만 영국 서리 대학교의 멜러니 베일리 박사를 비롯한 과학자들은 범죄 현장에서 발견된 증거를 이온 빔 분석법으로 조사하고 있다.[21] 그녀는 증거를 훼손하지 않은 채 시료의 원소 구성을 밝혀내고 다른 방법으로는 놓칠 수도 있는 미량의 약물이나 잔류물을 찾아낼 수 있다. 심지어 조사 결과를 용의자의 옷이나 신체에서 발견된 물질과 비교할 수도 있다. 신발에서 채취한 소량의 토양 시료로도 용의자가 범죄 현장에 있었는지 확인할 수 있는 것이다.

1932년의 물리학자들에게는 이 모든 응용이 까마득한 미래 이야기였다. 코크로프트와 월턴은 몇 년간 가속기를 이용했지만 금세 새로운 연구자들에게 선두를 빼앗겼다. 존 코크로프트는 연구소의 다른 부문을 운영하는 업무를 맡았으며 이후에 평화시 에너지 공급을 위한 핵발전 이용을 연구했다. 어니스트 월턴은 고국인 아일랜드로 돌아가 더블린 대학교 트리니티 칼리지에서 교편을 잡았다. 두 사람에게 1951년 노벨상을 안겨준 이 치열한 시기는 그 뒤로 결코 반복되지 않았다.

양전자가 발견된 바로 그해에 두 사람이 거둔 성공은 핵 안에 무엇이 들어 있는지 발견하겠다는 러퍼퍼드의 꿈을 실현했다. 이제 퍼즐의 여러 조각이 맞춰졌다. 핵에는 양성자와 중성자가 대략 같은 개수로 들어 있다. 동위원소의 질량이 다른 이유는 양성자 수는 같지만 중성자 수가 다르기 때문이다. 동위원소의 일부 배열은 더 안정적이며 불안정한 배열은 방사성이 있다. 러더퍼드의 탐구는 이제 핵을 붙들어두는 **힘**을 이해하는 쪽으로 옮아갔다. 중성자의 존재는 양전하를 띤 양성자가 핵을 쪼개지 못하도록 하는 데에 어떤 역할을 할까? 이것은 핵을 붙들어두는 새로운 힘인 **핵력**nuclear force 개념의 동기가 되었다.

코크로프트와 월턴의 발명은 여전히 과학계와 산업계에서 이용되고 있었지만, 엄청난 전압을 소모하는 입자 가속기가 금세 근본적인 한계에 도달하리라는 사실이 분명해졌다. 새 기술이 필요했다. 그들은 까맣게 몰랐지만 미국에서 이미 개발된 바로 그 기술이 세계적으로 유명한 자신들의 실험 결과를 하마터면 앞지를 뻔했다.

6

사이클로트론 : 인공 방사능의 생성

1932년 입자 가속기가 원자를 쪼개는 데에 성공한 그해에 자연에서 발견되는 기본 입자의 목록은 빠르게 늘어나고 있었다. 전자와 그 반물질인 양전자, 그리고 양성자와 중성자가 발견되었다. 이 입자들은 모두 나눌 수 없다고 생각되었으나, (나중에 살펴보겠지만) 양성자와 중성자에도 내부 구조가 있음이 밝혀진다. 빛의 입자인 광자가 도입되었고, 불과 4년 뒤에는 전자와 양전자의 무거운 사촌인 양성 뮤온과 음성 뮤온이 발견되었다. 원자의 일부가 아닌 입자에 어떤 의미가 있는지, 이 입자들이 중요한지, 이런 입자가 더 있을지 아는 사람은 아무도 없었다. 그들이 아는 것은 더 많은 입자를 발견하려면, 코크로프트와 월턴의 뒤를 따라 원자를 박살 내야 하리라는 것이었다.

　그들을 이 방향으로 이끈 실마리들이 있었는데, 그중 하나는 (앞에서 이미 살펴보았듯이) 원자 내부에서 양성자와 중성자를 묶어두어 흩어지지 못하게 하는 미지의 힘이 있는 듯하다는 사실이었다. 또다른 실마리는 화학으로부터, 정확히 말하자면 화학에서 누락된 것으로부터 나왔다. 우라늄은 이 시기의 주기율표[1]에서 가장 무거운 원소로 알려져 있었으나 원자번호 43, 61, 85, 89에 해당하는 빈칸이 네 곳 있었다. 19세기 러시아의 화학자 드미트리 멘델레예프는 원자량에 따라, 또한 비슷한 화학적 성질에 따라 원소들을 기둥처럼 쌓음으로써 (그 뒤에 발견된 원소들과 더불어) 저 원소들이 존재하리라는 사실을 예측했다. 이를테면 주기율표에서 알루미늄 밑에는 특정한 밀도, 녹는점, 화학적 성질을 가진 원소의 자리가 비어 있었으며, 멘델레예프는 이 원소를 "에카알루미늄"이라고 불렀다. 이후 1875년에 갈륨(원자번호 31)이 발견되었는데, 그의 예측과 거의 일치했다. 지금이야 누락 원소들이 테크네튬(43), 프로메튬(61), 아스타틴(85), 프랑슘(87)이라는 사실이 알려져 있지만, 1930년대 초에는 이 원소들이 한 번도 관찰되지 않았으며 따라서 이름도 없었다.

당신은 과학자들이 누락 원소들을 찾아다녔으리라고 생각할지도 모르겠다. 그러나 그들은 그 방향으로 노력을 쏟지 않았다. 그럴 만도 했다. 방사성 원소가 발견되면서 (화학자들이 늘 가정한 것과 달리) 주기율표의 모든 원소가 안정적이지는 않다는 사실이 밝혀졌다. 따라서 누락 원소는 단순히 시간이 흐르면서 사라져 발견되지 않는 것일 가능성이 있었다. 방사능이 밝혀지자 원자는 예측할 수 없고 혼란스러운 실체이며 화학으로 알아낼 수 없는 역동성을 지니고 있음이 드러나기 시작했다. 더 원대한 목표는 원자의 성질과 핵의 구조, 물질의 모든 것을 붙들어두는 힘을 이해하는 것이었다. 이 말은 가능한 한 많은 원소들을 속속들이 탐구하고 이해해야 한다는 뜻이었다. 즉 알려졌든 알려지지 않았든, 방사성이든 아니든 간에 모든 원소와 동위원소의 성질을 예측할 수 있는 포괄적인 이론을 정립해야 했다.

모든 원소의 원자를 쪼갤 만큼 강력한 입자 빔을 만들 수만 있다면 이루지 못할 것이 뭐가 있겠는가? 코크로프트와 월턴이 엄청난 전압을 길들여 세계 최초의 입자 가속기를 제작한 것은 이 목표를 이루기 위해서였다. 하지만 이 문제와 씨름하던 사람이 그들만은 아니었다. 몇 년 지나지 않아 두 사람의 연구는 어니스트 올랜드 로런스라는 젊은 미국인에게 따라잡혔다. 그가 발명한 기계는 핵물리학 분야의 패권을 끝장냈을 뿐만 아니라 여러 분야의 과학자들로 하여금 경계선을 넘어 한데 모여 미답의 영토를 개척하도록 했다. 그 결과로 로런스의 연구는 의학 또한 영영 탈바꿈시켰다.

로런스는 물리학자가 될 생각이 전혀 없었다. 사우스다코타 대학교에 입학하여 부전공으로 화학을 선택했을 때만 해도 의학을 공부할 작정이었다. 물리학에 대한 사랑을 처음 그에게 심어준 사람은 그의 멘토였다.

어니스트 로런스를 멘토의 궤도에 끌어들인 계기는 그의 취미였다. 로런스와 그의 이웃 멀 튜브는 사우스다코타에서 어린 시절을 보내면서 남는 시간에 무선 장비를 만들고 튜브 가족의 다락방에서 모스 부호로 통신하고 계전기와 송신기 같은 부품을 공부하고 설치했다. 로런스는 대학에 진학하면서 무선 장비를 집에 두고 갔지만, 금세 대학에 자체 장비가 있었으면 좋겠다는 생각이 들었다. 그래서 전기공학과 학과장 루이스 에이클리를 찾아가 무선 장비를 구매해야 하는 논거와 부품의 목록 및 가격을 분명하고도 조리 있게 설명했다.

그날 저녁 에이클리는 퇴근하여 어니스트 로런스에 대해서, 그의 과학적 호기심과 명백한 능력에 대해서 아내에게 열변을 토했다. 그런데 로런스는 왜 물리학과나 전기공학과에 등록하지 않았을까? 왜 의학과 화학을 공부하지? 로런스가 물리학에 천재성이 있다고 확신한 에이클리는 그에게 무선 장비 구입 대금으로 100달러를 지급하고 장비를 둘 공간을 마련해주고 전권을 부여했다. 물리학을 전공한 에이클리는 로런스에게 전공을 바꾸라고 몰아붙이지 않았다. 좋은 학생이라면 물리학의 가치를 스스로 깨달으리라 믿었기 때문이다. 무선에 관심이 있다면 물리학이 도움이 되지 않겠느냐며 의중을 떠보았지만 로런스는 솔깃해하지 않았다. 고등학교에서 공부를 해보기는 했지만 자신에게는 물리학에서 성취를 이룰 능력이 없다고 생각했다.

그럼에도 에이클리는 로런스를 저녁 식사에 초대하여, 빛과 전기의 관계를 발견하고 무선으로 파동을 전달한 최초의 인물이 된 하인리히 헤르츠로부터 방사성 원소를 발견한 마리 퀴리에 이르기까지 위대한 물리학자들과 그들의 모험담을 들려주기 시작했다. 가장 흥미진진한 것은 원자가 결코 단단한 덩어리가 아님을 밝혀낸 어니스트 러더퍼드의 이야기였다. 에이클리는 이 분야에서 탐험가들을 기다리는 모험에 대해서 이야기를 풀어냈다. 그들은 물질의 내부 세계를 탐사하고 우주의 비밀을 가장 작은 규모에서 밝혀냈으며, 로런스가 사랑하는 화학, 생물학, 의학을 비롯한 나머지 모든 것이 그 토대 위에 놓여 있다고 말했다. 훈련을 제대로 받으면 어느 분야에서든 학습할 능력을 갖출 수 있으며, 물리학이 그런 훈련을 제공할 수 있다고 역설했다. 그러고는 로런스에게 최종 제안을 했다. 여름 방학 한 달간 자신과 함께 물리학을 공부하고도 흥미가 생기지 않는다면, 다시는 물리학 이야기를 꺼내지 않겠다고 말했다. 로런스는 동의했다. 방학이 끝나 나머지 학생들이 돌아올 즈음 에이클리의 시도가 성공하여 로런스는 물리학을 공부하기로 했다.

루이스 에이클리는 어느 날 물리학 강의 시간에 이렇게 말했다. "제군들. 어니스트 로런스일세. 잘 봐두게. 언젠가 어니스트 로런스와 같은 수업을 들었다는 걸 자랑스러워할 날이 올 테니까." 학생들은 매력적인 미소, 단정한 연갈색 머리카락, 푸른 눈의 키 큰 청년을 쳐다보았다. 어느 날 로런스가 수업 중에 잠들었을 때 에이클리는 학생들에게 이렇게 말했다. "괜찮아. 놔두게! 그가 잠들었을 때 알고 있는 물리학이 깨어 있는 자네들이 아는 것보다 많으니까."[2] 에이클리가 미래를 알았을 리는 없지만 그의 말은 예언이 된다.

1928년, 스물일곱의 나이에 어니스트는 캘리포니아 대학교 조교수가 되었다. 마침내 신생 기관에서 자유와 격려를 누리며 독자적인 연구를 맡게 된 그에게 필요한 것은 탐구할 만한 좋은 주제뿐이었다.

이 시점에서 우리가 로런스보다 유리한 것은 1928년에 상황이 어땠는지, 불과 몇 년 뒤에 무슨 일이 벌어질지 이미 알기 때문이다. 우리는 가모의 이론이 코크로프트와 월턴을 자극하여 케임브리지에서 가속기를 개발하도록 했음을 안다. 몇백 킬로전자볼트의 에너지만 있으면 리튬 핵을 쪼개기에 충분하다는 사실을 안다. 하지만 로런스는 당시에 코크로프트와 월턴이 그랬듯이 이런 사실을 까맣게 몰랐다. 그는 물리학자들이 전자와 X선을 발견했고 원자에 핵이 있다는 것을 알았으며 양자역학과 파동–입자 이중성의 반反직관적인 성질을 알고 있었다. 우주에서 우주선이 끊임없이 우리에게 쏟아지고 있고 C. T. R. 윌슨이 안개상자를 발명하여 우리가 우주선을 연구할 수 있게 되었음을 알고 있었다. 하지만 당시에 로런스는 검출기에 딱히 흥미를 느끼지 않았다.

많은 과학자들이 우주선을 연구하고 있을 때, 로런스에게 더욱 중요해 보였던 것은 고에너지 입자를 실험실에서 제어할 방법을 찾는 것이었다. 지금까지의 시도들은 그에게 만족스럽지 않았다. 오랜 학교 친구인 멀 튜브는 최대 1메가볼트의 전압을 길들이려고 애쓰고 있었고, 코크로프트, 월턴과 둘의 경쟁자들도 같은 시도를 하고 있었지만, 로런스는 1 메가볼트가 달성된 뒤에 연구가 어디로 나아갈지 알고 싶었다. 그는 앞 길이 구만리였으므로 고작 몇 년 뒤에 사라질 길을 따라가고 싶지는 않 았다. 로런스가 보기에 고전압을 이용하여 입자를 가속한다는 발상에는 근본적인 결함이 있었다. 가용 전압을 100만 볼트까지 끌어올릴 수 있다 고 해도 그렇게 만들어낸 입자의 에너지는 (라듐 같은) 자연 방사선원에 서 방출되는 알파 입자의 5메브를 넘어설 수 없었다. 고전압이 입자의 에 너지로 직접 전환되기 때문이다. 100만 볼트는 100만 전자볼트(1메브)를 만들 수 있을 뿐 결코 5메브는 만들 수 없다. 시험실에서 원자의 수수께 끼를 밝혀낼 수 있으려면 수천만 내지 수억 볼트의 고전압을 발생시키지 않고도 수십 내지 수백 메브의 고에너지에 도달할 현실적인 방법을 찾아 야 했다.

1929년 로런스는 캘리포니아 대학교 도서관에서 밤늦도록 학술지를 읽고 있었다. 문득 독일어로 쓰인 전기공학 학술지를 집어 휘휙 넘기다 가 롤프 비데뢰라는 노르웨이 연구자가 쓴 논문의 도표와 방정식에 눈 길이 쏠렸다. 로런스는 독일어를 몰랐지만 개념은 그가 이해할 수 있을 만큼 명확했다.

로런스는 훗날 그 개념이 너무 간단해서 어린아이조차 직관적으로 이 해할 수 있었다며 이렇게 말했다. "그네를 타고서 공중으로 높이 올라 가는 데는 두 가지 방법이 있다. 발을 세게 한 번 구를 수도 있고, 적절 한 타이밍에 살살 여러 번 굴러 공진 개념을 이용해 진동을 키울 수도 있다." 기존의 가속기 아이디어는 첫 번째 접근법을 채택했지만 로런스 는 두 번째 방법이야말로 자신에게 필요한 것임을 깨달았다. 비데뢰에 의 도표는 매우 높은 전압을 단 한 번 가해서 입자를 가속하는 것이 아니라 ("간극"을 두고서) 일렬로 늘어선 금속관들에 진동 전압을 가하는 방안처럼 보였다. 금속관의 진압은 그리 높지 않은 수준에서 조당 수백만 번씩 양에서 음으로 오르락내리락 한다. 입자는 마치 수도관을 통과하듯이 금속관 한가운데를 통과하되 금속관들 사이의 간극에서만 전압을 "본다."[3] 그네에서 연신 조금씩 발을 구르듯이 매 "간극"마다 적절한 타이밍에 조금씩 입자에 전압이 가해진다. 모든 금속관이 같은 진동 발생원에서 전력을 공급받으면 전압이 그리 높지 않아도 이 금속관들을 통해서 얻는 전체 에너지는 매우 커질 수 있다.

비데뢰에의 개념은 훌륭했지만 근본적인 결함이 하나 있었다. 고에너지에 도달하려면 금속관들의 줄이 어마어마하게 길어야 했다. 로런스는 이런 생각이 들었다. 많은 금속관을 일렬로 세우지 말고 입자가 원을 맴돌도록 휘어서 똑같은 가속 "간극"을 몇 번이고 재사용하면 어떨까? 그의 아이디어는 공진 가속 개념을 이용하면 이른바 양성자 회전목마를 만들 수 있으리라는 것이었다.

로런스는 자신의 아이디어가 통할지 서둘러 확인하기 위해서 냅킨을 집어 방정식을 끄적이기 시작했다. 그는 자기장을 이용하여 입자를 휘게할 수 있음을 알고 있었다. 자석의 힘을 이용하면 진행 방향에 수직으로 입자를 밀어낼 수 있다는 사실은 오래 전부터 알려져 있었다. 입자는 매 바퀴 회전할 때마다 조금씩 에너지를 얻어 점차 빨라지면서 나선처럼 점차 큰 원을 돌 것이다. 그는 방정식을 살펴보고는 원이 커지면 입자가 돌아야 하는 거리도 멀어지지만 거리 증가를 정확히 상쇄할 만큼 입자의 속력이 빨라질 것이기 때문에 입자가 매 바퀴마다 전압 간극으로 돌아오는데에 걸리는 시간은 매번 똑같을 것임을 깨달았다. 이 말은 일정한 주파수로 진동하는 전압을 이용할 수 있다는 뜻이었으며, 이것은 공학자에게는 식은 죽 먹기였다. 너무 딱딱 맞아떨어져서 믿기지 않을 정도였다.

그는 교수회관으로 달려가 맨 처음 눈에 띈 수학자 도널드 셰인에게 자신의 계산을 서둘러 검산해달라고 부탁했다. 셰인은 로런스의 계산이 맞다고 확인해준 다음 그의 얼굴을 들여다보면서 말했다. "그런데 이걸로 뭘 하려는 거요?"[4] 로런스가 대답했다. "원자를 두들겨 쪼갤 겁니다!"

이것은 너무나 간단하고 우아한 아이디어였기 때문에 로런스는 왜 아무도 이런 생각을 하지 못했는지 의아했다. 그는 한껏 들떴지만 당장 무엇인가를 제작하는 일에 착수하지는 않았다. 미국을 횡단할 계획을 이미 세워두었기 때문이다. 그는 워싱턴으로 가서 물리학회 대회에 참석한 뒤 보스턴에서 동생 존을 만난 다음 뉴욕 주 스키넥터디의 제너럴일렉트릭(GE)을 찾아갔다(그곳에서 두 달을 보내기로 약속이 되어 있었다). 그동안 그는 강연을 하고 로버트 밀리컨을 비롯한 최고의 물리학자들과 만찬을 했다. 어디를 가든 귀 기울이는 사람에게 자신의 새 아이디어를 들려주었다.

대부분의 사람들은 그의 아이디어가 통하지 않을 이유를 생각해낼 수 있었다. 그들은 그런 장치에서는 입자를 집속시킬 방법이 없으므로 결코 원자핵처럼 작은 것을 공략할 수 없으리라고 말했다. 입자가 결코 나선형 경로를 유지하지 않거나 수직으로 튕겨 벽에 부딪혀서 사라질 것이라고 생각했다. 로런스가 어떻게 입자를 기계에서 끄집어낼 계획인지 궁금해했다. 하지만 이 시점에 적어도 그에게는 몇 가지 아이디어가 있었다. 옛 친구 멀 튜브조차 의심을 표했지만(한편 로런스는 대형 테슬라 코일을 이용하여 입자를 가속하겠다는 튜브의 발상에 회의적이었다), 캘리포니아로 돌아왔을 무렵 로런스는 자신의 아이디어를 시험할 준비가 되어 있었다.

로런스가 캘리포니아 대학교에서 맞은 첫 박사 과정 학생인 닐스 에들레프센은 로런스보다 여섯 살 연상으로, 논문을 막 마친 참이었다. 때는 1930년이었고 에들레프센은 박사 이후의 진로를 아직 결정하지 않았기 때문에 약간의 여유 시간이 있었다. 에들레프센은 이론적 연구에 집중하면서 박사 수료 시험을 준비하고 싶었지만 로런스의 생각은 달랐다. 그는 에들레프센에게 자신의 획기적인 새 입자 가속기 아이디어가 이론 공부보다 훨씬 더 흥미롭다며 이것을 실현하지 못할 이유를 하나도 찾지 못할 거라고 주장했다. 에들레프센도 로런스의 아이디어에서 잘못된 점을 하나도 찾지 못했으며 2주일간 검토한 뒤에 결국 한번 시도해보기로 했다. 로런스가 말했다. "좋았어! 해봅시다. 우리에게 필요한 게 뭔지 당장 생각해봐요."[5]

1930년 봄 에들레프센은 우선 향수병만 한 유리 플라스크를 납작하게 만들어 은 도금을 했다. 가운데를 따라 가느다란 은 띠를 조심스럽게 벗겨내 전극으로 쓸 은 부위 두 곳을 남겼다. 플라스크는 공기를 빼낼 수 있게 되어 있었으며 이온 발생용 필라멘트, 양성자 발생용 수소, 결과 판정용 전기 탐침을 넣을 구멍이 뚫려 있었다. 모든 구멍은 나중에 봉랍으로 밀봉했다. 한편 로런스는 물리학과에서 가장 큰 자석의 이용 허가를 받기 위해서 담당자를 구슬렸다. 그의 발상은 플라스크에 전기를 연결하고 공기를 빼내 진공으로 만들어 자석의 양극 사이에 두면 입자가 나선형으로 맴돌면서 에너지를 얻으리라는 것이었다. 마침내 원대한 아이디어를 시험할 준비가 되었다.

두 사람은 전원을 넣었다. 유리에 금이 갔다. 유리 체임버chamber로는 역부족임이 분명했다. 두 사람은 낙심하지 않고 새 아이디어를 떠올렸다. 에들레프센은 작고 둥근 구리 상자를 반으로 갈라 전극을 만들었다. 이것을 판유리에 밀랍으로 고정하고 상자의 두 절반을 일정한 간격으로 살짝 띄워 두 개의 "디dee"(대문자 "D"가 두 개 있는 것처럼 생겨서 이렇게 불린다)를 만들었다. 커다란 쿠키를 구리로 둘러싼 다음, 절반으로 가르고 쿠키를 빼낸다고 상상해보라. 그러면 구리 조각으로 이루어진 두 개의 "디"가 남는다. 교류 전압을 발생시키기 위해서 두 개의 "디"에 무선 주파수 발진기를 연결했다. 결과물은 약간 잡동사니처럼 생겼다. 로런스가 아무리 해명해도 실험실의 나머지 연구원들은 입자 가속을 위한 강력한 기계라는 물건의 몰골을 보면서 에들레프센과 로런스를 놀리지 않을 수 없었다.

에들레프센이 이 장치로 양성자 가속에 성공했는지는 분명하지 않다. 양성자 몇 개를 적어도 회전시키기는 했지만, 분명한 결과가 나오기 전에 (예전에 신청해둔) 다른 일자리가 생겨 떠나야 했기 때문이다. 하지만 로런스는 이 과제가 유망하다고 판단하여 즉시 새로운 학생을 공진 가속기 제작에 투입했다.

성직자의 아들로 태어난 밀턴 스탠리 리빙스턴은 대학교에 입학한 뒤 화학에서 물리학으로 전과했으며 표정이 늘 심각했다. 외아들이던 그는 캘리포니아의 가족 농장에서 연장과 기계에 둘러싸여 자라면서 복잡한 시스템을 설계하고 제작하는 실용적인 기술을 배웠다. 이제 이 기술을 써먹을 때가 되었다. 그는 "사이클로트론cyclotron"으로 불리게 될 장비를 제작하기 시작했다.

리빙스턴이 제작한 장비는 손바닥에 올려놓을 수 있을 만큼 작았으며 에들레프센이 만든 것과 비슷하게 생겼지만 좀더 말끔했다. 황동으로 만들어 밀랍으로 봉했는데, 지름은 11센티미터에 불과했으며 제작비는 약 25달러였다. 리빙스턴은 빠른 진척을 보였으며 1930년 성탄절 휴가 기간에 로런스와 함께 이 11센티미터 모형과 1,800볼트 진동 전압을 이용하여 양성자를 8만 전자볼트까지 가속하여 개념의 타당성을 입증했다. 사이클로트론은 로런스가 도서관에서 꿈꾼 것처럼 입자의 에너지를 인가印加 전압의 몇 배로 끌어올릴 수 있었다.

두 사람은 장비를 제작하는 와중에도 설계를 변경했으며 모든 것을 시행착오를 거쳐가며 알아냈다. 전극의 모양과 전극 사이 간극의 크기를 바꿨으며, 자석을 미세하게 조정하여 입자를 집속시키고 빔 전류를 대폭 증가시켰다. 몇 주일 뒤 지름이 30센티미터에 달하는 사이클로트론을 제작했는데, 이를 위해서 더욱 큰 자석을 만들었다. 전원을 넣자, 단 3,000 볼트를 가했을 뿐인데도 양성자는 100만 전자볼트에 약간 못 미치는 에너지로 내달렸다. 로런스는 말 그대로 춤을 추며 실험실을 누볐다. 마침내 그의 기계가 원자를 쪼갤 수 있게 된 것이다.

다시 한번 로런스의 출장 계획이 잡혔다. 그가 마법의 100만 볼트 고지에 (완전히는 아니고) 거의 도달한 새 발명품의 이점을 설명하며 돌아다니는 동안 리빙스턴은 계속해서 작업에 전념했다. 1931년 8월 3일 로런스는 마침내 기록을 달성했다는 전보를 받았다. "리빙스턴 박사의 요청에 따라 그가 110만 볼트 양성자를 얻었음을 당신에게 전합니다. '야호!' 라고 덧붙여달라고도 하더군요."

로런스가 소식을 접한 시점은 여자친구인 몰리 블루머를 찾아갔을 때였다. 그는 전보를 그녀의 가족에게 읽어주었다. 그들이 여전히 기쁨을 나누는 동안 그는 몰리를 밖으로 데리고 나가 청혼했다. 그녀는 결혼 전에 하버드 대학교에서 공부를 마치게 해달라는 조건으로 승락했다. 그런 다음 그는 실험실로 달려가 며칠간 자신들의 발명품을 보고 싶어하는 모든 동료와 친구들 앞에서 리빙스턴과 함께 작동을 시연했다. 두 사람은 비교적 작고 값싼 장비로 코크로프트와 월턴의 방만 한 크기의 발전기보다 큰 에너지를 얻었다.

이 시점에서 두 사람이 로런스가 늘 목표로 삼은 일—원자를 쪼개는 것—을 했다면, 핵물리학의 역사는 꽤 달라졌을 것이다. 하지만 물리학자와 공학자 10명가량으로 꾸려진 그의 연구진은 에너지를 더 끌어올려야겠다고 생각했다. 그들은 로런스의 열정에 전염되어 기계의 규모를 키웠다. 처음에는 연방전신회사에서 기증받은 대형 자석으로 27인치(69센티미터) 사이클로트론을 제작했다가 금세 37인치(94센티미터) 버전으로 재설계했다. 머지않아 그들은 200만 전자볼트 양성자를 달성했다.

왜 그들은 사이클로트론을 과학에 활용하지 않았을까? 왜 장비의 덩치를 키우는 데에 그토록 집착했을까? 그들은 사이클로트론 제작에 성공함으로써 완전히 새로운 물리학 분야—나의 분야이기도 한 가속기물리학—를 사실상 창시했다. 그들은 하전 입자 빔의 제어와 조종이 그 자체로 매혹적인 연구 분야이며, (연구자들이 고전압에 발목을 잡혔을 때 로런스가 예견했듯이) 이 영역에서 진전을 이루면 물리학의 미래 발전이 보장될 것임을 깨달았다. 그들이 사이클로트론으로 빔 가속에 성공하자, 이것이 가능하지 않으리라고 말한 수많은 반대파는 어안이 벙벙했다. 이제 그들은 이 장비가 정확히 어떻게 작동하는지, 어떻게 개량해야 할지 이해하는 일에 착수해야 했다. 그러려면 하전 입자의 물리적 성질과 거동에 대한 상세한 지식이 필요했다. 그들은 기술의 한계를 훌쩍 넘어섬으로써, 아원자 입자 빔이 어떻게 생겨나고 전기장 및 자기장과 상호작용하는지, 정확한 성질을 가진 전자석을 어떻게 설계해야 하는지,

눈에 보이지 않는 아원자 입자 빔을 어떻게 집속시키고 이동시키고 측정할 것인지를 비롯하여 물리학과 공학에 대한 새로운 지식을 창출했다.

완벽한 기계를 만들려는 로런스와 리빙스턴의 열정 때문에 연구진은 많은 중요한 발견들을 놓쳤다. 사이클로트론이 고에너지 경주에서 갓 승리를 거둔 1932년에 그들은 더 단순한 실험을 실시하는 사람들에게 말 그대로 압도당했다. 채드윅은 중성자를 발견하여 그 질량이 양성자와 매우 비슷하다는 사실을 알아냈다. 컬럼비아 대학교에서는 해럴드 유리가 수소의 새로운 동위원소를 발견했다. 중수소deuterium라고 불리는 이 동위원소는 전하가 하나이지만 질량이 수소의 두 배이다. 같은 해에 앤더슨은 안개상자를 이용하여 양전자를 발견했다. 그리고 그해 4월에 대형 뉴스가 날아왔다. 코크로프트와 월턴이 처음으로 원자를 쪼개는 데 성공한 것이다. 로런스 연구진은 같은 결과를 재현하기 위해서 재빨리 사이클로트론에 리튬 표적을 장착했다. 불과 몇 주일 만에 그들은 양성자의 에너지를 1.5메브까지 손쉽게 끌어올렸다. 이것은 캐번디시에서 달성할 수 있었던 에너지의 두 배에 가까운 수치였다. 그들은 가모의 양자 터널 효과 이론에 따라 에너지가 높아짐에 따라 반응률이 더 빨리 증가한다는 사실을 발견했다. 비록 처음으로 결승선을 통과하지는 못했지만 고에너지를 이용하여 원자를 더 효과적으로 쪼갤 수 있으리라는 생각만은 옳았다. 그리고 이제 참가자들 중에서 가장 큰 에너지를 손에 쥔 채 경주에 뛰어들었다.

훗날 사이클로트로니어cyclotroneer로 알려진 그들은 자신들 외에는 누구도 할 수 없는 실험 설비를 제작하기로 마음먹었다. 그들은 화학과에 의뢰하여 중수소를 생산하도록 했다. 중수소를 이온 발생원에 넣어 전자를 떼어내 사이클로트론에서 탄도체로 쓸 중양성자重陽性子, deuteron (중수소 핵)를 발생시켰다. 양성자가 하나, 중성자가 하나로 더 무거운 중양성자는 양성자보다 더 강력하게 핵을 파고들 수 있으리라는 것이 그들의 계산이었다. 1933년 그들이 나름의 영역을 구축하고서 내놓은 결과는 매우 당혹스러웠다. 어느 원소에든 중양성자를 충돌시키면 양성자로 달성할 수 있는 것보다 훨씬 빠른 어마어마한 반응 속도를 나타낸 것이다. 반응에서 생성되는 중성자와 양성자의 에너지는 언제나 놀랄 만큼 컸다. 로런스에 따르면 유일한 결론은 중양성자가 붕괴하고 있다는 것이었다. 그가 계산해보니 이것이 사실이라면, 중성자는 채드윅이 측정한 것보다 훨씬 가벼울 가능성이 있었다.

그가 진상을 파악하기 전에 초대장이 도착했다. 브뤼셀에서 열리는 1933년 솔베이 회의에 초대받은 것이었다. 이 회의는 핵물리학계의 저명한 학자들이 모이는 자리였다. 로런스는 처음에는 학교 수업에 대한 부담 때문에 참석하지 않을 생각이었지만, 이 초대가 그의 실험실과 대학에 무척 영예로운 일이었기 때문에 학교에서는 수업을 면제해주었으며 선박 일등칸을 지원해주기로 했다. 로런스는 회의를 준비하면서 중양성자 실험에서 나온 결과를 모조리 끌어모았다.

브뤼셀에서 로런스는 아인슈타인에서 마리 퀴리와 이렌 퀴리, 그리고 물론 러더퍼드 경까지 물리학의 모든 거물들과 함께했다. 자신의 차례가 되었을 때 로런스는 사이클로트론의 엄청난 잠재력에 대해서 이야기했으며 중양성자 실험에서 얻은 결과를 발표했다. 하지만 자신이 예상한 열광적인 반응은 어림도 없었다. 대부분의 참석자들은 회의적이었으며, 기껏해야 그가 실수를 저질렀음에 틀림없다고 생각했다. 이제 핵물리학의 할아버지를 자처하는 러더퍼드는 사람들의 의견에 동의했지만 그럼에도 대담 한 개척자인 로런스에게 동질감을 느꼈다. 그는 젊은 미국인에게 심드 렁한 채드윅을 쿡 씨르며 말했다. "내가 저 나이 때 딱 저랬지!"

그 뒤에 캐번디시 연구진이 코크로프트-월턴 가속기를 이용하여 중 양성자가 표적 표면에서 중수소 층을 한 겹 형성한다는 사실을 밝혀냈 다. 로런스 연구진이 보았던 반응은 표적 원소의 붕괴가 아니라 중양성 자가 다른 중양성자를 때리는 것이었다. 표적 물질과 무관하게 결과가 비슷해 보인 것은 이 때문이었다. 올바른 반응을 대입하여 중성자 질량 을 계산하자, 채드윅이 측정한 대로였다. 로런스는 풀 죽은 채 모든 관 계자들에게 편지를 보내서 실수를 사과했다. 그는 곧잘 자신의 팀에게 "과학은 실수를 통해서도 성장할 수 있습니다"라고 말했지만 이번에는 자신이 교훈을 얻었다. 다음번에는 훨씬 신중을 기해야 할 것이다.

로런스와 리빙스턴이 계속해서 무엇인가를 빠뜨린 이유 중 하나는 캐번 디시 연구소에는 확실히 있는 바로 그것, 즉 입자를 검출하고 계수할 장 비가 없었기 때문이다. 로런스 연구진은 가이거 계수기를 개발하려고 애 썼지만, 두 번의 시도 모두 계수기가 주변 방사량(background count : 탐지 목표물 이외에 어떤 원인으로 인하여 탐지기에 포착되는 방사능으로, 자연적으 로 발생하는 것과 우주선으로부터 나오는 것 등이 있다/옮긴이)에 오염된 듯 하여 포기하고 말았다. 그들에게는 안개상자도 없었으므로, 사이클로트 론으로 다른 기계에 비해 훨씬 큰 에너지를 발생시킬 수 있었음에도 그 들의 측정 방식은 매우 초보적이었다.

로런스와 리빙스턴은 솔베이 회의와 중양성자 참사를 마음속에서 털 어버린 뒤 전 세계 실험실의 여느 경쟁자들과 마찬가지로 다시 연구에 돌 입했다. 1934년 로런스가 프랑스의 학술지를 흔들며 실험실로 달려왔다.

그는 숨을 고른 뒤 연구진에게 소식을 전했다. 파리의 이렌 퀴리와 프레데리크 졸리오가 자연 알파 입자를 가벼운 원소의 표적에 충돌시켜 방사능을 유도했다는 것이었다. 두 사람은 가속기를 이용하지도 않았다.

리빙스턴은 같은 실험을 인공적으로 실시할 모든 원소가 자신들에게 있음을 깨달았다. "우리는 표적 원반의 원소를 탄소로 바꾸고 계수기 회로를 조정한 다음 5분간 표적에 입자를 충돌시켰다. [……] 계수기가 켜지더니 딱--딱---딱----딱 소리가 났다. 우리는 퀴리-졸리오 실험 결과를 들은 지 반시간도 지나지 않아 유도 방사능을 관측하고 있었다."[6]

로런스 연구진은 사이클로트론 기술 개발에 너무 치중한 탓에 인공적으로 유도한 방사능을 최초로 검출할 기회도 놓친 것이다. 이번에는 적어도 그들만 놓친 것은 아니었다. 캐번디시를 비롯하여 가속기를 보유한 모든 연구소도 헛물켰으니까. 그들이 가이거 계수기를 가속기와 같은 스위치에 연결한 탓에 빔이 꺼지면 계수기도 즉시 꺼졌다. 만일 계수기를 켜두었다면 첫 실험에서 사이클로트론이 방사성 원소를 만들었음을 발견했을 것이다. 적어도 신뢰할 만한 가이거 계수기를 제작하지 못한 이유를 이제는 이해할 수 있었다. 실험실 전체가 방사능을 띠고 있었다.[7]

퀴리와 졸리오의 실험 결과를 접하고서 로런스는 수십 가지의 새로운 방사성 원소를 만들 수 있음을 알게 되었다. 사이클로트론을 이용하면 양성자나 중양성자를 다양한 입자에 충돌시켜 중성자와 양성자의 개수를 바꿔 방사성 동위원소를 생성할 수 있었다. 이제 그들은 자연적으로 발생하는 방사성 원소를 넘어설 수 있게 되었다. 애초에 별에서 이 원소들이 만들어진 반응을 재현할 수 있게 된 것이다. 심지어 더는 지구에서 발견되지 않거나 극히 적은 양으로 붕괴해버린 원소와 방사성 동위원소를 만들 수도 있었다.

연구진의 의지가 박약하고 지도자가 영감을 불어넣지 못했다면, 그들은 자신들의 사이클로트론이 원자 쪼개기 경주에서 코크로프트와 월턴에게 패한 것과 인공적으로 유도된 방사능의 생성을 알아차리지 못한 것에 낙심했을 것이다. 이렌 퀴리와 프레데리크 졸리오는 단 1년 뒤 이 발견으로 노벨 화학상을 받았다. 하지만 로런스는 남들의 성공에 샘이 났을지언정 티를 내지는 않았다. 그는 학생들에게 늘 이렇게 말했다. "발견은 모두에게 돌아갈 만큼 충분하다네."[8] 게다가 그는 코크로프트와 월턴과도, 퀴리와 졸리오와도 자리를 바꿀 생각이 없었다. 이제 모두를 앞지를 수 있는 기계를 만들었기 때문이다.

1934년 퀴리와 졸리오가 결과를 발표하고 하루이틀 만에 로런스는 염화나트륨(식염) 표적에 중양성자를 충돌시켜 방사성 나트륨[9]을 발견했다. 사이클로트론은 초당 수백만 개의 방사성 나트륨 원자를 만들 수 있었다. 이 방사성 나트륨은 전자와 감마선을 방출하면서 15.5시간의 반감기로 붕괴했다. 다시 한번 그는 사이클로트론 빔의 에너지가 클수록 방사성 나트륨의 생산량이 많다는 사실을 알아냈다. 곧이어 방사성 인이 발견되었다. 자신이 만든 고에너지 장비 덕분에 방사성 원소의 세계가 눈앞에 펼쳐진 것을 알고서 그가 얼마나 환희를 느꼈을지 우리는 감히 상상만 할 뿐이다. 수십 가지, 어쩌면 수백 가지 방사성 물질이 새로 발견될지도 몰랐으니까. 흥분의 와중에 이 새로운 방사성 원소들이 사회에 유익할 수도 있겠다는 생각이 그에게 떠올랐다.

로런스는 당시 혈액학 전문 의사였던 동생 존에게 편지를 썼다. 1935년 여름 존이 휴가를 얻어 예일에서 "래드 랩Rad Lab"—"방사선 연구소Radiation Laboratory"를 달리 일컫는 말—을 찾았다. 새로운 방사성 동위원소를 의료계에서 어떻게 활용할 수 있을지 알아보라는 어니스트의 권유 때문이었다. X선은 인체 세포를 죽이는 성질이 이미 알려져 미래의 암 치료 방법으로 고려되고 있었으나, 방사성 동위원소를 시도한 사람은 아직 아무도 없었다. 존은 새로운 동위원소의 화학적 성질이 원래의 비방사성 동위원소와 같기 때문에 인체가 방사성 원소를 일반 원소와 같은 방식으로 대사할 수도 있음을 깨달았다. 이를테면 방사성 나트륨으로 이루어진 소금은 인체 내에서 일반 소금과 똑같이 처리될 것이다. 그렇다면 방사성 성질을 이용하여 인체와 상호작용하거나 심지어 방출되는 방사선을 검출하여 피부를 전혀 절개하지 않고도 장기 내부의 과정을 볼 수 있었다.

존은 사이클로트론으로 생성한 방사성 인-32를 이용하여 동물의 대사를 연구하는 과제에 착수했다. 인은 인체에서 칼슘 다음으로 풍부한 미네랄로, 몸무게의 1퍼센트를 차지하며 뼈와 치아의 형성에 관여하는 등 여러 역할을 수행한다. 존은 백혈병에 걸린 생쥐 실험군을 준비하여 방사성 인을 주입한 뒤 인근 강으로 낚시를 하러 갔다. 2주일 뒤에 돌아와보니 방사성 인을 주입받은 생쥐 실험군은 살아 있고 건강해 보인 반면에 방사성 인을 주입받지 않은 대조군은 모두 죽어 있었다. 몇 달 안에 그는 방사성 인을 인간 환자에게 시험하여 인상적인 결과를 얻었다. 방사성 인이 질병 완화에 도움이 된 것이다.

얼마 뒤 존과 어니스트는 쥐에게 방사선을 체외 조사하면 무슨 일이 일어나는지 시험했다. 두 사람은 자석의 양극을 위아래에 둔 사이클로트론 빔 체임버에 쥐를 넣어 베릴륨 표적 옆에 두고서 빔을 매우 낮은 조사량으로 쬐였다. 1분 남짓 뒤 존은 사이클로트론을 끄라고 말하고는 쥐가 어떻게 되었는지 확인했다. 놈은 죽어 있었다. 이 일은 사이클로트론 팀을 겁에 질리게 했다. 그들은 방사선의 생물학적 효과가 생각보다 훨씬 너 강할까봐 두려웠다. 그래서 사이클로트론을 둘러싼 차폐물을 보강했다. 훗날 존은 쥐가 방사선 때문이 아니라 질식해서 죽었음을 알게 되었다. 진공 용기에 넣은 뒤 실험을 위해서 공기를 전부 뺐기 때문이다. 그럼에도 방사선이 사람에게 미치는 (긍정적이든 부정적이든) 영향에 대해서 부쩍 관심이 일었다.[10] 실험들을 통해서 충분한 가능성을 확인한 존은 이듬해 캘리포니아 대학교로 옮겨 독자적인 실험실과 연구진을 꾸렸다. 형제는 그 뒤로 오랫동안 함께 일했다.

당시의 래드 랩은 무척 북적거렸을 것이다. 생쥐로 가득한 우리, 화학적 분리를 위한 웨트 랩(wet lab : 화학물질이라든지 생체나 생체로부터 얻은 시료나 장비를 이용하여 실제 상황에서 실험을 진행하는 공간/옮긴이), 물리학자들을 위한 전기 장비가 한 공간에 들어 있었다. 사이클로트론과 차폐물은 말할 것도 없었다. 물리학자뿐 아니라 공학자, 화학자, 생의학자를 비롯한 여러 분야의 전문가들이 모여 있었다. 로런스가 임금을 지급하지 못할 때도 있었지만 상당수는 연구에 대한 순수한 열정으로 동참했다. 새로운 의학적 응용 가능성은 자금 유치에 매우 유익했으며 대공황 시기에는 더더욱 요긴했다. 방사성 나트륨은 27인치 사이클로트론에서 비교적 낮은 전류로 6메브 중양성자를 생성하여 얻었지만, 1937년에는 사이클로트론이 37인치 규모로 증설되고 전류가 두 배로 증가했으며 빔 에너지도 8메브로 커졌다. 이 기계 덕분에 의학 연구자들은 연구에 필요한 방사성 나트륨과 방사성 인을 충분히 얻을 수 있었으며, 물리학자들도 핵물리학을 상세히 연구하기에 충분한 빔 에너지를 확보할 수 있었다.
　어느 날에든 사이클로트론이 입자를 표적에 충돌시키면 결과물이 화학 부서에 전달되어 화학적 분리 작업이 이루어졌다. 이 작업은 표적을 용해한 다음 증류하여 끓는점에 따라 화학물질을 분리하는 방식이었다. 이따금 별도의 화학물질을 첨가하여 원소를 강제로 고형화하거나 크로마토그래피chromatography를 이용하여 원소를 분리하는 등, 다른 기법을 동원해서 용해된 원소를 분리해야 할 때도 있었다. 이제 물리학자가 작업을 이어받아 검전기나 그밖의 기기로 생산물의 활동과 반감기를 측정했다. 화학자 글렌 시보그는 이 방법으로 1937년에 철의 새로운 방사성 동위원소 철-59를 발견했는데, 이 원소는 금세 혈액 질병 연구에 요긴하게 쓰였다.

존과 어니스트가 가장 큰 잠재력을 예견한 분야는 방사선을 이용한 암 치료였다. 두 사람은 중성자를 이용한 실험에서 가능성을 일부 확인했다. 로런스의 동료 데이비드 슬론이 제작한 선형 가속기로 고에너지 X선을 생성하여 연구하기도 했다. 1937년 존과 어니스트는 어머니가 자궁암에 걸려 몇 달밖에 살지 못한다는 소식을 들었다. 그녀가 입원한 병원—메이오 클리닉—에서는 방사선 치료를 시행하고 싶어하지 않았지만, 형제는 치료를 자청하여 의사 한 명에게 존과 함께 X선을 이용해 어머니를 치료하는 일을 도와달라고 부탁했다. 존 로런스는 훗날 인터뷰에서 이렇게 말했다. "간단히 말하자면 이 거대한 종양이 대번에 증발하기 시작했습니다." 그녀는 당시 예순일곱이었는데, 여든셋까지 살았다. 방사선 요법 개념에 대해서는 제10장에서 더 자세히 살펴볼 것이다.

1938년 시보그는 코발트-60을 발견했다. 감마선을 격렬히 방출하며 반감기가 5.3년인 이 원소는 훗날 방사선원으로 엄청난 쓰임새를 찾았다. 한창때는 미국에서만 해마다 400만 건의 치료적 조사照射가 실시되었다. 코발트-60은 조절이 수월한 방사선원으로서 여전히 의료와 산업계에서 널리 사용되고 있다.[11] 같은 해에 시보그는 한 의사와의 논의 과정에서 요오드-128을 이용한 갑상샘 대사 연구에 대해서 알게 되었다. 하지만 이 원소는 반감기가 25분으로 매우 짧아서 연구에 한계가 있었다. 의사는 반감기가 일주일 남짓이면 좋겠다고 말했다. 시보그와 동료들은 금세 요오드-131을 발견했는데, 공교롭게도 반감기가 8일가량이었다. 사이클로트론을 이용한 발견의 토대가 어찌나 풍부했던지 마치 새로운 동위원소를 주문생산할 수 있는 것처럼 보일 정도였다. 요오드-131은 갑상샘 질환의 진단 및 치료, 신장 및 간 질환의 진단, 장기 기능 검사에 해마다 수백만 건씩 쓰이고 있다. 시보그의 어머니도 요오드-131로 치료를 받고 수명을 여러 해 연장할 수 있었다.

의료적 활용도가 증가하는 동안 물리학자들도 계속해서 한계를 밀어붙이며 새로운 방사성 원소를 발견하고 핵의 구조와 수많은 결합 형태에 대한 지식을 엮었다. 그들은 알려진 원소의 방사성 동위원소뿐 아니라 자연에서 한 번도 관찰되지 않은 원소도 만들어서 주기율표의 빈칸을 메울 수 있었다. 최초의 온전한 새 원소는 1937년에 발견된 테크네튬(원자번호 43)이다. 테크네튬은 이탈리아에서 에밀리오 세그레에 의해서 분리되었다. 세그레는 일전에 래드 랩을 방문했다가 로런스에게 사이클로트론의 일부인 얇은 몰리브덴 박을 우편으로 보내달라고 요청했다. 여기에 어떤 방사성 원소가 들어 있는지 알아보기 위해서였다. 세그레와 그의 동료 카를로 페리에르는 일련의 화학적 분리와 정제를 거쳐 테크네튬의 두 동위원소 테크네튬-95m(반감기 6일)과 테크네튬-97m(반감기 91일)의 증거를 발견했다.

테크네튬의 동위원소는 모두 방사성이 있으며, 자연적으로 발생하는 주된 동위원소인 테크네튬-99는 반감기가 21만1,000년이어서 자연에서는 발견하기가 매우 힘들다. 지구의 생애 동안 사실상 전부 붕괴했기 때문이다.[12] 하지만 사이클로트론으로는 쉽게 만들 수 있었다. 1938년 세그레는 미국으로 이주하여 글렌 시보그와 손잡고 사이클로트론을 이용하여 테크네튬의 또다른 동위원소 테크네튬-99m의 존재를 입증했다. 이 동위원소는 반감기가 6시간가량으로 더 짧고 핵의 붕괴 중에 감마선을 방출하는 단계가 존재한다.

알고 보니 테크네튬-99m은 의료적 진단에 극도로 중요한 동위원소였으며, 1963년 간 촬영에 처음으로 쓰였다. 1990년대 말에는 미국에서만 해마다 1,000만 건 이상의 진단 시술에 사용되어 갑상샘, 뇌, 간, 비장, 골수를 비롯한 인체 부위의 기능을 촬영했다. 수요는 늘어만 갔으며 여전히 전 세계에서 가장 널리 쓰이는 방사성 트레이서(radiotracer : 방사성 재료를 이용하여 물질의 이동을 추적하는 장치/옮긴이)이다. 시보그와 세그레는 테크네튬을 연구하는 동안에도 이것이 의료에 응용될 것이라고는 전혀 예감하지 못했다.[13]

멘델레예프의 주기율표에서 누락된 나머지 세 원소도 몇 년에 걸쳐 발견되었다. 누락된 원소 네 가지는 모두 방사성을 띤 것으로 드러났다. 지금껏 검출되지 않은 것은 이 때문이었다. 지구상에 자연적으로 남은 것이 거의 없으니 말이다. 프랑슘 중에서 수명이 가장 긴 동위원소 프랑슘-233(1939년 파리에서 메르게리트 페레가 발견했다)은 반감기가 22분에 불과하며, 아스타틴-210(1940년 캘리포니아에서 코슨, 매켄지, 세그레가 발견했다)은 8.1시간, 프로메튬-145(1945년 테네시에서 마린스키, 글렌데닌, 코엘이 발견했다)는 17.7년이다. 주기율표가 채워지자 버클리 대학교의 물리학자들은 사이클로트론을 이용해 그 너머로 밀고 나갔다. 세월이 흐르면서 시보그를 비롯한 물리학자들은 점점 더 무거운 원소들을 만들어냈다. 얼마나 많은 중성자와 양성자가 핵 안에서 뭉칠 수 있는지, 어떤 조건에서 안정적이고 불안정한지 알아내기 위해서였다. 시보그는 초우라늄 원소(원자번호 92번의 우라늄보다 원자번호가 큰 인공 방사성 핵종의 원소로, 화학적 성질은 우라늄과 비슷하다/옮긴이)인 플루토늄, 아메리슘, 퀴륨, 버클륨, 캘리포늄을 발견한 공로로 1951년 노벨화학상을 받았다. 시보그와 그의 버클리 대학교 동료들은 더 나아가 아인슈타이늄, 페르뮴, 멘델레븀, 노벨륨, 그리고 (물론) 자신의 이름을 딴 시보귬을 합성했다.

사이클로트론을 비롯한 가속기 덕분에 주기율표는 우라늄(원자번호 92)이 알려진 가장 무거운 원소이던 시절에 비해 부쩍 확대되었다. 오늘날 실험실에서 생성되는 가장 무거운 원소는 우눈옥튬(118)으로, 발견자 유리 오가네샨의 이름을 따서 오가네손으로 불리기도 한다. 2016년 러시아의 두브나에서 생성되었는데, 지금껏 원자 4개만 만들어진 탓에 화학적, 물리적 성질이 아직도 온전히 밝혀지지 않았다. 초중 원소 superheavy element의 형성에 대한 연구는 초기 우주에서 중원소가 어떻게 생겨났는지 이해하는 데에 필수적이며, 지금도 전 세계의 많은 실험실에서 연구가 진행되고 있다.

주기율표에서는 원소가 원자번호, 즉 양성자의 개수에 따라 배열되어 있지만, 사이클로트론 덕분에 방사성 동위원소가 어마어마하게 확장된 뒤에는 두 번째 버전인 핵종표chart of nuclides—세그레 도표Segrè chart라고도 한다—가 등장했다. 이 도표에서는 중성자 개수를 가로축에, 양성자 개수를 세로축에 나타낸다. 주기율표의 안정 원소들은 대략적으로 대각선에 놓여 있으나, 그 주위에는 **핵종**核種, nuclide으로 불리는 특이하고 불안정한 핵 구성nuclear configuration이 넓은 띠를 그리는데, 붕괴 시 방출하는 방사선의 종류에 따라 배열되고 채색되어 있다.

버클리 대학교에서는 사이클로트론의 성능이 강력해짐에 따라 기금이 조성되어 1939년 새로운 연구소가 설립되었다. 크로커 연구소에는 60인치 크기의 장비가 설치되었으며, 로런스 연구진은 이제 60명을 거느린 채 사이클로트론을 제작하고 가동했다. 이따금 전력을 너무 많이 잡아먹어서 인근 도시에 정전을 일으키기도 했다. 로런스는 이 모든 숨가쁜 일정 속에서도 짬을 내어 1939년 스톡홀름을 방문해 노벨 물리학상을 받았다. 탄소 연대 측정의 핵심적 동위원소인 탄소-14의 발견을 비롯하여 새로운 발견도 계속해서 이루어졌다. 1939년과 1940년 전 세계에서 긴장이 고조될 즈음 로런스는 더더욱 큰 기계를 기획하고 제작하고 있었다. 이 기계는 100메브 에너지 장벽을 사상 최초로 뛰어넘도록 설계되었다. 이렇게 큰 에너지를 달성하려면 빔을 가둘 훨씬 큰 자석이 필요했다. 에너지가 두 배로 증가하면 자석의 무게는 여덟 배로 증가해야 했으며 이를 위해서는 전함만 한 철이 필요했다. 사이클로트론 제작의 정점인 거대한 184인치(467센티미터) 기계는 원래 래드 랩 위쪽에 마련된 부지에 건설되었는데, 공사가 진행 중일 때 제2차 세계대전이 발발했다.

　로런스를 비롯한 많은 물리학자들은 전쟁 기간에 소집되어 어떻게 핵에서 에너지를 뽑아내서 무기로 활용할 수 있을지를 연구했으며 거대한 신형 사이클로트론은 전쟁을 위해서 징발되었다. 한편 존 로런스는 방사성 기체를 이용하여 인체의 내부 기능을 조사하는 촬영 기법을 개발하여 공헌했다. 그는 어니스트 로런스의 학생 코닐리어스 토비어스와 함께 질소, 아르곤, 크립톤, 제논(60인치 사이클로트론에서 생성되었다) 기체의 방사성 동위원소를 이용하여 감압병減壓病의 성질을 발견했다. 당시는 우주 비행사들이 여압복(pressurised suit : 싱층권이나 우주를 비행할 때 입는 특수한 옷으로, 몸을 둘러싼 공간을 일정한 기압으로 유지하여 비행사를 보호한다/옮긴이)을 입기 전이었다. 방사성 크립톤 기체는 오늘날에도 병원에서 환자의 호흡을 촬영하는 데에 쓰이고 있다.

오늘날 사이클로트론을 발견할 가능성이 가장 높은 곳은 대형 실험실이 아니라 병원 지하실이다. 50종 이상의 방사성 동위원소가 만들어져 병원에서 흔히 쓰이고 있으며 거의 모든 대형 병원에는 핵의학과가 있다. 질병을 치료하고 호르몬, 혈류, 장기가 제대로 기능하고 있는지 진단할 수 있는 방사성 동위원소도 있다. 당신이 갑상샘, 뼈, 심장, 간의 기능을 "영상"으로 촬영해야 한다면, 아마도 로런스 형제와 그들의 연구진으로부터 시작된 기술을 이용하게 될 것이다. 이런 "촬영"이 전 세계에서 해마다 1,500만-2,000만 건씩 실시된다(선진국에서는 100명당 약 1명꼴이다).

존 로런스와 어니스트 로런스가 손잡지 않았다면, 더욱 큰 입자 가속기로 원자를 쪼개려는 탐구가 없었다면, 학제간 협력이 없었다면 이것들 중에서 무엇 하나도 가능하지 않았을 것이다. 훗날 시보그는 자신이 방사성 동위원소를 찾아내려고 연구하는 동안 이것이 언젠가 임상에 활용되리라고는 꿈도 꾸지 못했다고 말했다. 로런스는 의료를 탈바꿈시킬 기계를 만들 의도는 전혀 없었을 것이다. 어릴 적 존과 어니스트는 이런 식으로 함께 일할 생각이 조금도 없었다. 하지만 로런스와 그의 실험실은 훗날 다학제간 협력의 선구자이자 거대 과학 시대의 창시자로 불리게 되었다.

로런스를 원형 가속기 개발로 이끈 영감은 이제껏 달성할 수 없었던 고에너지를 위한 길을 닦았다. 사이클로트론은 수십 년간 핵물리학자들이 선호하는 기계였다. 채드윅조차 로런스의 도움을 받아 리버풀 대학교에서 사이클로트론을 1대 제작했는데, 지금껏 발명된 장비들 가운데 가장 아름다운 것 중 하나라고 그에게 말했다. 하지만 이 모든 발견과 발전에도 불구하고 사이클로트론 빔의 에너지는 우주선 입자의 에너지에 비해서 여전히 훨씬 작았으며, 결국 이 아름다운 기계조차 한계를 맞닥뜨리기 시작했다.

자석 제작에 막대한 양의 철이 투입되어야 했기 때문에 더 큰 기계를 만들기가 점점 힘들어졌다. 설령 철을 구할 수 있다고 해도, 물리 법칙 때문에 사이클로트론의 규모를 무한정 늘릴 수는 없었다. 아인슈타인의 상대성 이론에 따르면 입자가 빛의 속도에 근접하면 에너지는 계속 얻지만 속도는 늘지 않는다. 이 말은 에너지를 증가시키면 사이클로트론의 입자가 가속 전압에 정확히 반응하지 않고 몇백 메브의 한계에서 힘을 잃으리라는 뜻이었다. 무엇인가 변화가 필요했다.

7

싱크로트론 방사광 : 뜻밖의 빛이 밝혀지다

1933년 벨 연구소의 무선 엔지니어 카를 잰스키는 안테나를 이용해서 "단파短波", 즉 무선 주파수로 하늘을 훑고 있었다. 대서양을 가로지르는 AT&T 전화 전송 신호에 간섭을 일으키는 잡음원이 있는지 알아내기 위해서였다. 그런데 그가 발견한 것은 수수께끼 같은 쉿 소리였다. 그가 시적으로 "별의 잡음star noise"이라고 부른 것은 우주 전파cosmic radio wave로, 우리은하 가장자리 방향에서 가장 강력했다. 인류는 수천 년간 밤하늘을 올려다보면서도 자신이 우주의 일부만 보고 있다는 사실을 알지 못했다. 우리의 눈은 가시 스펙트럼 바깥을 볼 수 없기 때문이다. 잰스키의 발견으로 우주에서 오는 빛의 대부분이 가시 스펙트럼이 아니라 무선 스펙트럼에 속한다는 사실이 밝혀졌다.

핵물리학자들이 가장 작은 규모에서의 자연에 대해 알아내던 바로 그때 이 발견이 이루어진 것은 우연의 일치였다. 천문학과 핵물리학이라는 두 분야는 언뜻 보기에 서로 관계가 없을 것 같지만, 입자 가속기를 이용한 행운의 발견으로 둘 사이에 지식의 연결이 이루어졌다. 그 결과로 천체물리학에 대한 이해가 확대되었을 뿐 아니라 과학의 거의 모든 영역에서 쓰이고 있는 막강한 도구가 탄생했다. 이 도구를 통해서 발견된 것들은 우리의 삶 전반에 영향을 미쳤다.

잰스키의 우주 전파 발견은 처음에는 천문학계로부터 외면당했다. 하지만 또다른 무선 엔지니어 그로트 레버가 이내 후속 연구에 뛰어들었다. 레버는 자금을 마련하여 1937년 일리노이에 최초의 전파망원경을 지었으며, 백조자리와 카시오페이아 자리에서 밝은 전파원을 발견했다. 이윽고 천문학자들이 관심을 보이기 시작했으며 이 새로운 도구는 우주를 바라보는 우리의 관점에 커다란 변화를 일으켰다. 1950년대와 1960년대가 되자 우리가 이전에 보지 못한 우주의 풍경이 전파천문학 덕분에 활짝 펼쳐졌다. 우리은하인 은하수를 비롯하여 주변의 모든 천체가 전파를 방출하고 있었다. 천문학자 제시 그린스타인은 훗날 「뉴욕 타임스」 기사에서 전파천문학의 여명을 이렇게 묘사했다. "전파천문학에서 밝혀낸 정보는 합리적으로 발전하는 우주라는 개념을 뒤집어 [······] 블랙홀과 준항성체 같은 무시무시하고 격렬하고 무지막지한 힘이 작용하는 상대론적이고 초고에너지적인 우주라는 개념으로 대체했다. 그것은 혁명이었다."[1]

전파천문학은 많은 발견을 해냈다. 1945년 지질학자이자 물리학자 프랜시스 엘리자베스 알렉산더는 전파 신호가 태양에서 온다는 사실을 입증했다. 1967년 조슬린 벨 버넬은 강렬하고 규칙적인 전파를 방출하는 천체를 발견했다. 이 모습이 마치 외계의 등대 같아서 "작은 녹색 인간"(외계인을 일컫는 표현/옮긴이)이라는 별명이 붙었다. 공식적으로는 "펄서pulsar"(맥동 변광성pulsating radio star)라고 불리는 이 천체는 양극兩極에서 방사선을 방출하는데, 이를 통해서 천문학자들은 별의 말년에 어떤 일이 벌어지는지에 대해서 많은 것을 알게 되었다. 펄서의 발견은 중요한 업적으로 간주되어 노벨상이 수여되었지만 벨 버넬은 수상하지 못했다. 당시 박사 과정을 밟던 학생이었기 때문일 것이다. 상은 지도교수인 앤터니 휴이시에게 돌아갔다.[2]

오늘날 우주론, 블랙홀, 초신성을 비롯한 우주의 근사한 천체들에 관한 우리의 지식 대부분은 수십 년에 걸친 전파천문학 연구에서 비롯되었다. 그러나 1940년대에는 여전히 해결되지 않은 거대 질문이 하나 있었다. 펄서에서 은하수에 이르는 이 우주 속 천체들은 어떻게 전파를 방출할까? 정답은 이곳 지구에서, 가속기를 제작하여 원자 속으로 파고든 물리학자들에게서 나오게 된다.

1940년대 초 "베타트론betatron"이라는 새로운 종류의 입자 가속기가 무대에 등장했다.[3] 접미사 "트론tron"은 도구를 뜻하며 "베타beta" 방사선은 과학자들이 새 기계를 가지고서 인공적으로 생성하고 싶어한 바로 그 고에너지 전자로 이루어졌다.

왜 그냥 사이클로트론을 이용하면 안 될까? 사실 사이클로트론은 양성자와 중양성자에는 효과적이지만, 전자를 가속하는 데에는 별로 능하지 못하다. 앞 장에서 보았듯이, 사이클로트론은 원운동을 하는 하전 입자를 자기장으로 휘어 방향을 바꾸고 진동 전기장으로 밀어 속력을 끌어올리는 기계이다. 전자는 입자 세계를 통틀어 가장 가벼운 구성원으로서 매우 쉽게 빛의 속도에 근접하는데, 상대성 이론에 따르면 이 속도에서는 에너지를 더 얻을 수는 있어도 더 빨라지지는 않는다. 이 말은 사이클로트론 "디"에 작용하는 진동 전기장이 전자와 동기성을 잃어 오히려 속도를 끌어내리기 시작한다는 뜻이다. X선을 발생시키거나 산란 실험을 위해서 고에너지 전자를 찾고 있던 물리학자들은 벽에 부딪혔다. 베타트론 개념은 로런스가 즐겨 말했듯이 "고양이 가죽을 벗기는 방법은 하나만 있는 것이 아님"을 보여주었다.

베타트론은 사이클로트론과 매우 다른 방식으로 작동하도록 설계되었다. 베타트론은 자기 유도—즉, 자기장이 변하면 원형 전선에 전류가 유도되는 원리—개념을 이용한다. 인덕션 레인지가 전류를 발생시켜 프라이팬을 가열하는 것과 같은 방식이다. 원형으로 이동하는 전자 빔은 마치 전선이나 프라이팬에서처럼 행동할 수 있다. 그러므로 변화하는 자기장 속에 전자를 넣으면 빔에 에너지를 부여하면서도 진동 전압의 타이밍을 신경 쓰지 않은 채 통제하고 집속시킬 수 있다. 이 발상은 1920년대 후반 젊은 어니스트 월턴이 러더퍼드에게 설명한 것과 사실상 같았다. 당시 이 구상을 실현하려던 월턴의 시도는 성공하지 못했는데, 그가 존 코크로프트와 함께 가속기를 만들게 된 데에는 이런 탓도 있었다.[4] 초기 실험이 실패하기는 했지만 월턴은 원하는 궤도에 입자를 머물게 하는 방법을 알아내는 등 이러한 기계의 이론에 핵심적인 기여를 했다. 실제로 구상을 실현하는 것은 생각보다 힘든 일이었다.

원형 가속기의 목표는 입자가 완벽한 고리 모양의 궤도를 그리며—"도넛"이라고 불리는[5]—원형 관 속을 무한정 돌도록 하는 것이다. 실제 입자 빔을 다룰 때는 하나씩이 아니라 독립된 입자들의 집단으로 생각해야 한다. 낱낱의 입자는 결코 완벽하게 관 한가운데에 있는 법이 없다. 각 입자는 나름의 궤도를 그리는데, 이것은 이상적인 원이 아니다. 입자가 가속될 때 엉뚱한 방향으로 날아가 사라지지 않도록 관 한가운데로 끊임없이 밀어내야 한다는 월턴의 우려는 적절했다. 그는 이를 위해서 꼼꼼한 계산을 실시했다. 반지름이 증가함에 따라 자기장이 천천히 감소하도록 자기장의 형태를 구성했는데, 그러면 자기장은 고리의 바깥쪽 가장자리를 따라 부푼 모양이 된다. 그는 이렇게 구성하면 입자들을 집속시켜 언제나 이상적인 궤도로 밀어낼 수 있음을 알아냈다.[6]

1940년에 미국의 도널드 커스트는 실제로 가동되는 최초의 베타트론을 실현시켰고, 그것은 금세 전자를 빛의 속도의 약 99.99퍼센트까지 가속할 수 있는 유망한 기술이 되었다. 전자를 가속할 수 있게 되자 금세 과학뿐 아니라 현실에서도 쓰일 수 있게 되었다. 무엇보다 의료와 산업에서 입자 가속기 시장이 확대되었다. 1944년 물리학자 허브 폴록은 뉴욕 주 스키넥터디에 자리한 제너럴일렉트릭 연구소의 연구진을 이끌고 100메브의 에너지 준위를 달성할 수 있는 베타트론을 제작했다. 130톤짜리 기계의 올록볼록한 철제 앞면이 물리학자들의 머리 위로 높이 솟았는데, 의료 장비라기보다는 전함처럼 생겼으며 자석에는 "제너럴일렉트릭" 라벨이 가로로 붙어 있었다. 머리 높이쯤에 있는 틈새는 고리 모양의 진공 용기를 넣는 공간이었다. 기계를 가동하면 귀청을 찢을 듯한 굉음과 함께 거대한 전류가 전자석 코일 주위와 내부로 빙빙 돌며 빔을 1초에 60번씩 0메브에서 100메브까지 가속했다.

GE 연구소 소장은 물리학자이자 공학자인 윌리엄 쿨리지였는데, 그의 계획은 베타트론을 이용하여 100메브 전자로 표적을 때려 고에너지 X선을 발생시킨다는 것이었다. 이렇게 만든 초X선관super X-ray tube의 X선은 인체나 산업용 물체에서 저에너지 X선이 통과하지 못하는 부위까지도 곧장 통과하여 촬영할 수 있었다. 그는 이 베타트론이 상업용 장비가 되기를 바랐으며, 이후에 그의 연구진은 시장의 확대에 발맞춰 점점 큰 베타트론을 제작할 작정이었다. 가장 좋은 점은 이런 장비로 도달할 수 있는 전자 에너지에 한계가 전혀 보이지 않는다는 것이었다.

그들이 기계 작동에 익숙해졌을 찰나 GE의 또다른 연구진에 속한 물리학자 존 블루잇은 문젯거리가 될 법한 이론을 알게 되었다. 소련에서 연구 중이던 드미트리 이바넨코와 이사아크 포메란추크는 「피지컬 리뷰 *Physical Review*」에 보낸 편지에서 원형 기계로 전자를 가속하는 데에는 문제가 있다고 지적했다. 가장자리를 따라 휘어지는 하전 입자에 운동량 보존 법칙을 적용하면, 이 굴절 때문에 입자가 방사선을 방출할 수밖에 없다는 것이다.[7] 블루잇이 다시 계산했더니 그들의 말이 맞았다.

100메브 베타트론에서는 그 효과가 미미할 것으로 예측되었다. 유실되는 에너지는 회전당 10전자볼트에 불과하기 때문에 기계의 최종 에너지는 100메브가 아니라 99메브가 될 터였다. 이 문제는 대처할 수 있었다. 하지만 계산에 따르면 전자 에너지가 2배로 증가할 때마다 유실되는 에너지는 16배 증가할 것으로 예측되었다. 더 큰 베타트론을 제작하면 입자가 더 큰 에너지를 가짐에 따라 막대한 양의 방사선이 방출될 터였다. 너무 많은 에너지가 유실되기 때문에 가속 메커니즘이 따라잡지 못하리라는 것이 이바넨코와 포메란추크의 주장이었다. 두 사람은 약 500 메브의 입자 에너지가 한계라고 말했다. 이것이 사실이라면 베타트론 개념은 금세 한물갈 것이 뻔했다.

GE 연구진의 몇몇은 그런 효과가 존재할 것이라고 믿지 않았다. 어쨌거나 전자는 언제나 전선을 통과하면서도 방사선을 방출하지 않으니 말이다. 블루잇은 예측이 옳은지 확인하기 위해서 GE에서 시험을 실시하자고 주장했다. 그들에게는 100메브 베타트론이 있었으며 유실 가능성을 배제하는 것은 중요한 일이었다. 블루잇의 계산에 따르면 방사선 효과 때문에 궤도가 약간 이동할 것으로 예측되었다.

기계를 가동시켜 측정했더니 정말로 궤도가 조금 엇나간 듯 보였다. 하지만 베타트론은 복잡한 기계였으므로 궤도 변경은 온갖 이유로 발생할 수 있었다. "스모킹 건"은 방사선이었다. 그들은 무선 스펙트럼을 검색하여 방출의 흔적을 찾는 장비를 베타트론 주위에 설치했지만, 아무것도 발견하지 못했다.

이 문제는 1945년 말까지 해결되지 않았는데, 그때 어니스트 로런스가 정기 방문차 스키넥터디를 찾아 그들의 관심을 새로운 목표로 돌렸다. 그는 세미나에서 버클리 연구진이 진행 중이던 아이디어를 소개했다. 사이클로트론에서 전자를 나선 운동 시키는 것이 아니라, 무선 주파수 전기장으로 가속을 일으키고 가속에 따라 자석의 힘을 적시에 바꿈으로써 빔을 단일 궤도에 묶어두는 기계를 제안했다. 이 발상은 최근 로런스의 버클리 대학교 동료인 에드윈 맥밀런과 러시아의 블라디미르 벡슬레르가 동시에 창안했는데, 러더퍼드의 학생인 오스트레일리아의 마크 올리펀트[8]가 몇 해 전에 떠올린 아이디어에 살을 붙인 것이었다. 이 새 개념에는 사이클로트론과 베타트론의 거대 자석이 필요 없었지만, 그 대신 작동 원리가 약간 복잡해졌다. 입자의 속도가 매 궤도마다 바뀌므로 가속 진동수도 그에 맞춰 달라져야 했다. 기계가 작동하려면 모든 것이 완벽하게 동기화synchronisation되어야 했으며, 그래서 **싱크로트론**synchrotron이라는 이름이 붙었다.

이 시점에 GE의 물리학자들은 귀를 쫑긋 세웠을 것이다. 그들은 이미 베타트론을 가지고 있었지만 방사선 유실 때문에 에너지의 한계를 맞닥뜨릴까봐 우려하고 있었다. 싱크로트론 개념은 흥미로워 보였다. 하지만 어떻게 문제를 해결한다는 말인가? 방사선이 방출되면 어떻게 싱크로트론이 계속해서 전자를 더 큰 에너지로 가속할 수 있을까?

맥밀런과 벡슬레르는 **상 안정**phase stability 원리로 이 문제를 해결했다.

그것은 빔을 매 궤도마다 가속하는 데에 쓰이는 무선 주파수장의 타이밍을 조절하는 방식이었다. 원형 가속기 속의 하전 입자 다발은 파도(전압파)를 타는 서퍼 무리로 상상하면 쉽게 이해할 수 있다. 느린 서퍼가 속력을 끌어올리려면 가파른 파도 위로 올라가야 하며 속력을 끌어내리려면 파도 아래로 내려가면 된다. 무선 주파수장에서 생기는 전압파에 맞춰 타이밍을 정확히 조절하면 앞의 (빠른) 입자는 뒤의 (느린) 입자에 비해 낮은 전압을 만나기 때문에 다발이 유지된다.

이렇게 하면 입자 다발을 한데 묶어 일사불란하게 가속할 수 있을 뿐만 아니라 방사선으로 인한 에너지 유실 문제를 해결할 수 있다고 맥밀런은 주장했다. 이것은 맞바람을 맞으며 서핑하는 것과 비슷하다. 서퍼들이 계속해서 나아가려면 파도 위로 조금씩 올라가야 하지만 파도가 충분히 높으면 그럴 수 있다.[9] 결론은 싱크로트론이 이바넨코와 포메란추크가 예측한 500메브의 에너지 한계를 넘어설 수 있다는 것이었다.

로런스가 끌린 이유는 분명했다. 싱크로트론 개념은 자신이 발명한 사이클로트론과 달리 에너지를 거의 무한정 끌어올릴 수 있을 듯했다. 그는 고에너지에 도달하면서도 자신의 사이클로트론에 투입되는 막대한 철의 소비를 피하기 위해서 싱크로트론을 제작하기로 마음먹었다. 그러나 지금껏 그래왔듯이 그는 아직 싱크로트론을 1대도 만들지 않은 상태였다. 자신과 맥밀런이 계획을 세우는 동안 사방에 이야기하고 다닐 뿐이었다. GE 물리학자들은 그의 세미나에서 불현듯 두 가지를 깨달았다. 첫째, 베타트론의 군림은 자신들이 상상한 것보다 훨씬 짧을지도 몰랐다. 싱크로트론이야말로 초고에너지 전자에 이르는 길인 것 같았다. 둘째, 로런스가 싱크로트론을 제작하여 세계에서 처음으로 그 개념을 실증하기 전에 자신들이 소형 싱크로트론을 제작할 수 있을 것 같았다.

GE 물리학자들은 곧장 70메브 싱크로트론 제작 승인을 얻어 부품을 설계하기 시작했다. 자석은 무게가 8톤에 이르렀으며, 빔이 이동하는 지름 70센티미터의 원형 유리 "도넛"이 들어갈 2.5인치(약 6.35센티미터) 간극이 한가운데에 나 있었다.[10] 그들은 자기장을 적시에 올렸다가 내렸다가 하면서 입자를 제어할 수 있도록 에너지를 전달하는 기발한 전력 회로를 설계했다. 한편 GE를 떠난 블루잇은 저명한 이론물리학자 줄리언 슈윙거에게서 받은 몇 가지 계산을 그들에게 남겼다. 여기에는 이바넨코와 포메란추크가 예측한 방사선을 더 깊이 이해할 수 있는 통찰이 담겨 있었다.

슈윙거는 훗날 양자전기역학(QED)을 발전시킨 공로로 리처드 파인먼과 도모나가 신이치로와 함께 1940년대 후반 노벨상을 받게 된다. 슈윙거의 계산에 따르면 원형 궤도에서 방출되는 방사선은 사방으로 퍼져 나가는 것이 아니라 입자의 경로를 따라 앞쪽으로 촘촘한 빔을 형성한다. 그는 전자 에너지가 증가함에 따라 방사선의 진동수가 더 높은 쪽으로 이동할 것이라고 예측했다. 마지막으로, 그는 GE 연구진이 다루고 있던 에너지에서는 방사선이 무선 주파수 범위를 넘어 가시 주파수로 확장될 것이라고 말했다.

싱크로트론은 1946년 10월 가동을 시작했지만[11] 기대만큼 순조롭게 돌아가지는 않았다. 부품이 연신 망가져서 교체해야 했으나, 그들은 꿋꿋이 이겨냈으며 1947년 4월에는 매사가 순조로웠다. 딱 하나 문제가 있었는데, 기계에서 계속 전기불꽃이 보인다는 것이었다. 기술자 플로이드 하버가 싱크로트론 점검을 위해서 파견되었다. 그의 임무는 기계가 가동 중일 때에 문제를 파악하는 것이었다.

기계가 돌아가고 있을 때 근처에서 지켜보는 것은 위험한 일이었기 때문에 하버는 180 × 90센티미터의 커다란 거울을 세워두고 두꺼운 콘크리트 벽 모퉁이 너머에 안전하게 몸을 숨긴 채 기계를 관찰했다. 과학자들이 기계를 극한까지 몰아붙이자, 하버가 전기불꽃이 보인다며 기계를 끄라고 말했다. 정상적인 상황에서는 전기불꽃이 일면 진공도—"도넛" 속의 압력—가 급격히 변하지만, 이번에는 달랐다. 진공 수준은 안정적으로 유지되었다. 물리학자 로버트 랭뮤어도 보러 왔는데, 두 사람은 싱크로트론에서 작고 매우 밝은 푸르스름한 점이 방출되는 광경을 보았다.

랭뮤어는 그것이 무엇인지 한눈에 알아보았다. 그가 누군가에게 빔 가속을 중단하라고 말하자 빛이 사라졌다. "슈윙거 복사Schwinger radiation"가 틀림없었다. 자신들의 전자 빔이 가시광선을 발생시킨 것에 놀란 연구진은 그 즉시 입자의 에너지에 따라 빛의 색깔이 달라진다는 예측을 검증하기로 결정했다. 에너지를 낮게 조정하자 빛점의 색깔은 파란색에서 노란색으로, 다시 빨간색으로 바뀌다가 완전히 사라졌다. 연구진은 만족스러우면서도 자신들의 눈을 믿을 수 없었다. 이 모든 일이 일어나는 데는 (한 연구원이 훗날 회상했듯이) 약 30분밖에 걸리지 않았다.[12] 새로운 진공 체임버가 순전히 우연하게 유리로 제작된 덕에 그들은 회전하는 전자에서 발생한 빛이 기계에서 나오는 광경을 볼 수 있었던 것이다. 3년 전 베타트론에서 이 효과를 보지 못한 것은 단지 금속 빔 체임버가 빛을 차단했기 때문이었다. 이것은 드물게 일어나는 행운의 발견이었으며, 이후 중대한 영향을 미치게 되었다.

이렇게 방출되는 빛은 **싱크로트론 방사광**synchrotron radiation이라고 불리며 매우 특수한 성질을 가지고 있다. 엄청나게 강렬하고, 가간섭성(coherent : 광원에서 나오는 빛의 위상位相이 공간적으로나 시간적으로 고른 성질/옮긴이)이 있으며(전구의 빛보다는 레이저에 가깝다), 자기장과 전자

에너지에 따라 X선에서 가시광선을 거쳐 적외선에 이르기까지 전체 전자기 스펙트럼을 포괄할 수 있다. 또한 편광偏光의 성질이 있어서 광파의 진동이 모두 같은 방향으로 일어난다. 빛은 수면이나 자동차 보닛에 반사될 때처럼 여러 방식으로 편광화될 수 있는데, 대부분 수평 방향으로 편광화된다. 선글라스의 편광 렌즈가 수직으로 진동하는 광파만 들여보내 눈부심을 막아주는 것은 이런 원리이다.[13] 싱크로트론 광의 편광 방향은 전자가 휘는 것과 관계가 있으며, 가속기 속을 회전하는 빔에서는 수평 방향으로 편광화된 빛이 발생한다. 이 빛은 성질이 무척 특이해서 측정을 통해서 발생 시점을 알 수 있다. 올바른 성질을 가진 빛이 측정되면 자기장에서 휘어지는 전자에서 발생했음이 거의 틀림없다고 추론할 수 있다.

이 통찰은 무엇이 우주에서 전파를 방출하는가라는 천문학자들의 의문을 해결하는 열쇠임이 드러났다. 우리은하와 펄서를 비롯한 많은 천체들은 가스와 먼지로 이루어진 공에 불과한 것이 아니라 자기장을 띠고 있다. 이 자기장에서 하전 입자가 휘어지면 가속기에서처럼 싱크로트론 방사광이 방출되어 우주를 밝히는데, 이 빛은 대체로 전파 스펙트럼에 속한다. 천문학자들은 방사가 편광인지 확인하여 천체의 자기 구조—자기장의 위치와 세기—를 알아낼 수 있다.

1950년대와 1960년대에 전파천문학이 성장하면서 자기장이 생각보다 훨씬 흔하다는 사실이 밝혀졌다. 극적인 사례 중 하나로 게성운이 있다. 이것은 1054년 황소자리에서 일어난 재앙적인 초신성 폭발의 잔해로, 큰 에너지를 가진 전자 구름이 중심부에 있는 펄서에 의해서 자기장선을 따라 나선 운동을 하는 것으로 드러났다. 이제 우리는 항성, 은하, 중성자별, 초신성이 모두 자기장을 가졌음을 안다. 자성magnetism은 우주에서 가장 극단적인 천체의 행동도 설명할 수 있을지 모른다. 이를테면 초거대 블랙홀에서 방출된 이온화 물질의 어마어마한 제트jet는 이 촘촘한 천체의 한가운데에 꼬여 있는 자기장에서 입자가 가속되어 발생한 것으로 여겨진다. 싱크로트론 방사를 이해하게 되자 천문학자들은 우주로부터 검출되는 전파 방출을 이용하여 이런 천체에 대한 통찰을 얻어 우리 우주의 자기적인 성질을 밝혀낼 수 있었다.

GE에서 이 빛은 처음에는 물리학자들이 방문객에게 시연하는 흥밋거리에 불과했다. 그러다가 이 빛을 싱크로트론을 조정하고 최적화하고 가동하는 것은 물론이고, 차기 제품을 설계하는 데에 활용할 수 있음을 알게 되었다. 그 뒤로 몇 년에 걸쳐 더 큰 에너지의 싱크로트론이 전 세계에서 제작되었으며, 싱크로트론 광에 단순히 전자 빔을 진단하는 것 이상의 잠재력이 있음이 금세 분명해졌다. 베타트론을 발명한 도널드 커스트는 이 상황을 절묘하게 표현했다. "이 아름답고 정교한 기계가 과학에 끼친 가장 큰 기여가 전구와 같은 것이라면 흥미롭지 않겠는가?"[14] 커스트의 반어적 예측은 여러 가지 측면에서 정확했다. 싱크로트론 광을 실험실에서 발생시킬 수 있게 되자, 이 빛은 화학과 생물학에서부터 재료공학과 고고학에 이르기까지 과학 연구의 확고한 도구로 자리 잡았다.

싱크로트론 방사광을 활용하려고 시도한 최초의 과학자들은 1956년 코넬 대학교의 연구자들이었으며, 5년 뒤 미국 국립표준국도 시도했다 (이 기관은 무선, 자동차 산업, 전자공학 같은 분야를 지원하기 위해서 통일된 단위를 제정한다). 이로써 싱크로트론 광이 어느 표준 광원이나 X선 관보다 훨씬 우수하다는 것이 입증되었다. 다른 사람들도 싱크로트론 광을 실험에 활용하기 위해서 재빨리 기존 싱크로트론을 개조했다.

이 곁다리 이용자들은 처음에 핵물리학 시설에서 시간과 자리를 놓고 경쟁해야 했으나, 1970년이 되자 최초의 이용자 시설인 영국의 데어스버리 연구소에 싱크로트론 방사광원Synchrotron Radiation Source(SRS)이 건설되었다. 각국 정부는 원자를 쪼개는 물리학을 위해서가 아니라 다양한 과학적, 상업적 이용자들의 수요를 충족하기 위해서 입자 가속기를 제작하기 시작했다. 1974년에는 싱크로트론 광을 발생시키기 위해서 특수하게 설계되고 제작된 싱크로트론 시설이 전 세계에 10곳이 넘었다.

싱크로트론 광을 이용하여 영상을 촬영하려면 내리쬐는 빛을 받도록 진공 체임버의 창문이나 입구에 시료를 놓고 결과를 기록했는데, 처음에는 1970년대처럼 사진건판을 썼으며 지금은 디지털 검출기를 이용한다. 연구되는 시료는 초콜릿, 철강, 심지어 해삼 조각까지 엄청나게 다양하다.

싱크로트론 광으로 가장 많은 혜택을 입은 분야는 구조생물학이다. 알고 보면 생물학은 단백질이 접히는 방식, 질병에 걸리는 과정, 심지어 DNA 구조 자체 등 미시 규모의 물리적 구조에 근본적으로 의존한다. 옥스퍼드 대학교의 생물학 교수 데이비드 스튜어트가 너필드 의학과와의 인터뷰에서 설명했듯이, 구조생물학자들은 생물학을 매우 세세하게 이해하고자 한다. 이것은 자동차의 작동방식을 이해하기 위해서 낱낱의 부품이 어떻게 생겼는지, 각 부품이 다른 부품과 어떻게 결합하는지, 하나의 기계로서 어떻게 작동하는지를 파악하는 것과 비슷하다. 그러나 생물학은 자동차보다 복잡하다. 우리 같은 유기체는 수조 개의 세포로 이루어졌으며, 나노 규모에서 작동하는 어마어마하게 다양한 내부 부품들을 가지고 있다. 이런 규모에서 생물체가 어떻게 작동하는지 이해하면, 무엇인가가 잘못되었을 때 매우 정확하게 개입할 수 있다.

구조생물학에 대한 현재의 이해는 촬영 기법들의 왕관에 박힌 진짜

보석에 달려 있다. 이 보석은 X선 결정학X-ray crystallography이라고 불린다. X선 결정학은 싱크로트론 광원이 존재하기 훨씬 전부터 이용되었으며, 28건 이상의 노벨상 수상에 기여했다. 그 출발은 1913년 애들레이드 대학교의 영국계 오스트레일리아인 물리학자 부자父子 윌리엄 브래그와 로런스 브래그였다. 두 사람이 X선 방사원을 소금 결정에 조사照射했더니 아름다운 회절 무늬가 나타났다. 두 사람은 이것이 결정 자체의 구조를 원자 수준까지 보여준다는 사실을 깨달았다.[15] 뒤이어 과학자들이 이 기법을 가다듬어 모든 중요 분자와 재료의 구조를 밝혀냈다. 캐슬린 론즈데일(윌리엄 브래그의 동료)은 1929년 X선 결정학을 이용하여 벤젠이 납작한 고리임을 알아냈으며, 도러시 호지킨은 페니실린(1949), 비타민 B12(1955)—이 업적으로 1964년 노벨상을 받았다—그리고 인슐린(1969)의 구조를 밝혀냈다(이는 34년에 걸친 연구의 결과였다). 1952년 로절린드 프랭클린이 X선 결정학을 이용하여 제작한 51번 사진이 DNA의 이중나선 구조를 밝혀낸 일화는 유명하다. 흑연, 그래핀, 헤모글로빈, 미오글로빈을 비롯한 수많은 물질들의 구조가 구닥다리 X선관을 이용하여 밝혀졌다. 하지만 싱크로트론 광원이 등장하면서 결정학의 위력은 엄청나게 커졌으며 지금까지도 여전하다.

싱크로트론은 기초과학에서 어마어마한 혁신을 가능하게 했다. 존 워커 경과 연구자들은 결정학을 이용하여 인간을 비롯한 모든 동식물에서 에너지를 전달하고 저장하는 분자인 아데노신삼인산adenosine triphosphate(ATP)의 구조를 밝혀냈다. 로저 콘버그는 유전자가 어떻게 mRNA를 이용하여 스스로를 복제하는지 알아냈으며, 벤키 라마크리슈난과 동료들은 리보솜ribosome의 구조를 밝혀냈다. 이 모두가 노벨상 수상으로 이어졌다. 이채롭게도 애초에 싱크로트론 방사광의 우연한 발견으로 이어진 두 분야인 핵물리학과 입자물리학에서는 이런 혁신이 하나도 이루어지지 않았다.

이렇게 막강해진 과학의 위력이 처음에는 일상생활과 동떨어진 것처럼 보였을지도 모르겠다. 하지만 우리가 바이러스의 기초적인 생물학 원리를 이해하는 것도 X선 결정학 덕분이다. 2019년 말 중국 우한에서 코로나19가 처음 출현하면서 이 분야가 갑자기 시급한 중요성을 띠게 되었다. 코로나19 바이러스 안에는 28개의 단백질이 들어 있다. 이 단백질들은 매우 정확한 방식으로 접힌 분자들의 사슬이다. 일부러 엉클어놓은 실뭉치를 상상해보라. 이 접힘 과정은 이른바 "활성 부위active site"를 남기는데, 화합물을 이용하면 이곳을 표적으로 삼을 수 있다. 구조생물학자들은 이 단백질의 유전 구조를 이용하여 연구용으로 복제할 수 있다. 하지만 우선 누군가가 바이러스 유전 암호의 염기 서열을 알아내야 한다.

12월 29일 중국에서 바이러스가 처음 나타난 이후 6개의 바이러스의 염기 서열이 밝혀지기까지는 12일밖에 걸리지 않았다. 2020년 2월 5일 상하이 과학기술대학의 라오쯔허와 양하이타오 연구진은 주된 단백질 분해효소protease(단백질 분해효소는 단백질을 자르지만, 바이러스 복제에 필수적이며 신약 개발에서 눈독을 들이는 표적이기도 하다)의 최초 구조를 전 세계의 과학자들이 자료를 저장하는 온라인 보관소인 단백질 정보 은행에 제공했다. 그들은 싱크로트론 방사광 시설인 상하이 광원을 이용하여 구조를 밝혀냈다. 이즈음 연구진은 이미 전 세계 300여 연구진에게 정보를 미리 공유한 뒤였다.

대부분의 정부가 어떤 조치를 취하기도 전에 구조생물학자들은 전 세계의 싱크로트론 광원으로 열심히 연구하여 코로나19 바이러스를 구성하는 단백질의 물리적 구조를 제작하고 연구했다. 그들이 이렇게 매진한 것은 약물이나 백신이 바이러스에 맞서 효과를 발휘하려면 달갑잖은 병원체를 물리적으로 인식하고 달라붙어 무력화하고 제거하는 분자를 인체에서 생성해야 한다는 사실을 알고 있었기 때문이다. 모든 치료법이나 백신의 출발점은 하나이다. 즉 바이러스가 어떻게 작동하는지를 알아야 한다. 이것을 알아내는 열쇠는 바이러스의 구조와 기능에 들어 있다. 인체가 바이러스를 인식하는 화학적 토대를 이해하면 바이러스의 작용을 줄이는 약물이나 인체에 항체를 생성하라고 명령하는 백신을 설계할 수 있다. 직관과 어긋날지도 모르겠지만, 코로나 대유행의 최전선에서 벌어지는 핵심적인 전투 중 하나는 병원에서가 아니라 축구장만 한 고리 모양의 건물들에서 치러졌으며, 이곳에는 입자물리학 분야에서 도입된 기계들이 들어 있었다.

멜버른 외곽으로 반시간 거리에 있는 오스트레일리안 싱크로트론에서는 엘리너 캠벨 박사가 빔라인beamline 과학자로서 작업 중이다. 그녀는 싱크로트론 광으로 직접 실험을 수행할 뿐 아니라 다른 과학자들의 실험을 돕기도 한다. 그녀가 아는 모든 사람은 대유행이 벌어졌을 당시 재택 근무를 했지만 그녀를 비롯한 소수의 사람들은 현장에서 더욱 박차를 가했다. 그녀는 "고분자 결정학macromolecular crystallography"에 쓰이는 "MX-2" 빔라인을 관리하는데, 과학자들은 이것을 이용하여 생체 분자의 배열과 형태를 원자 수준까지 파악할 수 있다. 평상시에 그녀의 빔라인을 이용하는 사람들은 화학, 응집물질 물리학, 공학, 지구과학, 재료공학 분야의 연구자들이다. 하지만 2020년 초 그녀의 빔라인은 오로지 코로나 관련 연구에만 투입되었다.

빔라인은 시설의 심장부이자 거대한 콘크리트 차폐벽 뒤에 숨어 있는 싱크로트론 자체에서 방출되는 싱크로트론 광을 받는다. 주 고리는 반복되는 패턴의 전자석electromagnet으로 이루어졌다(어깨 높이의 쇳덩이에 굵은 구리선으로 전력을 공급한다). 여기에 이보다 작은 가속기에서 발생시킨 고에너지(3게브GeV) 전자를 주입한다. 전문 운영팀이 365일 24시간 교대로 근무한다. 싱크로트론 내부의 전자는 며칠이나 몇 주일간 계속해서 회전하며 빛을 방출하면서, 에너지가 끊임없이 보충되는 동안 방사선을 내뿜을 수 있다. 한 묶음의 전자 다발이 수명을 다해 기계에서 폐기되면 또다른 다발이 재빨리 자리를 채우기 때문에 거의 중단 없이 이용자에게 방사선을 공급한다.[16]

고리의 둘레에는 일련의 실험용 기기들이 맞닿아 있는데, 이것이 빔라인이다. 고리 둘레에 설치되어 싱크로트론 광을 발생시키는 "삽입 장치insertion device"에 의해서 빔라인의 위치가 정해진다. 요즘은 휘어지는 자석에서 자연적으로 방출되는 방사선을 이용하는 데에 그치지 않고, **위글러**wiggler와 **언듈레이터**undulator라는 삽입 장치가 말 그대로 빔을 흔들어 wiggle 특정 파장으로 조정할 수 있는 빔을 생성한다. 그런 다음 빛은 빔라인으로 연결된 창문이나 입구를 통해서 이동하는데, 여기에 과학자인 이용자들이 실험 장치를 설치하여 데이터를 수집할 수 있도록 단백질 결정을 시료 장착대에 넣는다.

첫 단계는 단백질을 결정으로 만드는 것인데, 작업에서 가장 힘든 단계 중 하나이다. 생체 분자는 크고 말랑말랑한 반면에, "결정" 하면 떠오르는 소금 같은 물질은 대체로 딱딱하다. 캠벨의 업무 중 하나는 "유기 물질의 혼합물이 질서 정연하고 딱딱한 결정을 형성하도록" 하는 것이다. 원하는 효과가 나타날 때까지 (과거에 효과가 있었던 화학물질을 시작으로) 여러 시약을 검사하는 시행착오 과정을 거쳐야 한다. 운이 좋아서 단백질로부터 결정이 형성되더라도 미세한 나일론 올가미를 이용하여 마이크로미터 크기의 작은 결정을 낚아야 한다. 이 작업은 손품이 많이 들며 극도의 인내심을 요한다. 결정을 연구할 준비가 되면 대개는 연구진 전체가 몰려들어 짧은 빔 시간(beam time : 빔을 이용할 수 있도록 할당된 시간/옮긴이)을 최대한 활용하려고 24시간 교대로 일한다. 그러나 팬데믹 기간에는 많은 연구진이 원격으로 일할 수밖에 없었으며, 캠벨과 동료들이 현장 시료 설치를 담당했다.

캠벨은 이런 시설에서 원격으로 실험을 진행하는 것이 어떤 일인지 안다. 케임브리지 대학교에서 자신의 박사 논문을 위한 실험을 할 때, 그녀는 시험실 컴퓨터 앞에 앉아 있었고 그녀가 조심스럽게 준비한 결정 시료는 다이아몬드라고 불리는 영국 싱크로트론 광원에서 다른 누군가에 의해서 원격으로 빔에 설치되었다. 그녀가 "새로 고침" 단추를 클릭하면 새로운 형태의 단백질 구조가 화면에 나타났다. 이런 식으로 단백질에 대한 통찰을 얻을 수는 있었지만 전체 실험의 실제 과정은 막연할 수밖에 없었다. 이제 그녀는 적도 반대편에서 코로나 바이러스에 대해서 최대한 많은 것을 알아내려는 원격 이용자들의 실험을 지원했다.

캠벨과 협력하는 생물학자들은 원격 실험과 야간 근무에 그만한 가치가 있다고 생각한다. 싱크로트론이 없었다면 그들은 실험실의 X선 방사원으로 각각의 촬영 각도에 대해서 약 40분을 할애해가며 며칠 내내 매달려야 했을 것이다(결정 구조를 얻으려면 결정을 180도로 돌려가며 촬영하여 회절 무늬를 수집해서 수학 계산으로 3차원 구조를 재구성해야 한다). 캠벨이 관리하는 MX-2 빔라인에서는 180도 데이터를 수집하는 실험이 단 18초에 끝난다. 다양한 시료—이를테면 단백질의 사소한 변이 50가지—를 검사해야 할 경우, 예전에는 박사 과정을 통째로 바쳐야 했지만 지금은 몇 시간의 빔 시간이면 충분하다. 많은 경우 싱크로트론 광의 녹특한 성질 덕분에 예전에는 상상도 할 수 없을 만큼 간단하게 실험을 수행할 수 있다. 싱크로트론이 없었다면 생물학자들이 코로나19 바이러스의 구조를 이해하는 데에 몇 년이 걸렸을 것이다.

이와 같은 전 세계의 시설에서 과학자들은 하나의 최우선 목표를 향해 힘을 합쳤다. 그것은 코로나19 바이러스를 이루는 단백질을 최대한 많이 분석하여 원자 규모의 지도를 작성하는 것이었다. 지금보다 한가한 시기에 연구자들은 이런 시설을 이용하여 많은 주요 생체 분자를 촬영하고 구조를 밝혀냈으며, 이를 통해서 에이즈, 피부암, 제2형 당뇨병, 백혈병, 계절 독감의 새로운 치료법을 개발하고 에볼라, 지카, 사스 바이러스를 퇴치할 돌파구를 마련했다. 전 세계에 50대 남짓 되는 싱크로트론 광원들이 속속 등장하는 바이러스 질환과 싸우는 최전선에 서 있는 것은 이 때문이다.

최초의 전문 싱크로트론 광원인 데어스버리 SRS가 2008년 운영을 종료했을 때, 통산 1만1,000명의 학계 이용자들이 이 기계로 연구를 수행한 것으로 조사되었다. 우리의 삶에 직간접적으로 영향을 미친 수천 가지 발견이 이곳에서 이루어졌다. 의류와 전자 기기를 위한 신소재, 신약, 신제품 세제를 비롯한 수많은 제품들이 이 시설 한 곳에서 탄생했다. 이런 시설의 쓰임새가 얼마나 방대한지 감을 잡기는 힘들지만, 종료 당시 (연구와 개발 기준) 영국 최상위 기업 25곳 중 11곳이 이곳을 이용한 적이 있었다.

SRS는 구제역 바이러스의 구조를 알아내고, 새로운 백신을 개발하고, "거대 자기저항giant magnetoresistance(GMR)"이라고 불리는 현상을 이해하는 데에 이용되었다(GMR은 아이폰 같은 전자 기기의 어마어마한 저장 용량을 뒷받침한다). SRS 연구는 청정 연료와 다양한 신약의 개발에도 일조했다. 심지어 튜더 왕조의 전함 메리로즈 호의 표본을 분석하여 잔해를 보전할 방법을 찾아내는 일에 쓰이는 등 문화유산 보호에도 한몫했다. 초콜릿 제조사 캐드버리는 싱크로트론 광으로 초콜릿의 결정 형성을 연구하여 초콜릿의 "식감"을 개량했다. 금속의 결정 형성을 연구하여 항공기의 안전을 개선하는 데에도 비슷한 기법이 이용되었다.

뉴스 헤드라인감 혁신은 이 시설들의 일용할 양식이다. 이곳에서는 따라잡기 힘들 정도로 빠르게 과학을 쏟아낸다. 싱크로트론 광 이야기를 들으면 우리는 물리학의 도구가 과학의 여타 분야들을 어디까지 탈바꿈시킬 수 있는지 가늠하지 않을 수 없다. 우리는 자연의 가장 작은 사물에서 가장 큰 사물에 이르는 모든 것에 대한 다양한 지식 분야들이 불가분의 관계임을 떠올리게 된다. 캠벨은 이 커다란 시설에 매일 들어서기만 해도 자신이 얼마나 작은 존재인지를 절감하며, 싱크로트론이 얼마나 복잡한지 생각하기만 해도 위압감을 느낀다고 말한다. 가속기물리학 연구진도 그녀의 작업에 대해서 틀림없이 같은 말을 할 것이다. 현대의 많은 과학적 혁신이 필연적으로 학제간인 것은 이 때문이다. 어떤 개인도 전체 시설을 온전히 이해할 수 없다. 그럼에도 이 물리학 연구의 산물을 이용함으로써 캠벨과 그녀의 선배들 같은 과학자들은 GE 물리학자들, 로런스, 커스트, 올리펀트가 예견할 수 있었던 것보다 훨씬 더 방대한 지식을 창출할 수 있다.

앞에서 보았듯이, 이 지식은 생물학을 넘어서며 심지어 지구까지도 뛰어넘는다. 싱크로트론 방사 이면의 기초과학을 이해하자, 천문학에도 훌륭한 도구가 도입되었다. 그 덕에 천문학자들은 천체를 전혀 새로운 빛으로 보면서 은하에서부터 준항성체와 블랙홀에 이르기까지 모든 것의 내부 작동을 밝혀낼 수 있게 되었다. 이 모든 것이 싱크로트론 광을 전파라는 형태로 방출하기 때문이다. 오늘날 전파천문학자들은 우주의 극단적인 지점에서 발생한 자기장의 복잡한 거동을 연구하고 있다. 최근에는 "빠른 전파 폭발fast radio burst"을 관찰했는데, 이것은 극단적으로 강력한 밀리초 길이의 전파 펄스로, 우리가 아직 온전히 이해하지 못하는 새로운 고에너지 과정을 암시한다. 한편 우주론자들은 초기 우주의 빠른 팽창을 설명하기 위해서 우주 머나먼 곳에 있을 자성magnetism의 존재를 찾고 있다. 싱크로트론 방사광 덕분에 물리학자들은 매우 큰 것의 물리학과 매우 작은 것의 물리학을 이해하려는 두 방면의 탐구를 통합하는 수단을 가지게 되었다.

이 모든 일이 가능한 것은 물리 법칙이 지구뿐 아니라 (우리가 아는 한) 모든 곳에 적용되기 때문이다. 우리는 우주 바깥의 수수께끼 풀이에 동원된 바로 그 물리 법칙을 이용하여 인체의 내부 작용을 밝혀내고 문제가 생겼을 때 개입할 수 있다. 우주가 이런 식으로 동작해야 하는 특별한 이유는 전혀 없지만, 만물이 같은 법칙의 지배를 받는다는 것은 이루 말할 수 없이 매혹적인 사실이다.

결국 천문학자를 비롯한 과학자들에게 놀라운 도구가 된 싱크로트론 방사는 입자물리학을 가로막는 거대한 장벽이 되었다. 과학자들은 원자를 쪼개기 위해서 입자를 점점 더 큰 에너지로 밀어붙이고 싶어했지만, 이제 입자를 더 빠르게 밀어내려고 하면 입자가 방사선의 형태로 에너지를 내보낸다는 사실을 맞닥뜨렸다. 입자가 기계를 회전하는 속도가 빨라지면서 에너지 유실을 만회하려면, 점점 큰 전력을 가해야 했다. 머지않아 그들은 입자에—적어도 몇몇 유형의 입자에—가할 수 있는 에너지의 현실적 한계에 도달할 터였다.

방사선 공식에 따르면 전자 같은 저질량 입자를 고에너지로 가속할 때는 문제가 생기지만, 더 무거운 입자는 방출하는 복사 전력radiation power이 훨씬 낮을 것으로 예측되었다. 양성자는 전자보다 2,000배 가까이 무겁지만 복사량은 고작 10^{13}분의 1에 불과하다.[17] 반면에 원형 가속기에서 고에너지 양성자를 휘게 하려면 매우 강력한 자석이나 방만 한 크기의 전자 가속기보다 훨씬 큰 고리가 필요했다. 물리학자들이 양성자를 더 큰 에너지로 밀어붙이기로 마음먹으면서 이 한계는 필연적 결론을 낳았다. 그것은 20세기 후반에 건설되는 입자 가속기가 점점 커지리라는 것이었다.

물리학자들은 거대한 기계를 제작하고 가동하기 위해서 힘을 합치고 공학자, 데이터 분석가, 관리자를 망라하는 전문가 팀을 꾸려야 했다. 그들은 컴퓨팅 기술을 가장 먼저 받아들인 사람들에 속했으며, 언제나 가능성의 한계를 밀어붙이며 입자를 바라보는 새로운 방식을 창조해야 했다. 이윽고 그들의 탐색으로 그 누가 추측한 것보다 많은 입자들이 밝혀지게 되었다. 수백 명의 연구자들이 이 질문의 답을 추구했다. 자연에 내재하는 질서가 있을까? 우리는 수많은 입자를 예측하고 분류할 수 있을까? 아니면 우리의 현실은 그럭저럭 감당할 수 있는 혼돈에 불과할까?

제3부

표준모형과 그 이후

진실은 모든 사람을 위한 것이 아니라 찾는 사람만을 위한 것이다.
—에인 랜드, 『송가*Anthem*』(1938)

8

입자물리학이 확장되다 : 신기한 공명

루이스 앨버레즈는 자신이 탄 항공기 그레이트 아티스트 호가 일본에 접근하는 동안 잠들어 있었다. 1945년 8월 6일 여명이 밝기 직전이었으며 서른네 살의 물리학자는 기진맥진해 있었다. 조종사는 에놀라 게이라는 이름의 또다른 B-29 폭격기를 뒤따르고 있었다. 이름 없는 세 번째 항공기(훗날 "필요악"이라는 별명으로 불렸다)가 근처에서 날았다. 대부분의 제2차 세계대전 폭격 임무에 수백 대의 항공기가 동원된 것과 달리 이번에는 단 3대만 출격했다. 은밀히 비행하여 히로시마에 폭탄 하나를 떨어뜨릴 계획이었다. 평범한 무기는 결코 아니었다. 일명 리틀보이, 농축 우라늄으로 가득한 원자폭탄이었다.

앨버레즈는 맨해튼 계획에 참여하여 리틀보이 개발에 자신의 물리학 기량을 활용했다. 맨해튼 계획은 미국이 주도하고 영국과 캐나다가 참여한 극비 사업으로, 최초의 핵무기를 개발했다. 전쟁 기간을 거치며 규모가 어마어마하게 커져서 무려 10만 명이 고용되었는데, 그들 대부분은 사업의 목표를 까맣게 몰랐다. 군 수뇌부가 신무기를 일본에 사용하기로 결정했을 때 앨버레즈[1]의 임무는 폭탄과 함께 떨어져 폭발에서 발산되는 에너지 수치를 기록할 수 있는 기기를 가져가는 것이었다. 그의 장비에는 낙하산이 장착되었지만 앨버레즈 자신은 낙하산을 챙기지 않았다. 항공기가 격추되면 일본군에게 체포되기보다 죽는 편이 낫다고 생각했다.

때가 되자 폭탄이 투하되어 44초간 낙하한 뒤 폭발했다. 작은 내부 폭발로 고농축 우라늄 두 조각이 부딪혀 임계질량에 도달했다. 그러자 우라늄-235 핵이 분열하여 중성자를 방출하고 더 많은 분열을 일으켰다. 연쇄반응이 잇따랐다. 눈을 멀게 할 듯한 빛의 펄스가 앨버레즈의 항공기를 채웠으며 뒤이어 항공기를 쪼갤 듯한 충격파가 연달아 발생했다. 버섯구름이 18킬로미터 높이로 솟아오르기까지는 10분이 꼬박 걸렸다. 그 뒤에 앨버레즈는 아래쪽 풍경을 내려다보았다. 삭막했다. 훗날 그는 이렇게 썼다. "우리의 표적이었던 도시를 찾아보았으나 허사였다." 그는 목표물을 놓친 줄 알았다. 조종사가 그의 착각을 바로잡아주었다. 표적 도시인 히로시마는 파괴되었다. 8만 명이 순식간에 목숨을 잃었다.

기지로 복귀하는 비행 중에 앨버레즈는 임무의 긴박감이 가라앉자 네 살배기 아들에게 편지를 썼다. 그는 어떻게 이 역사적인 사건에 자신이 연루되었는지 아들이 이해하기 어려우리라는 것을 알고 있었다. 앨버레즈 가문은 파란만장한 굴곡을 겪었다. 앨버레즈의 할아버지는 쿠바로 갔다가 캘리포니아에서 의학을 공부했으며, (중국에서 선교사로 자란) 할머니와 결혼하여 가족을 데리고 하와이로 이주했다. (역시 의사인) 아버지와 어머니는 멕시코에서 지내다가 샌프란시스코로 돌아왔는데, 이때 앨버레즈가 태어났다. 키가 크고 금발에 용감하고 똑똑한 앨버레즈가 물리학을 선택한 이유는 이것이 모험에 이르는 길임을 직감했기 때문이다. 하지만 전쟁 임무는 그가 애초에 염두에 둔 모험이 아니었다.

사흘 뒤 앨버레즈는 타니언 섬에서 동료들이 두 번째 폭탄을 싣고 날아오르는 광경을 쳐다보았다. 이 폭탄은 나가사키에 떨어졌다. 이튿날인 1945년 8월 10일 일본이 항복을 선언했다. 앨버레즈는 40년이 시나노록 다시는 그 사건들에 대해서 쓰지 않았다.

오늘날 히로시마 평화기념 공원은 핵무기가 도시에 가져온 무시무시한 재앙의 이야기를 들려주며 제2차 세계대전에서 원자폭탄 사용이 일으킨 광범위한 여파를 탐구한다. 객원 물리학자에게는 더더욱 심란하게 느껴진다. 맨해튼 계획을 소개하는 기념관의 안내문에는 우리 분야의 유명한 이름들을 놀랄 만큼 많이 찾아볼 수 있다. 지금까지 이 책에서 만난 등장인물들 중 상당수가 핵무기 개발에 참여했다. 이 계획에 필요한 지식과 기술을 가진 사람들이었기 때문이다. 어니스트 로런스의 사이클로트론은 우라늄 동위원소를 분리하도록 개조되었으며, 그는 자신의 연구진이 버클리에서 가속기를 만들며 얻은 전문성을 바탕으로 캘루트론calutron(동위원소 분리 장치)을 제작하는 대규모 계획을 감독했다. 로런스의 연구원과 학생 상당수가 참여했으며 앨버레즈도 그중 한 사람이었다. 세스 네더마이어는 나가사키에 떨어진 플루토늄 폭탄을 위해서 내부 폭발implosion로 임계질량을 달성하는 아이디어를 제시했다. 닐스 보어, 제임스 채드윅, 존 코크로프트, 마크 올리펀트도 모두 계획에 몸담았으며, 우리의 이야기에서 덜 두드러진 역할을 맡은 많은 이론물리학자들도 참여했다. 로런스의 동료 로버트 오펜하이머는 맨해튼 계획을 주도한 인물로 유명하다.

일부 물리학자들은 맨해튼 계획에 참여를 요청받았지만 전쟁 중에 다른 임무를 맡기 위해서 거절했다. 칼 앤더슨은 계획을 이끌어달라는 요청을 받았지만, 어머니를 뒷바라지하고 돌봐야 했기 때문에[2] 그 대신 로켓포 개발에 참여했다. 참여를 완강히 거부한 물리학자들 중에는 당시

이 분야의 여성 중 한 명인 리제 마이트너가 있었다. 아인슈타인이 "게르만의 마리 퀴리"라고 부른 마이트너는 본디 빈 출신이다. 공립대학에서는 여성을 받아주지 않았기 때문에 개인적으로 물리학을 공부해야 했는데, 아버지의 격려와 금전적 지원을 받아 박사 학위를 취득한 뒤에 베를린으로 갔다. 그곳에서 막스 플랑크를 설득해 그의 강의를 들었으며 결국 그의 조수가 되었다. 훗날 독일 최초의 여성 물리학과 교수가 되었지만 유대인 혈통 때문에 고국을 떠나야 했다. 리제 마이트너는 핵이 베타 입자나 알파 입자를 방출할 뿐 아니라 완전히 쪼개질 수 있음을 처음으로 알아차린 사람이었으며 이 개념을 나타내는 용어인 "핵분열nuclear fission"을 만들었다.[3] 그녀는 자신의 전문성을 활용할 기회였음에도 맨해튼 계획에 참여하기를 거부하며 이렇게 말했다. "폭탄과는 어떤 관계도 맺지 않을 겁니다!" 마이트너의 동료 오토 한은 그녀와 편지를 주고받았다는 사실이 드러나면 박해를 받을까 봐 핵분열의 최초 증거를 발표하면서 그녀를 공저자로 올리지 않았다. 한은 핵분열을 발견한 공로로 1944년 노벨상을 받았다. 마이트너의 기여는 인정받지 못했다.

맨해튼 계획에 참여하기로 동의한 사람들은 자신들이 풀어야 하는 문제—핵무기를 만드는 것—가 해결 가능한 것인지조차 알지 못했다. 그러나 1945년 7월 "트리니티" 실험이라고 불리는 최초의 폭발을 목격한 뒤, 그것이 가능하다는 사실을 똑똑히 알게 되었다. 이 현실에 많은 물리학자들이 기겁했다. 그들은 시카고와 로스앨러모스에서 시위를 벌이며 자신들이 만든 무기의 배치에 반대했다. 하지만 결정은 그들의 소관이 아니었다. 폭탄이 투하되고 히로시마와 나가사키가 파괴되자 로스앨러모스의 물리학자들은 침통했다. 보건물리학자이자 사서로 일한 에벌린 리츠는 훗날 이렇게 회상했다. "폭탄이 떨어진 날 어떤 흥분도 없었어요.……우리의 친구들은 아무도 모이지 않았어요. 무척 우울했죠."[4] 앨버레즈를 비롯한 많은 물리학자들은 오랫동안 그 사건에 대해서 함구했다. 대부분은 훗날 원자폭탄 투하가 종전終戰에 일조했고 그리하여 전반적으로 보자면 양측의 목숨을 구했다고 사무적으로 말했다. 도덕적 입장이 어떻든 그들 중 절대다수가 보기에 이것은 이미 엎지른 물이었다.

제2차 세계대전이 끝난 뒤 물리학자들은 전보다 어수룩함은 덜해지고 사회적 의식은 더 커졌다. 딱히 속죄를 하려고 들지는 않았지만, 전후 시대에 자신들의 능력을 평화적인 사회적 유익에 쏟으려는 사명감이 새로 일어난 것은 분명했다. 전쟁에서 물리학은 파괴적 목적에 이용되었지만, 이제는 더 고귀한 목적을 추구할 때가 무르익었다. 그것은 지식을 확장하고 새로운 입자를 발견하는 것이었다. 맨해튼 계획과 마찬가지로 이 도전적 사업에는 폭넓은 협력이 필요했으며, 미국은 이를 위한 능력을 이미 입증했다. 물리학자들은 새로운 대규모 접근법을 받아들이기 시작했으며, 이런 태도는 과학과 사회에 결실을 가져다주었다.

1945년 8월 16일 윈스턴 처칠은 이렇게 선포했다. "지금 이 순간 미국은 세계의 정상에 서 있습니다." 그는 "세계의 공동 안전"을 위하여 핵무기를 극비에 붙이고 싶어했으며 하원도 동조했다. 미국은 거대한 군산복합체를 창조했으며 이로 인해서 전후의 새로운 의무를 짊어지게 되었다는 것이 처칠의 믿음이었다. 그는 계속해서 이렇게 말했다. "그들이 자신들을 위해서가 아니라 타인들을 위해서, 만국의 만백성을 위해서 책임의 수준에 걸맞게 행동하도록 해야 합니다. 그러면 더 밝은 날이 인류 역사를 비출 것입니다."[5]

앨버레즈를 비롯한 여러 젊은 물리학자들은 전쟁이 자신들의 연구 활동을 완전히 망쳐버렸다고 생각했다. 이제 각자 선택의 기로에 섰다. 다음에 무엇을 하지? 대부분의 물리학자들은 대학과 연구실로 돌아갔다. 앨버레즈는 자신의 레이더 지식을 입자 가속기에 활용하기 위해서 버클리로 돌아갔다.

그의 선택에 영향을 미친 것은 세계 최고의 기계를 만들었다는 자신감이었다. 버클리 연구진은 전쟁 전에 제작하던 대형 사이클로트론을 미국 정부의 자금 지원으로 완성했는데, 한 가지 달라진 점이 있었다. 에드윈 맥밀런[6]의 "상 안정성" 개념(제7장 참조)을 접목하여 양성자 "싱크로사이클로트론"을 제작하여 350메브라는 전례 없는 빔 에너지에 도달한 것이다. 버클리 연구진은 새 입자를 찾는 일에 착수했다.

우선 가속기를 이용하여 우주선을 이용한 발견을 재현했다. 제4장에서 보았듯이 산꼭대기에서 안개상자와 핵유제를 이용한 실험은 양전자, 뮤온, 파이온을 발견하는 생산적인 방법이었다. 이제 예전에 본 것과 매우 다른 성질을 가진 새 입자들의 증거가 나타나고 있었다. 이를테면 전기적으로 중성인 "V" 입자(1947)는 붕괴하면서 검출기에 V 모양의 두 갈래 자취를 남겼다. 1949년 3개의 파이온으로 붕괴하는 새로운 입자가 발견되어[7] 훗날 케이중간자kaon로 불리게 되었으며, 1952년에는 크시 마이너스 중핵자Xi-minus hyperon(양성자보다 무겁다는 뜻에서 "하이퍼hyper"가 붙었다)가 우주선에서 발견되었다.[8]

자연은 일상적인 물질에서 어떤 역할도 하지 않는 입자들로 가득한 듯했으며, 이 입자들에 어떤 의미가 있는지 확실하지 않았다. 설상가상으로 대부분의 새 입자들은 수명이 예상보다 훨씬 더 길어서—여기에서 "길다"는 나노초를 뜻한다—이론물리학자들이 머리를 긁적이게 했다. 새 입자들은 "기묘strange" 입자로 알려졌다. 각 입자당 사진 몇 장을 제외하면 우주선에서 오는 데이터로는 새 입자를 온전히 이해하기에 어림도 없었다. 이 수수께끼 같은 입사들을 이해하는 유일한 방법은 실험실에서 대량으로 만들어내는 것뿐이었다.

버클리에서 새로 제작한 대형 사이클로트론은 전환점이 되었다. 1949년 앨버레즈와 동료들은 로런스의 350메브 가속기를 이용하여 고고도 안개상자가 놓친 입자를 발견했다. 전기적으로 중성인 파이온이었다.[9] 우주선이 아니라 가속기에서 발견된 최초의 미지의 입자였다. 마침내 가속기 기술이 전례 없는 에너지에 도달했으며, 훨씬 성숙하고 신뢰할 만한 기계 덕분에 물리학자들은 우주선 실험으로 성취할 수 있었던 수준을 넘어서게 되었다. 입자 가속기는 입자와 힘의 복잡한 퍼즐을 맞추는 데에 필요한 통제 조건을 제공했다. 유일한 문제는 350메브가 전체 그림을 실제로 이해할 만큼 충분히 높지 않았다는 것이다.

가속기의 에너지 한계가 중요했던 이유는 기묘 입자가 **무겁기** 때문이다. 즉 기묘 입자는 이전에 발견된 뮤온과 파이온 같은 입자들보다 질량이 더 크다. 에너지와 질량의 등가성은 아인슈타인의 $E = mc^2$으로 규정되며, 입자물리학자들의 뇌리에 어찌나 단단히 박혔던지 입자의 질량을 에너지 단위로 나타낼 정도이다. 이를테면 중성 파이온(π^0)은 질량이 135메브인데, 이것은 입자의 **정지 질량**rest mass—입자가 정지해 있을 때 측정한 질량—이지만 에너지 단위(메브)로 표시된다. 입자의 질량과 에너지의 등가성은 $E = mc^2$으로 질량과 에너지의 교환 비율을 알 수 있다는 뜻이다. 이것은 엄청난 수치이다. 광속 c는 초속 2억9,979만2,458미터이기 때문이다. 이것을 제곱하면 이 페이지에 감히 적지도 못할 만큼 큰 숫자가 된다. 이제 이것은 단지 이론상의 교환 비율이 아니었다. 대형 가속기가 등장하면서 실험적 현실이 되었다.

고에너지에 도달하는 가속기를 제작하는 일은 이제 단순히 핵 안의 중성자와 양성자를 탐구하기 위한 것만이 아니었다. 당시에는 꼭 이런 식으로 표현하지는 않았을 테지만, 과학자들이 바란 것은 진공에서 에너지로부터 완전히 새로운 입자를 창조하는 것이었다. 처음에는 이해하기가 조금 힘들 수도 있다. 기본 원리는 고에너지 입자—이 경우는 양성자—를 표적에 충돌시키는 것이다. 그러면 원래의 입자가 사라지고 모든 에너지가 새 입자, 새 물질로 전환된다. 원래의 입자는 말 그대로 존재하기를 멈춘다. 이 현상은 고전적인 관점에서는 직관에 어긋나지만 양자역학에서는 허용된다.

물론 여기에도 법칙이 존재한다. 자연은 당신이 입자를 아무 표적에나 충돌시켜 원하는 것을 아무거나 만들도록 허락하지 않는다. 특정한 양은 보존되어야 한다. 이를테면 입자의 총 에너지는 충돌 전과 충돌 후가 같아야 한다. 입자 빔을 표적에 충돌시키면 이 에너지의 상당 부분은 새 입자를 만드는 데에 들어가지 않고 잔해들의 운동 에너지로 흩어진다. **전하**와 **각운동량**(입자는 자신을 축으로 회전할 수 있다) 등의 양자수quantum number 보존 법칙을 비롯하여 입자의 상호작용을 제어하는 또다른 법칙들이 있지만, 자세한 내용은 뒤에서 설명하겠다. 지금 중요한 사실은 버클리의 물리학자들이 기묘 입자를 만들려면 사이클로트론으로 도달할 수 있는 것보다 더 큰 에너지를 가진 양성자 빔이 필요했다는 것이다.

거대한 새 목표가 앨버레즈와 로런스의 시야에 들어왔다. 바로 우주선에서 발견되는 알려진 기묘 입자를 전부 만들고 어쩌면 더 무거운 것까지 만들 수 있을 만큼 강력한 기계를 제작하는 것이었다. 이 목표를 달성하려면 새로운 종류의 기계를 제작해야 했다. 하나의 거대한 자석이 필요한 사이클로트론이 아니라—350메브 사이클로트론에 들어가는 자석이 얼마나 크냐면, 연구진 100명이 철제 계철(繼鐵 : 전동기, 발전기 따위의 몸체를 이루는 부분/옮긴이)에 앉아 사진을 찍었을 정도이다―작은 자석 여러 개를 고리 모양으로 연결한 가속기를 만들어야 했다. 버클리 연구진은 우주선 입자와 같은 에너지에 도달할 수 있는 **양성자 싱크로트론**[10]의 제작 계획을 짜기 시작했다. 이것은 고리처럼 생긴 기계로, 앞서 제작된 싱크로사이클로트론과는 다른 기계였다. 수십억 전자볼트인 "BeV" 범위에 도달하는 기계였기 때문에 작명은 수월했다. 그들은 "베바트론Bevatron"이라는 이름을 붙였다.

버클리 연구진만 이런 야심을 품은 것은 아니었다. 미국 반대편의 롱아일랜드에서는 11개 대학이 협력하여 브룩헤이븐 국립연구소를 신설했으며 자체 대형 양성자 싱크로트론이 이미 제작되고 있었다. 1953년 그들은 "코스모트론Cosmotron"―6톤짜리 자석 288개로 이루어진 23미터 길이의 구리색 고리―의 스위치를 올렸다. 이 기계는 산업적 규모의 아름다움을 자랑했다. 저 모든 구리와 철 안에 들어 있는 빔 관에서는 양성자를 광속의 88퍼센트까지 가속할 수 있었다. 코스모트론은 설계 에너지인 3.3게브("베브BeV"라는 이름은 오래가지 못했으며 이제는 "10억"을 뜻하는 "기가"를 써서 "게브GeV"라고 부른다)에 도달함으로써 세계에서 가장 큰 에너지를 가진 가속기라는 기록을 달성했다. 버클리의 사이클로트론보다 10배 가까이 강력한 에너지였다.

버클리 연구진은 계속 전진했으며 코스모트론이 가동을 시작한 지 1년 만인 1954년 베바트론이 우렁찬 울음소리와 함께 탄생했다. 베바트론은 가동 중일 때를 확실히 알 수 있었다. 거대한 전동 발전기가 위아래로 들썩이며 콘크리트 실내를 비명으로 채웠다. 베바트론은 코스모트론보다도 컸는데, 가로 41미터로 뻗은 빔 관이 어찌나 큰지 차를 몰고 내부를 통과할 수 있을 정도였다고 한다. 앨버레즈와 (물리학자 에드 로프그린과 엔지니어 윌리엄 브로벡을 위시한) 동료들은 코스모트론의 두 배에 가까운 에너지에 도달하여 6.2게브의 세계 기록으로 양성자 빔을 발생시킴으로써 경쟁자들을 물리쳤다.

왜 가속기는 한 기가 아니라 두 기가 제작되었을까? 두 연구소가 지리적으로 멀리 떨어져 있었고 연구 공동체가 미국에 밀집해 있었다는 점을 제외하면, 주된 이유는 미국 정부가 전쟁 기간에 설립된 대규모 연구소를 계속 운영하면서 거대한 과학적 목표에 인력과 자금을 몰아주기로 결정했기 때문이다. 정부는 브룩헤이븐 같은 신설 연구소도 지원했는데, 이는 연구소가 여럿이면 경쟁심을 유발할 수 있으리라고 생각했기 때문이다.

제2차 세계대전의 기술 발전은 물리학자와 엔지니어 팀에 충분한 자원을 공급하면 엄청나게 까다로운 이론적, 현실적 문제를 해결할 수 있음을 입증했다. 게다가 그들은 전례 없이 거대하고 복잡한 팀을 꾸려 활동할 능력을 입증했다. 수백 명의 과학자와 엔지니어가 건설 노동자에서 소방대원에 이르는 수만 명의 직원들과 함께 인류가 지금껏 상상해온 가장 도전적인 목표를 추구할 수 있게 된 것이다. 그들의 업무 방식은 미국(과 소련)의 우주 계획을 비롯한 야심찬 과학 사업의 본보기가 되었다. 이 시점부터 물리학은, 특히 미국에서는 다른 분야가 넘보지 못할 지위를 부여받았다.

물리학에 대한 새로운 지원은 미국이 엄청나게 성장하던 시기와 일치했다. 경제가 호황을 누리며 새로운 소비재, 새로운 교외 주거지, 새로운 부를 가져왔다. 출생률이 급증하여 1946년 한 해에만 340만 명의 기록적인 아기들이 태어났다. 정부 예산도 팽창하여 주간州間 고속도로, 학교,

군사 무기, 컴퓨터 같은 신기술에 투자가 이루어졌다. 그 결과 1950년대와 1960년대 입자물리학도 호황을 누렸다. 물리학자들은 새로운 자신감을 얻었다. 거대 질문들이 이제 그들의 손안에 있었다. 우주선에서 발견되는 기묘 입자들은 무엇이며 그것들로부터 우주에 대해서, 물질에 대해서, 만물을 묶는 힘에 대해서 무엇을 배울 수 있을까? 지금껏 발견된 모든 입자마다 그에 대응하는 반물질이 있을까? 만물에 내재하는 질서가 있을까?

실험은 대학 연구소의 규모를 뛰어넘어 국가 시설이 되었으며 대규모 집단들이 뭉쳐 공동의 목표를 추구했다. 앨버레즈와 로런스 말고도 수많은 물리학자들이 이런 변화에 몸담았다. 이 시기에 제작된 실험 설비는 베바트론과 코스모트론을 필두로 한 대형 입자 가속기에 치중되었는데, 이 기계들은 결국 입자를 새로운 검출기에 공급하여 분석이 필요한 수백만 장의 영상을 쏟아냈다. 물리학 사전에서 "실험"이라는 낱말의 의미조차 달라지기 시작했다.

앞에서 보았듯이 초창기 연구자들은 백지 상태에서 실험 장비를 제작하거나 적어도 스스로 작동시켰다. 그들은 아이디어를 검증하거나 시도하기 위해서 실험을 설계했다. 1950년대가 되자 실험은 한 집단이 설계하고 전문 엔지니어들이 관리하고 전담 직원들이 운용하는 거대한 기계를 중심으로 진행되었으며, 결과를 분석하는 팀과 해석하는 팀이 별도로 존재했다. 여러 집단들이 같은 실험 설비를 이용하여 저마다 다른 결과를 모색했으며 신기술이 발명되고 채택됨에 따라 가속기와 검출기를 비롯한 전체의 부속들이 조정되고 개량되었다. 한 실험이 언제 끝나고 다른 실험이 언제 시작되는지 말하기가 힘들어졌다.

오늘날 입자물리학 연구자들은 대규모 실험실과 국제 협력에 익숙하지만, 늘 이랬던 것은 아니다. 현대적인 방식의 입자물리학이 등장한 것은 기술적, 정치적, 과학적, 개인적인 것들이 하나로 어우러져 거대 과학의 시대를 탄생시킨 20세기 중엽이었다. 그 결과 발견되는 입자의 개수가 폭발적으로 증가했으며, 실험이 이론을 훌쩍 앞선 탓에 근본적 질서를 수학적으로 이해하기까지는 거의 20년이 걸렸다.

다이얼과 계기로 가득한 제어반 앞에 앉은 가속기 전담 조작원들은 (동해안에서는) 코스모트론과 (서해안에서는) 베바트론을 구슬려 최대 에너지로 끌어올린 다음, 빔을 표적에 쏘아 희귀한 입자를 무더기로 쏟아냈다. 머지않아 연구진은 파이온, 뮤온, 양전자, 기묘 입자 등 알려진 모든 우주선 입자들을 생성하고 측정했다. 이제 우주선을 꼼꼼히 분석하면서 낱낱의 파이온 사건을 관찰하는 것이 아니라 가속기에서 대량의 에너지로 파이온 빔을 지속적으로 발생시켜 상세히 분석할 수 있었다. 1953년에는 코스모트론에서 파이온을 안개상자에 쏘아 기묘 입자를 대량으로 주문생산했으며 베바트론도 곧 뒤를 이었다. 가속기 덕택에 물리학자들은 초기의 우주선 연구자들이 꿈도 꾸지 못한 속도로 데이터를 수집할 수 있었다.

베바트론이 가동을 시작한 1954년에는 기묘 입자의 목록이 늘어나 있었다. 앨버레즈에 따르면, "500메브 언저리의 질량을 가진 하전 입자 여러 개와 중성 입자 1개"[11]뿐 아니라 양성자보다 무거운 입자 3개, 중성 람다(Λ), 2개의 하전 시그마($\Sigma^{\mp}$), 음성 크시(Ξ^-)가 발견되었다. 이 모든 질문에 답하는 것은 어림도 없었으며, 측정할수록 특이한 성질의 목록은 늘어만 갔다. 수명이 예상보다 1,000억 배 긴 기묘 입자들이 계속 나타났다. 객관적으로 긴 수명은 아니었지만—눈 깜박이는 시간의 100만 분의 1인 10^{-10}초에 불과했다—이론물리학자들이 내놓은 최선의 계산에서 1,000억 분의 1인 10^{-21}초 만에 붕괴할 것이라는 예측에 비하면 어마어마하게 길었다! 게다가 일부 입자는 생성되는 양도 예상과 달랐다.

이즈음 물리학자들은 자연에 네 가지 힘이 존재한다고 믿게 되었다. 중력과 전자기력은 잘 알려져 있었으나 핵의 세계를 설명할 수 없었기 때문에 나머지 두 힘이 제안되었다. **강한 핵력**(강력)은 핵 안에서 양성자와 중성자를 묶는 힘으로서, 1934년 유카와 히데키에 의해서 제안되었다. 그의 이론에서는 질량이 전자의 약 200배인 입자가 이 힘을 운반하거나 **중개할** 것으로 예측되었다. 처음에는 뮤온이 강력을 운반한다고 생각되었으나, 핵자核子와 예측대로 상호작용하지 않아서 금세 배제되었다. 훗날 파이온이 더 유력한 후보로 제시되었으나 이 또한 분명하지 않았다. 두 번째로 제안된 힘은 방사성 베타 붕괴를 일으키는 **약한** 핵력(약력)으로, 1933년 엔리코 페르미의 이론에서 기술되었다. 기묘 입자가 이 구도에 정확히 어떻게 들어맞는지는 밝혀지지 않았다. 기묘 입자가 강한 핵력이라는 하나의 힘을 통해서 생성되었다가 약력이라는 다른 경로로 붕괴하는 것이 가능할까?

미시간 대학교에서는 도널드 글레이저라는 스물다섯 살의 실험물리학자가 기묘 입자 문제를 궁리하고 있었다. 심지어 1950년에도 그의 눈에는 기묘 입자 때문에 입자물리학 분야가 (그의 말마따나) "교착 상태"에 빠졌음이 분명해 보였다.[12] 당시 이 분야에 속한 사람들은 다들 이유를 알고 있었다. 충분한 데이터가 수집되지 않고 있어서였다. 더 많은 데이터가 없으면 이론물리학자들은 기묘 입자가 무엇인지, 자연의 다른 입자나 힘과 어떻게 들어맞는지 알아낼 충분한 정보를 얻을 수 없었다. 글레이저는 이 모든 난국을 타개할 방법을 모색하기 시작했다.

거대 가속기를 제작하는 것만으로는 기묘 입자의 모든 수수께끼를 풀 수 없었다. 가속기가 더 많은 기묘 입자를 창조할 수 있을지는 몰라도, 그것을 검출하여 측정하지 못한다면 아무짝에도 쓸모가 없었다. 앨버레즈를 비롯한 사람들이 거대 가속기 제작에 매달리는 동안 글레이저의 발상은 우주선에서 기존 안개상자보다 많은 데이터를 포착할 수 있는 검출기를 제작하는 것이었다.

글레이저는 당시의 많은 물리학자들과 달리 대규모 연구소의 일원이 되는 데에는 관심이 없었으며 대학 기반의 소규모 집단과 함께 연구하고 싶어했다. 그는 자신이 어떤 삶을 살아가고 싶은지 곰곰이 생각했다. 운동을 좋아했기 때문에, 산꼭대기 스키 리조트에 머물면서 낮에는 실험 데이터가 수집되는 동안 스키를 타고 밤에는 데이터를 들여다보며 새 입자를 발견하는 삶을 살고 싶었다. 그는 스위스의 몇몇 연구자들이 그렇게 하고 있다는 것을 알고 있었다. 그들은 궁리할 시간을 충분히 누리면서 느리지만 꾸준하게 새로운 통찰을 내놓고 있었다.

새로운 검출기를 고심하던 글레이저는 미세 입자의 상호작용을 기록이 가능하도록 막대하게 증폭하는 방법을 찾아야 한다는 것을 알고 있었다. 그가 추구한 것은 적은 양의 에너지로 훨씬 커다란 효과가 촉발되는 "준안정meta-stable" 상태였다. 이것은 안개상자가 과포화 수증기의 준안정 상태를 이용하여 안개 방울을 촉발하는 것과 같은 원리이다. 처음에는 안개상자를 고려했지만, 브룩헤이븐의 한 연구진이 제작 중인 고압 안개상자가 사진을 재설정하는 데에 20분이 걸린다는 사실을 알고서 이래서는 쓸모가 없다고 판단했다. 충분한 데이터를 영영 수집할 수 없을 것이기 때문이었다. 글레이저는 입자를 보는 새로운 방법을 찾아나섰다.

글레이저는 입자가 통과하면 굳어서 입자의 붕괴와 상호작용을 일종의 "플라스틱 크리스마스트리"로 만드는 액체를 상상했다. 그런 플라스틱 트리를 찾아내면 모든 각도에서 측정하여 새 입자를 발견할 수 있을 것이었다. 그러나 화학적 용액으로 시도했더니 크리스마스트리는커녕 질척질척한 갈색 물감이 되고 말았다. 그는 결과를 굳이 발표하지 않고 다음 아이디어로 넘어갔다. 물의 얼음결정도 시도해보았지만 얼음을 녹이고 실험을 재설정하는 데에 너무 오랜 시간이 걸렸다. 글레이저는 상상할 수 있는 모든 물리적, 전기적, 화학적 구성을 시도했으나, 그 무엇도 데이터 수집에 알맞을 만큼 입자 사건을 유용하게 기록할 수 없어 보였다.

그러던 1951년의 어느 날 압력솥에 대한 생각이 그의 운명을 바꿔놓았다. 압력솥에서는 물을 끓는점(섭씨 100도) 이상으로 가열해도 거품이 생기지 않는다. 그는 스스로에게 물었다. "액체를 압력솥에 넣어 끓는점 이상으로 가열하여 폭발이 일어나기 전에 재빨리 뚜껑을 열면 입자에 대해 예민할 만큼 불안정하게 만들 수 있지 않을까?"[13]

글레이저는 여러 액체를 시도하면서 방사선원에 노출되었을 때 거품이 형성되는지 알아보았다. 탄산수는 표면장력이 너무 컸으며 진저에일도 별 볼 일 없었다. 한번은 액체에 소량의 알코올을 첨가하면 되겠다는 아이디어가 떠올라 쉽게 구할 수 있으면서 기준에 맞는 액체를 찾았다. 그것은 맥주였다. 유일한 문제는 대학 근방에서는 주류 판매가 전면 금지된 탓에 일과 시간 이후에 맥주 상자를 몰래 들여와야 했다는 것이다. 그는 뜨거운 기름이 담긴 커다란 비커에 맥주를 넣고 옆에는 코발트-60 —강력한 감마 입자 방사원—을 두고서 뚜껑을 따고 방사선원 때문에 거품이 다르게 형성되기를 기다렸다. 그는 맥주가 코발트 방사원에 영향을 받지 않는 듯하다는 결론을 내렸지만, 미처 고려하지 못한 것이 하나 있었다. 뜨거운 맥주가 가열되면서 하도 격렬하게 거품이 생기는 바람에 폭발하여 천장까지 솟구친 것이다. 이튿날 아침 글레이저는 학과에 맥주 냄새가 진동하는 이유를 설명하느라 쩔쩔맸다. 학과장은—술을 마시지 않는 사람이었다—노발대발했다.[14]

결국 글레이저는 관련된 화학 성분표를 조사하여 마취제로 흔히 쓰이는 디에틸에테르diethyl ether라는 액체를 찾아냈다. 그러고는 엄지손가락만 한 작은 유리구를 만들어 디에틸에테르를 부었다. 어느 날 새벽 3시경 뜨거운 기름으로 에테르를 과가열했다. 그런다음 서둘러 코발트-60 방사원을 유리구 근처에 가져다두었다. 액체에서 거품이 부글거렸다. 다시 했을 때도 같은 현상이 일어났다. 그는 재빨리 근처의 공학자 동료들에게서 고속 카메라와 섬광 전구flash bulb를 빌려 감마선이 작은 검출기를 가로지르는 사진을 촬영했다. 드디어 해냈다. 새로운 종류의 입자 검출기 **거품상자**bubble chamber를 발명한 것이다.[15]

글레이저는 자신의 새 발명품으로 데이터를 어마어마한 속도로 수집할 수 있음을 깨달았다. 거품상자의 액체는 공기보다 1,000배 조밀해서 입자가 상자를 지나가는 장면을 볼 확률이 안개상자에 비해서 1,000배 높다. 그는 논문을 작성하여 1953년 4월 워싱턴에서 열리는 미국 물리학회 대회에서 발표할 준비를 했다.

대회장에 도착한 글레이저는 발표일이 마지막 날로 잡히자 속상했다. 저명한 선배 물리학자들은 모두가 집으로 돌아가는 항공편을 잡으려고 이미 떠났을 터였기 때문이다. 어느 날 저녁 그가 한 무리의 나이 든 물리학자들과 술을 마시며 신세 한탄을 하고 있었는데, 그중에 루이스 앨버레즈가 있었다. 앨버레즈는 마지막 날이면 자신도 대회장을 떠났을 것이라고 시인하면서도 글레이저가 무슨 연구를 하고 있는지 궁금해했다. 그는 거품상자에 대해서 듣자마자 젊은이의 아이디어에 어떤 의미가 있는지 대뜸 알아차렸다. "조만간 가동에 들어갈 베바트론에 알맞은 검출기를 찾으려고 지금껏 골머리를 썩였으나 허사였다. 글레이저의 상자가 안성맞춤이라는 것을 나는 한눈에 알아보았다."[16]

앨버레즈는 연구진 두 명을 남겨서 글레이저의 강연을 듣도록 했다. 앨버레즈와 글레이저 둘 다 거품상자가 베바트론에서 입자를 제대로 검출하려면 무엇이 필요한지 알고 있었다. 첫째, 디에틸에테르를 액체 수소로 대체하면 확실한 개선 효과가 있을 터였다. 수소는 대부분 양성자로 이루어져 있으므로 베바트론의 고에너지 양성자를 수소의 양성자와 간편하게 충돌시킬 수 있기 때문이다. 하지만 수소는 폭발성이 매우 강하고 액체 수소는 온도가 영하 250도가량으로 극히 차갑기 때문에 매우 신중을 기해야 했다. 두 번째 난제는 고에너지 양성자가 수소와 상호작용하여 기묘 입자를 생성하고 촬영 및 분석이 가능한 기다란 자취를 남길 충분한 공간을 가지도록 검출기의 부피를 키우는 것이었다.

미시간으로 돌아온 글레이저는 자신이 앨버레즈가 거느린 막대한 자원과 엔지니어 팀에 상대가 되지 않음을 알았다. 그는 한때 산에서 목가적인 삶을 살면서 거품상자로 우주의 고에너지 우주선을 채집하는 꿈을 꾸었다. 이제 그는 자신의 꿈에 문제가 있음을 깨달았다. 거품 자취는 나타나자마자 너무 빠르게 사라졌기 때문에 우주선 입자의 상호작용을 제때 촬영할 마땅한 방법이 없었다. 전자공학으로 카메라 셔터를 개방할 수 있게 되었을 즈음이면 거품상자는 한물간 지 오래일 것이다. 그가 거품상자를 이용할 수 있는 유일한 방법은 대형 가속기와 접목하는 것이었다. 그러면 입자가 도착하는 타이밍을 예측하여 상호작용을 검출할 기회를 잡을 수 있었다.

지금껏 대규모 실험실 연구로부터 적극적으로 거리를 두었건만 이제는 선택의 여지가 없어 보였다. 그는 학생들을 불러모아 어렵사리 입을 열었다. 마침내 그들 모두 대형 가속기로 옮기는 데에 동의했다. 글레이저는 너비 15센티미터짜리 거품상자를 제작하여 프로판propane으로 채운 다음, 12미터짜리 트레일러를 구입해서 대학원생들과 함께 모든 장비를 싣고 미국을 횡단했다. 맨 처음 그는 브룩헤이븐의 코스모트론에서 검출기를 이용했다. 그가 사용한 첫 번째 필름 롤에서는 사진이 36장밖에 찍히지 않았다. 그중에는 희귀한 붕괴의 사례가 30-40개 있었는데, 과거 기구 비행과 핵유제로는 보일락 말락 하던 것들이었다. 그가 암실에서 나오자 사람들이 몰려들었다. 그가 말했다. "제가 무엇을 얻게 될지 정확히 알진 못했습니다만, 성과를 거두리라는 것은 알았습니다. 제대로 된다면 엄청난 일이라는 것을 알고 있었죠."[17]

거품상자는 안개상자에 비해 주기 시간이 훨씬 빠르고 공간 분해능이 훨씬 높았으며 신형 가속기에서 발생하는 입자의 증가에 보조를 맞출 수 있었다. 앨버레즈와 연구진은 잠재력을 확인하고서 즉시 베바트론을 위한 대형 수소 거품상자를 제작할 준비에 돌입했다. 우선 글레이저의 결과를 재현한 다음, 기계 작업장의 소규모 인력이 참여하여 수소 거품상자를 잇따라 제작함으로써 점차 크기를 키웠다. 유리구는 강도가 충분하지 않았기 때문에 거품을 촬영할 수 있도록 유리창이 달린 철제 수조를 설계했다.

1958년 앨버레즈는 38센티미터짜리 거품상자를 베바트론에 사용했으며, 이내 글레이저에게 대학원생 여섯 명 남짓을 데리고 캘리포니아로 오라고 설득했다. 앨버레즈는 어마어마한 182센티미터짜리 액체 수소 거품상자의 제작에 착수했지만, 이미 작은 거품상자들에서 데이터기 쏟아져 나오고 있었다. 금세 끝없이 배출되는 수백만 장의 사진을 분석하는 일이 최대 난제가 되었다. 글레이저의 거품상자는 데이터 부족 문제를 보기 좋게 해결했지만 새로운 난제를 낳았다. 필름에서 유용한 데이터를 추출하려면 사진을 하나하나 들여다보아야 했다.

사진들은 분석을 위해서 전 세계의 연구진들에게 보내졌다. 글레이저는 브룩헤이븐, 미시간, 시카고, 버클리를 기차로 뻔질나게 오가는 동안에도 거품상자의 자취를 분석할 수 있도록 필름 뷰어가 장착된 특수 서류가방을 제작했다. 이윽고 이 분석은 전문화된 작업이 되어 훈련받은 "스캐너scanner" 집단에게 맡겨졌다. 이 집단은 거의 다 여성으로, "스캐닝 걸scanning girl"이라고 불렸으며 매일같이 자리에 앉아 입자의 자취를 분석했다.[18] 처음에는 흥미로운 입자의 자취의 길이와 호弧를 측정하고 데이터를 단계마다 손으로 기록했다. 결국 앨버레즈 연구진은 반半자동 측정기를 개발하여 스캐너들이 데이터를 천공 카드와 초창기 컴퓨터에 입력하도록 했다.

이 산업화된 데이터 수집 공정에서 배출된 것은 기대한 선명한 사진이 아니라 완전한 혼돈이었다. 1958년 앨버레즈는 당혹스러운 새 입자를 발견했다. 질량이 약 1,385메브여서 Y*(1385)라고 불렸다. 내가 "약"이라고 말한 것은 질량이 불확실했기 때문이다. 이것이 수수께끼의 핵심이었다. 실은 모든 입자의 질량이 불확실하다. 우리가 질량을 얼마나 정확히 아느냐는 입자가 얼마나 오래 사느냐에 달려 있다. 분명히 말하지만 이것은 측정 오류 때문이 아니라 양자역학의 핵심 원리인 **하이젠베르크의 불확정성 원리**에 모셔진 물질의 성질이다. 이 원리의 의미는 입자의 수명이 짧을수록 에너지를—따라서 질량을—확실히 알 수 없다는 것이다. 앨버레즈의 새로운 Y* 입자는 수명이 10^{-23}초에 불과했기 때문에 질량이 "약" 1,385메브일 수밖에 없었다. 앨버레즈가 발견한 것은 단지 새 입자만이 아니라 자연계에서 가장 찰나적인 물리 현상이었다. 이 입자는 광속에 근접한 속도로 이동하더라도 양성자 너비만큼도 나아가지 못한 채 붕괴하고 만다.

Y*(1385)는 **공명**resonance 입자라는 전혀 새로운 종류의 입자 중 첫 번째였으며 많은 입자들이 뒤따랐다. 베바트론이 시동을 걸 때만 해도 알려진 입자의 수가 30종 남짓이었지만 결국 200개가량의 새 입자와 공명 입자가 발견되었다. 하도 많아서 그리스어 알파벳이 동났다. 실험물리학자들이 발견에 발견을 거듭하는 동안 이론물리학자들은 새 입자들에 질서를 부여할 창의적인 혁신을 고안하고 있었다.

우선 기묘 입자가 길을 열었다. 1956년 이론물리학자 머리 겔만[19]은 낱낱의 기묘 입자에 **기묘도**strangeness라는 새로운 양quantity을 부여했다 (1953년 니시지마 가즈히코도 독자적으로 같은 작업을 했다). 겔만의 아이디어는 **강한** 상호작용에서 기묘도가 보존된다는 것이었다. 두 입자가 생성되었는데, 하나는 기묘도가 +1이고 다른 하나는 −1이라면 전체 기묘도는 보존된다. 기묘 입자는 대개 쌍으로 생성되는 것으로 관찰되었으므로 이것은 적절해 보였다. 겔만은 기묘 입자의 수명이 예상보다 길어 보이는 이유도 제시했다. 그는 약한 붕괴에서는 기묘도가 보존되지 **않을** 것이라고 예측했다. 기묘 입자가 이런 식으로 비非기묘 입자로 붕괴할 때는 붕괴가 (기묘도 보존을 따라야 하는) 강한 상호작용에 의해서 진행될 수 없으며 더 느린 시간대에서 약한 붕괴를 겪어야 한다. 전자의 붕괴는 자연에 의해서 금지되는데, 기묘 입자의 수명이 상대적으로 긴

것은 이렇게 설명된다.

1961년이 되자 머리 겔만과 유발 네만은 기묘도와 전하를 바탕으로 각자 분류 체계를 제안했다. 이 체계는 종종 불교의 팔정도八正道에 빗대어 "팔도Eightfold way"라고 불린다. 상세한 수학으로 자신의 이론을 뒷받침함으로써 겔만과 네만은 다양한 입자들을 질서 정연한 집단으로 단순화하여 분류 체계를 구축할 수 있었다. 분류의 한 가지 기준은 입자마다 다른 스핀spin이었다. 스핀은 자신을 축으로 회전하는 입자의 내재적 각운동량을 가리키는 양자수이다. 파이온과 케이중간자(둘 다 스핀이 0이다)는 8개의 중간자meson 집단을 구성하는 반면에 람다, 양성자, 중성자(스핀이 1/2이다)는 이른바 중입자重粒子, baryon라는 또다른 팔중항octet에 속한다. 중입자 10개로 이루어진 또다른 집단도 있는데, 이 십중항decuplet(모두 스핀이 3/2이다)에는 델타, 시그마, 크시 같은 특이한 입자들이 포함되며 전부 이미 관찰되었다. 여기에 핵심이 있었다. 이론에 따르면 십중항에는 아직 발견되지 않은 입자가 있을 것으로 예측되었으며 그 입자는 오메가 마이너스omega minus로 불렸다. 겔만의 체계가 옳은지 확인하는 방법은 단 하나뿐이었다.

1964년 브룩헤이븐은 코스모트론을 AGS(교류 기울기 싱크로트론 Alternating Gradient Synchrotron)[20]라는 신형 가속기로 업그레이드했으며, 400톤짜리 자석이 달린 80인치짜리 액체 수소 거품상자를 설치했다. 니컬러스 사미오스가 이끄는 팀이 오메가 마이너스 탐색에 착수했다. 이 입자는 그해에 발견되었는데, 이 사건은 새 이론이 거둔 혁혁한 성과였다. 연구진은 옳은 방향으로 가고 있었다.

발견 이후 겔만은 자신의 분류 체계의 수학적 토대를 따라 정말이지 놀라운 주장을 내놓기에 이르렀다. 양성자, 중성자, (파이온 같은) 중간자와 공명 입자가 결코 진정한 기본 입자가 아니라 더 작은 조각으로 이루어졌다는 것이다. 겔만은 이 기본 성분을 "쿼크quark"라고 불렀다.[21] 그는 쿼크가 "위up", "아래bottom", "기묘strange"의 세 종류가 있다고 제안했다. 위 쿼크와 아래 쿼크는 양성자와 중성자를 이루는 반면에 기묘 쿼크는 케이중간자와 람다 같은 기묘 입자를 만들었다. 공명 입자는 쿼크들이 결합하여 들뜬 상태로 이해할 수 있었다.

산업 규모의 거대 과학이 결실을 맺기 시작했다. 이 방법이 아니고서는 쿼크 개념에 도달할 방법은 거의 없을 것 같았다. 소규모 연구진으로는 이렇게 거대한 장비를 짓고 운영하는 것이 도무지 불가능하다. 물론 이런 대규모 팽창에는 나름의 문제가 있다. 돌이켜보면 발견에 정확히 누가 관여했는지, 정확한 역할이 무엇이었는지 판단하기조차 힘들어지니 말이다. 스캐닝 걸에 대한 일차 기록은 거의 찾아볼 수 없다. 이 바닥을 떠난 대학원생들에 대해서는 상세한 약력이 남지 않는다. 오메가 마이너스의 발견에 대한 논문은 저자가 33명이었는데, 가속기 설계자, 엔지니어, 스캐너, 이론물리학자는 누구도, 심지어 겔만도 포함되지 않았다.[22] 그 결과 오늘날 우리에게 들리는 이야기는 (공명 입자와 오메가 마이너스 같은 발견을 실제로 가능하게 만든) 실험물리학자와 엔지니어 등의 팀에 대한 것이 아니라 극소수의 이론물리학자에 대한 것뿐이다.

작은 과학의 영원한 옹호자 글레이저는 작업 방식의 거대한 변화가 당혹스러웠다. 1959년 거품상자로 노벨상을 받은 지 불과 몇 년 만에 글레이저는 스캐너와 엔지니어로 이루어진 대규모 팀을 감독하는 관리 업무에 신물이 나서 물리학을 그만두고 신경생물학으로 전향하여 최초의 생명공학 회사 시터스 코퍼레이션을 설립했다.[23] 한편 앨버레즈는 1968년 노벨상을 받았다.

$$* \quad * \quad *$$

버클리 같은 연구소에서 진행되는 거대 과학은 여러 분야의 과학자들을 한데 모아 야심찬 응용 연구와 호기심에 이끌린 물리학을 수행할 수 있는 여건을 조성한다. 앨버레즈는 이런 연구 방식을 옹호하게 되었으며, 맨해튼 계획의 또다른 고참 로버트 래스번 ("밥") 윌슨도 이런 태도로 널리 알려지게 되었다. 앨버레즈와 마찬가지로 윌슨도 어니스트 로런스의 전직 사이클로트론 연구자였으나 전후戰後 버클리가 아니라 하버드를 먼저 선택했다. 윌슨은 원자 무기 개발에서 맡은 역할을 자랑스러워하지 않았으며 한 인터뷰에서 이렇게 논평했다. "우리가 성공하지 못하기를 늘 바랐다."[24] 윌슨은 와이오밍에서 자랐으며 그의 선조는 퀘이커 교도였다. 그는 전쟁 전부터 평화주의자였으나, 전쟁을 경험하면서 물리학의 평화적 이용에 이바지해야겠다는 결심이 더욱 굳어졌다.

1946년 윌슨은 아이디어를 하나 떠올렸다. 너무나 자명해 보였던 탓에 자신 말고도 많은 사람들이 같은 아이디어를 떠올렸으리라 생각했다. 사이클로트론의 양성자 빔 에너지가 몇백 메브로 충분히 커지면서 빔이 인체 조직 깊숙이 도달할 수 있었으므로 치료, 특히 암 치료에 이것을 직접 이용할 수 있을지도 몰랐다. 그러나 그의 제안이 의료계에 전달되었을 때, 전에는 아무도 이런 생각을 한 적이 없었음이 드러났다. 여러 해가 걸리기는 했지만 마침내 그의 아이디어는 고에너지 하전 입자를 이용한 전혀 새로운 종류의 암 치료법인 입자 요법particle therapy의 길을 터주었다.[25]

그가 답해야 한 질문은 이것이었다. 고에너지 입자는 인체와 어떻게 상호작용하며, 어떻게 암 치료에 이용될 수 있을까? 사이클로트론 생성 동위원소를 의료에 성공적으로 이용한 역사를 이미 알고 있던 그는 어니스트 로런스의 동생 존이야말로 이 분야를 발전시킬 적임자라고 믿었다.

1950년대에는 방사선을 이용한 암 치료가 대세가 되어가고 있었다. X선(과 때로는 전자)이 방사선 요법에 쓰인 이유는 **이온화 방사선**ionising radiation—전자를 떼어내어 이온을 형성할 만큼 강력한 에너지를 가진 방사선—이 암세포를 죽일 수 있다는 사실이 확고하게 밝혀졌기 때문이다. 이런 치료법의 목표는 암세포를 파괴하기에 충분한 용량을 종양에 조사하면서도 건강한 조직에는 최대한 적게 조사되도록 하는 것인데, 이것은 까다로운 과제이다. 그 이유는 빔이 물질 안에서 행동하는 물리적 특성 때문이다. 이런 연유로 윌슨의 아이디어는 대단한 돌파구를 열어주었다.

인체는 약 70퍼센트가 물이기 때문에, 고에너지 양성자나 전자는 인체 조직에 침투하면 원자 주변의 전자와 상호작용하여 매우 빠르게 에너지를 잃는다. 방사선량의 관점에서 보면 이것은 방사선이 피부 바로 밑에 많이 쌓이고 체내 깊숙한 곳에는 적게 쌓인다는 뜻이다. 하지만 중하전 입자heavy charged particle의 경우 조직이나 물에 침투해도 작은 전자로는 속력을 늦추기에 역부족이어서 입자가 에너지를 천천히 잃으며 원래 경로에서 조금만 벗어난다. 양성자를 비롯한 중하전 입자는 처음에는 에너지를 거의 방출하지 않은 채 체내 깊숙이 도달하여 천천히 느려지다 결국 멈추므로 대부분의 에너지(따라서 손상)를 목적지에 전달한다. 양성자의 깊이와 조사량을 도표로 그리면 브래그 피크Bragg peak라는 곡선이 나타난다.[26]

윌슨은 생물학의 관점에서 중하전 입자의 브래그 피크가 체내 깊숙이 자리한 종양 치료에 훨씬 더 유리할 것임을 깨달았다. 양성자의 출발 에너지를 변화시키면 정지하는 깊이를 달리하여 필요한 조사 부위를 정확하게 지정할 수 있다. 그러나 방사선의 물리학과 물질의 물리학은 하나이다. 인체에서의 생물학적 효과에 대해서는 아직도 밝혀내지 못한 것들이 있었다.

존 로런스와 동료 로버트 스톤 박사는 중성자를 치료에 활용하는 방안을 연구한 적이 있었으나 결과는 애매했다. 그들의 동료 코닐리어스 토비어스는 중성자 대신 하전 입자를 활용하는 윌슨의 발상에 따라 1948년 350메브 사이클로트론에서 생물학 실험을 실시하여 양성자와 중양성자가 세포에 미치는 영향을 검증했다. 가능성이 엿보이자 1952년 최초로 사람을 중양성자와 헬륨 이온 빔에 노출시켰다. 가속기를 베바트론으로 대체한 1954년에는 최초로 양성자 빔에 사람을 노출시켰다.

더욱 정교해진 도구 덕분에 방사선을 인체 깊숙이 보낼 수 있게 되었지만 의사들은 입자 빔을 정확하게 이용할 수 없었다. 제대로 보지 못한 채 조작해야 했기 때문이다. 당시는 아직 CT(제1장)가 발명되지 않았으므로 기존의 촬영 방식으로는 인체를 깊숙이 들여다볼 수 없었다. 볼 수 있었던 표적 중 하나는 일부 호르몬의 분비를 조절하는 뇌하수체였다. 따라서 최초의 치료는 뇌하수체가 암 성장 호르몬을 생산하지 못하게 하는 일에 집중되었다. 이 방식으로 치료받은 최초의 환자는 전이 유방암을 앓는 여성이었는데, 시술은 성공했다.[27] 촬영 기술과 가속기 기술이 접목되어 본격적으로 암 치료에 쓰이려면 몇십 년이 지나야 했지만, 이 사건은 의료를 통틀어 가장 정교한 기법 중 하나의 출범을 알렸다.

오늘날 전 세계 100여 곳에서 양성자나 중이온(대개는 탄소 이온)을 이용하는 **입자 요법**을 시행한다. 불과 10년 전의 22곳에서 장족의 발전을 거둔 것이며 그 수는 지금도 기하급수적으로 늘고 있다. 입자 요법은 도달하기 힘든 심층의 종양, 까다로운 소아암, 중요 장기 근처 종양에 특히 적합하다. 2016년 영국에서는 의사의 만류에도 불구하고 자녀의 양성자 요법을 위해서 유럽을 가로질러 프라하로 간 일가족이 헤드라인을 장식했다. 당시는 영국 최초의 양성자 요법 병원들이 완공되기 전이었다.

병원들은 입자 가속기가 근처에 있다는 사실을 환자들이 거의 인식하지 못하도록 세심하게 설계되었다. 스위스의 파울 셰러 연구소의 환자 치료실은 벽에 목재 패널이 붙어 있으며 창호지 뒤에서 배경 조명을 비춰 마치 벽 바로 뒤에서 햇빛이 비치는 듯한 느낌을 연출했다. 창호지 뒤에는 1미터 두께의 콘크리트 방사선 차폐물이 있다. 환자는 치료를 받는 동안 작은 방 한가운데에 있는 탄소섬유 침대에 누워 있으며 로봇 위치 제어 시스템이 침대를 받치고 있다. 커다란 흰색 금속 노즐이 천장에서 튀어나와 있지 않다면, 당신은 당장이라도 외과의가 나타날 거라고 예상할지도 모르겠다. 하지만 이 시설에서는 인간 외과의가 전혀 필요하지 않다.

궁금한 환자(또는 물리학자)는 이 시설을 탐방할 수 있다. 치료실 벽은 단단해 보이지만, 숨겨진 손잡이로 열고 안으로 들어가면 널찍한 동굴 같은 느낌의 공간에 거대한 장비들이 가득하며 진공 펌프와 웅웅거리는 전력 공급 장치의 소리가 들린다. 동굴 뒤쪽으로 콘크리트 차폐물 구멍을 통해서 보이는 금속제 빔 관이 근처의 가속기로부터 양성자를 운반한다. 양성자 빔은 자석을 잇따라 통과하면서 치료실 위쪽으로 올라간다. 마지막으로, 200톤짜리 자석을 통해서 아래로 휘어져 필요한 곳으로 향한다. 무게가 대왕고래의 두 배 가까이 나가는 자석이 환자 바로 위에 놓여 있는 것이다.

갠트리gantry라고 불리는 전체 구조물은 움직일 수 있는데, 환자가 침대에 누워 있는 동안 주위를 360도 회전하며 어느 각도에서든 빔을 쏠 수 있다. 환자는 입자 빔이 자신의 몸과 상호작용하는 것을 감지하지 못한다. 몇 미터 너비의 사이클로트론은 양성자 요법의 전체 과정에서 작은 부분에 불과하다. 더 무거운 입자를 위해서는 지름이 약 20미터인 싱크로트론이 필요하다.

입자물리학을 위한 입자 가속기를 설계하는 물리학자들은 병원에서 쓰이는 입자 요법을 위한 싱크로트론(및 일부 사이클로트론)도 설계한다. 암 치료법과 입자물리학이 함께 발전할 수 있는 것은 학제간 협력 덕분이다. 이것은 우연이 아니다. 지식이 경계를 쉽게 넘나들 수 있는 환경을 조성하는 것이야말로 (1958년에 세상을 떠난) 로런스와 그의 계승자들이 품은 뜻이었으니까. 과학에 대한 이런 대규모 팀 기반 접근법은 입자물리학에 대한 우리의 이해에 혁명을 가져오는 동시에 사회적 공익을 위한 촉매 역할을 했다.

지금은 이 기술을 더욱 작고 값싸고 정확하게 만들려는 시도가 진행 중이다. 입자 요법은 물리학자들에게 새로운 가속기 기술을 받아들이고 발명할 완전히 새로운 추진력을 공급하고 있다. 물리학 분야가 대규모 공동 실험으로 탈바꿈하면서 나온 경이로운 현실 응용 사례는 입자 요법 말고도 수두룩하다.

미국뿐 아니라 전 세계에서 이런 전환이 일어나고 있다. 제2차 세계대전의 피해를 복구하던 유럽에서는 프랑스의 물리학자 루이 드 브로이가 유럽의 과학자들이 뭉쳐 다국적 연구소를 설립하자고 처음 제안했다. 고에너지 물리학 연구를 계속하고 싶다면 필수적 수순이었다. 그들은 미국에서 계획되고 건설되던 대규모 시설을 바라보면서 자신들이 경쟁력을 잃지 않는 유일한 방법은 자원을 쏟아붓는 것임을 깨달았다.

수년간 정부에 로비한 끝에 1954년 서유럽 12개국이 새로운 연구소인 유럽 입자물리 연구소Conseil Européen pour la Recherche Nucléaire, 즉 CERN을 제네바 인근에 설립한다는 안을 비준했다. 이 계획은 불과 몇 년 전에 서로 전쟁을 벌이던 벨기에, 덴마크, 프랑스, 독일, 그리스, 이탈리아, 네덜란드, 노르웨이, 스웨덴, 스위스, 영국, 유고슬라비아 연구자들을 끌어모았다. CERN은 각 회원국 대표자로 이루어진 여러 위원회의 관할하에 있는데, 의사 결정을 내리고 주요 과학 프로젝트를 진행하고 각국을 공통의 목표로 협력시키기 위한 독특한 구조를 만들어냈다. 미국의 여느 연구소와 달리 CERN의 협약에는 연구소가 "군사적 목적을 위한 연구에 결코 관여하지 않으며 시험 연구 및 이론 연구의 결과는 발표되거나 일반에 공개되어야 한다"고 명시되어 있다. CERN의 임무는 예나 지금이나 평화를 위한 과학이다.

한편 일본의 과학 역량이 파괴된 것은 전쟁으로 인한 빈곤 때문일 뿐 아니라 1945년 미군이 시행한 조치 때문이기도 했다. 사이클로트론이 핵무기 개발에 이용될 것을 우려한 미군 점령 당국은 일본의 대형 사이클로트론 4기를 해체하여 도쿄 항에 투기했다.[28] 1952년 샌프란시스코 조약으로 일본과 연합국 사이에 평화가 회복되기 전에는 일본이 새 기계의 제작을 고려하는 것조차 허락되지 않았다. 오늘날 일본은 입자물리학뿐 아니라 입자 요법에서도 세계 수준의 연구 역량을 갖추고 있다.

1960년대 물리학자들은 자신의 연구를 생물학에 응용하는 것을 곁다리 프로젝트로 여겼으며 먼 훗날에야 이런 목표가 실현될 것이라고 생각했다. 기본 입자에 대한 새로운 분류 체계가 도입되면서 마침내 물질과 힘을 더 근본적인 수준에서 이해할 수 있게 되었다. 새 입자가 전부 소립자는 아니어서 일부는 쿼크라는 성분으로 이루어졌지만, 쿼크 자체는 여전히 관찰되지 않았다. 쿼크를 가진 입자들은 모두 강한 핵력을 통해서 상호작용하지만, 이 시점까지도 물리학자들은 약한 핵력이 어떻게 작용하는가의 수수께끼를 아직 풀지 못하고 있었다. 그들이 아는 사실은 이 네 번째 힘이 베타 붕괴를 일으킨다는 것뿐이었다. 바로 이 베타 붕괴가 우리를 다음번 모험으로 이끈다.

9

메가 검출기 : 신출귀몰 중성미자를 찾아서

방사성 붕괴의 세 가지 기본 유형인 알파, 베타, 감마 중에서 하나는 나머지 둘과 묘하게 달랐다. 베타 붕괴는 1900년대 초반 이후로 물리학자들의 골머리를 썩였는데, 물리학의 기본 법칙 중 하나에 어긋나는 것처럼 보였기 때문이다. 베타 붕괴의 수수께끼가 해결되기까지는 50년이 넘는 시간이 걸렸으며, 그동안 물리학자들은 엄청난 규모의 지하 실험을 잇따라 실시하여 (유수의 전문가들은 결코 검출될 수 없으리라 믿었던) 이론상의 새 입자를 추적했다. 그것은 우주에서 가장 풍부하면서도 가장 신출귀몰한 입자인 **중성미자**中性微子, neutrino였다.

1900년대 초부터 베타 방사선에서 생성되는 전자들이 다양한 에너지를 가진다는 사실이 실험으로 밝혀졌다. 당시에는 특별히 우려스러운 일은 아니었지만, 원자핵이 밝혀진 뒤부터 문제가 불거지기 시작했다. 원소는 베타 붕괴를 겪고 나면 그대로 유리되는 것이 아니라 주기율표에서 한 칸 오른쪽으로 이동한다. 이것은 원자 궤도에서 전자를 하나 잃는 것과는 다르다. 전자를 잃으면 원자의 전하가 달라질 뿐 **종류**는 그대로이기 때문이다. 이에 반해 베타 붕괴는 핵 안에서 전자를 생성한다. 제임스 채드윅과 동료들이 면밀히 측정했더니 베타 붕괴는 매우 작은 에너지에서 일성한 최대 에너지에 이르는 **연속 스펙트럼** 위에서 언뜻 무작위로 보이는 에너지를 가질 수 있었다. 이 현상은 심각한 골칫거리를 낳았다. 베타 붕괴는 물리학의 가장 기본적인 원리에 어긋났다.

베타 붕괴를 겪는 원자 안에는 처음에는 하나의 물체, 즉 그 원자가 있다. 그런데 나중에는 원자와 전자라는 두 물체가 된다. 물리학의 핵심 법칙 중 하나인 운동량 보존 법칙에 따르면, 이런 단순한 이체계two-body system에서 탄도체에 의해서 전달되는 운동 에너지는 예측할 수 있는 고유한 값을 가져야 한다. 그런데 알파 방사선과 감마 방사선은 이 법칙을 충실히 따랐지만 베타 방사선은 무작위적이고 예측 불가능했다. 이런 근본적인 과학 원리가 깨진다는 것은 실험에 결함이 있거나 측정이 잘못되었다는 확실한 신호였다. 하지만 이런 실험을 누가 실시하든 아무리 열심히 노력해도 데이터는 달라지지 않았다.

무슨 일이 벌어지고 있는지에 대해서는 물리학자마다 견해가 달랐다. 닐스 보어 같은 사람들은 운동량 보존 개념을 폐기하거나, 원자 내부의 작은 규모에서는 에너지가 평균적으로 보존될 뿐 매번의 붕괴 때마다 보존되는 것은 아니라고 주장함으로써 적어도 이 문제를 회피하려고 했다. 반면에 볼프강 파울리는 이 수수께끼를 외면할 수 없었다. 파울리는 비판적이고 합리적인 접근법으로 유명했으며 이 때문에 "신의 회초리"라는 별명을 얻었다. 그는 브뤼셀에서 열린 한 모임에서 네덜란드계 미국 물리학자 피터 디바이로부터 베타 붕괴에 대해서 아무 생각도 하지 말라는 조언을 들었으나 거기에 동의할 수 없었다. 파울리는 운동량 보존을 구해내겠노라 다짐하고는 이론적 해법을 내놓기에 이르렀으나, 경악스럽게도 상황은 오히려 악화했다. 그가 말했다. "끔찍한 일을 저질렀다. 검출될 수 없는 입자를 상정하고 말았다."

파울리는 자신의 아이디어를 다른 물리학자에게 처음 제시했다. 그는 이런 질문을 던졌다. 어쩌면 전기적으로 중성인 작은 입자가 에너지를 가져가는 것은 아닐까? 그는 자신의 아이디어가 너무 터무니없다고 생각하여 편지 수신인들에게 자신이 "아무것도 발표할 엄두가 나지 않으며" 우선 "친애하는 방사성 동료들"에게 이런 입자의 실험적 증거를 찾을 가능성이 얼마나 되는지 묻고 싶다고 말했다. 파울리도 잘 알고 있었듯이, 문제는 이 입자가 질량과 전하를 전혀 가지지 않는 것으로 예측된다는 것이었다. 그러니 실험에서 드러날 리 만무했다.

1933년 파울리의 아이디어는 엔리코 페르미에 의해서 온전한 베타 붕괴 이론으로 정립되었다. 페르미는 이탈리아의 물리학자로, 이론적 능력과 실험적 능력 양면에서 존경받는 인물이었다. 그는 새 입자에 "작은 중성적인 것"이라는 뜻의 뉴트리노neutrino라는 이름을 붙인 뒤 자신의 이론을 「네이처」에 투고했다. 그의 논문은 "현실과 너무 동떨어져서 독자의 관심을 끌지 못할 추측을 담고 있다"는 이유로 반려되었다. 1년 뒤 맨체스터에서 물리학자 루돌프 파이얼스와 한스 베테는 베타 붕괴에서 생겨난 중성미자가 물질과 전혀 상호작용하지 않은 채 지구를 고스란히 통과할 수 있다는 계산을 내놓았다. 사실 중성미자는 몇 광년 두께의 납을 통과할 수 있었다. 중성미자가 베타 붕괴 문제를 이론상으로 해결했을지는 몰라도 검출이 불가능해서 검증할 수 없는 입자가 무슨 소용이 있겠는가? 여러 해 동안 실험물리학자들은 이 문제를 등한시했다.

이 문제는 20년간 방치되었다가 마침내 1950년대에 서른세 살의 한 물리학자가 신출귀몰 중성미자를 찾겠노라 마음먹었다. 그의 이름은 프레드 라이너스로 뉴저지 출신이었다. 그는 박사 과정을 갓 마치고 맨해튼 계획의 이론 부문에 참여했으며 전후에는 로스앨러모스에서 연구를 이어갔다. 라이너스의 관심 분야는 미국 정부에 유익한 것이었지만, 많은 동료들의 경우와 마찬가지로 전쟁으로 인해서 그 또한 원자 무기 쪽으로 전문 분야가 달라졌다. 라이너스는 물리학에 더 근본적으로 중요한 기여를 할 때가 되었다고 판단했다. 사무실에서 몇 주일을 보내는 동안 거듭해서 떠오른 생각은 중성미자를 찾아야겠다는 것뿐이었다.

중성미자 방사원을 어떻게 만들지? 검출은 어떻게 하지? 올바른 검출기를 제작할 수 있다면 중성미자의 존재를 입증할 수 있을지도 몰라. 재빨리 계산했더니 설령 검출기를 제작할 방법을 찾아내더라도 중성미자가 상호작용을 일으킬 가능성이 터무니없이 낮아서 검출기가 어마어마하게 커져야 했다. 액체가 가장 효과적일 테지만, 당시 가장 큰 액체 검출기는 부피가 약 1리터에 불과했다(그때는 1951년이었다. 도널드 글레이저의 거품상자가 막 등장하기는 했지만 어차피 이것으로는 전하가 중성인 중성미자를 직접 검출할 수 없었다). 최첨단 검출기보다 부피가 1,000배 큰 검출기를 어떻게 만들 수 있을까? 엔리코 페르미도 이런 검출기를 어떻게 만들어야 하는지 전혀 감을 잡을 수 없었다.[1] 페르미가 못 하면 대체 누가 할 수 있겠는가? 불가능해 보였다. 라이너스는 한동안 이 아이디어를 방치해두었다.

얼마 지나지 않아 라이너스가 타려던 비행기가 엔진 고장으로 이륙하지 못하는 바람에 그는 캔자스시티 공항에서 발이 묶였다. 로스앨러모스의 동료 클라이드 카원도 같은 신세였다. 카원은 화학 공학자였으며 전직 미 공군 기장으로서 전쟁 중에는 레이더 업무를 맡았다. 라이너스가 활기찬 외향적 성격인 데에 반해서 카원은 침착하고 내성적이지만 명민한 실험주의자였다. 둘은 공항을 배회하며 담소를 나눴는데, 그러다가 라이너스가 중성미자를 찾을 아이디어를 꺼내자 카원이 반색하며 펄쩍 뛰었다. 두 사람이 중성미자를 찾기로 의기투합한 것은 단지 모두가 불가능하다고 말하기 때문이었다. 로스앨러모스의 관리자들은 기상천외한 제안서를 받아주었으며 이렇게 해서 새로운 공동 연구가 탄생했다.

1951년 프로젝트 출범 당시에 찍은 사진에서 라이너스와 카원은 핵심 동료 다섯 명과 함께 계단에 서서 마분지 표지판 주위로 포즈를 취하고 있다. 손으로 그린 로고에는 정면을 응시하는 눈과 더불어 "프로젝트 폴터가이스트Project Poltergeist"("폴터가이스트"는 "소란스런 현상을 일으키는 정령"을 뜻한다/옮긴이)라고 쓰여 있다. 표지판 뒤에서 한 사람이 (이유는 알 수 없지만) 커다란 스펀지 걸레를 들고 있다. 사기가 충천해 보이는데, 그래야만 했다. 그들이 제안한 실험은 거대한 수조를 제작하여, 극도로 세심하게 정제하고 배합한 액체로 채우고, 주위를 민감한 전자 기기로 둘러싸서, 거의 보이지 않는 입자를 찾아낼 수 있기를 희망하는 것이었으니까 말이다.

라이너스와 카원은 페르미의 중성미자 이론을 연구했다. 그에 따르면 중성미자의 상호작용은 엄청나게 드물게만 일어나기 때문에, 그들은 최대한 많은 중성미자를 내놓을 수 있는 공급원을 찾는 것이 급선무라고 판단했다. 중성미자는 물질을 통과하여 오랫동안 이동할 수 있지만, 통계적으로 보면 충분한 개수의 중성미자가 있을 경우 검출기를 통과하는 과정에서 우연히 핵과 상호작용할 가능성이 있었다. 그들의 첫 번째 아이디어는 원자폭탄에서 나오는 중성미자를 붙잡는다는 것이었으나, 핵분열로nuclear fission reactor라는 신기술이 덜 위험한 대안이 될 수 있음을 금세 깨달았다. 핵반응로는 1제곱센티미터당 약 10조(10^{13}) 개라는 어마어마한 중성미자 흐름을 매초 발생시킬 것으로 예측되었다. 물론 핵무기

만큼 많지는 않아도 아주 오랫동안 중성미자를 배출할 수 있는 안정된 공급원이었다.

라이너스와 카원은 페르미의 이론이 예측한 대로 양성자가 중성미자를 붙들어 중성자로 바뀌면서 양전자를 방출하는 반응을 찾는 데에 초점을 맞추었다.[2] 이 과정에서 2단계로 중성미자의 흔적을 확인할 수 있을 것으로 기대했다. 첫째, 양전자가 전자를 소멸시키면서 감마선의 섬광을 발생시키는데, 이것은 중성미자가 검출기에 들어왔다는 분명한 신호가 될 것이었다. 둘째 흔적은 새롭게 생겨나는 중성자에서 나오는데, 이것은 핵에 흡수되어 약 5마이크로초 뒤 감마선을 방출할 것이었다. 프로젝트 폴터가이스트에 실제로 필요한 것은 5마이크로초 간격으로 번득이는 두 개의 감마선 섬광을 잡아낼 수 있는 시스템이었다. 그들은 이 흔적을 통해서 중성미자를 우주선 같은 배경잡음으로부터 구별하기를 바랐다.

그들은 자신들이 찾는 것이 무엇인지 알아낸 뒤 검출기를 설계했다. 여기에는 최근의 기술적 발전 두 가지가 적용되었다. 첫 번째는 감마선이나 하전 입자가 일부 투명한 유기물 액체를 통과할 때 가시광선이 방출된다는 발견이었다. 이 "액체 섬광체liquid scintillator"에서 작은 섬광이 발생하는데, 이것은 또다른 기발한 발명품인 광전자 증배관photomultiplier tube으로 포착할 수 있었다. 이 진공관은 기다란 전구에 전자를 채운 것과 비슷하게 생겼다. 진공관 앞쪽을 때린 섬광은 (제3장에서 설명한 광전 효과를 통해서) 전자로 변환되었다가 전자 기기로 측정할 수 있을 만큼 큰 전기 펄스로 증폭된다. 광전자 증배관은 실험에서 눈 역할을 한다.[3] 이렇듯 연구진에게는 물리학뿐 아니라 화학과 전자공학 지식도 필요했다.

또한 연구진은 완전히 전자적인 측정 방법을 설계하는 단계를 밟았다. 그러면 안개상자나 거품상자에서처럼 수백만 장의 사진을 분석할 필요가 없었다. 중성미자가 액체 섬광체에서 상호작용을 일으키면 진공관이 특정한 섬광 연쇄를 포착하여 오실로스코프oscilloscope에 블립(blip : 레이더 표시에서 목표가 나타남으로써 생기는 전자 빔의 편향 또는 발광 휘점/옮긴이)으로 표시한다.[4] 그러면 펄스의 시간 간격으로 중성미자의 존재를 확증할 수 있다.

전자적 측정의 단점은 실험에서 벌어지는 현상에서 한 걸음 물러서게 된다는 것이다. 블립 몇 개만 볼 수 있는 상황에서는 데이터를 직관적으로 이해하기가 힘들다. 검출기에서 감마선 섬광이 번득일 때마다, 5마이크로초 뒤에 우연한 섬광이 발생하여 중성미자로 오인될 가능성이 있다. 이런 일이 일어나지 않도록 해야 했지만, 방법은 하나뿐이었다. 가능한 방사선원을 모조리 제거해야 했다. 이제 고된 작업이 본격적으로 시작되었다.

라이너스와 카원의 실험실은 외딴곳에 자리한 난방도 되지 않는 창고 같은 건물이었다. 트럭들이 끊임없이 도착하여 실험 부품을 내려놓았으며 건물을 채우고도 모자라 연구진은 키 높이의 두 배로 쌓인 상자들에 둘러싸였다. 연구진은 여러 달 동안 다양한 섬광체 조합을 검사했으며 광전자 증배관 반응을 측정하여 전자 기기들이 제대로 작동하는지 점검했다. 난방 시설이 없어서 겨울에는 애를 먹었는데, 섬광체 액체의 온도를 16도 이상으로 유지하지 못하면 액체가 흐려져 실험을 망칠 수 있었기 때문이다. 그들은 전기 히터로 섬광체 액체는 데울 수 있었지만, 전기료를 감당할 수 없어 자신들은 오들오들 떨어야 했다.

검출기의 첫 버전이 시제품으로 완성되어 "엘 몬스트로El Monstro"(괴물)로 명명되었다. 그들은 새로운 기계가 필요하다는 것을 알게 되자,

두 번째 검출기를 제작하여 "헤어 아우게Herr Auge"(눈目 씨)라는 별명을 붙었다. 이 검출기들은 이전의 리터 규모의 검출기들과는 차원이 달랐다. 용량이 300리터로 확대되었으며 90개의 광전자 증배관이 실린더를 에워쌌다.

다음으로 그들은 검출기에 잡雜 감마선을 발생시키는 방사선원을 제거하는 어마어마한 과제에 착수했다. 일부 방사선원은 명백하여 예측할 수 있었다. 핵반응로에서 나오는 중성자는 파라핀납 벽돌로 만든 두꺼운 차폐막으로 차단할 수 있었다. 하지만 전문 업체에 주문하여 돈을 허비할 수는 없었다. 연구진은 직접 벽돌을 만들었다. 건물 밖에서 눈을 치우고는 벽돌을 하나하나 손으로 빚어 반응로가 있는 곳으로 날랐다.

또다른 방사선원은 제거하기가 더 힘들었다. 헤어 아우게가 포착하는 방사선은 가이거 계수기나 다른 기기로는 검출되지 않았기 때문이다. 알고 보니 헤어 아우게는 지금껏 제작된 감마선 검출기 중에서 성능이 가장 뛰어났다. 어찌나 민감하던지 연구진은 팀원을 몇 명 내려보내서 검출기가 인체의 방사선을 감지할 수 있는지 알아보기까지 했다. 그들은 비서와 동료들에게서 나오는 소량의 방사성 칼륨-40의 계수율을 쉽게 검출할 수 있었다.[5] 이 민감도야말로 그들에게 꼭 필요한 것이었다. 그들은 검출기 제작에 검출기를 활용할 수 있음을 깨달았다.

그들은 새 부품을 조립하기 전에 헤어 아우게에 넣어 방사능 수치를 측정했다. 황동과 알루미늄은 주철이나 강철보다 방사성이 컸다. 광전자 증배관의 유리에 들어 있는 칼륨조차도 검출기 배경잡음의 원인이었다. 검출기의 물리적 구조에서도 일부 방사성 성분이 발견되어 떼어내고 교체해야 했다. 매번 그들은 배경잡음을 일으키는 소재를 꼼꼼히 찾아냈다. 극단적인 완벽주의처럼 보이지만, 그들은 광자 섬광 하나하나의 방사원을 확인해야 했다. 그리고 방사원은 한두 개가 아니었다.

몇 달간의 분투 끝에 실험 준비가 끝났다. 그들은 검출기를 워싱턴 주핸퍼드의 핵반응로 근처로 가져가 설치했다. 그리고 기다렸다. 극적인 순간이 결코 없으리라는 사실은 알고 있었다. 낱낱의 사건들이 그저 조금씩 쌓이다가 충분해지면 그제야 분석하는 방식이었다. 연구진은 두어 달 동안 번갈아가며 실험을 지켜보았다. 단단히 차폐한 기계 안에 조용히 앉아 시스템을 바라보며 기다리는 것이 다였다.

데이터를 재분류하여 분석했더니 일부 섬광이 중성미자와 일치하는 것처럼 보였다. 입질은 있었지만 아직 확실하지는 않았다. 발견을 선언하기에는 여전히 데이터에 잡음이 너무 많았다. 잡음은 인공 방사선이나 검출기 소재에서가 아니라 우주선에서 발생했다. 그들의 노고 덕에 이제 남은 잡음원은 단 하나였다. 실험 장비를 우주 방사선으로부터 차폐하는 현실적 방안은 땅속으로 옮기는 것뿐이었다.

다행히도 핵반응로가 있는 사우스캐롤라이나 서배너 강 유역의 지하 공간을 이용할 수 있었다. 소유주는 물리학자들이 지하 12미터에 실험 장비를 설치하도록 기꺼이 허락했다. 라이너스와 카원은 로스앨러모스의 동료 몇 명을 충원하여 검출기를 통째로 재설계하고 새로 제작했다.

1955년 말이 되자 프로젝트 폴터가이스트는 "서배너 강 중성미자 실험"이라는 공식 명칭으로 불리게 되었다. 시설은 세 겹의 섬광체 샌드위치로 확장되었으며 직사각형 수조는 무게가 무려 10톤에 달했다. 검출기는 차폐막에 둘러싸인 채 반응로 밑에 놓였으며 전자 케이블을 통해서 밖에 있는 트레일러로 신호가 전송되었다.

라이너스와 카원은 5개월을 서배너 강에 머물며 실험을 진행했다. 모든 화학물질과 전자 기기가 준비되자 이제 남은 일은 데이터를 조심스럽게 한돌한톨 수집하는 것뿐이었다. 한 시간에 고작 한두 번씩 5마이크로초 간격의 두 섬광이 특징적인 삑삑 소리를 낼 때마다 그들은 희망으로 충만했다. 섬광은 **중성미자**라고 속삭였다.

그들은 이것이 우연의 일치가 아니라고 확신했다. 우연에 내맡겨진 것은 아무것도 없었다. 그들은 양전자 방사원과 중성자 방사원으로 검출기를 검사하여 예상대로 정확하게 "삑" 소리(블립)가 나는 것을 확인했다. 섬광체 액체를 모두 뽑아내고 배합을 재조정하여 두 번째 섬광의 타이밍을 바꾼 뒤에 예상한 효과가 일어나는지 점검했다. 예상대로였다. 그러는 내내, 반응로가 켜져 있던 900시간 동안과 꺼져 있던 250시간 동안의 데이터를 기록했다.

단지 반응로에서 나오는 배경 중성자를 오인한 것이 아님을 철저히 확인하기 위한 마지막 조치로 근처 제재소에서 모래주머니를 트럭 가득 가져와 물에 적셨다. 하나씩 실험 장비 쪽으로 끌고 와서는 검출기 사방에 1.2미터 두께의 벽을 쌓았다. 엄청난 노력 끝에 반응로 중성자를 모조리 차단하는 물 차폐막을 둘렀다. 그런데도 삑삑 소리는 여전히 들렸다. 중성미자 신호는 진짜였다.

그들의 유레카는 찰나가 아니라, 어떤 의심도 남지 않을 때까지 조금씩 데이터를 축적하는 과정에서 찾아왔다. 데이터를 모두 합쳤더니 반응로가 켜졌을 때의 중성미자 신호는 반응로가 꺼졌을 때보다 5배 많았다. 반응로에서 매초 방출되는 100조(10^{14}) 개의 어마어마한 중성미자 중에서 시간당 몇 개를 포착하여 상호작용을 측정하는 시스템을 설계해낸 것이다. 파울리가 검출될 수 없는 입자의 존재를 예측한 지 25년이 지난 뒤에 라이너스와 카원을 비롯한 연구진은 불가능한 일을 달성했다.

그들은 파울리에게 이렇게 전보를 보냈다. "중성미자를 확실히 검출했음을 기쁜 마음으로 알려드립니다." 파울리는 CERN에서 회의에 참석하고 있었는데, 회의를 중단시키고는 전보를 낭독하고 즉석에서 짧은 강연을 했다. 전해지는 말에 따르면, 파울리는 나중에 샴페인 한 상자를 친구들과 해치웠다고 한다. 그의 답신이 라이너스와 카원에게 전달되지 않은 것은 이 때문인지도 모르겠다. 답신의 문구는 이랬다. "기다릴 줄 아는 자가 모든 것을 얻는다."

신출귀몰한 중성미자가 마침내 발견되었으며, 운동량 보존 법칙은 가장 작은 규모에서도 성립함으로써 방사성 베타 붕괴의 과정을 해명했다. 멈추지 않고 우주의 가장 깊은 구석까지 날아갈 수 있는 신출귀몰하고 중성이고 가벼운 입자인 중성미자는 이론적 상상의 산물이 아니라 자연에 실제로 존재하는 것이었다. 중성미자가 발견되면서 완전히 새로운 연구 영역이 펼쳐졌다.

첫 검출을 시작으로 중성미자에 대한 궁금증이 꼬리를 물었다. 중성미자는 어떤 성질을 가졌을까? 종류가 하나뿐일까, 더 많을까? 안정적일까, 수명이 한정되어 있을까? 우주에서 어떤 과정으로 생성될까? 앞에서 살펴본 여느 실험과 마찬가지로 프로젝트 폴터가이스트는 새로운 질문들을 산사태처럼 쏟아냈으며 시간이 지나면서 대부분의 질문은—전부는 아니지만—해결되었다. 결국 신출귀몰한 중성미자는 예전에 생각한 것보다 더 중요한 것으로 드러났다. 중성미자는 방사성 붕괴를 이해하는 데에 도움이 되었을 뿐 아니라 태양, 초신성, 물질의 기원에 대한 새로운 시각을 우리에게 가져다주었다.

이 연구 분야의 중요도와 생산성이 날로 커지는 것은 노벨상 위원회의 선택에서도 확인할 수 있다. 중성미자 물리학은 세 개의 노벨상을 받았는데, 모두가 최초의 실험으로부터 오랜 시간이 지난 뒤였다. 첫 노벨상은 발견이 이루어지고 수십 년 뒤인 1995년 라이너스에게(카원은 애석하게도 13년 전에 세상을 떠났다), 두 번째는 2002년 레이 데이비스와 고시바 마사토시에게, 세 번째는 2015년 가지타 다카아키와 아서 맥도널드에게 돌아갔다.

중성미자를 찾으려는 최초의 탐색을 자극한 것은 베타 붕괴의 수수께끼였으며 파울리의 중성미자 가설은 채드윅이 중성자를 발견한 지 고작 1년 뒤인 1933년에 제시되었다. 이제 우리는 이 개념들을 종합하여 베타 붕괴 과정에서 원자핵에 무슨 일이 일어나는지 더 정확히 이해할 수 있다. 중성자가 양성자로 바뀌고 원소 종류가 달라지며 전자(전하의 균형을 유지하기 위해서)와 중성미자가 방출된다.[6] 중성미자는 반응에서 생기는 에너지의 일부를 가져가 총 가용 에너지를 전자와 나눠 가진다. 전자의 에너지를 예측할 수 없었던 것은 이 때문이다. 전자도 중성미자도 붕괴 전에는 존재하지 않았다. 퍼즐 조각이 맞아떨어지기 시작했다. 하지만 늘 그랬듯이, 최초의 실험에 맞선 두 번째 실험이 다시 한번 물리학자들의 콧대를 꺾었다.

중성미자가 최초로 검출된 1950년대 중반은 태양이 핵분열로이고, "p-p" 연쇄라는 핵 연쇄반응으로 에너지를 발생시키며 여러 단계들을 거쳐 양성자를 헬륨으로 전환한다는 생각을 물리학자들이 갓 떠올리기 시작했을 때였다.[7] 태양에 대한 이론이 옳다면 엄청난 개수의 중성미자가 태양에서 광속에 가까운 속도로 곧장 날아와 약 8분 뒤 지구에 도달해야 했다.[8]

브룩헤이븐의 방사화학자 레이 데이비스는 라이너스와 카원의 첫 중성미자 실험보다 1년 앞서 이미 스타트를 끊었다. 데이비스가 찾는 것은 섬광이 아니었다. 그는 또다른 이론물리학자 브루노 폰테코르보가 제안한 개념을 검증하고 있었다. 중성미자가 염소 원자와 상호작용하여 방사성 아르곤 원자를 생성한다는 예측이었다. 데이비스의 전문 분야는 방사화학이었다. 방사성 아르곤의 낱원자 두 개를 발견할 수 있는 사람이 한 명이라도 있다면 그 사람이 바로 데이비스였다.

데이비스는 중성미자를 검출하기 위해서 엄청난 양의 드라이클리닝 용액을 동원했다. 염소를 함유하고 있었으며 값싸고 쉽게 구할 수 있었기 때문이다. 그는 3,800리터로 시작하여 차츰 양을 늘려갔다. 시작은 빨랐지만 최초로 중성미자를 발견하지는 못했다. 핵반응로와 베타 붕괴에서 실제로 생성되는 것은 중성미자의 반물질인 반중성미자이기 때문이다(카원과 라이너스가 검출한 것도 반중성미자였다).[9] 그러나 데이비스의 실험은 "정상적" 종류의 중성미자만 포착할 수 있었다. 그는 중성미자의 발견은 카원과 라이너스에게 뒤처졌지만, 반응로가 아니라 태양에서 오는 중성미자를 검출하는 쪽으로 제때 초점을 변경했다. 이 결정은 결정적이었다. 중성미자 물리학이 베타 붕괴의 흥미로운 부대 효과에서 입자물리학 연구의 최전선으로 나아가는 계기가 되었으니 말이다.

데이비스는 존 바콜이라는 젊은 이론물리학자와 손잡았다. 바콜은 태양의 중성미자 생성률을 예측하는 까다로운 계산을 맡았다. 1964년 두 공동 연구자는 자신들의 계획을 담은 논문들을 발표했다. 두 사람은 태양 중성미자를 아마도 일주일에 10-20개씩 포착할 수 있으리라고 확신했지만, 그러려면 이미 거대한 자신들의 실험 장비보다 100배 큰 장비가 필요했다. 이 계획이 어찌나 야심만만했던지 기금이 조성되기도 전에 「타임Time」지에 실릴 정도였다.

1965년 사우스다코타 주의 홈스테이크 광산 깊숙한 곳에 거대한 동굴이 건설되었다. 그 속에 38만 리터짜리 수조를 짓고 광차鑛車 10대분의 드라이클리닝 용액을 채웠다. 어마어마한 끈기와 신중한 화학적 공정을 거친 이 거대 프로젝트는 결실을 맺었다. 데이비스는 방사성 아르곤 원자 수십 개를 수집하여 자신이 태양 중성미자를 검출했음을 입증해냈다. 문제는 그가 발견한 중성미자의 개수가 바콜이 예측한 것의 3분의 2 가량에 불과했다는 것이다. 두 사람은 계산을 검산했지만 어떤 오류도 찾을 수 없었다. 데이비스는 다시 실험으로 돌아가 그 뒤로 20년 가까이 데이터를 수집했다. 그 기간 내내 수수께끼는 풀리지 않았다. 태양에서 오는 중성미자는 신기하게도 개수가 모자랐다.

이 태양 중성미자 문제로부터 의문이 제기되었다. 계산이 틀렸을까? 태양이 에너지를 발생시키는 과정을 이해하지 못한 것일까? 중성미자에는 기이한 특징이 있는 것일까? 태양이 에너지 생산을 중단하면 (그 산물에 의존하는) 우리는 위험에 빠질까? 결국 채택된 이론은 중성미자가 다른 물질로 바뀌거나 태양과 지구 사이에서 사라진다는 것이었다. 중성미자가 이렇게 기묘하게 행동한다는 아이디어는 일찍이 1957년 폰테코르보가 제시했지만,[10] 오랫동안 진지하게 받아들여지지 않고 있었다. 아서 맥도널드와 100여 명의 공동 연구자들이 서드베리 중성미자 관측소 Sudbury Neutrino Observatory(SNO)를 지은 계기는 바로 이 질문이었다.

맥도널드는 캐나다 노바스코샤 출신으로, 초기에 수학에 흥미를 느꼈으나 물리학으로 전향하여 1969년 칼텍에서 핵물리학 박사 학위를 취득했다. 그는 프린스턴에서 교수를 지내다가 1989년에 캐나다로 돌아와 SNO의 소장을 맡았다. SNO는 그의 지도하에 온타리오 니켈 광산의 1.6

킬로미터가 넘는 지하에 건설되었으며, 그는 동료 100명과 함께 1999년부터 2006년까지 대규모 실험을 진행했다. 가지타 다카아키도 슈퍼가미오칸데라는 일본의 아연 광산에서 비슷한 실험을 주도했다. 이 두 실험은 2015년 노벨 물리학상 공동 수상으로 이어졌다.

SNO는 거대한 지하 클린룸(cleanroom : 반도체 소자나 집적 회로를 제조하기 위하여 미세한 먼지까지 제거한 작업실/옮긴이)인 셈이다. 다행히 우리는 실제 방문객이나 과학자가 겪는 불편은 피하면서 가상으로 이곳을 방문할 수 있다.[11] 실제 방문객은 샤워를 하고 옷을 갈아입은 다음, 탄광에서 묻은 먼지가 시설 심장부의 민감한 실험 장비에 닿지 않도록 에어샤워(air shower : 청정 바람을 이용하여 의복의 표면, 인체의 노출부에 부착된 미진이나 세균 등을 제거하는 장치/옮긴이)를 통과해야 한다. 일단 들어오고 나면 실내는 매우 소박하다. 탄광의 뼈대만 남겨 실험실로 개조한 공간이니까. 제어실은 책상 몇 개에 컴퓨터 모니터 5대가 놓여 있고 뒤쪽에는 장비로 가득한 선반이 있다. 케이블 트레이(전선이 지나가는 통로/옮긴이)와 파이프가 머리 높이 위쪽으로 벽을 따라 지나간다. 돌벽이 없다면 2,000미터 가까운 지하에 있다는 사실을 잊을지도 모른다. 과학자들에게 위험을 상기시키는 표지판이 벽에 붙어 있다. "안전과 품질. 어디서나." 방문객은 제어실에서 복도를 따라 기계 장치로 가득한 방을—가상으로—통과한다. 그런 다음 탐지조探知槽 자체에 들어간다.

텅 빈 탐지기 내부에 가상으로 떠 있으면 안팎이 뒤집힌 미러볼 안으로 걸어 들어가는 기분이다. 어디를 둘러보든 9,600개의 금빛 광전자 증배관이 보인다. 지름 12미터의 지오데식 구(삼각형의 다면체로 이루어진 반구형 또는 바닥이 일부 잘린 구형의 건축물/옮긴이)에서 표출되는 만화경적 아름다움은 컴퓨터 화면으로만 보아도 숨이 멎을 것만 같다. 파란색 작업복과 주황색 안전모 차림의 남자가 맞은편에 서 있는데, 주변 실험 장비 때문에 미니어처처럼 보인다. 가상 관람 프로그램은 검줄기가 비어 있을 때 제작되었지만, 정상적인 경우라면 이 모든 황금빛 광전자 증배관이 실험의 눈 역할을 하여 캐나다의 반응로 함대로부터 빌린 무려 3억 캐나다달러어치의 중수heavy water 1,000톤을 들여다본다.

가장 터무니없어 보이던 아이디어가 옳은 것으로 드러났다. 중성미자에는 세 종류가 있으며 낱낱의 중성미자는 **진동한다**oscillate. 즉, 중성미자는 한 종류—이를테면 전자 중성미자—로 탄생하여 원래 상태와 나머지 두 상태—뮤온 중성미자와 타우 중성미자—사이를 진동한다. 데이비스의 실험 장비는 전자 중성미자에만 민감했기 때문에, 태양 중성미자가 나머지 두 종류로 진동하고 있었다면 3분의 2를 놓쳤을 것이다. 진동 현상의 최초 증거는 1998년 일본에 있는 가지타의 슈퍼가미오칸데 검출기에서 발견되었다.[12] 이 검출기는 지하 1,000미터에 있는 수조에 초순수(유기물이나 전기 전도도 따위를 최소화하여 불순물이 거의 없는 물/옮긴이) 5만 톤을 채웠으며 광전자 증배관 1만3,000개는 중성미자 상호작용에서 직접 발생하는 섬광을 탐색했다. 가지타의 결과는 우주선에 의해서 생성된 대기 중 중성미자가 비행 중에 한 종류에서 다른 종류로 바뀐다는 가설을 뒷받침했다. 그래도 태양 중성미자 문제는 여전히 해결되지 않았다. 태양에서 오는 중성미자를 관찰한 것이 아니었기 때문이다. 마침내 2001년 6월 18일 아서 맥도널드와 SNO 공동 연구진은 아름다운 황금빛 검출기를 이용해서 태양 중성미자의 진동을 입증했다고 발표했다. 이로써 레이 데이비스가 거의 50년 전에 관찰한 태양 중성미자 실종 미스터리가 풀렸다.

2015년 스톡홀름에서 열린 노벨상 시상식 후에 맥도널드는 승리에 일조한 여러 연구소들을 찾아갔다. 그중 하나는 옥스퍼드였는데, 그는 맨스필드 칼리지의 목조 패널 식당에서 많은 동료들과 축하연을 벌였다. 나는 중성미자 물리학자는 아니지만 운 좋게도 축하연에 참석할 수 있었다. 식사와 후식 사이에 맥도널드가 일어나 연설했다. "일상생활에서 중성미자를 맞닥뜨리는 사람은 아무도 없습니다. 평생에 한 번 중성미자가 여러분의 원자 하나를 바꾼들 여러분은 알지도 못할 것입니다." 우리는 이제 중성미자가 풍부하다는 것을 안다. 중성미자는 우리가 알기로 우주에서 가장 흔한 입자이다. 수백억 개의 중성미자가 매초 당신의 손톱을 통과하지만 검출하기는 아주아주 힘들다. SNO는 중성미자처럼 신출귀몰하는 입자를 이해하기 위해서 입자물리학자들이 취할 수밖에 없었던 접근법의 극단적 사례라고 할 수 있다.

맥도널드와 가지타의 실험 덕분에 우리는 중성미자가 시간과 거리에 따라 종류가 바뀔 수 있음을 알게 되었다. 이것은 매우 신기한 개념이다. 내가 접한 비유 중에서 가장 근사한 것은 시카고 대학교의 에밀리 코노버가 제시한 것으로,[13] 중성미자를 마차를 타고 무도회로 향하는 신데렐라에 비유한다. 신데렐라는 분명 마차처럼 보이는 것을 타고 출발하지만, 궁전이 가까워짐에 따라 그녀의 마차가 호박으로 바뀔 확률이 점차 커진다. 양자역학의 관점에서 생각하면, 마차는 호박인 동시에 마차이고 어느 쪽인지 여부는 당신이 궤적의 어느 지점에서 관찰하는지에 달렸다고 말할 수 있다. 신데렐라가 전자 중성미자를 타고 출발했다면 무도회(검출기)에 도착할 즈음에는 뮤온 중성미자나 타우 중성미자를 타고 있을 가능성이 있다.

이 진동을 위해서는—수학적으로 말하자면—중성미자의 질량이 작아야 하지만, 우리는 어느 중성미자가 가장 무거운지, 각각의 질량이 정확히 얼마인지를 여전히 알지 못한다. 다른 입자들은 진동하지 않으므로 진동은 중성미자 득유의 성질인 듯하다. 우리가 아는 것은 셋의 질량을 모두 합치더라도 전자의 100만 분의 1에 불과하리라는 것뿐이다. 중성미자가 왜 이렇게 가벼운지 우리는 알지 못한다.

중성미자는 강력이나 전자기력을 느끼지 않으며 약력과 중력만 느낀다. 중성미자의 관점에서 보면 물질은 거의 존재하지 않는 것이나 마찬가지이다. 전자 몇 개가 여기저기서 회전하고 있을 뿐이다. 이 때문에 검출하기가 매우 힘들지만, 반대로 전자기력과 강력의 간섭을 피하면서 약한 상호작용을 탐구하는 핵심적 수단이 되기도 한다. 시간이 흐르면서 이 통찰은 입자 가속기에 의한 중성미자 빔의 개발로 이어졌으며—양성자 빔에 의해서 생성된 파이온이 붕괴하면 뮤온과 중성미자가 된다—1988년 노벨상은 전자 중성미자와 뮤온 중성미자가 별개임을 처음 밝혀낸 리언 레더먼, 잭 스타인버거, 멜빈 슈워츠에게 돌아갔다(세 번째 종류인 타우 중성미자는 2000년 페르미 연구소의 실험에서 마침내 검출되었다).

오늘날 우리는 중성미자에 나머지 모든 입자와 구별되는 또다른 특이한 성질이 있음을 안다. 이를테면 대부분의 입자는 "왼손잡이"이거나 "오른손잡이"이지만 중성미자는 그렇지 않다. 모든 중성미자는 왼손잡이이며 모든 반중성미자는 오른손잡이이다. 입자가 왼손잡이인지 오른손잡이인지는 입자가 어느 방향으로 스핀하는지, 이것이 이동 방향과 어떤 관계인지를 뜻한다. 손을 말아 주먹을 쥐어보라. 엄지를 같은 방향(이동 방향)으로 향하더라도 왼손 손가락과 오른손 손가락은 반대 방향으로 말린다. 입자의 스핀도 마찬가지이다.

우리는 중성미자가 왜 왼손잡이 아니면 오른손잡이 둘 중 하나인지 아직 밝혀내지 못했다. 우리가 아는 사실은 우주에 중성미자의 원천이 많다는 것이다. 1987년 초신성에서 분출된 중성미자가 여러 실험에서 검출되었으며, 이로써 중성미자 천문학이라는 새로운 분야가 탄생했다. 별에서는 광자가 끊임없이 상호작용하면서 원자에 흡수되고 재방출된다. 광자가 별의 핵에서 표면으로 이동하기까지는 10만 년이 걸리기도 한다. 이에 반해서 중성미자는 방해받지 않은 채 우주를 여행하기 때문에, 우리는 다른 입자로는 불가능한 방식으로 태양의 중심부와 초신성을 들여다볼 수 있다. 우리은하 너머에서는 초고에너지 입자들이 생성되고 있는데, 언젠가 중성미자가 전령이 되어 이 우주 입자 가속기들이 어떻게 작동하는지 우리에게 알려줄 가능성이 매우 크다. 어쩌면 이곳 지구의 실험실에서 복제할 수 있는 메커니즘을 전해줄지도 모른다.

중성미자는 매우 가까운 곳에서도 생성된다. 사실 베타 붕괴는 지구 내부에서도 일어나며 반중성미자를 생성한다.[14] 지구 중성미자geoneutrino를 (태양 중성미자와 더불어) 찾기 위해서 설계된 실험 장비인 보렉시노 검출기는 이탈리아 그란사소의 산속 실험실에 설치되어 있다. 이탈리아, 미국, 독일, 러시아, 폴란드의 물리학자 100명이 방사성 발열(대부분 칼륨-40, 토륨-232, 우라늄-238의 방사성 붕괴를 통해서 지구 내부에서 발생한다)로 인한 지열의 크기를 알아내려고 공동 연구를 진행하고 있다. 이것은 지질학자들에게 엄청나게 중요한 문제이며—열은 화산에서부터 지진에 이르기까지 지구의 거의 모든 동적 과정을 일으키기 때문이다—중성미자 지구물리학이라는 전혀 새로운 분야가 탄생하는 계기가 되었다.

프로젝트 폴터가이스트와 그 후계자들에 대해서 글을 쓰다 보니 이 시점에서는 과학의 흥미로운 새 분야와 입자물리학의 매혹적인 질문들을 제외하면 일상생활에서는 중성미자가 직접적으로 활용되는 사례가 하나도 없음을 인정할 수밖에 없었다. 그럼에도 중성미자는 입자물리학의 전체 이야기에서 너무도 중요하기 때문에 이것을 빠뜨린다는 것은 용서받을 수 없는 태만일 것이다.

중성미자는 호기심에 이끌린 연구가 현실에 응용된 사례를 하나도 찾아볼 수 없는 고전적 사례이다. 전자기력을 통해서 물질과 상호작용하는 날쌘돌이 전자나 강력을 통해서 원자핵과 상호작용하는 중성자와 달리 전하가 없고 질량도 거의 없는 중성미자는 감지될락 말락 하는 연기 같은 입자로, 거의 아무것과도 상호작용하지 않는다. 하지만 지금까지 살펴본 실험들에서 확인할 수 있듯이, 발견이 어떤 쓰임새를 가지게 될지가 늘 명백한 것은 아니다.

이제껏 살펴본 발견들 중 상당수는 당시의 기술에 비해 시기상조였다. 싱크로트론 광은 처음에는 쓸모없어 보였으며 전자도 마찬가지였다. 광전 효과는 수십 년이 지난 뒤에야 일상생활의 기술에 본격적으로 도입되기 시작했다. 입자 가속기는 의료용 동위원소를 생성하거나 암을 치료하려고 발명된 것이 아니었다. 이 발견들을 간절히 기다린 사람은 당사자인 물리학자들뿐이었다. 게다가 의도한 발견이 아닐 때도 있었다. 중성미자는 결코 전자만큼 직접적으로 유용하지는 않을 테지만, 우리가 중성미자로부터 얻어낸 지식은 중요하며 놀랍게도 몇 가지 응용 방안이 추진되고 있다.

영국 북부의 불비 광산에서는 워치맨WATCHMAN(물 체렌코프 반중성미자 감시 설비WATer CHerenkov Monitor of ANtineutrinos)이라는 새로운 실험 설비가 영국과 미국의 합작으로 건설되고 있다.[15] 이 사업은 핵분열로에서 발생하는 중성미자 흐름을 중성미자 검출기로 검출하여 원격으로 핵분열을 감시할 예정이다. 이렇게 하면 반응로가 핵확산 금지 조약을 준수하는지 확실히 검증할 수 있으므로 세계 안보에 특별히 일조할 수 있다. 중성미자는 멈추게 하기가 무척 힘들기 때문에 가동 중인 핵반응로를 이런 검출기로부터 숨길 방법은 전무하다.

중성미자는 전력원을 화석연료와 핵분열로에서 **융합로**로 전환하는 데에도 간접적으로 도움이 될 수 있다. 풍부하고 안전하고 탄소 배출이 적은 전기를 생산하고 싶다면, 현재로서는 융합로가 최상의 방안이다. 융합로는 태양에 동력을 공급하는 것과 비슷한 핵반응로를 재창조하는 격인데, "임계질량에 도달할" 우려가 전혀 없다. 하지만 이 방안을 실현하려면 핵물리학에 대해서 확실한 지식을 얻어야 한다. 이 지식의 일부는 레이 데이비스, 슈퍼가미오칸데, SNO의 태양 중성미자 실험에서 나왔으며, 덕분에 중성미자가 태양에서 어떻게 형성되는가에 대한 우리의 모형이 옳음을 입증할 수 있었다.

미래에는 중성미자와 이에 대한 우리의 지식을 직접 응용할 수 있을지도 모른다. 중성미자는 어마어마한 우주적 거리를 광속에 가까운 속도로 막힘없이 주파할 수 있기 때문에 언젠가는 우주의 메시지 전송 시스템이 될 수도 있다. 우리가 발견한 수천 개의 외계 행성들 가운데 하나에 고등 문명이 존재한다면, 중성미자는 그들이 서로 소통하는 수단일지도 모른다. 이것이 과학보다는 SF에 가깝게 들릴지도 모르지만, 2012년 페르미 연구소에서는 미네르바MINERvA(v-A 상호작용 연구를 위한 주분사기 중성미자 실험Main Injector Neutrino ExpeRiment to study v-A interactions)라는 중성미자 실험에서 실제로 시도한 적이 있다. 그들은 양성자 가속기를 이용하여 중성미자 빔에 2진수 메시지를 암호화한 다음 800킬로미터의 암석을 뚫고 검출기에 전송하여 암호를 푸는 데에 성공했다.[16] 이 방식은 지구에서도 유용할 수 있다. 이를테면 물속에서는 전파가 장애물에 의해서 왜곡되기 때문에 잠수함이 통신에 어려움을 겪는다. 이런 상황에서 중성미자를 이용하면 물을 통해서뿐 아니라 지구 중심을 직선으로 통과하여 통신할 수도 있다.

엄밀히 말하자면 중성미자는 아직 뚜렷한 쓰임새가 없으며 영영 그럴지도 모른다. 미래를 예측할 수는 없지만, 중성미자에 대해서 말할 수 있는 것은 중성미자를 이해하려는 탐구의 결과가 우리의 삶에 간접적이지만 심오하게 이바지했다는 것이다. 우리는 SNO가 캐나다의 심지하深地下에 지어졌음을 이미 알고 있다. 이곳은 현재 확장되어 SNOLAB으로 개칭되었다. "심지하"라는 말은 빈말이 아니다. 이 실험실은 지하 2,100미터로, 나중에 등장하는 대형 강입자 충돌기보다 20배나 더 깊은 곳에 위치한다. 승강기를 타고 6분간 내려가면 기압이 20퍼센트 증가한다. 2021년까지 SNOLAB 총무이사를 지낸 나이절 스미스는 그 기분을 비행기를 타고 바위에 둘러싸인 채 하강하는 것과 조금 비슷하다고 묘사한다.

이 지하 실험실에 입자물리학자들만 있는 것은 아니다. SNOLAB이 건설되면서 수많은 과학 분야의 가능성이 열렸다. 이렇게 깊은 땅속은 독특한 환경이다. 우주선으로 인한 배경 방사선 수치가 엄청나게 낮기 때문이다. 안정적이고 청정하며 방사선 수치가 이토록 낮은 지하 시설이 생기자, 낮은 수치의 방사선이 세포와 유기체에 미치는 영향을 들여다보는 다방면의 연구 프로그램을 진행할 수 있게 되었다. 뭍에 사는 동물은 우주선의 배경 방사선에 노출되지 않고 살아본 적이 없기 때문에—그렇게 진화한 적도 없다—이 실험을 통해서 생물학자들은 이 방사선이 없을 때 어떤 일이 일어나는지 이해하는 데에 도움을 얻을 수 있다. 이것이 중요한 이유는 방사선이 세포와 유기체에 항상 해로운지, 항상 손상을 일으키는지, 생명에 무해하거나 심지어 이로운 방사선량 문턱값이 있는지 등의 질문에 답할 수도 있기 때문이다. 진화가 방사선에 의한 무작위 돌연변이의 영향을 받는지에 대한 실마리도 던질 수 있다. 지금까지 도출된 결과로 보건대 생명은 낮은 수치의 방사선이 실제로 필요한 듯하다.[17] 이 가설이 후속 실험들에서 입증된다면, 인간과 방사선의 상호작용에 대해서뿐 아니라 외계 생명의 존재를 이해하는 일에도 엄청난 변화가 일어날 것이다. 심지하 실험실이 없다면 이런 연구를 진행할 도리가 없다.

SNOLAB은 지구에서 양자 컴퓨터 실험을 실시하기에 가장 좋은 장소로도 꼽힌다. 결어긋남 시간decoherence time—양자 "비트"가 정보를 잃기 전까지 저장하는 시간—이 지표면에서의 자연 배경 방사선 때문에 제한될지도 모른다는 증거가 드러나고 있다. 미래에는 양자 컴퓨터를 지하에서 작동시킬 필요가 있을지도 모른다. 적어도 지금은 심지하 실험실들이 양자 컴퓨터 개발을 위한 소중한 장소를 제공하고 있다.

중성미자는 유령, 전령, 우주선, 무無의 가닥으로 불렸다. 물리학의 기본 법칙을 구원하려는 변론으로서 삶을 시작했으며 시간이 지나면서 천문학, 우주론, 지질학, 그리고 물질에 대한 가장 근본적인 이해에서 어마어마한 결실을 가져다주었다.

중성미자는 이제 입자물리학 표준모형의 일부이지만, 몇 가지 성질—왼손잡이이고, 질량이 있고, 종류가 달라진다—은 표준모형을 넘어선 물리 법칙이 반드시 존재함을 시사한다. 이것은 물론 수많은 질문들을 낳는다. 중성미자는 왜 질량이 있을까? 중성미자는 자신의 반입자일까? 중성미자와 반중성미자의 진동은 같은 방식으로 일어날까? 그렇지 않다면, 우주에서 물질이 반물질보다 많이 보이는 이유를 이것으로 설명할 수 있을까? 중성미자는 작디작지만, 별과 은하와 우리를 구성하는 물질보다 10억 배 더 풍부하게 존재한다. 중성미자는 그 비밀을 풀고 싶어하는 실험물리학자와 이론물리학자들을 점점 높이, 또한 말 그대로 점점 깊이 데려갔다. 기본적 물리 법칙 하나를 구원하려고 등장한 중성미자는 역설적이게도 물리학의 지식 공백을 일으키는 가장 풍성한 원천 중 하나가 되었다. 이 사실은 우주의 입자와 힘에 대해서 우리가 아직 발견해야 할 것이 무척 많음을 웅변한다.

10

선형 가속기 : 쿼크의 발견

영국 남해안을 따라 거대한 콘크리트 접시들이 줄지어 바다를 내려다보고 있다. 가장 큰 것은 60미터짜리 굴곡진 벽이다. 멀리서 보면 위성 장비나 무선 장비처럼 생겼지만, 실은 그 기술들이 등장하기 전인 1915년부터 1930년 사이에 지어졌다. 세심하게 다듬어진 이 구조물들은 음향 거울sound mirror로, 적국의 항공기가 해안에 접근했을 때를 대비한 조기 경보 시스템으로 설치되었다. 기발한 아이디어였다. 커다란 포물면 접시로 음파를 초점에 반사하면 조작원이 비행기 프로펠러의 소음을 찾아내는 방식이었다. 하지만 효과는 별로 없었다. 그래도 상관없었던 것이, 머지않아 신기술이 등장하여 어차피 무용지물이 될 운명이었기 때문이다.

1920년대 후반이 되자 무선 송신기와 수신기가 대세가 되기 시작했으며, 1935년 영국의 물리학자 로버트 왓슨와트는 선박이나 항공기처럼 멀리서 움직이는 물체로부터 단파 신호[1]를 튕겨내고 이 반사파를 안테나로 탐지하여 물체의 위치를 정확히 파악하는 시스템을 발명했다. 그는 이 시스템에 "무선 탐지 및 거리 측정Radio Detection and Ranging", 즉 레이더 radar라는 이름을 붙였다. 제2차 세계대전이 발발한 1939년 영국 남해안과 동해안에는 레이더 기지들이 늘어서 있었다.

레이더는 음향 거울보다 훨씬 뛰어날 것으로 예상되었으나, 잠재력을 온전히 발휘하려면 세 가지 핵심 사항을 개량해야 했다. 첫째, 독일의 U-보트 같은 소형 물체를 탐지할 수 있으려면 훨씬 짧은 파장으로 작동해야 했다. 잇따라 선박을 공격하여 침몰시키고 있던 U-보트가 수면에 떠오르면 이론적으로는 고주파 레이더로 탐지할 수 있었다. 둘째, 더 먼 거리에 도달하기 위해서는 당시 이용 중이던 것보다 훨씬 강력한 무선 송신기가 필요했다. 셋째, 전투기에 실을 수 있도록 기존의 것보다 훨씬 작고 가벼운 레이더 시스템이 필요했다. 레이더를 전쟁에 활용해야 한다는 필요로 인해서 무선 통신에서부터 암 치료에 이르기까지 엄청난 기술적 진보가 이루어졌다. 동시에 레이더 기술의 이러한 발전은 물리학자들에 의해서 완벽하게 다듬어지게 되는데, 그것은 지금껏 성취한 발견들 중에서 가장 까다로운 것 중 하나인 쿼크quark의 발견을 위해서였다.

스탠퍼드 대학교의 물리학과 대학원생 러셀 베어리언과 조종사인 동생 시거드 베어리언은 캘리포니아 해안에 있는 핼시언이라는 사회주의, 신지학 공동체에서 살면서 그들 나름의 레이더 기술 아이디어를 연구하고 있었다. 두 사람은 공동체 내에 실험실을 지으려고 했지만, 외부와 고립된 상황에서는 여의치 않았다. 1937년 형제는 러셀의 대학원 룸메이트이던 빌 핸슨과 긴밀히 협력하는 편이 낫겠다고 판단했다. 핸슨은 스탠퍼드 대학교의 전파 발진 기술 전문가였다. 그들은 대학과 협상을 타결했는데, 대학 측은 임금을 지급하지 않되 예산 100달러를 지원하고 발명품에서 나오는 이윤의 50퍼센트를 차지하기로 했다.

핸슨은 캘리포니아에서 자랐으며 아주 어릴 적부터 기계 장난감과 전기 장난감을 좋아했다. 우등생에다가 특히 수학에서 두각을 나타낸 그는 열네 살에 고등학교를 졸업하고는 2년 뒤 스탠퍼드에 입학했다. 처음에는 공학을 전공했으나 이후에 실험물리학으로 전과했다. 대학원에서는 원자물리학을 연구했는데, 그러다 동료 대학원생 러셀 베어리언을 만났다. 러셀은 난독증 때문에 능력에 비해 과소평가될 때가 많았다. 이즈음 핸슨의 관심은 단순히 전파를 발진하는 것이 아니었다. 그는 전자를 위한 입자 가속기를 제작하고 싶었다.

핸슨의 아이디어는 치수가 알맞은 금속 공동空洞을 설계하면 전자기파가 그 안에서 공진共振하리라는 것이었다. 그런 다음 전자 빔을 통과시키면 그 안에서 진동하는 전자기파를 이용하여 가속할 수 있으리라는 생각이었다. 그는 자신의 장치에 **룸바트론**rhumbatron이라는 이름을 붙였는데, 파동이 튕기는 모습이 룸바 춤을 추는 것 같았기 때문이다. 하지만 그에게는 레이더 선구자들과 비슷한 문제가 있었다. 전자 빔을 가속하려면 기존 전력원보다 파장이 짧은 무선 주파수 전력원이 필요했다.

1년이 채 지나지 않았을 때 핸슨과 베어리언 형제는 **클라이스트론**klystron이라는 장치를 발명했다. 핸슨이 구상한 것처럼 깡통 크기의 원통형 장치 안에서는 일련의 구멍을 통과하는 전자 빔에 저전력 무선 신호를 가했다. 장치는 전자를 가속하지 않았다. 그 대신 전자가 공동을 통과하면서 공진을 일으켜 전자기파를 발생시켰다. 이 방법을 이용하면 작은 입력 신호를 전자 빔 에너지로 증폭하여 기가헤르츠 주파수 범위의 고출력 **마이크로파**를 발생시킬 수 있었다. 직관과 어긋나게도 **마이크로파**라는 이름은 파장이 작다는 뜻이 아니다. 사실 마이크로파의 파장은 약 10센티미터로, 우리의 눈이 감지할 수 있는 가시광선보다 약 20만 배 길다. 이 이름이 채택된 것은 파장이 일반적 전파보다 짧기 때문이었다.

이렇게 파장이 짧아진 덕에 클라이스트론도 작고 가벼워 무게가 몇 킬로 그램에 불과했다.

클라이스트론은 아직 레이더에 쓸 만큼 강력하지는 않았지만 이것만 해도 장족의 발전이었다. 마이크로파 범위에서 작동하며 효율적이고 안정적으로 돌아가는 최초의 장치였기 때문이다.[2] 적어도 그들이 아는 한 최초의 장치였다. 영국에서 비슷한 장치가 발명되었다는 사실을 몰랐으니 말이다.

1940년 10월 12일, 존 코크로프트를 비롯한 일급비밀 대표단 6명이 워싱턴에 도착했다. 미국 역사가들이 "지금껏 우리 해안에 당도한 것들 중에서 가장 귀중한 화물"이라고 부르는 물건과 함께였다.[3] 그들이 가져온 양철 트렁크에는 작은 구리 장치와 함께 나머지 영국 발명품의 번호를 기록한 문서들이 들어 있었다. 미국은 이 시점에 여전히 중립국이었으며 애초의 계획[4]은 단순히 영국이 이 비밀을 넘겨주고 개발, 생산을 위한 자원을 지원받는다는 것이었다.

트렁크에 들어 있던 구리 장치는 1939년 버밍엄 대학교에서 물리학자 존 랜들과 해리 부트가 발명했다. 두 사람의 발명품[5] 공동 마그네트론 cavity magnetron은 원통형 구리 덩어리 가운데에 커다란 구멍이 뚫려 있고 마치 꽃잎처럼 가운데 구멍을 중심으로 둘레에 작은 구멍들이 있었다. 전자는 자석의 영향을 받아 가운데 구멍 안을 회전하다가 "꽃잎" 또는 공동을 통과할 때 공진을 일으켜 전자기파를 발생시킨다. 장치가 작을수록 높은 주파수가 발생한다. 이 장치의 주파수는 3기가헤르츠로, 클라이스트론과 매우 비슷했다.

마그네트론과 클라이스트론 둘 다 기존의 레이더 시스템보다 파장이 훨씬 짧은 고주파 펄스를 발생시킬 수 있었으며, 이렇게 되면 레이더가 더 작은 물체를 탐지하고 더 작은 안테나를 탑재할 수 있었다. 두 장치 다 작고 가벼웠다. 마그네트론의 차이점은 전례 없는 출력 수준으로 펄스를 발생시킬 수 있고 수 킬로미터 떨어진 비행기의 위치를 파악할 수 있다는 것이었다. 영국은 공동 마그네트론의 가능성을 알아차려 이 장치를 비밀에 붙였지만, 이 기술을 대규모로 개발하는 데에 필요한 제조 능력이 없었다. 독일의 폭격이 거세지자 영국 정부는 일급비밀 기술을 미국과 공유하고 도움을 청하기로 작정했다.

미국 대표단은 처음에는 참여를 망설였으나, 결국 자신들의 레이더 시제품 개발 상황을 공유하면서 자신들이 막다른 골목에 부딪혔다고 털어놓았다. 그들에게 필요한 것은 더 큰 송신 출력이었다. 존 코크로프트와 동료들이 공동 마그네트론을 꺼내자마자 여기에 해결책이 있음이 분명해졌다. 마그네트론의 출력은 클라이스트론의 1,000배였다. 그리하여 미국 정부는 MIT의 물리학자들에게 자금을 지원하여 비밀리에 래드 랩Rad Lab[6]을 설립했다. 이 연구소는 고주파 레이더에 필요한 여러 이론과 부품을 조합했는데, 전부 마그네트론 기술을 이용했다. 당시 고주파 기술을 경험한 유일한 사람들이 가속기 과학자들이었기 때문에 그들이 이 연구에 채용되어 마그네트론의 출력을 점점 끌어올렸다. 빌 핸슨은 정기적으로 MIT를 방문하여 물리학자들에게 지식을 전달했다. 절정기에 래드 랩은 4,000명을 고용했으며, 전쟁 중에 이용된 레이더 시스템의 절반을 설계했다.

기업들은 마그네트론을 대규모로 생산하기 시작했으며 MIT는 현지 전자공학 기업인 레이시언을 선정하여 개발을 지원했다. 얼마 지나지 않아 GE와 웨스팅하우스 같은 거물들도 마그네트론을 생산했으며 작은 기업들도 동참했는데, 그중 리턴 인더스트리스는 샌프란시스코 외곽 후

미진 산업 단지에 위치한 진공관 제조사로, 베어리언 형제의 첫 클라이스트론 제작에 도움을 준 적이 있었다.

1945년 무렵에는 이 기업들 중 하나인 레이시언이 국방부의 의뢰로 하루에 17대의 마그네트론을 생산했다. 당시 엔지니어 중 한 명인 퍼시 스펜서가 마그네트론 앞에 서 있다가 호주머니 속 초콜릿이 녹은 것을 발견했다. 그는 마그네트론을 이용하여 음식을 요리해보기로 했다. 팝콘을 시작으로―대성공이었다―다른 음식들도 시도했는데, 금속 용기에 넣었을 때 빠르게 가열된다는 사실을 발견했다. 레이시언은 최초의 마이크로파 오븐에 특허를 출원했으며 최초의 시판품 "레이더레인지Radarange"는 높이가 2.4미터에 가격이 5,000달러에 달했다. 시간이 흐르면서 마그네트론을 활용한 더 작고 값싼 마이크로파 오븐이 등장하여 오늘날 우리 모두가 아는 가전제품인 전자레인지가 되었다. 전혀 예상치 못한 레이더의 부대 효과는 이것만이 아니었다.

1942년 2월 8일 「새터데이 이브닝 포스트Saturday Evening Post」 기사[7]는 이렇게 감탄했다. "클라이스트론 빔은 발명가가 꿈꾼 것보다 훨씬 경이롭다." 기사에서는 전화 공학자들이 클라이스트론의 마이크로파를 이용하여 전국에서 60만 건의 통화를 전송하고 텔레비전 공학자들이 영상에 대해서 같은 위업을 달성했다고 열변을 토했다. 군사적 응용은 적의 항공기나 선박을 탐지하는 것에서 그치지 않았다. "클라이스트론 빔을 여객기에서 아래로 쏘면 조종사는 자신이 얼마나 높이 떠서 나는지 알 수 있다. 빔을 앞으로 쏘면 눈에 보이지 않는 산을 탐지하여 제때 항로를 변경할 수 있다."

스페리 자이로스코프 사는 클라이스트론을 (레이더를 비롯하여) 상업적, 군사적으로 응용하는 허가를 받았으며, 러셀 베어리언과 시거드 베어리언은 이 비밀 프로젝트를 연구하기 위해서 임시로 롱아일랜드로 이주했다. 1948년이 되자 베어리언 형제는 텔레비전 방송과 통신에서의 상업적 잠재력을 깨닫고서 스페리 자이로스코프와 결별하고 캘리포니아로 돌아와 베어리언 어소시에이츠라는 회사를 설립했다.[8] 이 회사는 급속히 발전하는 시장을 겨냥하여 클라이스트론을 제조했다.

영국 군부는 레이더용 마그네트론의 주요 수요처였는데, 1953년 유럽과 미국 마그네트론 제조사들의 품질을 평가하는 보고서를 작성하기로 했다. 제너럴일렉트릭, 레이시언, 웨스팅하우스의 예상을 뒤엎고 1등을 차지한 회사는 리턴 인더스트리스였다. 대기업들은 어떻게 이 작은 회사가 자신들을 이겼는지 납득할 수 없었다. 리턴이 레이더 시스템용 마그네트론 생산에 착수할 수 있었던 이유는 진공관을 제작하면서 노하우를 얻었기 때문이지만, 그것은 다른 회사들도 마찬가지였다. 리턴이 앞서간 비결은 무엇일까? 알고 보니 리턴이 대기업들을 앞선 것은 또다른 연줄 덕분이었다. 리턴은 빌 핸슨과 클라이스트론, 그리고 입자 가속기를 제작하려는 그의 열망과 연결되어 있었다.

스탠퍼드 연구진은 리턴 인더스트리스와 협력하지 않았다면 최초의 클라이스트론을 제작할 수 없었을 것이다. 리턴 인더스트리스는 스탠퍼드 연구진에 부품을 공급했으며 제조 공정에 대해서 논의했다. 이 경험을 통해 (이를테면) 안정적인 고출력 장치를 제작하기 위해서 고진공이 중요하다는 사실을 알게 되었다. 그들은 기기가 고진공을 유지할 수 있도록 품질 관리 절차를 도입했으며 제조 과정에서 모든 부품을 청결하게 관리했다. 이 영업 비밀 덕분에 그들은 마그네트론 제작에서 성공을 거둘 수 있었다.

스탠퍼드 산업단지(현재는 스탠퍼드 연구단지로 개칭/옮긴이)에서는 리턴과 베어리언의 주도하에 그밖의 첨단 기업들도 성장하기 시작했다. 베어리언과 새로운 현시 성생자들은 고숙련 기술 분야에서 일하고 싶어하는 사람들의 눈길을 사로잡았다. 베어리언 어소시에이츠는 설립된 지 10년도 지나지 않아 대형 건물 여러 곳에 입주하고 1,300여 명을 고용했으며 연매출 2,000만 달러를 기록했다.[9] 수천 명이 이곳으로 몰려들어 성장 중인 마이크로파 기업과 진공관 기업에서 일하거나, 특수 소재, 고정밀 기계 가공 등의 서비스를 판매하는 회사를 직접 차려 운을 시험했다. 벽지에서 출발한 이곳은 이제 세계에서 가장 유명한 기술의 중심축인 실리콘 밸리가 되었다.

기술의 역사에서 실리콘 밸리의 성장에는 복잡한 이야기가 있지만, 이 기업들이 성장을 위한 산업적 토대를 닦은 것은 분명하다. 1950년대 후반과 1960년대에 반도체 산업이 성장할 기름진 토양을 마련한 것은 이러한 첨단 기술의 집중이었다.[10] 스탠퍼드 대학교에서 도로를 따라 내려가면, 이러한 집중 덕분에 20세기 최대의 물리학 발견 중 하나를 이룬 장소를 만날 수 있다.

여느 물리학자와 마찬가지로 핸슨 역시 전쟁 때문에 연구를 중단해야 했지만 물리학 연구를 위한 입자 가속기를 만들겠다는 꿈을 버리지 않았다. 전쟁이 끝나고 고출력 마그네트론과 클라이스트론의 설계가 기밀에서 해제되자 느닷없이 전 세계의 가속기 과학자들은 (이제는 산업화되고 비용이 저렴해진) 이 기술을 손에 넣어 차세대 입자 가속기를 개발할 수 있게 되었다. 핸슨은 최초의 열망으로 돌아갔다. 마그네트론과 클라이스트론—무선 주파수(RF) 전력원—으로 새로운 종류의 가속기에 전력을 공급할 수 있음을 깨닫고서 전자 가속기를 제작하기로 한 것이다. 이것은 일찍이 1920년대에 비데뢰에가 제시한 선형 가속기 개념을 온전히 구현한 것이었다.

코크로프트와 월턴의 시절에 고전압을 가한 것과 달리 핸슨은 입자를 무선 주파수 공동空洞에 넣어 에너지를 얻도록 할 계획이었다. 그는 일련의 정밀 가공된 구리 공동들이 있고 여기에 빔이 통과할 구멍을 뚫은 시스템을 설계했다. 이것들이 가속 공동이었다. 여기에 클라이스트론으로 전력을 공급하여—클라이스트론이 선정된 이유는 그가 발명자 중 한 명이었기 때문이기도 했다—전자기파를 발생시킬 예정이었다. 가속 공동 내부에서 이 파장이 진동을 일으키면 전기장이 입자를 앞으로 밀어 속도를 끌어올린다. 그는 충분히 높은 RF 전력을 내보내도록 클라이스트론을 재설계할 수 있다면, 입자가 가속 공동을 통과하면서 커다란 추진력과 에너지를 얻을 것임을 알고 있었다. 새로운 RF 전력원 덕에 이제 선형 전자 가속기를 작고 효율적으로 제작할 수 있게 되었다.

핸슨은 스탠퍼드에서 에드 긴즈턴과 마빈 초더로 등을 영입하여 연구진을 꾸렸으며 1947년에 자신들의 첫 6메브 가속기를 제작했다. 그가 연구비 지원 기관에 제출한 보고서는 딱 네 어절이었다. "전자를 가속하는 데 성공했습니다We have accelerated electrons." 선형 가속기linear accelerator, 즉 LINAC은 기존 가속기보다 훨씬 작고 가벼웠다. 얼마 전 루이스 앨버레즈가 주도하는 버클리 연구진은 더 낮은 주파수의 양성자 가속기를 제작하여 자랑스럽게 기념 사진을 촬영했다. 사진에서는 30명가량이 (꽤 거대한) 기계 위에 나란히 앉아 있었다. 핸슨은 이 사진을 보고서 대학원생 3명을 뽑아 앞 사람의 등에 가슴을 댄 채 일렬로 서서는 신형 고주파 전자 가속기를 한 손으로 들어올렸다. 완성된 가속기는 길이가 2미터도 되지 않았다. 작고 가볍고 효율적인 미래의 방식이었다. 핸슨과 동료들의 연구에는 두 가지 혁신의 흐름이 작용했다. 물리학자들이 새 장비—마그네트론과 클라이스트론—를 발명했고, 이 장비는 현실에서 레이더에 대규모로 응용되었다. 이 장비가 산업화되면서 물리학자들은 자신의 실험 포부를 실현할 수 있게 되었다.

핸슨은 훨씬 큰 기계를 꿈꿨다. 그것은 핵 내부의 힘을 탐구할 수 있는 10억 볼트 전자 가속기였다. 당시는 코스모트론과 베바트론의 계획이 추진 중이었으며, 대형 가속기를 제작하려는 욕구가 극에 달하고 있었다. 핸슨은 대학원생 30명가량과 기술자 35명을 모집하여 대형 가속기 개발에 착수했다. 그들은 원래의 마크 I(6메브)에 이어 잇따라 시제품을 제작했으며 마크 II는 1949년 33메브에 도달했다. 하지만 애석하게도 핸슨은 완성을 보지 못했다. 만성 폐질환이 점점 심해졌기 때문이다. 그는 마크 II가 가동을 시작하기 직전인 1949년에 세상을 떠났다. 모두가 충격에 휩싸였으며 그의 팀은 더더욱 비통했다. 긴즈턴은 이렇게 말했다. "그가 없이 어떻게 10억 볼트 기계를 완성할 수 있을지 막막했다."[11]

이 모든 혁신은 1950년대의 이론적 발전으로 물리학자들이 입자와 기본 힘 사이의 상호작용을 더 깊이 이해하기 이전에 일어났다. 제8장에서 우리는 대형 연구소들이 설립되어 파이온과 기묘 입자를 생성하고 연구하기 위해서 거대한 양성자 싱크로트론을 제작하는 과정을 살펴보았다. 이 시기 내내 새로운 LINAC 기술이 전자를 대상으로 개발되고 있었는데, 이것은 처음에는 강력이나 (다른 곳에서 발견되던) 새 입자를 이해하는 것과 별로 관계가 없어 보였다. 하지만 시간이 지나면서 모든 것이 달라졌다.

머리 겔만이 기다란 입자 목록과 씨름하여 입자들을 팔도八道로 정돈하자, 기묘 입자가 전자나 광자보다는 양성자와 중성자에 훨씬 가깝다는 사실이 분명해졌다. 기묘 입자를 진정으로 이해하려면 강한 핵력을 이해하는 것이 필수적이었다. 한 가지 방법은 대형 양성자 싱크로트론을 이용하는 것이었지만, 이 방법의 문제는 양성자 자체가 강력과 상호작용하기 때문에 강력과 기묘 입자의 상호작용을 강력과 양성자의 상호작용으로부터 분리하기가 불가능에 가깝다는 것이었다.

이것은 1956년 4월 10일 20여 명의 스탠퍼드 물리학자와 공학자들이 로스앨토스에 있는 독일계 미국 물리학자 W. K. "피프" 파노프스키의 집에 소집되어 논의한 핵심 쟁점이었다. 그들이 모임 장소에 도착하여 들은 말은 자금이 전혀 지원되지 않는 익명의 신규 프로젝트에 자원봉사자로 참여해달라는 것이었다. 그들은 승인받지 않은 실험을 실시한다는 것에 호기심이 동하여 전원 합류하기로 결정했다. 양성자와 중성자의 강력이 지닌 성질을, 전자를 이용해서 탐구한다는 발상이 제기된 이유는 바로 전자가 전자기력과는 상호작용하지만 강력과는 상호작용하지 않기 때문이었다. 전자를 탐침으로 이용하면 강력을 더 뚜렷하게 이해할 수 있었다.

전자에 대해서 이미 많은 것이 밝혀진 점도 유리하게 작용했다. 1950년대에 리처드 파인먼을 비롯한 많은 사람들은 **양자전기역학**quantum electrodynamics, 즉 QED의 이론적 토대를 놓았다. 이것은 계산을 수월하게 만드는 규칙 집합을 바탕으로 입자의 상호작용을 계산하는 방법이다. 이 방법은 광자, 전자, 뮤온, 이들 각각의 반입자, 심지어 중성미자에도 통했다. 하지만 기묘 입자나 양성자와 중성자에는 적용되지 않았다. 물리학자들은 전자 가속기를 만들어 양성자와 중성자가 풍부한 물질에 충돌시키면 상호작용 데이터 중에서 (QED로) 계산할 수 있는 것과 계산할 수 없는 것을 분리할 수 있음을 밝혀냈다. 이렇게 하면 자신들의 관심사인 강력을 분리할 수 있을지도 몰랐다. 그들이 여기에 필요한 에너지를 계산했더니 핸슨의 1게브 감상보다 20배 더 컸다.[12] 그늘이 원하는 빔을 발생시킬 수 있는 기술은 딱 하나였으며 이미 가동되고 있었다. 바로 LINAC이었다.

LINAC에서는 빔이 휘어지지 않아서 전자가 싱크로트론 방사를 통해서 에너지를 잃지 않는다(제7장을 보라). 충분한 데이터를 산출하려면 최대한 많은 전자가 필요했는데, LINAC이 빔 강도를 그 정도로 높일 수 있는 이유는 선행하는 입자 묶음이 가속되기를 기다리지 않고도 다음 묶음이 출발할 수 있기 때문이었다. 이 기계는 직선에서 가속되는 연속적인 입자 흐름을 이용할 수 있었다. 그러려면 강력한 RF 전력원—클라이스트론—이 필요할 터였지만, 가속기가 충분히 길면 성공할 수 있을 것 같았다. 다행히도 핸슨의 첫 6메브 버전 이후로 기술은 꾸준히 성숙했다. 연구진은 1953년에 400메브를 달성했으며, 로스앨토스 회합에서 20게브의 목표치가 제시되었을 즈음에는 마크 III 가속기가 애초의 목표인 1게브에 근접하고 있었다.

이 야심찬 새 프로젝트에는 물론 이름이 필요했다. 그들은 가속기의 괴물 같은monstrous 크기를 감안하여—너비가 약 3킬로미터에 이를 전망이었다—"프로젝트 M"이라는 이름을 채택했다. 엄밀히 말하자면 "M"은 한 번도 정의된 적이 없었지만, 물리학자들은 대부분 "괴물monster"의 약자로 기억한다. 스탠퍼드에서 시도된 것들 중에서 가장 규모가 큰 프로젝트에 걸맞은 이름이었다. 이듬해에 그들은 주간 회의를 이어가며 20게브 선형 가속기를 멘로파크에 있는 스탠퍼드 대학교의 캠퍼스에 건설하는 방안을 검토했다. 그들은 이 방안을 100쪽짜리 문서로 요약하여 세 곳의 연방 기관에 1억1,400만 달러의 지원 요청서를 제출했다.

핸슨의 오랜 동료로, 베어리언 어소시에이츠를 공동 설립하고 핸슨 사후에 경영을 맡은 에드 긴즈턴이 설계를 주도했다. 연구진은 5년간 수많은 정치적 우여곡절을 이겨냈으며 결국 1961년 결실을 거두었다. 스탠퍼드 선형 가속기 센터Stanford Linear Accelerator Centre, 즉 SLAC이 마침내 첫 삽을 뜬 것이다. 프로젝트의 주도권은 스탠퍼드 대학교가 가지되, 어느 곳의 과학자들에게든 개방하기로 했다. 대학은 토지를 기증했으며 에너지부는 가속기 건설비를 댔다. 이제 모든 것이 갖춰졌다. 적절한 사람들, 적절한 기술, 적절한 장소가 하나의 공통 목표를 위해서 뭉쳤다.

그들이 1957년 설계를 발표한 때로부터 1966년 빔이 켜질 때까지 더 많은 이론적 발전들이 이루어지면서 SLAC 실험 프로그램에 거센 추진력을 공급했다. 1964년 팔도는 겔만과 즈와이그가 각각 독자적으로 제안한 더 정교한 쿼크 모형으로 개량되었다. 양성자, 중성자, 파이온, 케이 중간자와 나머지 중입자는 알고 보니 기본 입자가 아니라 위, 아래, 기묘라는 세 종류의 쿼크로 이루어졌으며 종류마다 스핀과 전하가 달랐다.[13] 이 이론에는 지극히 우려스러운 결말이 하나 있었다. 바로 쿼크가 비非 정수, 즉 분수의 전하를 가지게 된다는 것이었다.

정수 단위 전하 이외의 것은 자연에서 한 번도 관찰된 적이 없었다. 이 새로운 입자가 어떻게 +2/3나 −1/3의 전하를 가질 수 있지? 겔만조차 쿼크가 실체인지, 아니면 우연히 들어맞은 근사한 수학적 꼼수인지 확신하지 못했다. 기묘한 비정수 쿼크가 원자의 구성요소라면, 핵 안에 양성자와 중성자가 있고 그 안에 정말로 쿼크가 있다면 쿼크를 생성하여 성질을 측정하는 것이 가능해야 했다. 쿼크를 찾는 탐색은 다음번의 거대한 실험 과제가 되었다.

CERN에서 일하는 실험물리학자들은 전하가 1/3과 2/3인 입자들이 거품상자에서 뚜렷한 자취—과거의 실험들에서 놓쳤을지도 모르는 자취—를 남겨야 한다는 사실을 금세 알아차렸다. 두 집단이 과거 실험의 거품상자 사진 10만 건을 훑었지만 분수 전하를 띤 입자의 증거는 하나도 찾지 못했다. 그다음 양성자 싱크로트론과 거품상자를 이용하여 쿼크를 찾으려고 시도했지만 아무것도 나오지 않았다. 쿼크는 그들이 만들 수 있는 것보다 더 큰 질량을 가지고 있거나 존재하지 않거나 둘 중 하나였다. 그것이 아니라면 다른 무엇인가가 벌어지고 있는 것이 틀림없었다.

대형 양성자 가속기를 보유한 연구소들은 양성자나 중성자를 쪼개어 직접 쿼크를 방출시킬 수는 없어 보였다. 대신 쿼크의 존재를 확인할 다른 방법을 강구해야 했다. 하지만 어떻게 해야 하나? 마침 SLAC의 새 시설이 안성맞춤인 조건을 갖추고 있었다.

1966년 20게브 가속기가 완공되었다. 스탠퍼드를 비롯한 방방곡곡에서 수천 명이 참여한 과정이었다. 이제 쿼크를 찾는 탐색은 최우선 과제가 되었다. 헨리 켄들, 리처드 테일러, 제롬 프리드먼을 비롯한 MIT와 SLAC 공동 연구진이 결성되었다. SLAC 측을 이끈 인물은 켄들과 테일러였다. 켄들은 보스턴 출신으로 야외 활동을 즐기는 물리학자였으며, 테일러는 캐나다 앨버타 출신으로 번득이는 재치와 유머로 유명했다. MIT를 대표하는 프리드먼은 시카고 출신인데, 유대계 러시아인 이민자 부부의 아들로 예술적 재능을 타고났다. 프리드먼은 케임브리지와 캘리포니아를 오가며 켄들과 테일러를 만났다.

그들의 아이디어는 우리가 이미 살펴본 실험을 떠올리게 한다. 가이거와 마스든이 알파 입자를 금박에 튕겨 원자에 핵이 있음을 발견한 실험 말이다. 1960년대 후반의 쿼크 사냥꾼들은 양성자와 중성자에 내부 구조가 있는지 알아내기 위해서 거의 같은 방법을 쓰기로 결정했다. 20 게브 전자는 양성자와 중성자 깊숙이 침투할 수 있는 에너지를 가지고 있었다. 안에 쿼크가 있다면 전자가 충돌의 충격으로 산란하는 각도와 에너지를 이용하여 무엇과 상호작용했는지 재구성할 수 있었다.[14]

당신이 오늘 샌프란시스코와 새너제이를 잇는 280번 주간 고속도로를 달린다면, 3킬로미터가 넘는 가속기 바로 위를 달리는 셈이다. 가속기가 들어 있는 터널은 완공 당시 미국에서 가장 긴 건축물이었다.[15] 안에는 클라이스트론 홀이 있는데, 핸슨과 베어리언 형제가 발명한 고출력 무선 주파수 장비들이 가득하다. 이 장치들이 발생시키는 전력은 몇 미터 아래에 있는 정밀 가공된 구리 공동으로 전송되는데, 이 공동들이 전자 선형 발전기를 이룬다.[16] 그 안에서는 전자들이 20게브에 도달할 때까지 파동을 타고 광속의 99.9999999퍼센트로 이동한다.

1960년대 후반 쿼크 사냥꾼들이 모든 준비를 마치자 가속기 끝에서 전자 빔이 휘어져 세 개의 빔 라인을 따라 두 개의 실험 홀로 들어가서는 양성자가 풍부한 액체 수소 표적을 때렸다(정확히 말하자면 표적으로부터 산란했다). 이렇게 산란한 전자는 자기 분광계magnetic spectrometer라는 기기를 통과하는데, 이 기기는 자기장에서 전자를 휘어 전자의 에너지를 측정한다. 분광계는 당시 가장 큰 과학 장비로, 길이가 50미터이고 무게가 3,000톤에 달했다. 이동할 수도 있어서 레일 위로 표적 주위를 회전하며 여러 각도에서 측정할 수 있었다.

1967년 켄들, 테일러, 프리드먼은 대형 분광계 1대와 그보다 작은 분광계 2대로 실험을 시작했다. 그들은 무엇을 보게 되리라 기대했을까? 당시 대부분의 물리학자들은 쿼크를 찾겠다는 야심에도 불구하고 쿼크가 실체가 아니며 양성자와 중성자의 내부 구조가 말랑말랑하다고 생각했다. 그래서 분광계 각도가 증가하면 산란하는 전자의 개수가 감소하리라고 예상했다. 만일 편차가 존재한다면 그것은 내부에 쿼크—또는 다른 무엇인가—가 있음을 암시했다. 실험으로 데이터가 수집되어 확률 분포가 작성되자 연구진은 결과를 들여다보며 해석하려고 애썼다.

예상과 실제 실험 결과 사이에는 약 1,000배의 차이가 있었다.[17] 당시에는 이것이 쿼크의 증거인지 분명하지 않았지만 양성자 내부에 어떤 구조가 있다는 증거 같기는 했다. 리처드 파인먼과 제임스 비오르켄은 이 실체를 묘사하기 위해서 **파톤**parton(쪽입자)이라는 명칭을 고안했다. 이전의 금박 실험을 연상시키는 순간이었지만, 이번에는 결과가 물질의 심장부로 더 깊숙이 뚫고 들어갔다. 양성자는 기본 입자가 아니었으며 증거로 보건대 내부의 파톤—아마도 입자의 일종—은 점 같았다. 입자가 "점 같다"라는 말은 무슨 뜻일까? 전자와 마찬가지로 이 입자는 하도 작아서 크기를 측정할 수 없다. 제롬 프리드먼은 훗날 이렇게 회상했다. "이것은 매우 기이한 관점이었다. 당시 생각하던 것과 너무 달라서 우리는 공개적으로 논의하기를 꺼렸다."[18]

그 뒤로 몇 년간 프리드먼, 켄들, 테일러는 계속해서 다양한 분광계 각도에서 데이터를 수집했으며 중성자에 대한 비교 데이터를 얻기 위해서 액체 중수소 표적을 이용하여 두 번째 실험을 진행했다.[19] 증거가 충분해지자 그들은 결과에 확신을 품을 수 있었다. 파톤은 정말로 쿼크였다. 양성자와 중성자의 구조를 형성하는 점 같은 성분이었던 것이다. 이제 우리는 양성자가 3개의 쿼크—위 쿼크 2개와 아래 쿼크 1개—로 이루어졌고, 중성자가 위 쿼크 1개와 아래 쿼크 2개로 이루어졌다고 말할 수 있다. 퍼즐의 마지막 조각은 쿼크가 분수 전하를 가졌다는 아이디어를 확인하는 것이었다. 그 방법은 (전기적으로 중성인) 중성미자를 이용한 CERN의 비슷한 데이터에 대해서 전자의 산란을 비교하는 것이었다. 이로써 물리학자들은 상호작용에 관계된 전하에 대해서 정보를 얻었다. 쿼크는 정말로 분수 전하를 가지고 있었다.

데이터를 추가로 분석했더니 양성자와 중성자에 대해서 내부에 쿼크가 있다는 사실보다 더 미묘한 정보가 드러났다. 낱낱의 양성자나 중성자에는 쿼크와 중성 글루온이 대략 같은 비율로 들어 있다. 글루온gluon은 질량이 없는 입자로, 광자가 전자기력을 운반하는 것과 같은 방식으로 쿼크를 "접착하는glue" 강력의 운반자라는 사실이 나중에 밝혀졌다. 양성자와 중성자에 들어 있는 3개의 주된 쿼크는 **입자가 쿼크**valence quark("드러난 쿼크"라고도 한다/옮긴이)라고 불린다. 그 주위로 쿼크-반쿼크 쌍의 "바다"가 있는데, 이 또한 낮은 에너지에서의 산란으로부터 얻은 데이터를 통해서 드러났다. 양성자와 중성자를 질량에 대해서든 상호작용에 대해서든 온전히 이해하려면 입자가 쿼크와 더불어 **바다 쿼크**sea quark("숨은 쿼크"라고도 한다/옮긴이)—위, 아래, 기묘 쿼크-반쿼크 쌍—를 포함해야만 한다.

1970년대에 물리학자들은 쿼크를 한데 묶는 강력의 특이한 성질을 이해하기 시작했다. 강력은 고무줄이 쿼크들을 당기고 있는 것과 약간 비슷해서 가까운 거리에서는 비교적 약하지만 먼 거리에서는 극도로 강하다. 쿼크들은 서로 가까이 있을 때는 비교적 자유롭게 움직일 수 있지만 떼어내려고 하면 강력이 반발하는데, 이 성질을 **가둠**confinement이라고 한다. 이 때문에 쿼크는 양성자와 중성자 안에 단단히 갇혀 있어서 쿼크를 떼어내려고 에너지를 투입하면 새로운 쿼크-반쿼크 쌍이 생긴다. 이로 인한 기이한 결과는 쿼크가 자연에서 홀로 관찰될 수 없다는 것이다. 남들은 실패했는데 켄들, 테일러, 프리드먼은 성공한 것은 이 때문이다. 그들은 양성자와 중성자 안에 갇혀 있는 쿼크를 관찰하는 방법을 찾아냈다.

강력은 원자핵 안에서 중성자와 양성사를 붙들어두는 작용도 하는데, 이것은 미묘한 방식으로 이루어진다. 이 먼 거리에서 작용하는 강력은 종종 **잔류 강력**residual strong force이라고 불린다. 쿼크가 정확히 어떻게 상호작용하는지에 대한 구체적 설명은 결국 **양자색역학**, 즉 QCD라는 이론에서 상세히 제시되었다. 우리는 QCD를 이용하여 원자핵이 어떻게 결합되어 있는지 이해할 수 있다.

QCD에 따르면, 쿼크는 **색전하**colour charge라는 종류의 전하를 가지고 있다. 색전하는 빨강, 초록, 파랑의 세 종류가 있다(실제 색깔과는 전혀 관계가 없다). 반쿼크도 반빨강, 반초록, 반파랑의 "색깔"이 있으며, 쿼크들이 결합하여 입자가 되면 전체 색깔은 "무색"이 되어야 한다. 파랑, 빨강, 초록이 결합하면 무색이 되기 때문에, 양성자 안의 쿼크들이 파랑, 빨강, 초록이면 이 입자는 그로부터 "허용된다." 파이온은 위와 아래 중에서 서로 다른 종류인 쿼크와 반쿼크가 파랑과 반파랑, 빨강과 반빨강, 초록과 반초록으로 결합하여 이루어진다.

핵 안의 양성자와 중성자는 둘 다 전체적으로는 무색이지만, 그 안의 쿼크들은 강력의 약한 잔류 효과를 남기는데, 이것이 왠지 모를 기적처럼 양성자와 중성자를 붙들어두는 효과를 낳는다. 이 현상은 솔직히 사소해 보이지만 결코 사소하지 않다. 잔류 강력이 없으면 원자핵은 안정을 이루지 못하며 우리가 아는 물질은 존재하지 않을 것이다.

이 모든 원리를 확립하기까지는 시간이 조금 걸렸지만, 프리드먼, 켄들, 테일러의 실험 이후에 분명해진 것은 쿼크가 실제로 진짜라는 것이었다.[20] 양성자와 중성자가 원자의 기본적 구성요소이던 시절은 지나갔다.

쿼크의 발견은 선형 가속기 덕분이었고, 이를 위해서는 클라이스트론과 마그네트론이 필요했으며, 이것은 고출력 레이더 기술을 개발하기 위해서 탄생했다. 핸슨과 베어리언 형제는 자신들의 연구가 결국 어떤 결과를 낳을지 결코 예상할 수 없었다. 기초과학과 응용과학, 산업과 발견은 이렇듯 서로 맞물려 있지만 과학자와 기업인들은 대개 서로 자신의 관점에서 이야기를 들려준다. 우리는 물리학자들에게서 발견의 이야기를 듣고 기업인들에게서 혁신과 상업적 성공의 이야기를 듣지만, 어찌된 일인지 둘의 공생에 대해서는 잊어버리기 십상이다. 둘의 융합은 뜻밖의 결과를 낳을 수 있으며 이 이야기는 쿼크에서 멈추지 않는다.

우리가 베어리언 형제를 마지막으로 보았을 때, 두 사람은 훗날 실리콘 밸리가 될 장소에 회사를 설립했다. 이내 둘은 물리학 바깥에서 쓰일 전자 LINAC을 판매하기 시작했으며 이 기계들은 의료, 보안, 산업에 혁신적인 변화를 가져왔다. 오늘날 베어리언이라는 이름은 선형 가속기 기술의 동의어이며 당신이 가장 쉽게 마주칠—8명 중 1명은 살면서 한 번은 만나게 될—제품은 방사선 요법 LINAC이다.

1954년 의학 박사 헨리 캐플런은 스탠퍼드의 가속기 개발 소식을 듣고서 암을 치료하는 장비를 만들겠다는 목표를 품고 스탠퍼드로 자리를 옮겼다.[21] 캐플런은 에드 긴즈턴과 점심을 함께했으며 둘의 열성적 협력은 미국 최초의 임상용 LINAC의 개발로 이어졌다. 이 6메브 전자 가속기는 1956년 스탠퍼드에서 처음으로 안구 종양을 앓는 두 살배기 아이를 치료하는 데에 성공했다. 아이는 종양을 제거하고 시력을 간직한 채 걸어나갔다. 캐플런은 방사선 전문의들에게 새로운 요법을 열심히 훈련시켰으며 병원들의 가속기 수요가 늘어나기 시작했다.

캐플런과 긴즈턴은 베어리언 어소시에이츠를 설득하여 임상용 가속기를 제조하도록 했다. 그들은 6메브 가속기를 더욱 축소하여 환자 주위를 360도 회전할 수 있을 만큼 경량화했으며 그 덕에 의사들은 모든 각도에서 환자를 치료할 수 있게 되었다. 이 시점부터 X선 방사선 요법은 선호되는 치료법이 되었으며, LINAC은 그 수단이 되었다. 양성자와 중입자가 임상적으로 유용해졌을 즈음 이런 형태의 방사선 요법은 이미 나머지 요법들을 평가하는 기준이 되어 있었다(제8장을 보라).[22]

오늘날 모든 암 환자 중의 절반가량을 (가능할 경우) 방사선 요법으로 치료한다(나머지는 수술과 화학 요법으로 치료한다). 전자와 X선이 양성자나 이온보다 훨씬 흔히 쓰이는데, 여기에는 기계가 훨씬 작고 저렴한 탓도 있다. 현대의 임상용 선형 가속기는 병원 지하층에 설치되며 치료실은 1미터 두께의 콘크리트 벽으로 방사선을 차폐한다. 환자의 눈에는 제9장에서 묘사한 양성자 치료실과 거의 비슷해 보일 것이다. 단, 이번에는 모든 장비가 치료실에 들어간다. 치료실 한가운데에는 환자가 눕는 침대가 있고 그 위에서 1미터 길이의 입자 가속기가 전자를 약 25메브로 끌어올린 다음 금속 표적에 발사한다. 제1장에서 살펴본 음극선관에서와 마찬가지로 전자는 금속 안에서 느려지면서 X선을 방출한다. 방사선 요법의 관건은 정교한 **평행시준 시스템**collimation system으로 X선의 형태를 빚는 것이다. 이 장치는 X선을 흡수하여 치료 계획에 따른 그림자 무늬를 만들어낸다. X선은 적절한 형태로 빚어진 뒤에 환자에게 조사된다.

모든 전력 공급 장치, 진공 시스템, 전자 장비는 기계 후면의 패널 뒤쪽에 숨겨져 있다. 패널을 열면 장치 심장부의 가속 공동 구조에 RF 전력을 공급하는 클라이스트론과 도파관waveguide이 보인다. 가속기 본체를 담고 있는 이른바 **갠트리 암**gantry arm에도 납 차폐가 되어 있으며 일련의 자석이 빔을 아래쪽 금속 표적으로 유도하여 X선을 발생시킨다. 가속기는 플라스틱 케이스에 통째로 들어 있으며 케이스 둘레에는 촬영 패널과 제어 패널이 달려 있다. 단추를 누르면 가속기 시스템 전체가 환자의 침대 주위로 360도 회전할 수 있다.

베어리언은 오늘날 의료용 가속기 시장을 지배하는 두 주축 중 하나이다. 나머지 하나는 엘렉타로, 1972년 스웨덴에서 라르스 렉셀이 "감마 나이프" 정밀 방사선 수술 장비를 기반으로 설립했다. 베어리언의 장비가 직접 발명한 클라이스트론을 주로 이용하는 데에 반해서 엘렉타의 기술은 대부분 마그네트론을 이용한다. 두 회사는 여러 대학 연구진들과 적극적으로 협력하며 최상의 임상 결과를 얻기 위해서 끊임없는 혁신으로 장비를 개량한다.

전 세계에서 1만2,000여 대의 방사선 요법 LINAC이 쓰이고 있다. 이 장비들은 실험용 기술이 입자물리학에만 쓰이는 것이 아니라 수백만 명의 목숨을 구하는 데에도 사용 중임을 일깨운다. 사실 1만2,000대의 LINAC으로는 어림도 없다. 현재의 암 발병률을 고려할 때 20만 명당 1대가 필요하며, 고소득 국가들이 이 목표를 달성한 반면에 세계은행에서 중저소득 국가로 분류한 나라들에서는 5,000대가량이 부족한 실정이다. 사하라 이남 아프리카에는 방사선 요법이 전혀 제공되지 않는 나라가 35개국에 이른다.

사람들의 수명이 늘어나면서 전 세계에서 암 발병이 증가하고 있으며, 증가세는 중저소득 국가에서 가장 가파르다. 2035년에는 해마다 약 3,500만 명이 암 진단을 받을 것으로 추산되며, 전체 암의 65-70퍼센트가 중저소득 국가에서 발생할 것이다. 그밖의 질병을 박멸하려는 국제적 노력이 효과를 발휘하여 전 세계에서 기대수명이 늘고 있지만, 암으로 진단받을 가능성은 나이가 들수록 커진다. 많은 중저소득 국가들의 의료 시설은 암을 진단할 수 있을 만큼 발전했으며, 교육 기회가 확대되면서 사람들은 암 징후를 알아차리고 스스로 병원에 찾아간다.

2035년이 되면 추가적으로 1만2,600대의 기계와 더불어 수만 명의 암 전문의, 방사선 전문의, 의학물리학자, 의학 교수가 필요해질 것이다. 국제원자력기구(IAEA)에서 이 문제를 해결하려고 열심히 노력 중이지만, 신규 방사선 요법 설비가 제작되고 주문되는 속도는 커져만 가는 시설 수요를 따라잡지 못하고 있다.

2016년 CERN에서는 이 기계들에 대해서 논의하는 회의가 열려, 나이지리아, 보츠와나, 가나, 탄자니아, 짐바브웨를 비롯한 사하라 이남 아프리카 국가들의 의사들을 비롯하여 국제 가속기 전문가와 세계 보건 전문가들이 한자리에 모였다. 기술 전문가들은 사흘간 질문에 귀를 기울이고 답변하면서 무엇이 잘못되고 있고 어떤 변화가 필요한지 파악하고자 했다. 나도 그 전문가들 중 한 사람이었으며, 그런 국제적 과제에 눈을 뜬 뒤로는 다시는 눈을 감을 수 없게 되었다.

병원이 기계를 들일 여력이 되더라도, 연간 유지보수 계약에 들어가는 비용이 기계 값과 맞먹는다. 상근 엔지니어 25명에게 임금을 지급해야 하기 때문이다. 예비 부품이 들어오기까지는 오랜 시간이 걸릴 수 있으며 그런 뒤에도 세관에서 몇 달간 묶여 있을 수 있다. 가속기가 고장 나면 하루에 50명가량의 환자가 치료를 받지 못한다. 이 기계들은 세계에서 가장 흔한 입자 가속기이지만, 우리가 알게 된 사실은 이것들이 안정적인 전력 공급원, 고도로 훈련받은 엔지니어 집단, 탄탄한 보건 체계를 갖춘 고소득 국가를 염두에 두고 설계되었다는 것이다.

회의 참석자들은 스텔라STELLA(선형 가속기로 수명을 연장하는 스마트 기술Smart Technologies to Extend Lives with Linear Accelerators)라는 새 협력체를 발족하기로 의기투합했다. 이 목표를 이루려면 교육, 국제 개발, 보건 체계, 기술 등 해결해야 할 과제들이 많다. 우리의 목표는 거대 과학을 떠받치는 협력 모형을 이용하여 이 과제를 해결하는 것이며, 이런 조건에 더 적합한 LINAC을 설계하는 첫 단계가 이미 진행 중이다.[23]

LINAC은 의료 이외의 분야에서도 다양한 쓰임새가 있다. 항구와 국경에서 수천 대의 소형 가속기가 보안 검색 시스템에 이용되고 있으며 이를 통해서 세관 공무원들은 트럭과 화물 컨테이너 내부의 영상을 얻어 밀수를 적발할 수 있다. LINAC에서 발생하는 고에너지 X선은 표준 X선관으로 처리할 수 없는 대형 물체도 통과할 수 있다.

전자 가속기는 의료 제품과 일부 위험 우편물을 소독하고 심지어 허브를 비롯한 식품에서 잠재적 병원체를 제거하는 데에도 쓰인다. 응용 분야의 수는 늘어만 간다. 한국에서는 현재 소형 선형 가속기를 이용하여 발전소의 악취를 제거하며 독한 화학물질을 쓰지 않고 공장 폐수를 처리한다. 직관에 어긋나 보일지도 모르겠지만, 입자 가속기는 우리가 가진 가장 환경 친화적인 수단 중 하나일 것이다. 심지어 저렴한 태양광 전지판을 생산하는 데에도 쓰인다.[24] 이런 가속기의 시장 규모는 현재 연간 50억 달러가량이며 계속 증가하고 있다.

마그네트론, 클라이스트론을 비롯한 선형 가속기는 오늘날에도 산업계와 대학 연구실에서 계속 개발되고 있으며 두 부문이 협력하는 경우도 즐비하다. 이 기술들은 더 작고 값싸고 신뢰할 만하고 에너지 효율적으로 발전하고 있다. 현재 입자물리학을 위한 가속기 기술은 흔히 의료와 산업의 응용 분야와 공동으로 개발되고 있는데, 한 가지 이유는 쿼크

탐사에서 그랬듯이, 산업화 과정으로 대규모 프로젝트의 비용을 절감할 수 있기 때문이다.

오늘날 암 치료 시간을 분 단위에서 초 단위로, 치료 횟수를 25번에서 1-2번으로 줄일 수 있는 새로운 종류의 방사선 요법에 초점을 맞춘 학술대회에 가속기 물리학자들이 대거 참석하고 있다.[25] 의료계 동료와 협력하여 차세대 기술을 발명하는 물리학자들은 입자물리학 실험을 설계하는 물리학자와 같은 사람들이다. 그들은 현실에 즉각적 영향을 미칠 수 있는 능력을 가지고 싶어하지만, 그렇다고 해서 우주에 대한 거대 질문의 답을 찾는 탐구를 중단할 필요는 결코 없다.

그러나 이 모든 것은 머나먼 미래의 일이다. 1960년대 말에 새로운 발견의 시대가 열렸다. 인간은 달에 첫발을 내디뎠으며 물질의 가장 작은 성분을 탐색하는 일에서도 획기적 성과를 얻었다. 쿼크가 발견된 뒤에도 전 세계의 물리학자들은 입자물리학의 혁명을 이어갔다. 1974년부터 1977년까지 SLAC에서는 스피어SPEAR라는 전자-양자 충돌 고리를 이용한 실험을 실시하여 타우 렙톤tau lepton—전자와 뮤온의 더 무거운 버전—이 존재한다는 증거를 발견했다. 이는 3세대 물질이 있을지도 모른다는 것을 암시한다. 이것이 사실이라면 쿼크도 더 많이 존재할지도 모른다. 아원자 세계가 내놓는 수수께끼에는 끝이 없어 보였다.

11

테바트론 : 3세대 물질

우리가 로버트 래스번 ("밥") 윌슨을 처음 만난 것은 그가 1940년대 중엽 버클리에서 양성자 요법 아이디어를 제안했을 때였다. 1960년대 후반이 되자 그는 어니스트 로런스의 제자가 아니라 자신의 연구진을 이끌었다. 윌슨은 새로운 종류의 물리학자이자 일종의 팔방미인으로, 이상가이자 엔지니어이자 모금가이자 기업가였다. 뛰어난 시인, 조각가, 웅변가이기도 했으며 이윽고 창조적 능력과 과학적 능력을 엮어 세계를 선도하는 연구소를 설립하게 되었다. 하지만 우선 자금 지원을 승인받아야 했다.

1969년 4월 윌슨은 미국 의회에 출석하여 미국이 이제껏 해온 시도들 중에서 가장 야심찬 가속기 사업을 위해서 2억5,000만 달러를 요청했다. 물리학에 자금이 넘쳐나던 호황기는 지나갔기 때문에 윌슨은 나사의 우주 계획에서 국방을 위한 선박, 항공기, 무기의 어마어마한 비용에 이르기까지 수많은 정부 예산 수요처와 경쟁해야 했다. 윌슨이 입을 열기도 전에 상원의원 존 패스토리가 제안된 기계는 실험적이라고 지적했다. 그 것으로 정확히 무엇을 발견할지조차 모른다는 뜻이었다. 이렇게 비용이 많이 들고 위험 부담이 큰 제안을 어떻게 옹호할 수 있겠는가?

이 기계는 자연의 단순함에 대한 유서 깊은 질문들의 답을 찾기 위해서 설계되었다고 윌슨은 말했다. 그러고는 이렇게 물었다. 단지 몇 개의 소립자를 근거로 복잡하게 얽힌 모든 생명과 우주를 서술하는 방법을 찾는 것이 가능할까? 그는 이런 관점에서 현 상황을 펼쳐 보였다. 중력, 전자기력, 그리고 양성자와 중성자를 붙들어두는 핵력은 밝혀졌다. SLAC에서는 쿼크의 발견이 진행 중이었으며 앞 장들에서 보았듯이 네 번째 힘인 약한 핵력에 대해서도 실마리가 드러났다. 중성자가 양성자로 바뀌는 베타 붕괴에서는 쿼크가 강한 핵력과 약한 핵력을 둘 다 겪는 것으로 보인다. 이 신형 기계를 이용하여 더 넓은 에너지 범위에서 실험을 진행하면 물리학자들은 마침내 이 힘들을 입증하고 짜맞춰 우주가 어떻게 작동하는지 더 온전히 이해할 수 있으리라고 그는 주장했다. 지적인 관점에서 이 사업의 전망은 무궁무진하다고 말했다.

패스토리 상원의원은 고개를 끄덕이며 이 기계의 목적이 고에너지 기본 입자 연구이며 이것이 교육적이고 학술적인 과정임을 이해한다고 말했다. 윌슨은 이렇게 덧붙였다. "그것은 문화적 과정이기도 합니다. 하지만 저는 그런 기술 발전이 이루어지리라는 확고한 기대를 품고 있습니다. 우리가 어마어마하게 힘든 기술적 과제에 도전하고 있고 낯선 종류의 연구를 진행하고 있기 때문에 이 말씀을 드려야겠습니다. 우리는 과거의 경험을 통해서 신기술이 필연적으로 발전한다는 사실을 압니다. 이 기술은 그런 발전을 목표로 하지 않는 기초 연구의 비용에 값하는, 그보다 많은 결실을 가져다주었습니다."[1]

상원의원은 윌슨을 돕고 싶어서 이 기계가 미국에 꼭 필요한 것 같다고 언급했다. 그는 윌슨에게 이 기계가 국가 안보와 조금이라도 관계가 있느냐고 물었다. 하지만 윌슨은 단호하게 "아니요"라고 답했다. 그가 물리학을 통해서 국방에 이바지하던 시절은 맨해튼 계획 이후 지나간 지 오래였다. 이 사업은 순전히 우주에 대한 호기심에 이끌린 탐구였다. 상원의원이 다그쳤다. "조금도 없다고요?"

윌슨은 잠시 머뭇거리더니 상원의원을 쳐다보며 이렇게 말했다. "그것은 우리가 서로에게 베푸는 존중, 인간의 존엄, 문화에 대한 애정과만 관계가 있습니다. 우리가 훌륭한 화가인가, 훌륭한 조각가인가, 위대한 시인인가와만 관계가 있습니다. 제 말씀은 우리가 이 나라에서 진실로 존경하고 애국심을 품는 모든 것이……국가를 방어하는 것과 직접적인 관계가 전혀 없다는 것입니다. 그것은 오로지 국가를 방어할 만한 가치가 있는 곳으로 만드는 것과만 관계가 있습니다."[2]

예산은 승인되었다. 그해 10월 윌슨은 시카고 외곽으로 한 시간 거리에 있는 부지에서 직접 첫 삽을 떠서 국립 가속기 연구소(NAL) 기공식을 공식적으로 선언했다(훗날 페르미 연구소로 불리게 된다).

페르미 연구소는 정말이지 어느 물리학 연구소와도 다르다. 구내는 칙칙한 벽돌과 조립식 건물이 아니라 (윌슨의 관심사에 걸맞게) 조각과 건축적 명소로 가득하다. 목조 주택들이 서 있는 작은 마을을 차로 통과하여 페르미 연구소 구내에 도착한 방문객을 맞이하는 것은 첨단 설비가 아니라 들소 떼이다. 이곳이 본디 대초원이었음을 상기시키는 풍경이다. 본관에 다가가려면 기다란 거울 못(건물의 그림자가 비치도록 설계한 연못/옮긴이) 사이를 지나야 한다. 끝까지 가면 성당처럼 생긴 윌슨홀이 있다.[3] 60미터 높이의 콘크리트 구조물이지만 건축적 곡선 덕분에 부드러워 보인다. 꼭대기 전망대에서 내려다보면 수 킬로미터에 이르는 터널과 설비, 가속기, 실험 장비가 드넓은 구내에 미스터리 서클처럼 뻗어나간다.

윌슨의 구상은 흥미진진하고 기능적이고 아름다운 연구소를 짓는 것이었다. 그는 구내의 미적 요소가 성공의 관건이라고 믿었다. 상주 예술가 앤절라 곤잘레스는 핵심 연구진으로 채용되었으며 연구소 로고와 회의 포스터에서부터 구내식당 식탁까지 모든 것을 디자인했다. 과학 설비에도 같은 미적 기준이 적용되었다. 윌슨은 과학 도구가 이론물리학 개념만큼 아름다워야 한다고 생각했다. 그는 조각가답게 가속기, 실험 장비, 그리고 대형 연구소의 나머지 모든 요소들이 우아한 선, 균형 잡힌 볼륨감, 내재적인 미적 매력을 갖춰야 한다고 주장했다.[4]

처음에 윌슨은 마치 캔버스에 형태의 윤곽을 그리듯이 넓은 붓으로 시설을 스케치했다. 최고의 인재를 프로젝트에 끌어들이려면 과학적 야심이 커야 했지만 예산을 초과하지 않으려면 절약해야 했다. 그는 자금을 지원받은 애초 목표가 충분히 야심차지 않다고 판단했다. 원래의 200게브 빔 에너지가 아니라 "메인 링Main Ring"이라는 기계로 500게브를 목표로 삼고 싶었다. 이 기계는 반지름이 1킬로미터로, 크기가 이렇게 정해진 것은 단지 기억하기 쉬워서였다. 그는 이 정도 난관으로는 성에 차지 않았던지 공사 일정도 앞당겼다. 원래는 7년 예정이었으나 불과 5년 만에 완공하고 싶어했다.

이 분야 최고의 인재들이 그의 기상천외한 아이디어를 접하고 동참하기 시작했다. 그의 이상은 어마어마한 창의적 에너지와 열정을 지닌 물리학자, 엔지니어, 문제 해결 전문가를 끌어들였다. 건설해야 할 가속기는 메인 링만이 아니었다. 윌슨은 가속기 전단前段 연쇄를 온전히 갖춰야 한다는 사실을 알고 있었다. 양성자는 코크로프트─월턴 가속기에서 출발하여 LINAC을 통해서 "부스터booster"라는 고리로 전달된다. 그런 뒤에야 양성자 빔이 메인 링에 투입된다.

가속기 물리학자 헬렌 에드워즈는 프로젝트가 갓 출범한 1970년 남편 돈과 함께 연구진에 합류했다. 에드워즈는 미시간 주 디트로이트 출신으로, 워싱턴에서 학교에 다닐 때 과학과 수학에 흥미를 느꼈으며 난독증으로 고생하면서도 고도의 집중력으로 과목들에 통달했다. 그녀는 코넬 대학교에서 물리학 학사 학위를 받았는데, 10여 명의 남성들 사이에서 유일한 여성이었다. 곧장 박사 과정에 진학하려고 했지만, 당시 여성들은 석사 과정을 먼저 마쳐야 했다. 그래도 그녀는 굴하지 않고 실험을 위해서 코넬 전자 가속기 가동 경험을 쌓으며 입자 붕괴 연구를 마쳤다. 이곳에서 윌슨은 그녀를 만났으며, 그녀가 필수적인 요소에 집중하는 능력으로 과학적, 기술적 문제를 훌륭히 해결하리라는 사실은 누구에게나 분명했다. 윌슨은 에드워즈에게 부스터 싱크로트론 제작 의뢰를 맡겼다.

에드워즈 팀은 신속하게 부스터 가속기를 완성하여, 언제든 8게브 양성자를 메인 링에 공급할 수 있게 되었다. 코크로프트-월턴 가속기와 LINAC을 관리하는 팀들도 목표대로 가동 준비를 끝냈다. 공사가 속전속결로 진행되자, 에드워즈는 부분적으로 완공된 메인 링 작업팀에 합류했다.

작업 속도는 맹렬했으며 여건은 열악했다. 물이 새는 바람에 메인 링 터널은 이따금 진흙으로 메워졌다. 작업팀은 자석 설치를 계속하기 위해서 진흙탕을 첨벙첨벙 걸어다녀야 했다. 윌슨은 위험을 피하지 않았으며 사람들에게 이렇게 말했다. "당장 작동할 수 있는 것을 과도하게 설계하면 결국 건설에 너무 오랜 시간과 너무 많은 비용이 들 것입니다."[5] 말썽을 일으키는 부품을 그때그때 수리하는 편이 더 싸게 먹히리라는 것이 그의 주장이었다.

문제는 신속히 해결되어야 했으며 훗날 에드워즈 팀은 복잡한 문제가 생기면 그녀가 즉석에서 상세한 계산을 내놓았다고 회상했다. 그녀의 팀도 기발함 측면에서는 그녀에게 뒤지지 않았다. 가속기를 용접한 뒤에 빔 파이프에서 작은 금속 부스러기들이 발견되었다. 이 때문에 양성자가 이탈하면 방사선이 발생하거나 기계가 손상될 우려가 있었다. 한 엔지니어가 자포자기하는 심정으로 펄리시아라는 페릿(반려동물이 된 유럽산 긴 털족제비 아종/옮긴이)에게 끈을 물고 빔 파이프에 들어가도록 훈련시켰다. 그런 다음 끈에 면봉을 묶어 잡아당겨 부스러기를 제거했다.[6] 이 방법은 성공했지만, 더 큰 문제가 기다리고 있었다.

최악의 사태는 1971년에 벌어졌다. 터널 안에 있는 자석 1,014개에 전력을 공급하고 보니 350개 이상이 먹통이었던 것이다. 이 "자석 위기"로 적어도 6개월의 기간과 200만 달러의 수리 비용이 들었다. 무엇이 잘못되었는지는 아직까지도 명확히 밝혀지지 않았다. 에폭시 단열재가 얇아 응결 문제가 생겼을 가능성이 가장 커 보였다. 이 모든 난관을 무릅쓰고, 부지가 옥수수 밭이던 때로부터 4년도 채 지나지 않은 1972년 3월 양성자 빔이 마침내 메인 링의 6.28킬로미터 둘레를 회전했으며 머지않아 양성자 빔 에너지의 세계 기록이 경신되었다.

다음으로 에드워즈는 고에너지 양성자 빔을 기계에서 꺼내는 까다로운 과정을 감독했다. 적어도 빔의 98퍼센트를 유지하지 못하면 방사선이 발생하여 부품이 파괴될 위험이 있었다. 그녀가 채택한 해결책[7]은 기계를 섬세하게 조정하여 빔이 세 지점에서 파이프 끝에 아주아주 가깝게 틀어지도록 하는 것이었다. 그녀의 팀은 그 지점들에 정전기 격막—매우 높은 전압이 걸린 금속판—을 설치했는데, 이 격막은 흔들거리는 빔을 기계 밖으로 꾀어내기에 딱 적당한 힘을 발생시켰다.

1974년이 되자 그녀는 모든 문제를 해결했으며 실험 구역 세 곳 모두 동시에 빔을 받을 수 있게 되었다. 그 뒤로 메인 링의 에너지는 200게브에서 1975년에는 400게브로, 뒤이어 500게브로 증가했다. 링의 각 출구 지점은 다시 세 갈래로 갈라져 한 가속기에서 총 9개의 빔을 공급할 수 있었다. 기계를 이용할 준비가 끝나자 아래에서 대기 중인 실험 장비들에 관심이 쏠렸다.

주 실험 구역들은 각각 중성미자, 중간자, 양성자에 주력했다. 실험 장비들은 대부분 연구소 소속 직원이 아니라 대학 소속 과학자들이 설계하고 제작했다. 여기에는 윌슨의 구두쇠 정신 탓도 있었다. 그는 비용을 아끼기 위해서 실험자들로 하여금 각자의 구역을 채비하도록 했다. 그들은 "구덩이"—방사선 차폐를 위해서 말 그대로 땅에 판 흙구덩이—를 할당받았는데, 올록볼록한 철제 벽과 지붕이 전부였다. 구내에 대한 윌슨의 미적 구상이 이용자의 편의성까지는 확장되지 않은 것이 분명했다. 대학 소속 과학자들은 부당한 처우를 당한다고 느꼈다. 페르미 연구소의 실험 구역은 SLAC이나 CERN의 비교적 호사스러운 실험실과 달리 꼬질꼬질했기 때문이다.[8]

실험용 구덩이가 열악한 환경이기는 했지만, 윌슨은 세계 최고의 에너지 빔을 만들어내면 물리학자들이 제 발로 찾아올 것임을 알았으며 실제로도 그랬다. 1976년 캐나다, 유럽, 아시아의 국제 공동 연구자들을 비롯하여 120여 곳의 연구소에서 제안서가 들어왔다. 500건의 실험 제안 중에서 절반 이상이 승인되었으며, 1978년에는 이 중 상당수가 완료되었다. 초기 실험을 주도한 인물 중에는 컬럼비아 대학교의 카리스마 넘치는 물리학자 리언 레더먼도 있었다.

레더먼은 페르미 연구소가 출범한 뒤로 줄곧 이곳을 옹호하고 성원했다. 그는 윌슨이 생각하는 완벽한 실험기의 이상에 들어맞았다. 즉, 야심만만하지만 기꺼이 적응할 줄 아는 심성의 소유자였다. 윌슨이 카우보이라면 레더먼은 전형적인 도시인이었다. 뉴욕에서 우크라이나계 유대인 이민자 부모의 아들로 태어난 레더먼은 대학에 다닐 때 밤늦도록 맥주를 마시며 친구에게 설득당해 물리학을 선택했다. 그는 중요한 물리학 문제를 고르는 눈썰미를 길렀으며 그 덕에 1962년 뮤온 중성미자를 공동으로 발견했다. 이 일로 페르미 연구소에서 실험할 기회를 얻었다.

레더먼을 비롯한 연구자들은 물질의 두 가지 기존 세대에 대해서 알고 있었다. 이것들은 렙톤으로 묶일 수 있었으며 전자와 더 무거운 사촌인 뮤온, 둘과 짝을 이루는 전자 중성미자와 뮤온 중성미자로 이루어졌다. 이에 더해 쿼크가 있었다. 위 쿼크와 아래 쿼크가 짝을 이룬다면 기묘 쿼크도 짝이 있어야 합리적일 것 같았다. 그래서 기묘 쿼크와 맵시 쿼크가 두 번째 세대의 쿼크를 이루었다. 이 구성은 1970년 이론물리학자들에 의해서 제시되었는데, 애초의 동기는 미적 고려였다. 방정식의 몇 가지 기술적 문제를 해결하는 데에도 요긴했다.

페르미 연구소의 메인 링이 가동될 즈음 레더먼은 이미 맵시 쿼크의 발견을 놓쳤다. 맵시 쿼크는 브룩헤이븐과 SLAC에서 "J/Ψ" 입자의 형태로 거의 동시에 발견되었다("제이/프시"라고 읽는다).[9] 하지만 자연이 선사하는 놀라움에는 끝이 없었다. 앞 장에서 보았듯이 SLAC 연구자들은 1975년 전자와 뮤온의 더 무거운 형태인 타우를 발견했다. 레더먼에게는 새로운 동기가 생겼다. 3세대 렙톤이 존재한다면 3세대의 더 무거운 쿼크가 존재하지 말라는 법이 있을까?

레더먼은 새 실험을 진행할 공간을 신청했다(제안서 번호를 따서 288

번 실험Experiment 288[E288]으로 명명되었다). 그는 무겁고 수명이 짧은 입자에서 예상되는 흔적인 뮤온 쌍을 전자 검출기로 찾으려고 했다. 그의 목표는 지금껏 발견된 위, 아래, 맵시, 기묘 쿼크보다 무거운 쿼크가 들어 있는 입자를 찾는 것이었다. 제안이 승인되어 실험이 준비되자 메인 링에서 나온 500게브 양성자 빔이 그들의 구덩이에 조사되었고 연구진은 뮤온 쌍을 발견할 때마다 데이터를 수집했다. 그들은 결과를 분석하기 위해서 각 뮤온 쌍의 에너지를 더해 막대 그래프상의 점으로 나타냈다. 막대 그래프의 정점peak 또는 혹bump은 새 입자의 증거일 터였다.

1976년 약 6게브의 질량에서 혹이 나타났다. 개수는 적었지만 이 사건이 통계적 우연일 가능성은 2퍼센트에 불과했다. 팀은 연구를 계속하여 전혀 새로운 입자의 존재를 선언하는 논문을 발표했다. 여기에 입실론upsilon이라는 이름을 붙였는데, 그들의 해석에 따르면 "고귀한 것"이라는 뜻이었다.[10] 그때 상상할 수 없는 일이 일어났다. 그들이 데이터를 더 수집하고 있을 때, 입실론 입자를 나타내는 정점이 사라졌다. 무작위 사건들의 배경잡음이 집어삼킨 것이다. 어쨌거나 6게브 입자는 하나도 없었다.

이것은 통계학의 뼈아픈 교훈이었다. 이런 이유로 오늘날 새 입자의 발견을 선언하려면 물리학자들이 "5-시그마" 증거라고 불리는 통상적인 기준을 따라야 한다. 이것은 결과가 우연히 발생할 확률이 350만 분의 1 미만이어야 한다는 뜻이다.[11] 삶에서든 과학에서든 이렇게 어마어마한 증거의 기준을 적용하는 분야는 거의 없다. 이를테면 당신이 질병을 진단받았는데 의사가 자신이 제안하는 치료법의 임상시험 데이터가 우연이 아니라고 95퍼센트 확신한다고 말하면 우리는 그 약을 복용할 것이다. 하지만 입자물리학자들은 그것을 증거로 받아들이지 않는다. 물리학자들은 크나큰 규모의 프로젝트를 진행하고 기나긴 시간 척도를 다루기 때문에, 무엇이 실재이고 무엇이 아닌가에 대해서 스스로에게 속아넘어가지 않도록 방안을 마련해야 하며 5-시그마는 그중 하나에 불과하다.

레더먼은 실패를 웃어넘겼지만 동료들은 존재하지 않는 입자에 (그의 이름에 빗대어) 웁슬리언OopsLeon이라는 새로운 이름을 붙였다. E288 팀은 1977년 봄 실험을 재개하여 새 데이터를 수집하기 시작했다. 불과 7일 뒤 약 9.5게브에서 정점이 나타나자 존 요라는 물리학자가 외쳤다. "대체 무슨 일이 일어나고 있는 거지?" 하지만 만일을 위해서 (전통에 따라) "9.5"라는 라벨이 붙은 샴페인을 냉장고에 넣었다.

이번에는 발표를 서두르지 않았다. 그들은 양성자 1,000억 개가 표적과 충돌할 때 1개씩 생기는 이 새 입자가 우연의 산물이 아님을 절대적으로 확신할 수 있어야 한다고 판단했다. 그래서 더 많은 데이터를 열성적으로 수집했다. 5월 20일 밤 11시 자석에 장착된 전류 측정 기기의 배선에 문제가 생겼다. 선이 과열되어 녹더니 근처 케이블 트레이에 불이 붙었다. 얼마 지나지 않아 매캐한 연기가 실험실을 가득 채웠다. 연구진은 기겁했다.

소방대원들이 도착하여 신속하게 불을 껐지만 연구진은 이내 더더욱 경악했다. 소화용수가 불에서 방출된 염소 가스와 결합하여 산酸을 형성하는 바람에 실험 장비의 전자 부품들이 부식되기 시작한 것이다. 부식을 멈추지 못하면 새 입자를 선언할 증거를 결코 충분히 수집하지 못할 터였다. 실험 장비를 구해내기 위해서 필사적이던 레더먼은 네덜란드 화재 구조 전문가에게 연락했다. 72시간 뒤 전문가가 비밀 세척액이 든 들통들을 가지고 도착했다. E288 팀, 양성자 부서 직원, 남편과 아내, 친구와 비서들이 모두 물리학자들과 함께 일렬로 서서 전문가의 신중한 감독하에 900장의 회로판들을 적시고 닦고 청소했다.

실험 장비를 구해낸 지 5일 뒤 그들은 실험을 재개하여 다시 데이터를 수집했다. 이번에는 9.5게브 혹이 사라지지 않았다. 새 입자는 질량이 양성자의 10배 남짓이었다. 연구진은 결과를 재검증하고 재재검증했지만 이번에는 5-시그마를 웃도는 결과가 분명했다.

1977년 6월 15일 그들은 페르미 연구소 강당에서 세미나를 소집하여 새 입자를 진짜로 발견했다고 선포했다. E288은 9.5게브에서 완전히 새로운 입자를 발견했다. 이제껏 발견된 것들 중에서 가장 무거운 입자이자 페르미 연구소에서 발견된 최초의 입자였다. 그들은 "입실론"이라는 이름을 재활용했지만, 이번에는 이름도 입자도 살아남았다. 9.5 샴페인이 축하주로 비워졌으며 페르미 연구소는 실험과 발견을 위한 연구소로 확고하게 자리를 잡았다.

새 실험 증거를 이론에 접목하기까지는 오래 걸리지 않았다. 입실론은 "b 쿼크"와 "반b 쿼크"의 조합으로 드러났다("b"를 "바닥bottom"이라고 하는 사람도 있고 "아름다움beauty"이라고 하는 사람도 있다). 새 입자인 무거운 b 쿼크는 일찍이 1973년 일본의 이론물리학자 고바야시 마코토와 마스카와 도시히데가 예측했으며 "위"와 "아래"라는 이름은 1975년 이스라엘의 물리학자 하임 하라리가 지었다. 입자물리학이 점점 복잡해지고 있기는 했지만 입실론은 밑바닥에서 단순성이 드러나고 있음을 확증했다. 그것은 자연에 유쾌한 대칭성이 있음을 시사하는 이론이었다. 존재하는 것은 6개의 렙톤(전자, 뮤온, 타우, 그리고 이들의 중성미자)과 6개의 쿼크(위, 아래, 기묘, 맵시, 바닥, 꼭대기)였다.

돌이켜보면 입실론은 (레더먼의 말마따나) "입자물리학에서 가장 확실하게 예견된 놀라움"이었다.[12] 바닥 쿼크가 존재한다는 사실이 밝혀졌으니 무거운 짝인 꼭대기(t) 쿼크도 존재해야 한다는 것은 당연한 수순이었다. 얼마나 무거운지는 알 수 없었지만—이론에서 도출되지 않았다—페르미 연구소의 다음 단계는 필연적이었다. 그것은 여섯 번째—이자 마지막—쿼크를 찾는 것이었다.

페르미 연구소는 이곳을 국가적 시설이자 국제적 시설로 만들겠다는 윌슨의 구상에 부합했지만, 그는 그 정도로 만족하지 않았다. 그는 언제나 이 첫 단계보다 훨씬 먼 곳에 눈길을 두고 있었다. 입실론이 발견되었을 즈음 페르미 연구소는 더는 세계 최대의 가속기를 보유한 곳이 아니었다. 그 칭호는 슈퍼 양성자 싱크로트론이라는 7킬로미터 길이의 고리를 건설하여 450게브의 에너지에 도달한 CERN에 돌아갔다. 윌슨과 에드워즈는 근소하게 작은 메인 링으로 500게브에 도달하여 다시 한번 의기양양하게 선두를 탈환했지만, 이제 윌슨은 늘 품어온 계획을 끄집어냈다.

처음부터 윌슨은 메인 링을 넘어서는 더 큰 기회를 모색하고 있었다. 그의 머릿속에는 두 가지 아이디어가 들어 있었다. 첫째, 그는 강력한 자석으로 이루어진 두 번째 가속기를 현재의 시설에 추가하면 빔의 에너지를 두 배로 끌어올릴 수 있음을 깨달았다. 그러면 같은 터널을 재활용하여 1,000게브, 즉 1테브Tev의 빔을 생성함으로써 "테라 규모"에 도달할 수 있었으며 완전히 새로운 발견의 영역을 열 수도 있었다. 둘째, 그는 고정된 표적에 입자를 충돌시키는 것이 아니라 입자들을 직접 충돌시키는 기계를 만들고 싶었다. 단순한 **가속기**가 아니라 입자 **충돌기**였다.

"에너지 더블러Energy Doubler"라고 명명되었지만, 이후에 "테바트론 Tevatron"으로 알려진 새 고리는 기존 메인 링의 바로 아래에 놓일 예정이었다(윌슨은 이때를 대비하여 충분한 공간을 남겨두었다). 윌슨의 계획은 양성자를 우선 기존 메인 링에서 가속한 다음, 빔을 새 테바트론에 전달하여 1테브에 도달시킨다는 것이었다. 이 고에너지 입자를 제 궤도에 붙들어두려면 메인 링보다 두 배 이상의 자기장을 발생시킬 수 있는 전혀 새로운 종류의 자석 기술이 필요했다. 철과 구리로 만든 통상적인 전자석으로는 역부족이었으므로 윌슨은 **초전도**superconducting 자석을 사용할 작정이었다. 이렇게 불리는 까닭은 어마어마한 전류를 유지하면서도 열을 발생시키지 않는 물질로 만들어지기 때문이다.

초전도 소재는 일정한 온도—대개 영하 270도—이하에서 전기 저항이 완전히 없어진다. 이 효과는 1911년에 처음으로 발견되었다. 50년 뒤 전선 형태로 만들 수 있는 최초의 초전도 소재[13]가 발견되었다. 이 전선은 이론상 강력한 자기장을 발생시킬 수 있었다. 문제는 가속기 자석을 이런 식으로 만들어본 사람이 아무도 없다는 것이었다. 언제나 그랬듯이 윌슨은 한발 앞서서 1972년 초전도 자석을 만드는 법을 알아낼 과제에 착수했다. 놀랍게도 레더먼과 E288 팀이 입실론을 발견하기 5년도 더 전이었다.

윌슨의 대담한 구상에서 두 번째 요소는 두 빔을 충돌시키는 것이었는데, 이 또한 결코 쉬운 일이 아니었다. 입자를 정면 충돌시키는 것은 거의 불가능한 일이다. 낱입자는 하도 작아서 정면으로 부딪힐 확률이 미미하기 때문이다. 하지만 윌슨은 밀어붙였다. 성공하기만 하면 어마어마한 발견의 기회가 열릴 터였기 때문이다. 고에너지 빔을 고정 표적에 충돌시키는 예전 가속기에서는 에너지 보존 법칙 때문에 빔의 에너지가 대부분 입자를 표적에서 떼어내는 데에 들어갔다. 새 입자를 만드는 데 들어가는 에너지는 극히 일부분에 불과했다. 입자물리학에서는 이것을 질량 중심 에너지centre-of-mass energy라고 부르는데, 1테브 빔이 표적을 때리는 경우 입자 생성 에너지로 쓸 수 있는 것은 43.3게브에 지나지 않는다. 그러니 질량이 43.3게브보다 큰 입자는 생성할 도리가 없다.

월슨은 이 양을 늘리고 싶었다. 정면 충돌의 경우는 유입 에너지가 전부 질량 중심 에너지로 전환되므로, 1테브 빔 2개가 충돌하면 질량 중심 에너지는 2테브가 된다. 기존 표적 기반 실험에서 이 에너지에 도달하려면 둘레가 수백 킬로미터인 가속기가 필요했다. 아무리 까다로울지라도 충돌기의 이점은 분명했다.

원래의 메인 링을 건설하는 것도 분명 힘든 일이었지만, 이 새로운 아이디어는 거의 미친 짓 같았다. 구석구석 위험이 도사리고 있었으며 어느 부품 하나도 기성품으로 구입할 수 없었다. 새 고리를 위해서는 액체 헬륨에서 냉각한 니오븀-티타늄 초전도 이극二極 자석 774개를 이용하여 빔을 원형으로 구부린 다음 또다른 사극四極 자석 216개로 집속시켜야 했다. 불가피한 파손에 대비하여 예비 부품도 준비해야 했다. 이런 자석을 만드는 법을 아는 회사는 하나도 없었으며 페르미 연구소도 마찬가지였다. 수석 설계자 중 한 명인 앨빈 톨러스트럽은 이 아이디어를 CERN에 있는 유럽 동료들에게 들려주었는데, 훗날 이렇게 회상했다. "큰 회의실에서 이 친구들이 앉아 있다가 웃음을 터뜨렸다. 우리가 미쳤다고 생각한 것이다."[14] CERN의 물리학자들은 테바트론에 필요한 자석을 만들 수 있는 사람은 이 세상에 한 명도 없음을 알고 있었다. 필요한 양만큼 만드는 것은 어림도 없었다. 이전에 한 번도 만들어진 적이 없고 만들 수 있는 회사가 한 곳도 없는 물건을 거의 터무니없어 보이는 규모로 만들려면 어떻게 해야 할까?

첫 단계는 자석의 원료를 찾는 것이었다. 1974년에는 첨단기술 고객을 대상으로 니오븀-티타늄 초전도 소재를 판매하는 전문 회사가 몇 곳 뿐이었으며 주문량은 대부분 몇 그램이거나 기껏해야 몇 킬로그램에 불과했다. 페르미 연구소 팀은 톤당 구입하려면 비용이 얼마나 드는지 문의했다. 그해, 이제껏 생산된 양의 95퍼센트에 달하는 어마어마한 양의 니오븀-티타늄이 주문되었다.

원료가 확보되자 다음 단계는 케이블로 만드는 방법을 찾아내는 것이었다. 많은 사람들이 도전했다가 실패했지만, 영국의 러더퍼드 애플턴 연구소에서 한 팀이 귀한 니오븀-티타늄 소재를 늘여 매우 가는 필라멘트로 만들고 수천 가닥의 필라멘트를 구리 피복 안에 넣어 전선 가닥을 만드는 방법을 고안했다. 마침내 케이블을 만들 수 있게 되었다. 일단 알고 나면 쉬워 보이지만, 페르미 연구소는 조금씩 기술을 익혀야 했다.

방법을 터득하고 나서 연구소는 길고 완벽한 전선을 제작하는 기법과 원료를 제조사에 넘겨 생산을 위탁하기로 결정했다. 페르미 연구소 팀은 전선 제작법에 특허를 출원하지 않고 누구나 이용할 수 있도록 공개하기로 결정하고, 자신들의 어마어마한 프로젝트에 최종 케이블을 공급할 제조사를 경쟁으로 선발하기로 했다. 케이블이 제작되자 코일로 감고 전력을 공급하여 자석으로 만들 수 있게 되었다.

이렇게 신중을 기하고 정밀하게 작업해야만 초전도체가 퀜치하지 않도록 할 수 있었다. 퀜치quench란 미미한 열의 효과 때문에 자석이 초전도 상태를 잃고 갑자기 가열되는 것을 말한다. 퀜치는 그저 사소한 차질이 아니다. 어마어마한 에너지가 방출되는데, 똑바로 처리하지 못하면 자석과 전력 공급 장치가 말 그대로 폭발할 수도 있다. 초전도 자석은 극도로 섬세하게 다루어야 한다.

오늘날 우리는 수십 년 전의 연구를 돌아볼 수 있지만, 1970년대에는 이런 종류의 자석을 어떻게 만들어야 하는지 명확한 제조법을 아는 사람이 아무도 없었으며 이와 관련된 복잡성에 대한 이론적 이해도 일천했다. 현실적이고 숙련된 장인이기도 했던 윌슨은 앞에 놓인 난관을 알아차리고는 "초자석supermagnet 공장"을 짓고 톨러스트럽에게 개발을 맡기기로 마음먹었다. 자석은 변화에 엄청 민감했기 때문에 톨러스트럽은 한 번에 한 가지 변수만 변화시키기로 했다. 앞으로 나아가는 방법은 오로지 시행착오뿐이었다.

1975년부터 1978년까지 그들은 30센티미터짜리 자석을 만들었는데, 그때마다 디자인을 조금씩 다르게 하면서 각 단계에서 무엇이 효과가 있는지 살펴보았다. 짧은 시제품에서 가능성이 보이면 더 긴 형태를 만들었으며 결국 총 길이 6.7미터에 도달했다. 실험으로 입증된 사실은 제작 방법이 조금만 달라져도 재앙이 일어나리라는 것이었다. 자석이 짧을 때 멀쩡히 작동했다고 해서 더 길 때에도 작동하리라는 보장은 없었다.[15]

페르미 연구소의 연구 및 개발 방식은 당시로서는 분명 이례적이었다. 그들은 제대로 작동하는 낱개의 자석에서 거의 1,000개 단위에 이르기까지 생산 규모를 늘리는 제조 노하우를 습득했으며, 세세한 세부 공정을 제어하고 필요한 품질과 일관성을 달성할 수 있도록 모든 과정을 연구소 내에서 진행했다. 궁극적으로는 모든 자석을 정확히 똑같이 만들어야 했다. 어떤 결함이나 자력 편차도 있을 수 없었다. 그랬다가는 양성자 빔에 참사가 벌어질 터였다. 이렇게 몇 년간 사력을 다한 뒤에야 자석을 고리 속에 연결하여 입자 가속기로 만들 수 있었다.

자석 개발이 진행되는 동안 입실론이 발견되었다가 기록에서 삭제되었다가 다시 발견되었다. 윌슨은 가속기 담당 인력을 나눠, 몇몇은 메인 링을 전담하고 나머지는 테바트론을 맡아달라고 요청했다. 연구진 사이에서는 점차 불만이 커져갔는데, 헬렌 에드워즈도 마찬가지였다. 그녀를 비롯한 몇 명은 테바트론에 염려되는 점이 있어서 지하 매개변수 위원회라는 비공식 조직을 결성하여 설계에서 우려스러운 측면을 들여다보았다. 윌슨은 이 사실을 알고서 그들의 작업을 먼발치에서 지원하기로 마음먹었다.

그러나 기술적인 문제만 골칫거리인 것은 아니었다. 페르미 연구소는 자금이 바닥나고 있었으며 정부는 테바트론 예산을 아직 승인하지 않았다. 연구소가 자금 부족에 허덕이고 테바트론 구상이 아직 실현되지 않은 1978년 윌슨은 소장으로서의 역할에 점점 넌더리가 났다. 결국 소장직을 리언 레더먼에게 넘겨주고 발을 빼기로 작정했다. 레더먼은 새 고리를 계속 제작할지, 손실을 털어내고 메인 링을 충돌기로 전환할지에 대해서 결정을—그것도 신속하게—내려야 했다. CERN이 무섭게 치고 나가고 있었다. 그들은 이미 슈퍼 양성자 싱크로트론을 각 빔의 에너지가 270게브인 충돌기로 개조하고 있었다. 그러면 540게브의 질량 중심 에너지로 중입자를 탐색할 수 있게 된다.

레더먼은 1978년 11월 "충격전shoot-out" 논쟁으로 알려진 검토 회의를 개최했다. 테바트론 건설의 찬성론자와 반대론자가 논지를 펼쳤으며 다른 연구소의 전문가들이 심판으로 참여했다. 참석자들은 메인 링을 충돌기로 개조해서는 CERN의 상대가 될 수 없으리라고 판단했다. 또한 수많은 위험이 있을지언정 테바트론에 현실성이 있다는 자신감이 점차 커졌다. 논쟁이 벌어지는 동안 초전도 자석의 두 번째 이점이 뚜렷해졌다. 유가가 급등하고 전력 부족이 일상화된 상황에서 페르미 연구소의 전기 요금은 해마다 1,000만 달러에 육박하여 연구소 운영비의 상당 부분을 차지했다. 초전도 자석은 한 번 에너지를 공급하면 계속 작동하므로 연간 500만 달러가량의 에너지 요금을 절약할 수 있었다.

이틀간의 열띤 논쟁이 끝나갈 무렵 레더먼은 결정을 내렸다. 테바트론을 계속 추진하기로 했다. 신설된 에너지부도 계획에 동의했지만 단계별 승인이라는 단서를 달았다. 페르미 연구소가 계획 추진을 승인받으려면 일단 시험 공간에서 자석 사슬이 듬직하게 작동하는지 시연하고 그다음 메인 터널에서도 입증해야 했다.

테바트론 가속기의 설계와 건설을 이끄는 일은 엄청난 과제였으며 레더먼은 헬렌 에드워즈와 리처드 오어에게 공동 책임을 맡겼다. 오어는 아이오와 출신의 물리학자로, 성격이 차분하기로 유명했다. 그는 중간자 실험실 건설에 참여했으며 에드워즈와 마찬가지로 사람들을 단합시키고 성공을 향해 독려하는 재능으로 정평이 나 있었다. 두 사람은 팀을 최우선에 놓는 법을 아는 막강한 듀오였으며, 이것은 테바트론 규모의 사업에서 필수적인 요소였음이 드러난다.

자석 시험은 아무 탈 없이 진행되었다. 어찌나 성공적이었던지 전류를 4,000암페어까지 끌어올려 자석을 혹사하면서 퀜치를 유도하기까지 했다. 퀜치 차단 시스템은 근사하게 작동하여 끓는 헬륨을 배출하고 자석을 지켜냈다. 이번에는 방전을 일으켜보았으나 훗날 리처드 오어가 회상했듯이 "자석은 부서지지 않았다." 이제 실전에 돌입할 준비가 끝났다. 생산 규모가 확충되고 자석 공장은 총력 태세로 전환되었으며 인부들이 24시간 터널을 지키며 파이프를 대고 부품을 연결하고 전기 작업을 실시하고 자석을 잇따라 설치했다.

1983년 6월 중순이 되자 테바트론 고리에서 빔을 회전시키기 시작했다. 2주일 뒤인 7월 3일에는 빔 에너지가 512게브에 도달하여 세계 기록을 경신했다. 페르미 연구소가 유럽의 경쟁자들을 제쳤으며 신문들이 성공을 대서특필했다. 하지만 에드워즈와 오어 앞에는 더욱 큰 난관이 기다리고 있었다. 두 사람은 기계를 충돌기로 전환하여 양성자 빔으로 반양성자 빔을 때리는 시도를 앞두고 있었다.

충돌기 아이디어는 적어도 1950년대와 1960년대부터 제기되었다.[16] 실제로 건설된 최초의 충돌기는 1961년 이탈리아 프라스카티에 있는 AdA(Anello Di Accumulazione)라는 소형 전기 충돌기였다. CERN은 1971년 교차 저장 고리Intersecting Storage Rings(ISR)라는 최초의 양성자 충돌기를 건설하여 60게브 질량 중심 에너지를 달성했다. 테바트론은 ISR의 40배에 가까운 전대미문의 에너지로 양성자와 반양성자를 충돌시킬 예정이었다.

충돌기를 제대로 작동시키려면 상당한 기술적 묘수가 필요하다. 입자 빔은 밀도가 고체나 액체 표적보다 낮기 때문에, 빔이 여러 번 교차해야 하고 각 빔에 최대한 많은 입자를 욱여넣어야 한다. 양성자와 반양성자가 고리에 들어가면 빔이 1테브에 도달하기까지는 약 20초가 걸리는데, 그러고 나면 두 빔을 자석으로 조종하여 두 장소에서 경로가 교차하도록 해야 한다. 마지막으로, 모든 준비가 완료된 1986년 11월 30일[17] 양성자 빔과 반양성자 빔이 최초로 충돌했다. 가속기 물리학자들은 세계 최초의 초전도 가속기라는 불가능을 가능하게 하는 데에 성공했다. 하지만 그들의 일이 마무리되는 순간 실험 입자물리학자들의 일이 시작되었다.

1970년대 초가 되자 우리가 지금까지 살펴본 많은 발견들이 수학적으로 통합되어 입자물리학 표준모형이라는 거대 이론이 되었다. 표준모형은 전자, 뮤온, 타우, 중성미자에서 쿼크와 그 복합 입자인 양성자, 중성자, 그리고 파이온, 케이중간자, 공명입자 등을 비롯하여 지금껏 발견된 모든 입자를 포괄한다. 하지만 아직 발견되지 않은 쿼크가 하나 있었으니, 그것은 바로 꼭대기 쿼크였다. 꼭대기 쿼크는 무거울 것으로 예상되었으므로, 최대한 큰 에너지로 충돌시켜야 했다. 이것이야말로 실험물리학자들이 테바트론을 건설한 동기였다.

국제적 물리학자 연구진이 두 건의 대규모 실험에 착수했다. 그러려면 고리에서 테바트론 빔이 충돌하는 지점들에 두 개의 거대한 검출기를 설치해야 했다. 첫 번째 실험 팀은 페르미 연구소 충돌 검출기Colliding Detector at Fermilab(CDF)를 제작했으며 앨빈 톨러스트럽과 로이 슈위터스를 공동 대변인으로 선출했다. CDF 공동 연구진은 신속하게 꾸려졌다. 이탈리아 피사 대학교와 일본 쓰쿠바 대학교의 물리학자들이 10곳 남짓한 미국 기관의 동료들과 제휴했다. CDF는 4,500톤의 거대한 다층 원통형 검출기를 초전도 솔레노이드(solenoid : 전류를 에너지로 하여 역학 운동을 일으키는 전기 역학 장치/옮긴이)에 장착한 것으로, 입자를 휘어 운동량을 알아낼 수 있었다. 검출기의 각 층은 저마다 다른 입자에 민감하기 때문에 여기에서 일하는 500명이 넘는 과학자들은 입자의 에너지, 전하, 종류를 측정하고 입자 충돌 부스러기를 디지털로 재구성할 수 있었다. 모든 층은 이제 완전히 전산화되어 데이터 취득과 연산이 실험의 핵심이 되었다. 각각의 협력 기관은 검출기를 제작하기 위해서 저마다 다른 부분을 맡고 건설 및 조달의 금전적, 기술적 측면을 책임졌다. 결국 모든 것이 완성되어 1986년 데이터가 수집되기 시작했다.

CDF에 이어 두 번째 검출기 디제로DZero(고리에서 검출기가 설치된 위치에 빗댄 이름)가 제작되었다. 디제로 팀은 후발 주자여서 애를 먹었지만 결국 CDF와 비슷한 규모로 확대되었으며 두 팀 모두 수백 명의 공동 연구자를 확보했다. 새로운 물리학 원리를 독립적으로 검증하려면 두 건의 실험이 필요했다. 디제로는 CDF보다 덩치가 좀더 컸다. 무게가 5,500톤이고 높이는 4층 건물보다 높았으며 검출기 층 개수는 CDF와 비슷했다. 디제로는 1992년 데이터를 수집하기 시작했다.

이 두 대의 어마어마한 장비는 빔 라인을 둘러싼 새로운 종류의 입자 검출기가 되었다. 검출기는 하도 복잡하고 비싸서 예전 가속기 실험 때와 달리 실험이 끝나도 해체할 수 없었다. 제자리에 두고서 다목적 검출기로 활용해야 했다. 물리학자들이 이 신형 충돌기로 진행하려는 실험들은 전례가 없는 규모였으며 박사 학위를 받거나 종신 교수가 되기 위한 연구보다 오랜 기간이 걸렸다. 실험 책임자조차 끝까지 고삐를 잡지 못하고 동료에게 넘겨야 했다. 거대 과학이 아니라 초거대 과학megascience의 시대가 되었다. 페르미 연구소는 국내 이용자를 위한 연구소에서 진정으로 국제적인 연구소로 확대되었으며 전 세계의 연구자들이 프로그램에 참여했다.

앞에서 말했듯이 새로운 물리학 원리를 독립적으로 검증하려면 두 건의 실험이 필요했다. 테바트론이 가동된 1993년 말 두 연구진은 여섯 번째 쿼크인 꼭대기 쿼크의 증거에 대해서 조심스럽게 입을 열었으나, 결정적인 5−시그마 수준의 증거에 도달하려면 시간과 데이터가 더 필요했다. 마침내 1995년 두 팀은 꼭대기 쿼크를 발견했다고 선언했다. 표준모형의 마지막 입자이자 이제껏 발견된 것들 중에서 가장 무거운 기본 입자를 발견한 것이다. 꼭대기 쿼크는 전자 같은 점 입자이면서도 무게가 금 원자보다 무겁다. 고작 1조 분의 1조 분의 0.5초(5×10^{-25}초) 동안 존재하다가 다음으로 무거운 쿼크인 바닥 쿼크로 붕괴한다.[18] 꼭대기 쿼크는 수명이 하도 짧아서 다른 쿼크와 결합할 시간이 없기 때문에, 언제나 서로 결합해 있는 여느 쿼크와 달리 극도로 짧은 생애를 홀로 보낸다. 입실론에서 바닥 쿼크가 발견된 1970년대로부터 그 짝인 꼭대기 쿼크의 중대 발견까지는 20년의 여정이었으며 이 업적은 전 세계 언론의 헤드라인을 장식했다.

꼭대기 쿼크 같은 입자를 찾기가 얼마나 힘든지는 두말하면 잔소리이다. 테바트론의 충돌 부스러기에서조차 생성되는 경우가 극도로 드물기 때문이다. 이를 위해서 실험 입자물리학자들은 실제 실험뿐 아니라 통계 및 연산 방법에도 전문가가 되어야 했다. 불과 20년 전과 비교해서도 완전히 다른 기술이 필요해진 것이다. 이렇게 된 주된 이유는 양자역학의 원리에 따라서 입자의 상호작용이 확률적이기 때문이다. 실험에서 모든 것을 손으로 계산할 수는 없었으며, 꼭대기 쿼크, 또는 자신들이 탐색하는 그밖의 입자나 과정을 찾을 수 없는 실험을 진행하는 것은 무의미했으므로, 이에 대비하는 것은 필수적이었다. 그렇다면 어떻게 대비했을까? 물리학자들은 컴퓨터 시뮬레이션을 동원하여 알려진 모든 이론적 정보와 관련 확률을 입력한 다음 "몬테카를로" 시뮬레이션이라고 불리는 접근법을 이용하여 실험의 통계적 결과를 개괄적으로 파악했다.

이 기법의 이름은 도박사의 오류라고도 부르는 유명한 "몬테카를로 오류"에서 왔다. 이 오류는 단일 사건은 예측 불가능할 수 있지만 수많은 사건의 결과는 확고하게 규정할 수 있다는 개념을 정확히 설명한다. 자초지종은 아래와 같다.

1913년 모나코의 몬테카를로 카지노에서 룰렛 구슬이 26번 연속으로 검은 칸에 들어갔다. 이 사건이 일어날 확률은 6,660만 분의 1이지만 원반을 돌릴 때마다 구슬이 검은 칸에 들어갈 확률은 언제나 50퍼센트로 같다. 원반을 새로 돌릴 때마다 도박사들은 다음 구슬은 **틀림없이** 붉은 칸에 들어갈 것이라고 확신했다. 검은 칸에 들어가는 횟수가 8번, 9번, 10번으로 늘어갈수록 그들은 다음번에는 붉은 칸에 들어갈 수밖에 없다고 철석같이 믿어 수백만 프랑을 걸었다. 그리고 전부 잃었다. 이런 통계적 도박에서 돈을 잃지 않는 유일하게 확실한 방법은 잃을 때마다 내기 금액을 조금씩 늘림으로써 승리했을 때 이전의 손해를 만회하는 것이다. 이것은 심리적으로 매우 힘들 뿐 아니라 카지노에서 허용되지 않는 경우가 대부분이다. 카지노는 베팅 금액에 제한을 두며, 그렇기에 늘 이긴다.

룰렛 원반을 회전시켰을 때의 결과가 예측 가능하다는 사실은 일찍이 1946년 스타니스와프 울람과 존 폰 노이만을 비롯한 수학자들의 관심을 끌었다. 울람이 로스앨러모스에서 일하고 있을 때였다. 그의 연구진은 중성자가 물질 속에서 확산하는 정도를 계산해야 하는 난제를 맞닥뜨렸다. 그들은 중성자가 원자핵과 충돌하기 전에 이동하는 평균 거리를 알았으며 충돌에 얼마나 큰 에너지가 관여하는지도 알았지만, 그럼에도 수학적으로 해를 계산할 수 없었다. 울람은 수술을 받은 후 병원에서 회복 중이었는데, 솔리테어 카드 게임에서 이기는 패의 확률을 계산하다가 아이디어가 떠올랐다. 룰렛 원반 돌리기나 동전 던지기나 솔리테어 카드 섞기에서처럼 대규모로 시도하면서 매번 어떤 일이 벌어지는지 살펴보면 어떨까? 중성자를 충돌시키면 이미 알려진 확률에 따라 저마다 다른 충돌 연쇄 반응이 나타나는데, 대규모 충돌 결과를 추적하면 전체 중성자 확산을 파악할 수 있다. 울람의 동료 한 명이 이 기법에 몬테카를로 방법이라는 이름을 붙였다.

시간이 흐르고 연산 능력이 증가하면서 이 방법은 점점 강력해졌다.

이 방법의 얼개는 어마어마하게 긴―심지어 불가능한―계산을 손으로 하지 않고 대규모 무작위 시험으로 대체하는 것이다. 입사물리학사들은 이 기법을 개발하는 선두에 서 있었기 때문에, 테바트론이 건설되었을 즈음 검출기를 설계하고 실험 결과를 모형화하는 등 이미 다방면에서 정교한 몬테카를로 시뮬레이션을 이용하고 있었다.

이를 통해서 실험 입자물리학자들은 실험에서 생성되리라고 예상되는 것과 매우 비슷해 보이는 데이터 집합을 생성할 수 있다. 심지어 실험 설비를 건설하기도 전에 예상 데이터를 분석하는 알고리즘을 개발할 수 있으며, 이를 통해서 관련된 불확실성을 확인하고 실험에서 통계적으로 유의미한 결과가 나올 가능성이 있는지 알 수 있다(우리가 실험의 유의미성을 얼마나 깐깐하게 따지는지 안다면 이런 노력이 납득될 것이다!). 입자나 상호작용에 대한 이론 모형이 있으면 심지어 연구자들이 찾는 "신호"를 생성하여 배경에 숨긴 다음 분석 알고리즘이 제대로 찾아내는지 검증할 수도 있다.

이렇듯 까다로운 준비 단계를 거치기 때문에 물리학자들은 실제 실험 데이터를 얻자마자 분석 알고리즘을 실행하여 시뮬레이션과 차이가 있는지 확인할 수 있다. 만일 차이가 있다면 그것은 새 입자를 발견했다는 중요한 신호이다. 꼭대기 쿼크의 생성 같은 드문 상호작용을 찾는 실험을 설계할 때, 몬테카를로 기법은 알려진 모든 물리적 효과 중에서 소수의 신호를 찾아내는 최고의 방법이다. 이로써 물리학자들은 테바트론에서 일어난 수십억 건의 헤아릴 수 없는 입자 충돌 중에서 해마다 몇십 개의 꼭대기 쿼크가 생성되는 것을 확인하는 데에 성공했다.

물리학자들이 이토록 높은 수준의 통계학 훈련을 받으면 뜻밖의 결과가 생길 수도 있다. 페르미 연구소 학술대회 만찬에서 몇몇 미국인 동료들은 미국 최대의 물리학 학술대회인 미국 물리학회의 1986년 대회 이야기를 들려주었다. 주최 측은 무려 4,000명의 물리학자를 수용할 새 대회 장소를 시급히 물색해야 했다. 당연하게도 그들이 고른 도시는 해마다 2만1,000건 이상의 회의를 치르는 라스베이거스였다. 하지만 물리학자들은 도박보다는 공짜 음료를 들고 테이블 주위에 모여 종이와 펜으로 스케치나 계산을 하면서 이야기를 나누는 쪽을 좋아했다. 그들은 승리가 보장된 유일한 도박 수를 (사전 모의 없이) 집단적으로 선택했다. 그것은 도박을 아예 하지 않는 것이었다. 이 때문에 호텔은 그 주에 최악의 금전적 손실을 입었다. 학술대회가 호텔에 얼마나 큰 재앙이었던지 대회가 끝날 무렵 라스베이거스 시는 물리학회에 다시는 오지 말라고 공식적으로 요청했다. 이 이야기가 진짜라는 것은 내가 보증할 수 있다.

풍문은 제쳐두고, 몬테카를로 시뮬레이션 기법에 필요한 통계 지식과 전문성 덕분에 입자물리학자들은 물리학 이외의 분야에서 절차와 시스템 모형을 제작하는 일에도 극히 유능하며 귀한 대접을 받는다. 몬테카를로 시뮬레이션은 기상 예보에서 금융 모형화, 통신 및 엔지니어링, 전산생물학, 심지어 법학에 이르기까지 모든 곳에 활용된다. 나의 학교 동기들 중 상당수는 컨설팅, 금융, 기후 변화 모형화, 역학疫學 분야로 진출했다. 물리학에서 전향한 많은 친구들이 새 동료들의 컴퓨터, 통계 능력 수준이 엑셀 기초에 불과한 것을 보고 놀라던 기억이 난다.

테바트론은 여러 가지 측면에서 야심찬 기획이었지만, 가장 인상적인 부대 효과 중 하나는 초전도 자석 기술 분야에서 벌어졌다. 일찍이 1940년대부터 물리학자들은 강력한 자석이 인체 내의 수소 원자를 정렬시킬 수있으며 특수하게 배열된 자기장과 전파를 이용하면 낱낱의 수소 원자의 위치를 비롯하여 인체 내의 다양한 물질을 측정할 수 있음을 깨달았다. 이 기법은 본디 "핵 자기 공명nuclear magnetic resonance", 즉 NMR로 불렸으나, 훗날 "자기 공명 영상magnetic resonance imaging", 즉 MRI로 이름이 바뀌었다. 처음 발명되었을 때만 해도 유용성과 상업성을 가질 만큼 강력한 자기장을 발생시킬 방법이 전혀 없었지만, 테바트론으로 모든 것이 달라졌다.

페르미 연구소의 야심찬 사업에서 창출된 수요와 지식은 업계가 고품질의 초전도 선재線材를 상업적으로 대량 생산하는 데에 필요한 요건이었다. 이 분야에 주로 관여한 제조사는 두 곳으로, 인터매그네틱스 제너럴 코퍼레이션이 선재의 80퍼센트를, 매그네틱 코퍼레이션 오브 아메리카가 나머지를 공급했다. 고에너지 물리학 학계가 이 기술을 더 폭넓게 채택하면서 그밖의 업체들도 등장했다. CERN에서는 초전도 자석을 이용한 대형 거품상자를 개발했으며 핵에너지 분야에서 쓰는 토카막tokamak이라는 거대한 자성 가둠 장치에도 초전도 선이 이용되었다.[19] 시장이 활기를 띠었으며 초전도 자석은 다양한 용도에 보급되었다.

오늘날 상업적으로 판매되는 MRI 촬영기는 인체 내부, 특히 연조직의 영상 촬영에 쓰인다. MRI는 앞에서 살펴본 CT 촬영을 보완하는 기법이지만 이온화 방사선을 전혀 발생시키지 않고 촬영한다는 점에서 독보적이다. MRI 기계는 선진국의 대다수 대형 병원에서 찾아볼 수 있으며, 여러 종류의 암을 조기에 효율적으로 진단할 뿐 아니라 척추, 심장, 폐 등의 장기를 촬영하는 데에도 쓰인다. 지난 5년간 MRI 촬영기와 방사선 요법 가속기(제10장을 보라)가 조합된 "MR-Linac" 덕분에 영상에 기반한 요법이 가능해졌으며 종양의 모양, 크기, 위치를 하루하루 확인하여 그에 따라 치료제 투여량을 조절할 수 있게 되었다.[20]

MRI 촬영기는 병원에서 의료용으로 쓰이는 것 못지않게 연구 실험실에서도 쉽게 찾아볼 수 있다. 기능 MRI functional MRI 기법은 뇌 혈류를 보여주어 뇌 활동 부위를 나타낼 수 있다. 그 덕에 뇌, 의식의 본성, 기억의 형성 등에 대한 이해가 혁명적으로 발전했다. 기능 MRI는 수면 중 씻겨나가는 신경 독소의 발견으로도 이어졌는데, 이것은 알츠하이머병 치료법을 이해하는 데에 일조할 수 있다.

전 세계 MRI 촬영기 시장은 현재 연간 100억 달러 규모이며 계속 커지고 있다.[21] MRI의 응용만 놓고 보더라도 테바트론이 장기적 부대 효과를 낳으리라던 밥 윌슨의 의회 증언은 입증되고도 남는다. 이 예언이 실현되기까지는 수십 년의 연구가 쌓여야 했지만 투자는 이제 본전치기를 넘어섰다. 물론 페르미 연구소의 물리학자들이 MRI 기법의 발명에 대해서 공을 주장할 수는 없다. 하지만 테바트론을 건설하기 위한 자석의 혁신이 없었다면, 병원의 초전도 기술은 결코 현실이 되지 못했을지도 모른다.

초전도 자석 기술은 입자 가속기와 MRI 이외의 분야에도 도입되었다. 브룩헤이븐의 물리학자들은 1968년 자기 부상 열차에 대한 아이디어로 특허를 받아냈다. 이 수송 기술은 초전도 자석의 공중 부양을 이용하며 세계에서 가장 빠른 기차들에 쓰이고 있다. 초전도 자석은 전력의 생산 및 수송, 실험적 융합로, 에너지 저장 시스템에도 이용된다. 현재 세계 최대의 초전도 합금 공급사인 텔레다인와창의 로버트 마시는 이렇게 말한다. "오늘날 존재하는 모든 초전도 사업은 페르미 연구소가 테바트론을 건설했고 가동에 성공했다는 사실에 어느 정도 빚을 지고 있다."[22]

테바트론이 꼭대기 쿼크를 발견했을 즈음 미국의 물리학자들은 고배를 마셔야 했다. 이 모든 성공을 얻었음에도, 고에너지 물리학의 세계 선두라는 바통을 자국 정부에 의해서 강제로 유럽에 넘겨줘야 했던 것이다.

윌슨과 에드워즈가 1970년대 중엽 테바트론을 발명하는 동안 조대칭 supersymmetry, 테크니컬러technicolour, 끈 이론string theory처럼 눈길을 사로잡는 새로운 이론들이 등장하기 시작했다. 이 모든 이론은 테바트론의 에너지 범위 너머에 무엇인가가 있다고 일관되게 예측했다. 게다가 수십 년에 걸친 고에너지 물리학 연구의 정점인 표준모형에는 여전히 마지막 한 조각이 빠져 있었다. 표준모형에는 힉스 보손Higgs boson을 확증하거나 부정하는 예측이 들어 있었는데, 이것은 힘을 전달하는 입자(스핀이 0)이며 질량은 알려지지 않았다. 리언 레더먼은 퍼즐의 빠진 조각인 힉스 보손의 중요성을 강조하기 위해서 "신의 입자God particle"라는 이름을 붙였다.

고에너지 물리학의 방향이 어디로 향하는지는 쉽게 알 수 있었다. 이 모든 개념을 위해서는 테바트론보다 더 큰 에너지로 입자를 충돌시킬 수 있는 가속기가 필요했다. 하지만 미국 정부의 예산은 제자리걸음이거나 심지어 쪼그라들고 있었다. 미국은 유럽이 하나로 뭉쳐 CERN을 건설하는 광경을 지켜보았다. 그들은 다음 기계를 들여놓기 위해서 프랑스와 스위스를 잇는 27킬로미터 길이의 어마어마한 터널을 이제 막 파기 시작했다. 그렇다면 미국이 취해야 할 논리적 수순은 전 세계와 힘을 합쳐 이른바 세계연구소를 설립하여 CERN을 훌쩍 뛰어넘는 것이었다.

리언 레더먼은 자금 조달을 위해서 전 세계와 협력하여 새 기계를 건설하는 방안을 적극 지지했다. 테바트론보다 20배 강력한 충돌기의 아이디어는 일찍이 1976년에 제기되었다. 그들은 초전도 자석으로 이루어진 87.1킬로미터 길이의 고리에서 20테브의 빔 두 가닥을 충돌시키는 초전도 초충돌기Superconducting Super Collider(SSC)를 구상했다. 그리고 이 사업으로 미국이 고에너지 물리학의 선두를 되찾으리라고 정부에 장담했다. 이 규모의 사업은 명성을 가져다주고 심지어 1만3,000개의 일자리를 창출하여 지역 경제를 활성화할 것이라고 말했다. 페르미 연구소는 일리노이에 설비를 건설하고 싶어했지만, 텍사스 주가 입찰에서 승리하여 댈러스에서 남쪽으로 48킬로미터 떨어진 웍서해치가 부지로 선정되었다. 사업은 1983년에 승인되었으며, 1980년 중엽이 되자 굴착 팀이 거대한 터널을 파기 시작했다. CDF 실험을 주도한 텍사스 대학교 오스틴 캠퍼스의 물리학자 로이 슈위터스가 사업단장을 맡았다.

그러다 문제가 터졌다. 이런 거대 사업을 진행하기 위해서 에너지부는 군산복합체 방식의 업무 체계를 도입하려고 했는데, 이것이 과학자들에게는 잘 맞지 않았던 것이다. 과학자들은 경영 부실과 예산 및 일정 관리 실패에 대해서 비난받았다. 신뢰가 무너지기 시작했다. 1987년, 사업에 대한 감사가 실시되었으며 44억 달러로 추산되는 높은 사업비를 놓고 거센 논란이 일었다. 연구진은 이 사업이 나사가 국제 우주 정거장에 기여하는 것과 같다고 주장했다. 하지만 SSC는 우주 정거장과 달리 세계 연구소로서의 이상에 부합하지 않았다. 미국이 고에너지 물리학을 선도한다는 국가주의적 명분은 정부의 환심을 샀지만 캐나다, 일본, 인도, 유럽을 비롯한 국제적 파트너들에게는 탐탁지 않았다. 사업이 막다른 골목에 몰렸을 때, 5,000만 달러를 약속한 인도를 제외하면 어느 참여국도 사업 자금을 내려고 하지 않았다.

1992년 미국은 불황에 빠졌으며 예산은 120억 달러로 부풀었다. 소련이 무너지자 미국이 거대 사업으로 우위를 입증해야 할 이유가 사라졌다. 의회는 사업을 접고 싶어했다. 이 시점에 터널 22.5킬로미터가 건설되었고 30억 달러가 지출되었으며 과학자와 실험실을 유치할 건물들이 완공되었다. 2,000명이 채용되었으며 일본, 인도, 러시아 같은 나라들에서 수백 명의 과학자들이 거대 사업의 이상을 좇아 가족을 데리고 이주했다. 그들은 이렇게 거창하고 원대한 사업이 취소될 리 없다고 믿었다. 막판에 빌 클린턴이 사업을 구제하겠다며 끼어들어, 30여 년에 걸친 기초과학에서의 우위를 의회가 끝장내려고 한다고 주장했다.

그러나 결국 할 수 있는 일은 아무것도 없었다. 의회는 사업을 종료하기로 결정했으며 1993년 10월 1일 클린턴은 꿈을 무산시키는 법안에 마지못해 서명했다. 초전도 초충돌기는 땅속에 파다 만 터널로 남았다. SSC의 몰락은 많은 교훈을 주었지만, 내가 보기에 주된 교훈은 거대 과학이 더는 세계 무대를 제패하는 국가주의적 도구가 아니라는 것이었다. 협력하는 나라들은 거대한 사업에서 동생이 아니라 파트너로 대우받기를 기대했다. SSC가 애초의 구상대로 순수하게 국제적인 세계연구소였다면 상황이 다르게 전개되었을지도 모른다. 건물은 훗날 매그나블렌드라는 화학 제조사에 매각되었으며, 지하 터널은 현재 빗물 저류 시설로 사용되고 있다. 어떤 기업이 어둡고 습한 이곳에서 유기농 버섯을 재배한다는 소문도 있다.

비록 후계자가 사망했음에도 테바트론 자체는 전 세계 초전도 가속기의 길을 닦은 주목할 만한 사업이었다. 그 결과 표준모형의 마지막 쿼크—꼭대기 쿼크—가 발견되었다. 이 모든 일이 일어나는 동안 CERN의 물리학자들은 힘을 전달하는 중입자 W 보손W boson과 Z 보손Z boson을 발견하여 약력에 대한 이해를 강화하고 입자물리학 표준모형을 굳게 다졌다. 마침내 2000년에 테바트론도 타우 중성미자tau neutrino를 발견하여 표준모형의 물질 입자 명단을 완성했다. 그럼에도 퍼즐의 빠진 조각 하나가 여전히 발견되지 않았다. 그것은 힘을 전달하는 입자인 힉스 보손이었다.

이 누락된 조각을 제외하면 이론물리학자와 실험물리학자들은 종착점을 눈앞에 두고 있었다. 이론물리학자들은 표준모형을 넘어서는 물리학을 바라보고 있었으며, 실험물리학자들은 가장 찾기 힘든 입자를 대형 충돌기로 탐색할 도구와 자신감을 가지고 있었다. 그들은 만물의 이론을 끝내 손에 넣을 수 있을까? 이 질문에 답하기 위해서 필요한 것은 적절한 충돌기뿐이었다. 테바트론의 실험물리학자들은 2001년부터 힉스 보손을 찾기 위한 계획인 테바트론 "2차 실행Run II"에 착수했지만 많은 사람들이 보기에 초점은 바다 건너 유럽으로 넘어가 있었다. CERN에서는 테바트론의 초전도 유산을 물려받은 기계가 건설되었다. 대형 강입자 충돌기가 탄생을 앞두고 있었다.

12

대형 강입자 충돌기 : 힉스 보손과 그 이후

2008년 9월 10일, 전 세계 물리학자들은 지구상에서 가장 거대한 기계인 대형 강입자 충돌기Large Hadron Collider(LHC)의 시동을 조마조마하게 기다리고 있었다. LHC는 제네바 인근 CERN에 건설된 길이 27킬로미터의 원형 양성자-양성자 충돌기로, 프랑스와 스위스 국경 아래 지하 100미터에 자리 잡았다. 그 구상은 1984년에 시작되었으며 1994년 CERN 위원회로부터 건설 승인을 받아 25년간의 공사 끝에 최초로 양성자의 가속을 앞두고 있었다. 1994년 첫 삽을 뜬 이후 줄곧 사업단장으로서 LHC를 감독한 웨일스의 물리학자 린든 (린) 에번스에게 이날은 자신의 입자 가속기 건설 인생을 매듭짓는 정점이었다.

에번스는 겸손하고 다정하고 실용주의자적인 인상을 풍겼다.[1] 그의 겸손은 인터뷰에서 자신의 경력을 좀처럼 언급하지 않는 데에서도 알 수 있지만, 별명에서 그의 위상을 조금이나마 짐작할 수 있다. "원자 에번스 Evans the atom"는 LHC 배후의 원동력이다. 에번스는 1969년부터 CERN에서 일했지만 자신의 전문성이 필요한 곳이라면 어디든 마다하지 않았으며, CERN의 300게브 슈퍼 양성자 싱크로트론에서 페르미 연구소의 테바트론과 텍사스의 초전도 초충돌기까지 점점 더 큰 에너지의 충돌기를 섭렵했다. 초전도 초충돌기 사업이 좌초되자, LHC가 입자물리학의 미래가 되었으며 이 계획을 실현하는 일은 에번스의 존재 이유가 되었다. 그는 이렇게 말했다. "과학자가 달성하고자 희망할 수 있는 것 중에서 이보다 원대한 것은 없다."[2]

에번스는 자신의 사업이 얼마나 거대한지 망각하지 않았으며 LHC 터널에 들어갈 때마다 여전히 위압감을 느낀다.[3] 그의 충돌기 건설 업무에는 약 2,500명의 다국적 CERN 직원과 더불어 가속기 부품을 제작하려고 러시아, 중국, 미국 등지에서 온 600명의 과학자와 엔지니어를 감독하는 일이 포함되었다. 에번스는 중국의 국가 주석을 만났을 때 이런 생각이 들었다고 회상한다. "애버데어 출신 촌뜨기 치고는 나쁘지 않은 삶이군!"[4]

애석하게도 LHC의 시동에 대해서 모든 사람이 에번스와 그의 동료들만큼 흥분한 것은 아니었다. 거사를 앞두고 일부 언론은 "보핀(boffin : 과학자를 일컫는 영국 속어/옮긴이)들이 '지구를 파괴하지는 않을' 것"과 같은 헤드라인으로 도배되었으며, LHC가 블랙홀을 만들어 인류를 파멸시킬지도 모른다는 주장을 떠들어댔다. 거짓 정보에 현혹되어 LHC의 시동을 막으려는 소송도 한몫했다. 거대한 신형 가속기가 시작할 때면 으레 이런 종류의 음모론이 등장한다. 미국에서 상대론적 중이온 충돌기Relativistic Heavy Ion Collider라는 가속기가 시동한 1999년의 헤드라인은 "빅뱅 기계가 지구를 파괴할 수도 있다"였다. 물론 가속기는 잘만 돌아갔다.

우주선은 훨씬 큰 에너지를 가진 채—대형 강입자 충돌기 빔보다 수천 배나 강하다—늘 우주에서 날아와 지구를 폭격하고 있으며 지구의 50억 년 역사 내내 그랬지만 지금껏 문제를 일으키지 않았다. 차이점은

LHC가 이 고에너지 충돌을 필요시 의도적으로, 우주선보다 훨씬 자주 일으킨다는 것이다. 입자눌리학계 전체가 이 충돌에 발견의 희망을 걸었다. 그들이 찾는 것은 힉스 보손—표준모형의 빠진 조각—만이 아니라 물리학에 대한 현재의 이해 너머에 있을지도 모르는 자연의 성질이었다.

LHC 둘레에는 아틀라스ATLAS(환상 LHC 장비A Toroidal LHC ApparatuS), CMS(소형 뮤온 솔레노이드Compact Muon Solenoid), 앨리스ALICE(대형 이온 충돌기 실험 장비A Large Ion Collider Experiment), LHCb(대형 강입자 충돌기 b 쿼크 실험 장비Large Hadron Collider beauty experiment)라고 불리는 4개의 주요 실험 설비가 있다. 이 설비들의 목표는 암흑물질dark matter의 존재에서부터 우리 주위에 반물질보다 물질이 많이 보이는 이유에 이르기까지 입자물리학의 모든 거대 질문을 망라한다. LHC와 그 실험 설비들의 건설은 서로 사뭇 다른 경로를 밟았다. LHC는 CERN에서 80퍼센트를 공급하고 제휴 기관들이 약 20퍼센트를 기여한 반면에 (거대한 입자 검출기로 이루어진) 실험 설비는 정반대였다. 실험 설비는 전 세계 과학자들의 자발적 연합에 의해서 제작되었다. 그들은 힘을 합쳐 대규모 국제 협력체를 결성했으며 CERN은 지하 공동과 기반시설을 비롯하여 약 20퍼센트를 지원했다.

아틀라스는 메렝에 있는 CERN 핵심 구역에 가장 가까운 실험 설비로, 운이 좋은 방문객들이 탐방하게 되면 이따금 볼 수 있는 곳이다. 입구는 평범한 창고 출입문인데, 방문객들은 성당만 한 홀을 통과하여 바닥의 거대한 원형 구멍으로 인도된다. 장벽 너머로 보이는 것은 어둠뿐이다. 위에는 거대한 금속 기중기가 있는데, 강인한 쇠팔은 한때 트럭을 통째로 들어 땅속 깊숙이 내려놓았다. 아틀라스 실험 설비의 모든 부속은 이런 갱도를 통해서 아래로 내려져 마치 병 안에서 액체 헬륨으로 냉각되는 거대한 선박처럼 재조립되었다.

방문객들은 산업용 장비처럼 생긴 파란색 금속 승강대를 통과해 은색 승강기 출입문에 도착한다. 여기에서는 모두가 "CERN" 문구가 새겨진 파란색 안전모를 써야 한다. 이제 땅속으로 100미터 하강한다. 승강기에서 나와 발밑에서 절거덩거리는 금속 통로에 발을 디디자 흥분이 커진다. 모퉁이를 도니 벽이 위아래로 여러 층 뻗어 있다. 실제로는 벽이 아니다. 케이블과 전자 장비로 덮여 있으며, 당신은 금세 이것이 검출기의 동심원 층들임을 깨닫는다. 바로 아틀라스 검출기이다. 길이 46미터, 지름 25미터로, 종종 성당 크기와 비교되지만 숫자로는 이것이 얼마나 거대한지 감을 잡을 수 없다. 방문객들은 가운데에서 입자의 정확한 자취를 파악하는 픽셀 검출기로부터 가장자리의 뮤온 검출기까지—이곳에서는 검출되지 않고 첫 번째 층들을 통과할지도 모르는 입자를 포착한다—여러 층들을 분간하려고 애쓴다.

방문객들은 빔 관을 따라 계단 아래로 내려간다. 빔 관은 콘크리트 차폐벽을 통과하여 멀리 뻗어 있다. 지름 3.8미터의 터널에 도착한 방문객들은 파란색으로 칠한 15미터 길이의 초전도 자석을 맞닥뜨린다. 시선은 이 자석을 따라 내려가 다음 자석을 만난다. 그 너머로 27킬로미터 길이의 터널 고리에 이 거대 자석이 1,232개 더 놓여 있다. 이것이 바로 대형 강입자 충돌기이다. 원이 무척 미세하게 휘어 있어서 충돌기는 무한히 멀리 뻗어 아득히 사라지는 것처럼 보인다. 가까이 다가가도 복잡한 구조 때문에 더 비현실적이고 더 요령부득으로 보일 뿐이다.

내가 아틀라스와 LHC를 처음 본 것은 CERN에서 학부생으로 여름 아르바이트를 할 때였다. 나의 연구 주제는 "아틀라스 내부 검출기 냉방 시스템을 위한 난방기 제어 시스템"이었다. 정말이지 제목에 모든 것이

들어 있다. 내가 꿈꾼 원대한 물리학 과제와는 거리가 멀었지만 주제의 하찮음은 중요하지 않음을 금세 깨달았다. 중요한 것은 내가 그곳에 있다는 사실, 지금껏 건설된 실험 설비를 통틀어 가장 거대한 것들 중 하나에 참여할 기회를 얻었다는 사실이었다. 그때는 충돌기와 검출기들이 여전히 건설 중이었기 때문에, 우리는 실험 설비의 모든 지하 부품을 관람할 수 있었다. 내 과제보다 훨씬 흥미진진했다. 그러다 내가 괴발개발 쓴 코드에 들어 있는 경고 메시지가 아틀라스 검출기를 송두리째 끄는 일련의 명령에 포함될 수 있다는 사실을 깨달았다. 실험 설비를 두 눈으로 보고 나니 내 과제가 문득 더 중요해 보였다.

2005년 즈음 이곳에는 물리학자, 엔지니어, 전문가 수천 명의 연구와 더불어 여름 아르바이트생, 인턴, 임시직 등의 20년에 걸친 노고가 쌓여 있었다. 나 같은 초보자가 기계를 멈출 수도 있는 신호를 보내는 것이 허용된다면, 실수나 부실한 프로그래밍 때문에 사업이 완전히 중단될 수 있다면, 통계 법칙에 따라 모든 것이 결코 시작조차 되지 못할 것이 틀림없었다.

3년 뒤인 2008년 나는 CERN 제어실에서 전문가들을 바라보고 있었다. 초창기 CERN은 개방적이고 투명한 조직이 마땅히 해야 하는 일을 했다. 언론인들을 초청하여 충돌기가 가동되는 광경을 목격하게 한 것이다. 그리하여 에번스는 이제껏 건설된 것들 중에서 가장 크고 복잡한 기계의 가동 장면을 전 세계가 지켜보는 가운데 중계하게 되었다. 테이프 차단선이 언론인들을 둥근 꼬투리처럼 배열된 컴퓨터 화면으로부터 분리했다. 각각의 화면은 거대한 실험의 저마다 다른 요소를 제어했다. 연구진의 일부 전문가 구성원만이 제어실에 입장하여 세계 최대의 가속기를 가동하는 임무를 진행할 수 있었다. 에번스는 이 전문가들과 함께 있었으며 아니나 다를까 약간 초조해 보였다.

하루가 시작되면서 고민거리가 생겼다. 간밤에 일부 극저온 시스템이 작업에 (비유적으로) 스패너를 내던지다시피 한 것이다. 하지만 아침 즈음에는 만사가 해결되었으며 가동 작업은 파란불이 켜졌다. 에번스는 우리가 "빔 스레딩beam threading"이라고 부르는 절차를 감독했다. 이것은 소량의 주입된 빔을 수천 개의 자석을 통해서 한 번에 한 구간씩 반복적으로 통과시키면서 일련의 양성자가 빔 관 중앙에 머물도록 궤도를 바로잡는 일이다. 영국 시각으로 오전 8시 56분 카메라가 여러 컴퓨터 화면 중에서 빔 위치 감시 장치의 블립을 보여주는 화면에 초점을 맞췄다. 빔의 구불구불한 경로로부터 작은 전기 신호가 나타났다. 빔은 조작원들이 서 있는 곳으로부터 수 킬로미터 떨어진 고리에서 자석들을 통과해 나아가고 있었다. 리포터들은 양성자 빔이 고리의 한 구간을 따라 6킬로미터 이상 이동했다고 소개했다. 몇몇 근심 어린 안색에서 비로소 미소가 피어올랐다. 2분 뒤, 몇 번 조정하지도 않았는데 또다른 양성자 빔이 절반을 돌았다.

20분 뒤 빔이 4분의 3을 돌아 아틀라스 검출기에 도달하자 절로 박수가 터져 나왔다. 뒤에서 연구자 한 명이 이렇게 말하는 소리가 카메라에 잡혔다. "내기에 이길 줄 알았지. 한 시간 이내에 걸었거든." 오전 9시 24분이 되자 빔은 고리를 완전히 한 바퀴 돌았다. 열렬한 박수갈채가 쏟아졌다. 그들이 해냈다.

가속기 팀에는 승리였다. CERN 가속기 부서의 수장인 영국인 물리학자 폴 콜리어는 안도감과 피로감을 한마디로 요약했다. "입자들을 제가 직접 민 것 같은 심정입니다." 모든 일이 예상보다 훨씬 순조롭고 빠르게 진행되었다. 나는 경이감에 휩싸였다. 이 전문가들은 난관을 이겨내고 설계 그대로 아름답고 실제로 작동하는 기계를 만들어냈다.

당신이 머릿속에서 띠올린 양성자 빔의 모습이 레이저 같은 모습이라면, 분명히 말하건대 그것은 사실이 아니다. 실제 빔은 은하의 초기 단계에서 볼 수 있는 뒤죽박죽이고 복잡한 형태에 가깝다. 빔 속의 입자는 상대론적 폭주 차량에 동승한 수동적 일행도, 최후의 격변적 사망을 겪는 희생자도 아니다. 양성자 하나하나는 나머지 모든 입자와, 주변 환경과 상호작용한다. LHC의 모든 양성자는 길이 27킬로미터의 우주에서 전자기적으로 소용돌이치고 밀고 당기며 고작 25나노초 간격을 둔 2,808개의 다발 중 하나를 형성한다. 정밀한 자기장과 전기장에 의해서 창조된 이 나노 규모의 입자 은하는 한 번에 며칠 동안 1초에 11,245바퀴씩 고리를 돌다가 마침내 충돌한다. 최고의 에너지에서 빔이 경로를 벗어나거나 달아나면 600킬로그램의 고체 구리를 액체 웅덩이로 바꿀 수 있다. 당신도 상상할 수 있겠지만, 이 모든 일을 올바로 해내려면 지구상에 존재하는 가장 명석한 정신, 가장 발전한 컴퓨터 시뮬레이션, 최고의 엔지니어링이 필요하다.

첫날이 저물 무렵 에번스와 LHC 팀은 빔을 양방향으로 회전시켰으며 CMS와 아틀라스를 비롯한 실험 설비에서는 빔이 철버덕 튀기는beam splash 사건이 관측되기 시작했다(이것은 빔 충돌에 의한 것이 아니라 고에너지 입자가 빔 체임버에 남은 극소량의 잔류 기체에 부딪혀 발생한다). 검출기는 하나씩 깨어나 입자의 자취로 빛나며 반응했다. 각 실험 설비의 대변인들이 검출기 제어실에서 (차로 약 20분 걸리는) 주 제어 센터로 황급히 들어왔다. 아름다운 검출기에 표시된 최초의 전자적 자취를 급히 출력하여 그 종이로 샴페인을 싸서 가져왔다.

그 뒤로 며칠 동안 카메라 기자들이 떠나고 궤도가 안정되고 충돌을 위해서 빔을 집속시키는 최종 포커싱 시스템이 가동되어 모든 것이 예정대로 진행되었다. 이제 남은 일은 빔을 수 테브 범위까지 가속하여 최초의 충돌을 위해서 돌진시키는 것이었다. 그때, 첫 시동 뒤 9일이 지나고 LHC가 폭발했다.

전문가들은 "심각한 사고"가 일어났다고 말했다. 자력을 올리자—이것은 정상적인 절차이다—두 자석 사이의 초전도 접속 부위에서 합선이 일어난 것이다. 이것은 정상이 아니다. 초전도 선은 초전도 상태에서 벗어나 약 수백만 암페어의 전류에 대해서 갑작스러운 전기 저항을 일으켜 열을 발생시켰다. 아주 많은 열을. 이 때문에 액체 헬륨 6톤이 기체로 증발했는데, 부피가 급속히 팽창하는 바람에 그런 상황에 대비하여 설계된 배기 밸브도 속수무책이었다. 폭발은 개당 무게가 35톤인 자석 30개 가까이를 바닥에서 말 그대로 뜯어냈다. 터널에서 전송된 사진은 아수라장이었다. 단열재가 떨어져 나가고 빔 관이 수 킬로미터까지 부스러기로 얼룩졌다. 유일한 위안은 아무도 다치지 않았다는 것이었다. 수천 명의 자부심은 상처를 입었지만 말이다.

기계를 복구하기까지는 9개월이 걸렸다. 이런 사고가 다시는 일어나지 않도록 손상된 자석을 예비 부품으로 교체하고 접속 부위를 보강하고 배기 밸브를 일일이 확장했다. 무슨 일이 벌어졌는지 파악하기 위해서 마치 포렌식을 진행하듯이 꼼꼼히 들여다보았으며 모든 결과를 학술대회에서 공개했다. 초전도 싱크로트론은 예전에도 건설된 적이 있었지만 이번 사고는 이토록 크고 까다로운 계획을 추진하는 일이 얼마나 힘든지 실감하게 했다. LHC는 시제품이자 제품 그 자체이다.

수리는 성공적이었으며 기계는 2009년 재가동되어 시운전 단계를 거친 뒤 마침내 각 빔의 에너지를 7테브로 완전히 끌어올렸다. 가동하는 동안 기계는 자신이 근사한 물건임을 입증했으나 이것을 작동시키는 일은 첫날보다 결코 수월하지 않았다. 빔의 경로를 유지하는 일은 전자 및 수동 피드백 시스템을 함께 작동시켜야 하는 집중적 작업이다. 조작원들은 믿을 수 없을 만큼 작은 효과를 늘상 보정해야 한다. 태양과 달로 인한 지각의 운동, 제네바 호의 수량, 테제베 고속 열차의 통과 시각 등이 모두 양성자 궤도에 영향을 미친다. 이 모든 악조건에도 불구하고 그 뒤로 10년 넘도록 대형 사고는 한 건도 일어나지 않았다.

LHC를 건설하면서 CERN과 (각 실험을 지원한) 국제적 협력 기관들은 모든 것이 지하 터널에 내려간 뒤에도 확실히 작동하도록 전대미문의 정교한 제어 시스템을 제작해야 했다. 내가 학부생 시절에 작성한 코드가 전문가에게 건네져 점검을 받고 엄격한 기준에 따라 수정된 뒤에야 실행 기회를 얻는다는 사실은 이 책을 쓰면서 비로소 알게 되었다. LHC의 전체 사업은 과제 관리, 엔지니어링, 협력의 완전한 승리이다.

LHC는 그 뒤로 순조롭게 가동을 이어가 365일 쉬지 않고 돌아갔으며, 입사기injector 연쇄―잇따라 배치된 가속기―가 빔을 LHC에 주입했다. 한마디로 이 거대한 시스템은 수천억 개의 양성자로 이루어진 빔 두 가닥을 광속의 99.999999퍼센트로 쏘아 머리카락 한 올보다 가늘게 집속시킨 다음 충돌시킨다. 다음은 무엇의 차례일까? 물론 물리학이다.

LHC가 가동을 시작했을 즈음 "중력을 제외한 거의 모든 것의 이론"인 입자물리학 표준모형은 이론적 측면에서 완성되었다. 앞에서 보았듯이 표준모형에는 물질 입자―전자, 뮤온, 타우, 이에 대응하는 세 중성미자를 포함하는 "렙톤", 그리고 6개의 쿼크(위, 아래, 기묘, 맵시, 바닥, 꼭대기)―가 포함된다. 물질 입자는 세 세대로 이루어진 듯했으며(각 세대는 질량이 증가하는 것만 빼면 거의 같았다) 물질의 3세대 입자를 찾고 확인하는 실험들이 간극을 메웠다. 제11장에서 보았듯이 꼭대기 쿼크는 1995년에 발견되었으며 2000년 페르미 연구소에서 발견된 타우 중성미자는 이제껏 발견된 마지막 물질 입자였다.

표준모형에는 물질 입자 이외에도 "힘 운반자" 보손이 포함된다. 중력은 표준모형에 포함되지 않기 때문에 지금은 무시해도 되지만, 약력, 강력, 전자기력의 나머지 세 힘은 모두 표준모형에 포함된다. 전자기력은 광자가 매개한다. 쿼크와 양성자, 중성자를 묶는 강력은 글루온이 매개한다. 약한 핵력은 약간 다르다. 광자와 글루온이 질량이 없는 데에 반해 LHC 이전 수십 년간 CERN에서 발견된 W 보손과 Z 보손은 사실 엄청나게 무거웠다.[5] 약력에는 다른 미묘한 특징도 있다.

고에너지 척도(지금은 246게브 이상으로 밝혀졌다)[6]에서 전자기력과 약력은 실제로는 전자기 약력electroweak force이라는 하나의 포괄적 힘을 이루는 두 부분이다. 이 두 힘은 일상적인 에너지 척도에서는 서로 매우 달라 보이지만, (쿼크조차 형성되기 전인) 빅뱅 직후와 같은 엄청나게 큰 에너지 척도에서는 두 힘이 서로 결합하여 분리되지 않는다. 이것은 CERN에서 LHC의 전신인 대형 전자, 양성자 충돌기Large Electron Positron collider(LEP)를 이용하여 확인되었는데, 이로써 표준모형은 어느 때보다 철저한 검증을 거쳤다. 이것은 물리학자들이 입자 충돌기를 일컬어 빅뱅의 조건을 재현하는 타임머신이라고 부르는 이유 중 하나이다. 입자 충돌기는 매우 초기의 우주에서처럼 큰 에너지로 상호작용을 일으킬 수 있기 때문이다. 실험에서는 중성미자의 종류가 세 가지뿐이며, 그 결과 물질에는 (적어도 현재 우리가 아는 한) 세 세대만 존재한다는 결론도 도출되었다. 표준모형은 어마어마한 정밀도로 정확한 것처럼 보였다. 하지만 여전히 빠진 조각이 남아 있었다. 무거운 W 보손과 Z 보손에 질량을 부여할 수 있는 이론상의 입자인 힉스 보손이었다.

이 새 입자는 1964년 3편의 논문에서 독자적으로 예측되었는데, 그중 1편은 스코틀랜드의 이론물리학자 피터 힉스가 썼다. 그의 이론에서는 공간 전체에 장("힉스장")이 존재한다고 가정했다. ("전자기 약력"이 하나의 힘으로 존재하는) 고에너지 상태에서는 모든 입자가 질량을 가지지 않는다. 그러다가 우주가 냉각되면서 어떤 임계 에너지 척도에 도달하자 힉스장이 커지고 입자들이 힉스장과 상호작용하여 질량을 얻었다. 이 불가역적 과정은 "자발적 대칭 깨짐spontaneous symmetry breaking"으로 불리며, 이로 인해서 입자마다 다른 질량을 가진다(질량이 다른 이유는 힉스장과의 상호작용 수준이 다르기 때문이다).

우주가 힉스장으로 가득 차 있다는 것은 무슨 뜻이며, 어떤 영향을 미칠까? 이에 대한 절묘한 답변[7]은 사교계 인사들로 가득한 칵테일파티를 상상해보라는 것이다. 평범한 사람은 방 안에 들어와서 방해받지 않고 파티장을 가로지를 수 있다. 하지만 유명인이 방에 들어온다고 상상해보라. 사교계 인사들―힉스장―이 유명인―입자―주위에 몰려들어 그의 진행을 방해한다. 아주 많이 느려지는 유명인은 힉스장에 의해서 무거운 질량을 부여받는 입자와 같다.

자연이 실제로 이 힉스 메커니즘을 따른다는 것을 보여주려면 물리학자들은 이론에서 예측된 특징적 입자―힉스장에서 들뜸을 일으키는 힉스 보손―를 생성하여 검출해야 했다. 이것은 칵테일파티에서 소문이 퍼져나가는 것과 같아서 사교계 인사들을 뭉치게 하여 들뜸을 전파한다. 충돌기에서는 초고에너지 입자 충돌로 힉스장을 들쑤실 수 있다. 이렇게 하면 입자들이 힉스장에서 튀어나오는데, 이것이 힉스 보손이다. 유일한 문제는 표준모형에서 힉스 보손의 질량이 얼마인지는 전혀 언질을 주지 않는다는 것이었다. 힉스 보손은 찾아내기가 극도로 힘들 터였다.

CERN에서 힉스를 찾는 탐색은 이미 LEP 충돌기 시절부터 시작되었다. 나머지 과학적 목표가 달성되고 힉스가 표준모형에서 발견되지 않은 유일한 조각이 되자, LEP 검출기 공동 연구진은 가장 신출귀몰하는 이 입자에 눈길을 돌렸다. 2001년 LEP가 폐쇄되기 직전에 총 4건의 실험이 실시되었는데, 약 114게브의 질량에서 힉스 보손의 낌새가 감질나게 나타났지만 결론을 내리기에는 데이터가 충분하지 않았다. 설령 힉스 보손이 정말로 존재하더라도 LEP는 힉스 보손을 생성할 만큼의 에너지를 발생시키지 못하는 것 같았다. 그들은 페르미 연구소의 테바트론 팀이 힉스 사냥에서 앞서가도록 내버려두어야 했지만, 오래 뒤처져 있지는 않았다. CERN의 한결같은 전략은 LEP를 위해서 건설한 터널을 이용하여 21세기에도 연구소의 미래를 보장하는 것이었다. LEP가 가동을 시작하기 5년 전인 1984년에도 CERN은 이미 다음 단계를 설계하기 시작했다. 그것은 테바트론의 2테브 규모를 훨씬 뛰어넘어 14테브의 질량 중심 에너지에 도달할 고에너지 양성자-양성자 충돌기였다. 이것이 훗날 대형 강입자 충돌기LHC가 되었다.

힉스 보손을 찾는 일에는 가속기와 검출기의 하드웨어보다 훨씬 많은 것이 필요할 터였다. LEP와 LHC의 시대가 되자—이제는 이 사업들이 무척 오랫동안 발전하여 "시대"라고 부를 수 있을 정도가 되었다—입자물리학은 초창기와는 완전히 달라졌다. 검출기는 세분화된 하위 검출기들의 층으로 이루어졌는데, 이 층들은 층층이 쌓여 수백만 개의 정보 수집 경로를 가진 거대한 디지털카메라들처럼 작동했다. 어느 때보다 충돌이 많이 일어나고 충돌로 인한 부스러기를 탐지할 공간 분해능이 커지자 실험 데이터의 양도 점점 많아졌다. LEP가 1989년 가동을 시작했을 때에는 보정 데이터가 금세 기가바이트에 도달하고 실험 데이터는 테라바이트에 육박했다.[8] 지금이야 별것 아닌 것처럼 들리지만 1989년에는 일반적인 하드드라이브 용량이 몇십 메가바이트에 불과했다. 그 모든 데이터는 어디로 갈까? 사람들이 어떻게 접근할 수 있을까?

이 "연산 문제"는 앞으로 해결해야 할 진짜 난제가 되었다. 언제나 앞서가는 CERN은 컴퓨터와 메인프레임을 망으로 연결하여 이메일로 소통하기 시작했지만—그렇다, 1990년대가 되기도 전에!—신뢰성 있게 협력하고 데이터에 접속할 방법은 여전히 존재하지 않았다. 이 시점에 CERN에서 계산과학을 연구하던 옥스퍼드 대학교의 물리학과 대학원생 팀 버너스리가 컴퓨터, 네트워크, 하이퍼텍스트의 신기술을 접목해 이 난제를 해결하는 시스템을 제안했다. 그는 아이디어의 개요를 "정보 관리 : 제안서Information Management: A Proposal"라는 짧은 보고서로 작성했는데, 여기에 CERN의 상사는 "모호하지만 흥미롭다"라는 메모를 끄적였다.

버너스리가 발명한 것은 월드와이드웹이었다. 그렇다. **바로 그** 월드와이드웹 말이다. 버너스리는 웹을 떠받치는 세 기둥이자 당신이 매일 보고 있을 세 가지 핵심적 아이디어를 창안했다. 하이퍼텍스트 마크업 언어HyperText Markup Language를 뜻하는 HTML은 웹을 위한 서식 지정 언어이고, 표준화된 자원 위치 지정자Uniform Resource Locator를 뜻하는 URL은 고유한 주소로서 웹에 있는 각각의 자료에 접근하는 데에 쓰이며, 하이퍼텍스트 전송 규약HyperText Transfer Protocol을 뜻하는 HTTP는 서버들을 연결하고 정보를 전송하는 데에 쓰이는 통신 규약이다. 1990년에 버너스리는 이미 최초의 웹사이트를 개설하고 최초의 웹브라우저를 만들었다. 나머지는 흔히 말하듯 역사이다.

오늘날 전 세계에 존재하는 웹사이트는 16억 개가 넘으며 활성 이용자는 43억3,000만 명 이상이다. 전체 인구의 57퍼센트가 웹을 이용하는 것이다. 평균적 이용자는 매일같이 무려 6시간 30분을 온라인에서 보낸다.[9] 물리적 네트워크 요소로서의 인터넷은 웹 이전에도 있었지만, 우리가 "인터넷을 이용한다"라고 말할 때의 "인터넷"은 실은 "웹"을 뜻한다.

웹에 가치를 매기는 것은 불가능하며 웹이 없던 시절로 돌아가는 것은 상상조차 할 수 없다. 시간이 흐르면서 사회는 웹의 보편성에 완전히 적응했지만, 우리가 처한 현실을 똑똑히 보여주는 사례가 하나 있다. 2019년 인도 정부는 대중 시위를 막으려고 카슈미르의 인터넷 접속을 차단했다. 그 효과는 이 가난한 지역에서도 어마어마했다. 학생들이 온라인 시험을 치르지 못해 국제적 자격증을 취득하지 못했고, 판매자와 구매자가 소통하지 못해 전자 상거래가 차질을 빚었고 공장의 제품 판매가 중단되었으며, 병원과 약국이 환자를 치료할 의약품을 주문할 수 없게 되었다. 인터넷 차단 이후 9개월간의 경제적 손실은 GDP 총액 170억 달러 중 53억 달러로 추산되었다.[10] 2020년 코로나 대유행으로 금지 조치가 일시 해제되었지만 이 책을 쓰는 지금도 완전히 복구되지는 않았다.

버너스리는 웹이 번성하려면 자유롭게 내버려두어야 한다는 것을 일찌감치 깨달았다. 그의 말에 따르면, "무엇인가를 보편적 공간으로 내세우는 동시에 통제할 수는 없다." 전 세계 웹사이트가 600개에 불과하던 1993년 4월, CERN은 월드와이드웹 소프트웨어를 이용료나 특허 없이 일반에 공개하기로 결정했다.

웹은 전혀 예상치 못한 물리학의 부대 효과였다. 입자물리학자들은 문제 해결을 위해서 필요한 것이 있었고 까다로운 문제를 해결하기 위해서 협력해야 했기 때문에 사회의 여타 분야보다 훨씬 앞선 방식으로 데이터를 공유해야 했다. 그 결과 적절한 지원 환경에서 단 한 번의 창의적 도약으로 현대 사회에서 가장 중요한 발명 중의 하나가 탄생했다. 오늘날 버너스리는 웹의 발전을 지속적으로 감독하는 월드와이드웹 컨소시엄의 이사이다. 2012년 런던 올림픽 개회식에서 버너스리는 작은 책상 앞에 앉아 "이것은 모두를 위한 것입니다"라고 실시간 트윗을 올렸는데, 그러자 경기장 관중석에서 거대한 LED 화면처럼 이 문구가 나타났다. 역설적이게도 미국의 텔레비전 해설자는 그가 누구인지 전혀 몰랐으며, 시청자들에게 그가 발명한 바로 그 기술을 이용하여 검색해보라고 권했다.

LHC가 가동되자 CERN의 데이터 난도가 기하급수적으로 늘었다. 연산 능력과 연결이 증강되었지만 실험에서 산출되는 데이터의 양도 늘었기 때문에 끊임없는 혁신이 필요했다. LHC 검출기들의 연간 데이터 산출량은 약 90페타바이트로 예상되었는데, 이것은 CD 5,600만 장에 해당하며 차곡차곡 쌓으면 달까지 절반은 갈 수 있는 양이다. 이 모든 연산 능력을 제공하고 CERN의 데이터를 저장하고 처리하는 것은 불가능했다. 전기 요금만 해도 어마어마했다. CERN의 전산 전문가들은 언젠가는 데이터 집합이 너무 커져서 고스란히 전송하거나 처리할 수 없게 될 것임을 알았다. 인터넷의 대부분을 차지하는 구리선은 속도가 충분히 빠르지 않았기 때문이다.

이에 그들은 초고속 광섬유 연결과 거대한 전산 센터로 세계적인 분산 네트워크를 구축하고 전 세계의 과학자를 연결하는 국제협력기구를 결성했다. 공식 명칭은 "월드와이드 LHC 컴퓨팅 그리드Worldwide LHC Computing Grid(WLCG)"이지만 줄여서 "더 그리드the Grid"로 불리는 이 시스

팀은 전 세계 제휴 국가에 20만여 대의 서버를 두고 있다. 더 그리드는 데이터의 저장과 처리 둘 다에 쓰일 수 있으며 CERN의 성공에 필수적인 국제 협력을 가능하게 했다.

이 모든 전산 및 엔지니어링 난제를 손에 쥔 채 대형 강입자 충돌기가 2009년 재가동되었다. 금세 각각의 실험 설비에서 빔을 충돌시켜 데이터를 수집했으며 더 그리드 덕분에 분석 능력이 빠르게 증가했다. 매일같이 이 시간대에서 저 시간대로 바통이 건네졌으며 하루 24시간 세계 어딘가에서 분석이 계속 진행되었다. 오스트레일리아의 동료들도 유럽, 미국 등지의 물리학자들과 똑같은 LHC 데이터를 입수하여 분석할 수 있었다. 하지만 힉스 보손을 찾는 것은 그들만이 아니었다.

이 시점에 테바트론은 (2001년에 시작된) 2차 실행을 한창 진행 중이었으며 힉스를 염두에 두고 개량되었다. 페르미 연구소의 물리학자들은 LHC와 같은 에너지에 도달할 수 없음을 알고 있었지만, 힉스의 질량이 일종의 "골디락스 힉스"라면 자신들이 먼저 찾아낼 수도 있으리라 희망했다. 골디락스 힉스란 생성하지 못할 만큼 무겁지 않고(>180게브) 바닥 쿼크로 붕괴하여 잡음 속으로 사라질 만큼 가볍지도 않은(<140게브) 질량을 말한다. LHC가 활력을 얻고 충돌률이 개선되자 그들의 힉스 탐색 능력은 테바트론을 빠르게 앞질렀다.

테바트론 팀은 맹렬히 데이터를 분석했다. 2011년 초가 되자 103게브 이하와 147-180게브의 질량을 95퍼센트의 신뢰도로 배제할 수 있었다. 데이터가 조금만 더 있으면 그 사이에서 힉스를 발견할지도 모르는 상황에서 그들은 애가 탔다.[11] 하지만 예산 삭감이 임박했고 테바트론은 2011년 9월 폐쇄를 앞두고 있었다. 7월에 그동안의 LHC 실험으로 149-190게브 범위가 배제되었지만, 9월 페르미 연구소가 가동을 계속하는 데에 필요한 연간 3,500만 달러를 조달하지 못해 테바트론이 폐쇄되었다. 적절하게도 마무리로는 헬렌 에드워즈가 거의 30년 전 자신이 그토록 열심히 구슬려 생명을 불어넣은 거대 기계를 잠재우는 의식을 감독했다. 이제 모든 시선이 LHC에 쏠렸다.

12월이 되자 힉스의 범위가 115-130게브까지 좁혀졌으며 아틀라스와 CMS 둘 다에서 무엇인가 흥미로운 낌새가 발견된 125게브에 초점이 맞춰졌다. 아직은 2-시그마 수준에 지나지 않았고 사람들은 웁슬리언 사건을 결코 잊을 수 없었지만, 이번에는 두 실험에서 독자적으로 결과가 관찰되었다. 물리학계에서는 흥분의 분위기가 역력했다.

LHC가 가동되고 3년간 맹렬한 분석을 거친 뒤인 2012년 7월, 전 세계 입자물리학계가 오스트레일리아 멜버른에서 열린 국제 고에너지 물리학 대회International Conference in High Energy Physics(ICHEP)라는 대형 학술대회에 모였다. CERN은 제네바 인근 구역에서 기자 회견을 진행했는데, 영상은 대부분의 물리학자들이 있는 멜버른 대회장에—물론 웹을 통해서—생중계되었다. 나는 옥스퍼드 대학교 남쪽에 있는 러더퍼드 애플턴 연구소의 내 연구실에서 전 세계 수백만 명의 사람들과 함께 온라인으로 영상을 지켜보았다.

두 주요 실험 설비의 대변인이—CMS는 미국에서 온 물리학자 조지프 인캔델라였고 아틀라스는 이탈리아에서 온 파비올라 자노티였다[12]—수천 명의 과학자들을 대신해 발표를 진행했다. 언론을 앞에 두고도 과학적 세부 내용을 조목조목 이야기하는 것이 인상적이었다. 두 사람이 각자 힉스 붕괴 경로를 재구성하는 것을 보면서 선과 숫자 하나하나마다 얼마나 많은 노고가 깃들어 있을지 생각하니 머리가 어질어질했다.

나는 기자 회견을 지켜보면서 이날이 자신들에게 수십 년 연구의 정점일 동료들을 생각했다. 몇몇은 복도 맞은편에 연구실이 있었으며 몇몇은 지구 반대편 멜버른에 있었다. 이번 일은 10-15명가량의 연구자들이 소규모 팀을 꾸려 이뤄낸 성과였다. 각 팀은 각자 퍼즐의 작은 조각을 책임졌다. 그런 다음 이 팀들은 연합하여 더 큰 팀을 이루거나 다른 기관과 협력하는 실무진을 구성했으며 더 나아가 실험 설비당 약 2,000명의 과학자들이 협력하는 연구진으로 뭉쳤다. 그들은 모두 CERN의 협업 방식인 자기조직적 관리 체계를 통해서 함께 연구했다. 그날은 이례적으로 비밀 엄수 서약을 해야 했지만 무슨 일이 일어날지는 다들 알고 있었다.

물리학 발표가 끝나자 독일의 입자물리학자 롤프디터 호이어가 CERN 사무총장 자격으로 단상에 오를 차례가 되었다. 그는 몇 마디 운을 떼더니 숨을 깊이 들이마시고는 이렇게 선포했다. "우리가 발견한 것이 있습니다." 환호성이 터져나왔다. 물리학자들은 서로 끌어안으며 축하를 주고받았다. 그들은 여러 나라를 옮겨다녔고 가족을 실향민으로 만들었으며 수많은 시간을 묵묵히 일했다. 그러는 내내 찾아낼 것이 있기라도 한 것인지 의심에 시달렸다. 이제 그들이 해냈다. 힉스 보손을 발견한 것이다. 카메라가 여든두 살의 피터 힉스를 비췄다. 그의 뺨에서 눈물이 흘러내리고 있었다.

그 순간으로부터 뒤로 물러나 CERN이 이룬 모든 것을 돌아보면, 국제 협력만으로도 아찔할 정도이다. LHC 실험에는 CERN의 23개 회원국과 8개의 준회원국, 참관국, 그리고 (오스트레일리아처럼) 제휴 협정을 맺은 나라를 비롯하여 110개국이 참여했다. 전 세계 입자물리학자 1만 3,000명 중 절반가량이 관여했다. 여러 시간대를 넘나들며 공동 연구를 진행하는 것이 일상인 잔뼈 굵은 과학자인 내게도 이런 거대한 국제적 팀의 활동을 가늠하기란 여전히 쉬운 일이 아니다. 단지 시작하는 것, 최초의 빔과 최초의 충돌에 도달하는 것만 해도 대단한 업적이었다. 대발견의 성공은 말할 것도 없었다.

웹의 사례가 보여주듯이 CERN은 여느 대규모 조직과는 일하는 방식이 다르다. 세금으로 운영되기 때문에 거의 모든 활동이 오픈소스로 공개된다. CERN은 열린 과학, 열린 데이터, 열린 하드웨어 개념을 지향한다. 심지어 기념품점조차 이 규칙을 따라야 하기 때문에 이윤을 거두면 안 된다. 웹은 이러한 공유와 개방의 원칙에서 자라났으며 최종적으로 어떻게 진화할지는 누구도 알 수 없었다. 이런 CERN의 유일무이한 운영 방식은 정책 입안자와 국제기구의 관심을 끌었다.

2014년 CERN은 평화를 위한 과학의 60주년을 UN과 함께 기념했다. CERN은 각국이 세계적 공익을 위해서 협력할 수 있음을 보여주는 사례이다. CERN의 본보기를 따라 많은 사업들이 비슷한 협력체를 구성하여 뿌리 깊은 정치적 간극을 뛰어넘어 힘을 합치고 있다. 요르단의 SESAME(중동에서의 실험과학, 응용을 위한 싱크로트론 광Synchrotron Light for Experimental Science and Applications in the Middle East)는 바레인, 키프로스, 이집트, 이란, 이스라엘, 요르단, 파키스탄, 팔레스타인자치정부, 튀르키예를 한데 묶었다. 남동 유럽에서는 SEEIST[13](지속가능 기술을 위한 남동 유럽 국제 연구소South-East European International Institute for Sustainable Technologies)라는 지식경제 구축 사업이 새로운 양성자와 탄소-이온 요법과 연구 시설에 초점을 맞출 것이다. CERN은 내가 참여하는 단체들 중 하나인 스텔라의 발족에도 한몫했다. 우리의 목표는 사하라 이남 아프리카의 협력 단체들과 손잡고 방사선 요법 시설의 심각한 부족에 대한 기술적 해결책을 모색하여 전 세계적으로 수준 높은 암 치료의 접근성을 높이는 것이다.

이런 종류의 사업과 협력은 우리의 지구적 미래에 필수적이다. CERN 모형은 국제 협력의 메커니즘을 만들어내며, 이를 통해서 국제적 과제를 해결할 잠재력은 타의 추종을 불허한다. 오늘날 UN과 CERN은 지속가능 발전 목표에서 진전을 이루기 위한 협력 방안을 함께 모색하고 있다. 그중 상당수는 기후 변화 대응, 의료, 식량과 물 공급 등 과학적, 기술적 해법을 필요로 한다.

CERN이 기술 특허를 취득하기 위해서 설립된 일국의 싱크탱크나 기업이었다면 이런 성과를 거둘 방법은 전혀 없었을 것이다. 웹을 탄생시킨 바로 그 분위기는 과학 연구를 장려하고 그 결과를 대중에 더 널리 공개하는 거대한 원동력이 되었다.

물론 CERN의 기술적 부대 효과는 웹만이 아니다. 상업적 잠재력을 가진 성과를 발전시키기 위해서 독자적인 지식이전 팀이 결성되어 있다. CERN의 현재 기술 내역은 누구나 온라인에서 볼 수 있으며,[14] 현재 사례로는 협업 소프트웨어 시스템, 의료용 내耐방사선 검출기, 현장에서 대형 파이프를 절단하는 소형 오비탈 절단기 등이 있다. CERN의 대규모 실험에 필요한 독특한 요건들로 인해 업계는 최신 부품을 공급하기 위해서 끊임없이 혁신해야 했다. 한 조사에서 CERN의 공급 업체 중 75퍼센트는 CERN과 계약하면서 혁신 역량이 커졌다고 응답했다. 그들은 "CERN 효과"도 언급하는데, 이에 따르면 CERN과 공급 계약을 맺을 경우 1달러당 4달러의 매출 증가가 발생한다고 한다.[15]

입자물리학의 최근 발전에서 파생한 기술을 모조리 나열하는 것은 불가능하겠지만, 의료 진단 기술들의 명단을 완성하는 한 가지만은 언급해야겠다. 입자물리학은 CT 촬영기(제1장)와 MRI(제11장) 이외에 PET(양전자 방출 단층촬영술Positron Emission Tomography) 촬영기 개발에도 중요한 역할을 했다. PET는 양전자(반물질)를 직접 이용할 뿐 아니라 검출 기술은 입자 소나기의 검출에 쓰이는 비스무트 게르마늄 산화물 bismuth germanium oxide(BGO) 결정crystal의 개발에서 비롯되었다. 1,500여 대의 PET 촬영기가 이 결정으로 제작되었으며 1대당 비용은 25만 달러에서 60만 달러 사이이다. 그러다 LHC 시절 큰 충돌률로 인한 방사선 손상을 이겨내기 위해서 새 결정이 필요해졌으며, 이로 인해 LYSO 결정이라는 새로운 종류의 결정이 개발되었다. 이 새 결정은 BGO 결정에 비해 반응 속도가 빠르고 빛을 3배 많이 방출한다. 이제는 LYSO 결정이 PET 촬영기의 업계 표준이다. CERN의 지식이전 팀은 이 기술이 LHC에 쓰이기도 전에 이런 결정을 내렸다. LYSO 결정은 이후 개량된 LHC 프로그램용 검출기에 도입되었다.

CERN이 현재 보유한 기술들 중에서 웹 같은 영향을 가져올 것이 있을까? 모를 일이다. LHC 컴퓨팅 그리드는 아직 일상생활에 그만한 영향을 미치지 못했지만 이미 입자물리학 이외의 영역에서 널리 쓰이고 있으며 여타 과학 분야에서도 어느 때보다 강력한 연산 능력을 이용할 수 있게 해주었다. 심지어 초창기에도 항말라리아제 신약 설계와 1억4,000만 가지 화합물 분석에 활용되었다. 일반 컴퓨터로는 420년이 걸렸을 것이다. CERN의 토대와 공유되는 지식 저변은 다른 과학자들이 빅데이터 영역에 진입하여 여타 분야에서 전혀 새로운 작업 방식을 창출하는 데에 이바지하고 있다.

공유 자원을 향한 이런 변화는 이제 일상적인 현상이 되었다. 전 세계

기업들은 같은 접근법을 채택하여 대규모 데이터 웨어하우스나 클라우드를 구축했다. 이제 데이터는 로컬 컴퓨터에 저장되는 것이 아니라 원격 서버에 저장되어 원격으로 접속된다. 구글 문서나 드롭박스 같은 클라우드 서비스도 모두 비슷한 방식으로 제작되었다. 상업적 클라우드 시스템과 더 그리드 시스템의 차이는 데이터가 어디에 저장되느냐이다. 그리드 컴퓨팅이란 데이터 저장 및 연산 능력이 기업 소유의 거대 클라우드 서버 웨어하우스에 저장되는 것이 아니라 수많은 컴퓨터에 분산된다는 뜻이다. 오늘날 자신의 데이터가 개별 기업에 종속되는 것에 대한 불만이 커져가면서—마이크로소프트 전용의 .docx나 .xlsx 형식, 애플의 아이튠스 음악 저장소를 생각해보라—클라우드 컴퓨팅의 문제에 대한 해결책으로 그리드 기술의 요소들이 점차 널리 채택되고 있다. 여기에서 핵심 목표는 **상호 운용성**interoperability, 즉 시스템 간의 개방적 호환 능력이다.[16] 이것은 CERN의 정신이자 버너스리가 웹을 창조한 정신과 일맥상통한다. 최적화된 클라우드, 그리드 시스템은 언젠가 입자물리학자들에게도 도움이 될지도 모른다. 그들은 클라우드 시스템의 용량 제한을 뛰어넘어 훌륭하게 관리되는 공공 인프라를 이용할 수 있을 것이다.

대형 강입자 충돌기가 현대 사회에 미친 영향은 이것이 다가 아니다. 이 실험의 가장 큰 영향을 아직 언급하지 않았기 때문이다. 바로 뛰어난 재능을 가진 사람들을 훈련하는 것이다. LHC와 검출기들은 국제적이고 유망한 초거대 과학이다. 전 세계에서 가장 뛰어나고 총명한 젊은이들이 대거 물리학에 투신하는 것은 이런 대규모 프로젝트 덕분이며 수천 명이 이 분야에서 박사 학위를 취득한다. 하지만 이 질문을 던지지 않는다면 나는 책임을 다하지 않은 것이 된다. "그다음에는 어떻게 될까?" 그들의 진로는 당연히 탄탄대로여야 할 것 같지만, 이것은 진실과 너무나도 동떨어진 생각이다.

물리학의 일부 분야에서는 박사후 연구원 자리 하나에 100여 명이 지원한다. 그런 다음 학계에 자리를 잡거나 대형 연구소에서 종신직을 얻기는 더더욱 힘들다. 시간이 흐르면서 고도로 훈련받고 숙련된 이 사람들의 대다수는 무척 괴로운 결정을 내려야 한다. 남을 것인가, 떠날 것인가. 분야가 세세하게 전문화되면서 독특한 고충이 발생했는데, 단기 계약이 만료된 연구자들은 소수의 자리를 찾아 다시 다른 나라로 이주하거나 연구 분야를 바꾸는 것 말고는 선택의 여지가 없을 때가 많다. 적당한 자리가 생길 때까지 기다릴 금전적 여력이 있는 사람들이야 그래도 괜찮을지 모르지만, 나를 비롯한 많은 사람들은 그럴 수 없다.

개인적으로 나는 이런 낭떠러지에 선 적이 한두 번이 아니다. 여러 친구, 동료, 연구자들의 경험으로 보건대 내가 이토록 사랑하는 분야—호기심에 이끌려 큰 그림을 그리는 물리학—를 뒤로하고 떠나야 할 때, 엄청난 정서적 고통을 느끼는 것은 나만이 아니었다. 그럼에도 이 일은 내가 가진 기술들 가운데 다른 곳에 응용할 수 있는 여러 기술들에 대해서 억지로나마 생각해볼 계기가 되었다. 나는 데이터과학, 문제 해결, 대중 연설, 글쓰기에 재능이 있었다. 산업에서 활용할 수 있는 실험 기술이 있었으며 장기 과제를 추진할 입증된 능력을 갖췄다. 나는 이력서를 고치고 구직 사이트를 둘러보기 시작했다. 시간이 지나자 스타트업이나 정책, 컨설팅에서 승승장구할 수도 있겠다는 생각이 들었다. 내가 실제로 그런 일을 무엇이든 해낼 수 있고 즐기고 세상에 족적을 남길 수 있음을 깨달았다. 나는 내가 잘할 수 있고 급여도 더 많은 오만가지 일들을 받아들였다.

물리학 박사 학위를 취득한 사람들이 대부분 학계를 떠나는 것은 사실이다. 전직 CERN 연구자 2,700명을 조사했더니 63퍼센트는 응용 기술, 금융, 정보기술 같은 분야의 민간 영역에서 일하고 있었다. 문제 해결, 프로그래밍, 대규모 데이터 분석, 과학 소통, 국제 협력 등 그들이 가진 기술은 이 분야들에 꼭 필요한 것들이다. 영국만 보더라도 이른바 "스템STEM"(과학, 기술, 공학, 수학Science, Technology, Engineering and Maths) 분야에서 17만3,000명의 인력이 부족하다. 영국이 과학과 기술의 세계 선두로서 명성이 자자한데도 말이다.[17] 이런 역량의 수요는 늘어간다.

자신의 기술을 다른 분야에 활용한 입자물리학자들의 이야기를 찾아보았더니 멀리 갈 필요도 없이 경이로운 혁신가들을 찾을 수 있었다. CERN에서 힉스 보손 사냥에 참여한 박사 물리학자 엘리나 베릴룬드를 예로 들어보자. 그녀는 여성의 생식 주기에 대한 지식의 간극이 크다는 사실을 알고서 체온을 비롯한 자신의 신체 데이터를 측정하기 시작했다. 머지않아 통계학과 데이터 분석 기술을 활용하여 가임 여부를 알아낼 수 있음을 깨달았으며, 호르몬 주기를 자연적인 방법으로 조절하고 싶어하는 여성들에게 이 아이디어가 도움이 되리라고 판단했다. 이렇게 탄생한 내추럴 사이클스Natural Cycles 앱은 전 세계에서 150만 명 이상이 이용하고 있다. 2020년 현재 내추럴 사이클스는 피임용으로 미국 식품의약국의 승인을 얻은 유일한 앱이자 많은 여성들의 인생을 바꿀 수 있는 기술이다.

입자물리학을 비롯하여 호기심에 이끌린 여러 물리학 연구 분야로부터 첨단 스타트업, 특히 실리콘 밸리까지는 탄탄한 길이 깔려 있다. 물리학자들을 이런 일자리에 끌어들이는 것은 단지 더 높은 급여만은 아니다. 자신이 전공한 전문 영역의 경계 너머를 내다보기만 하면 해결해야 할 문제들이 숱하게 널려 있음을 알 수 있다. 특히 미국에서는 물리학 박사 과정에서 실리콘 밸리에 이르는 길이 하도 잘 다져지고 학계 연구에 비해 자금 사정도 좋아서 물리학계가 최고의 대학원생을 잡아두는 데에 어려움을 겪을 정도이다.

박사 과정을 마치고 몇 년 뒤에 "남을 것인가, 떠날 것인가"의 순간이 찾아왔을 때, 나는 물리학에 남을 유일한 길은 내가 주도하는 연구뿐이라고 결론 내렸다. 단기 계약, 급여, 연구비 확보 같은 외적인 문제를 바꿀 수는 없지만 나 자신의 환경은 통제할 수 있었다. 주위에서 나와 같은 사람들을 볼 수 있었고 고립감을 덜 느낄 수 있도록 나와 비슷한 생각을 가진 물리학자들, 특히 여성들의 커뮤니티를 조직하는 데에 시간을 들였다. 필요한 것을 요구하는 법을 배웠다. 그 덕분에 내 분야 선도자들의 사무실에 걸어들어가 연구를 지원해달라고 청하는 대담성을 발휘할 수 있었다. 심지어 내 자리를 만들어달라고 요구하기까지 했다. 시도는 효과가 있었다. 나는 연구와 더불어 내가 열정을 느낄 수 있는 일, 대중 참여와 연구 문화 진흥 같은 일을 하기로 마음먹었다. 설사 그런 일에 "시간 낭비" 말라고 말하는 체제와 맞서는 한이 있더라도. 여성 한 명의 힘으로 물리학을 바꾸겠노라는 포부는 없었다. 그 일은 헛수고일 것이 뻔하니까. 다만 건설적이고 환대받고 만족스러운 분위기를 조성하려고 노력했다. 그러면 노력이 통하지 않더라도 후회 없이 떠날 수 있으리라는 생각이 들었다.

결국 나는 이곳에 남았다. 이온 트랩을 이용하여 입자 가속기를 흉내내는 소규모 실험 장비를 백지 상태에서 만들어내기 위해서 동료들과 함께 연구소를 설립했다. 미래의 충돌기에서 입자 빔이 어떻게 행동할 것인지 연구했다. 첫 박사 과정 학생을 받아들였고 장비 제작을 의뢰했다.

전에는 실험 장비를 백지부터 제작해본 적이 한 번도 없었기 때문에 학습 곡선이 엄청나게 가팔랐다. 이렇게 많은 실수가 저질러지고 부품 제작에 이렇게 오랜 시간이 걸린다는 사실을 믿을 수가 없었다. 이곳에 남기로 마음먹고 2년 뒤 어느 날 오후 전자 잡음과 접지 문제를 고치고 있는데, 오실로스코프 화면에 잡음을 뚫고 작은 블립이 나타났다. 이온이 포획되어 추출된 것이었다. 우리의 첫 주요 이정표였다. 그날 오후 실험실에서 샴페인을 따도 된다는 특별 허가를 얻었으며 우리는 플라스틱 컵으로 샴페인을 마셨다. 힉스 보손 수준의 성취는 아니었지만 그래도 도무지 믿기지가 않았다. 우리의 실험이 성과를 보이다니.

이때를 돌아보면 가장 기억에 남는 일은 정말 운 좋게도 훌륭한 사람들을 곁에 둘 수 있었다는 것이다. 내 연구 경력을 통틀어 그런 고된 시절뿐만 아니라 여정 내내, 첫 선생님들부터 그동안 나를 도와준 멘토들까지, 박사 과정 지도교수의 한결같은 지원에 이르기까지 동료와 주위 사람들은 (나중에 안 사실이지만) 내가 모르는 동안에도 내게 힘이 되어 주었다. 알고 보니 물리학은 우주와 그 속의 만물이 어떻게 작동하는지 탐구하는 것을 훌쩍 뛰어넘는 학문이었다. 그것은 우리를 한데 모으는 거창한 질문에 불과하다. 물리학은 뭐니 뭐니 해도 사람의 일이다. 이렇게 말하니 당연하게 들리지 않나?

이것을 무엇보다 뚜렷하게 보여준 것은 LHC의 놀라운 이야기이다. 1만여 명의 과학자들이 순수한 호기심을 바탕으로 공동의 목표를 향해 힘을 합쳤으니 말이다. 이 위업만 해도 투자 이상의 성과이다. 하지만 이이야기는 물론 힉스 보손에서 끝나지 않는다. LHC 물리학자들은 지금도 매일같이 열심히 일하고 있다(우리 모두 마찬가지이다). 그 이유는 크건 작건 새 데이터, 새 개념, 새 실험 장비가 등장하면서 새로운 질문을 던지고 정답에 좀더 접근하고 만물을 이해하려는 탐구에서 꾸준히 앞으로 나아갈 수 있기 때문이다.

지금까지 LHC는 비록 힉스 보손의 발견만큼 중요하지는 않을지라도 흥미롭고 의미심장한 많은 결과들을 내놓았다. 새로운 결과가 매일 쏟아져 나오고 있다. 지난 10년간 LHC는 50여 개의 새 강입자hadron—쿼크로 이루어진 입자—를 발견했으며, 이는 강력에 대한 우리의 지식을 시험대에 올리고 있다. 일부 강입자는 겔만의 이론에서 예측되었지만 최근까지도 관찰할 수 없던 것들이었다. LHC 물리학자들은 4개의 쿼크로 이루어진 입자(테트라쿼크tetraquark)나 5개의 쿼크로 이루어진 입자(펜타쿼크pentaquark)를 여럿 발견했으며 아직까지도 이 입자들이 어떻게 작용하는지 밝혀내고 있다. 자연은 꾸준히 새 입자를 듬뿍 공급하지만, 이것들은 모두 입자물리학 표준모형에 포괄된다.

이 새 입자들은 표준모형을 다듬는 데에 도움이 되는 쿼크를 가지고 있지만, LHC의 에너지 범위에서 신기한 새 입자를 발견한다는 원대한 희망은 아직 실현되지 않았다. 어떤 면에서 이것은 긍정적인 신호이다. 우리는 물리학의 역사에서 한 번도 볼 수 없었을 만큼 빠른 속도로 이론들을 배제하고 있기 때문이다. 이 현상은 창의적인 새 아이디어의 잠재력을 열어주고 새로 집중할 분야를 제시한다. 실험 입자물리학 동료들에게 이 때문에 실망스럽냐고 물으면—상당수는 이론물리학자들이 표준모형을 넘어서서 예측한 기상천외한 새 입자들을 발견하기를 간절히 바랐기 때문이다—대부분은 놀랍도록 낙관적이다. 어쨌거나 그들이 찾는 것은 자신이 어떤 이론을 좋아하든 진실이 무엇인가이니 말이다. 그들이 지금 주력하는 일은 LHC에서 산출되는 어마어마한 데이터를 뒤져 자연이 간직한 비밀을 찾아내는 것이다.

그러나 우리가 단지 자잘한 빈칸을 메우고 있다거나 물리학의 여정이 거의 완성되어 중요한 것들이 전부 발견되었다고 생각하지는 마시길. 단언컨대 그럴 리 없다. 다시 말하지만 우리는 틈새를 들여다보아야 한다. 표준모형이 믿기 힘든 성공을 거두기는 했어도 우리의 방정식은 중력을 나머지 모든 힘과 조화시키지 못한다. 우리는 우주가 하나인지, 우리가 이른바 "다중우주multiverse"에 살고 있는지 알지 못한다. 중성미자가 질량이 있고 형태를 바꿀 수 있다는 것은 알지만, 왜 그런지는 아무도 모른다.[18] 우리가 왜 반물질이 아니라 물질에 둘러싸여 있는지도 모른다. 우리 우주에 스며 있는 암흑물질의 성질에 대해서도 알지 못한다. 여러 면에서 힉스 보손은 시작에 불과하다.

13

미래의 실험

해마다 1,500명가량의 물리학자와 공학자들이 국제 입자 가속기 콘퍼런스에 모여 연구 결과를 공유한다. 그들의 과제는 길이 100킬로미터의 충돌기에 대한 제안에서부터 가장 작은 산업용 가속기에 이르기까지 다양하다. 콘퍼런스는 아시아, 아메리카 대륙, 유럽을 오가며 해마다 장소를 바꾸는데, 2019년 5월에는 처음으로 오스트레일리아 멜버른에서 열렸다. 나는 영광스럽게도 총회 개막 연설을 요청받았다.

회의를 앞두고 무슨 말을 해야 하나 고민했다. 청중의 규모 때문은 아니었다. 더 많은 사람들 앞에서 강연한 적도 있었고 그런 긴장을 다스리는 법은 알고 있었으니까. 내가 고민한 이유는 청중의 전문성 때문이었다. 이것은 내 분야에서 지금껏 요청받은 연설 중에서도 단연 가장 중요한 연설이었다. 남들이 이전에 했던 대로 우리 분야의 현황을 전문적으로 개관하고 입자 가속기에 대한 기술적 세부 사항을 시시콜콜 설명할 수도 있었다. 하지만 웬일인지 연설문을 쓰기 시작하자 내 안에서 전혀 다른 이야기가 흘러나왔다.

처음에 글을 쓰기 시작한 것은 단지 머릿속에서 생각을 끄집어내기 위해서였다. 나는 물리학의 세부 사항에 대해서가 아니라 우리 분야의 더 인간적인 측면에 대해서, 함께 일한다는 것에 대해서, 우리가 어떻게 현재의 위치에 오게 되었는지에 대해서, 우리가 배운 교훈에 대해서 썼다. 연구 문화에 대해서, 미래에 맞닥뜨릴 난관에 맞서 어떻게 협력할 수 있을지에 대해서 썼다. 생각이 발전하면서 내가 이 연설문을 고치지 않을 것임을 천천히 깨달았다. 이것은 직업적으로 크나큰 위험을 감수하는 일이었다. 물리학자들은 학술대회에서 물리학에 대해서 이야기하지 사람에 대해서 이야기하지 않는다. 나의 전문성을 제쳐두고 이런 이야기를 꺼냈다가 학계의 신망을 잃으면 어떻게 하지? 새로 교수로 임용되었기 때문에 평판이 무척 중요하던 터였다.

발표 당일 초조하게 강당 앞쪽에 자리를 잡고서 주지사와 인사하고는 학회장의 소개를 기다렸다. 내 슬라이드는 이미 올라가 있었다. 눈을 감고 호흡에 집중했다. 드디어 때가 되어 계단을 올라가 무대에 서서 청중을 향해 몸을 돌렸다. 눈부신 조명 아래로 유럽, 일본, 미국, 오스트레일리아의 공동 연구자들이 보였다. 야간 근무 시간에 함께 피자를 먹던 동료들에게서 그들의 명성에 대해 이야기를 듣기는 했지만 일면식도 없던 사람들이었다. 저기 어딘가에 멜버른 대학교의 내 신입 지도 학생들이 있었다. 그들은 내가 연설하는 것을 한 번도 들어보지 못했다. 나는 숨을 깊이 들이마시고 입을 열었다.

나는 우리 분야의 열두 가지 실험을 통해서 이 여정에서 무엇을 배웠는지 이야기했다. 주최 측의 요청은 우리의 과거 업적을 반추하되 미래가 우리를 어디로 데려갈지에 대해서도 언급해달라는 것이었다. 그래서 우리 세상을 이해하려는 이 야심차고 원대하고 우주를 아우르는 여정에서 우리의 현재 위치가 어디인지에 대한 나의 생각에서 출발했다.

그러자면 19세기 후반 우리가 이 여정을 시작했을 때와 21세기도 30년차에 접어든 지금 입자물리학 분야에서 우리가 도달한 위치를 나란히 비교하지 않을 수 없다. 우리는 핵, 전자, 아원자와 양자의 세계 전체의 발견 못지않게 거대한 변화의 시기를 목전에 두고 있는지도 모른다. 우리는 뢴트겐이 자신의 실험실에서 금속판의 초록빛을 본 것이나 러더퍼드가 얇은 금박에서 정면으로 되튀는 입자들에 경탄한 것에 비길 만한 21세기의 발견을 추구한다. 그것은 금속판에서 반짝이는 빛보다는 컴퓨터 위의 복잡한 데이터 가운데에서 나타날 것이 틀림없지만, 본질은 같다. 우리가 찾는 것은 "흠……신기한걸"이라는 생각이 들게 하는 무엇인가이다. 하지만 이런 일이 벌어지기를 마냥 기다릴 수는 없다.

발견이 순전히 우연하게 이루어진 적은 한 번도 없었다. 사람들은 발견을 한다. 우리가 이해의 다음 단계에 도달하려면 나서서 자연을 실험하는 설비를 만들고 싶어하는 사람들을 지원해야 한다. 다행히도 이 여정은 이미 진행 중이다. (내 연설을 듣고 있는 많은 사람들을 비롯한) 전 세계의 과학자 수천 명이 이미 크고 작은 실험 설비를 기획하고 건설하고 개량하고 있다. 호기심은 기술적으로 가능한 것의 첨단과 그 너머로 그들을 이끌고 있다.

제안된 차세대 실험 설비 중 상당수는 공동 연구를 위한 대형 설비인데, 여기에는 그럴 만한 이유가 있다. 우리가 묻고 있는 거대 질문들—암흑물질의 성질은 어떨까? 우주의 물질과 반물질 사이에는 왜 비대칭이 존재할까? 물리학에는 모든 것을 기술할 수 있는 대통일 이론이 있을까?—은 개인이나 고립되어 연구하는 소규모 연구진이 해결할 수 없다. 이 질문들은 그러기에는 너무나 커져버렸다. 그러니 우리가 답을 얻기 위해서 필요한 실험 설비들 또한 커지고 복잡해질 수밖에 없다.

옥스퍼드 대학교에서 입자물리학을 이끄는 다니엘라 보르톨레토 교수는 이 분야의 현 상황을 간결하게 요약한다. "표준모형 입자들은 우주의 물질-에너지 함량에서 고작 5퍼센트를 차지한다. 우주의 나머지 95퍼센트는 우리가 알지 못하는 것—암흑물질과 암흑에너지—으로 이루어져 있다. 암흑 영역의 기원에 대한 실마리가 될 만한 실험 증거는 전혀 없기 때문에 앞으로 나아가는 최선의 방법은 힉스 보손을 정밀하게 연구하는 것이라고 믿는다."

보르톨레토와 그녀의 연구진은 힉스 보손의 성질을 발견하려는 시도를 통해서 힉스 보손이 물리학의 알려진 법칙을 위반하는지 알아내려 하고 있다. 어쩌면 신기하게 행동하는 힉스 입자가 여럿 있을지도 모른다. 만일 그렇다면, 힉스가 뜻밖의 방식으로 붕괴하거나 상호작용한다면, 우리는 표준모형의 핵심에서 결함이나 지식의 공백을 발견하게 될 것이다.

물리학자들은 이제는 "암흑물질이 존재할까?"라고 묻지 않고—우리는 존재한다고 생각한다—"암흑물질의 성질은 어떨까?"라고 묻는다. 발전에는 이론과 실험이 둘 다 필요하지만 암흑물질은 실험 측면에서 독특한 난제를 제기한다. 암흑물질을 기술할 수 있는 이론은 차고 넘치지만 우리가 확실히 아는 유일한 사실은 암흑물질이 상호작용을 하지 못한다는 것이다. 우리는 LHC에서나 미래의 충돌기에서 암흑물질이 상호작용하지 못하는 현상을 "비존재 에너지missing energy"로 간주하여 암흑물질을 발견할지도 모른다. 이 아이디어는 베타 붕괴의 수수께끼가 우리를 중성미자로 인도한 사례를 떠올리게 하지만, 중성미자의 경우 실험물리학자들이 발견의 길잡이로 삼을 이론이 있었던 데에 반해서 암흑물질에는 그런 것이 없다. 우리를 인도하는 것은 실험 데이터이다. 우주 질량의 95퍼센트가 여전히 검출되지 않은 상황에서 발견의 과실은 어느 때보다 크다.

이 질문들을 탐구하려면 "힉스 공장"이 필요하다. 수천수만 개의 힉스 보손을 생성할 수 있는 신형 입자 충돌기와 더불어 차세대 정밀 입자 검출기를 개발해야 한다. 보르톨레토는 바로 이 분야에 주력하고 있다. LHC는 힉스의 진짜 성질에 대해서 모든 답을 내놓을 수 없기 때문에, 이 분야의 거의 모든 사람은 힉스 공장이 1테브에 최대한 근접하는 충돌 에너지를 가진 고에너지 전자−양성자 충돌기가 되어야 한다는 데에 동의한다. 이견이 존재하는 곳은 기계의 형태를 어떻게 할 것인가—선형으로 할지 원형으로 할지—또는 어떤 기술을 토대로 삼을 것인가이다. 힉스 공장으로서 건설될 전자−양성자 충돌기는 아마도 하나뿐일 테니 어느 것을 건설할지 선택해야 한다.

길이 30킬로미터의 국제 선형 충돌기International Linear Collider(ILC)는 각국 정부가 추진에 동의한다면, 일본에 건설될 예정이다(2021년 "예비 실험pre-lab" 단계가 승인되었다). CERN이 20년간 추진한 소형 선형 충돌기 Compact Linear Collider는 또다른 방안이다.[1] 두 프로젝트는 이미 선형 충돌기 협력체 산하에서 협력하고 있으며, LHC의 전직 사업 관리자인 린 에번스가 주도하고 있다. 어쩌면 다음번 대형 기계는 둘레 100킬로미터의 원형 가속기일지도 모른다(CERN에서는 미래 원형 충돌기Future Circular Collider[FCC]를, 중국에서는 원형 전자−양성자 충돌기Circular Electron Positron Collider[CEPC]를 구상하고 있다). 이 기계는 고에너지 전자−양성자 충돌을 일으키는 것 외에도 고에너지 빔을 매일 하루 종일 고리 속으로 통과시켜 달갑지 않은 50메가와트의 싱크로트론 방사광—제7장에서 본 것처럼—을 날려버릴 것이다. 우리는 이 충돌기들을 지금 설계하고 준비해야 하므로, LHC가 가동을 중단하기로 되어 있는 2036년경에는 이 중에서 하나가 준비되어 있을지도 모른다.

존 애덤스 가속기과학 연구소 소장인 필립 버로스 교수는 선형 버전, 그중에서도 ILC가 가장 성숙한 설계이며 힉스 공장을 가장 빨리 지을 가능성이 가장 높다고 생각한다. 선형 충돌기는 원형 설계와 달리 이후에 길이만 늘이면 확장이 가능하다. 이렇게 하면 암흑물질 입자, 초대칭 입자—이 입자는 모든 물질 입자에 더 무거운 "초대칭" 짝이 있다는 이론에서 예측된다—또는 표준모형을 넘어서는 그밖의 입자가 나타나기 시작할 때 에너지 도달 범위를 증가시킬 수 있다. 반면에 보르톨레토는 선형 충돌기 방안이 향후 양성자–양성자 충돌기로 개량될 수 없는 데에 반해 원형 터널에 투자하면 LHC가 LEP 터널을 재활용한 것처럼 기존 터널을 재활용할 수 있다고 지적한다. 최종 결정에는 물리학뿐 아니라 정치, 비용, 협력이 고려될 것이다. 어느 형태가 건설되든 보르톨레토와 버로스는—어쩌면 그때가 되면 그들의 학생들이—준비가 된 채 그 자리에 있을 것이다.

더 장기적으로 보면, 더 큰 에너지에 도달하기 위해서는 (초전도 자석과 무선 주파수 기술이 발전하더라도) 입자 가속기의 크기가 점점 커져야 한다. 일부 연구자는 달이나 우주에 실험 설비를 건설하자고 제안하지만, 플라스마물리학 분야에서 혁신이 일어나면 가속기를 적어도 1,000분의 1 크기로 줄일 수 있을지도 모른다. 입자 가속기의 무선 주파수 공동을 만드는 재료—구리와 초전도 소재—는 일정한 세기 이상의 전기장을 견디지 못해 전기불꽃을 일으키거나 부서진다. 이것은 입자를 밀어붙일 수 있는 세기에 물리적 한계를 부과하며, 이를 통해서 가속기의 전체 길이를 제한한다. 그 대신 옥스퍼드와 런던 임페리얼 칼리지에 있는 내 동료들의 연구진은 전 세계 연구자들과 더불어 **플라스마 가속기** plasma accelerator를 제작하려고 시도하고 있다.

이 아이디어는 고출력 레이저—심지어 또다른 입자 빔[2]—를 이용하여 (원자들이 이미 이온화된 물질 상태를 일컫는) 플라스마를 생성한다는 것이다. 플라스마는 어마어마한 전기장을 지탱할 수 있어서, 전자를 비롯한 입자들이 이곳을 누비며 에너지를 얻을 수 있다. 이 아이디어는 실험실에서 시연되었고 입자를 성공적으로 가속했지만, 입자물리학 실험 설비로 구현하는 것은 시기상조이다. 고품질 빔을 필요할 때마다 생성하고 제어하기까지는 몇 년이 더 걸릴 것이다.

플라스마 가속기는 아직 초기 단계이기는 하지만 분명히 흥미롭다. 나는 늘 학생들에게 플라스마 가속기가 충분히 발전하면 기꺼이 그쪽으로 갈아타 설계를 시작할 것이라고 말한다. 지금 당장은 기존 기술을 대체하기보다는 보완할 것이라고 생각하기 때문에 둘을 접목하는 방안을 모색하고 있다.

우리가 이 미래의 충돌기를 발명하는 동안에도 발견은 결코 중단되지 않는다. LHC는 더 많은 데이터를 산출하도록 계속 개량되고 있다. 우리는 표준모형에 본질적인 결함이 있음을 이미 알고 있다. 표준모형은 중력을 아우르지 못한다. 왜 우주에 물질이 반물질보다 많은지도 설명하지 못한다. 암흑물질과 암흑에너지도 포괄하지 못한다. 왜 중성미자에 중력이 있는지도 설명하지 못한다. **분명** 더 많은 결함이 있을 것이다.

이 질문들의 답을 입자 충돌기에서 반드시 찾을 수 있으리라는 것은 순진한 생각일 것이다. 물리학의 또다른 분야가 다음번 대규모 혁신으로 이어지는 결과를 내놓을지도 모른다. 더 구체적인 질문에 초점을 맞춘 소규모 실험들이 먼저 목적지에 도달하고 그 결과를 충돌기가 검증하게 될지도 모른다. 일례로 암흑물질을 찾는 검출기가 전 세계에서 건설되고 있다. 오스트레일리아에서는 남반구 최초의 암흑물질 실험 설비가 폐금광 지하 1킬로미터에 위치한 스톨 지하 물리학 연구소에 건설되고 있다.

국제 입자 가속기 콘퍼런스에 참석한 내 동료들은 이 모든 프로젝트들을 잘 알고 있었다. 그래서 나는 우리 분야가 입자물리학 지식을 확장했을 뿐만 아니라 어떻게 사회의 변화로도 이어졌는지 이야기하기로 마음먹었다. 이 책에서 살펴본 열두 가지 실험은 앞으로 어떻게 나아가야 할지에 대한 교훈을 전해준다. 브룩헤이븐, 페르미 연구소, CERN, 그리고 물질과 힘의 보이지 않는 실재를 밝혀내려는 탐구의 이야기는 우리가 현재와 미래에 맞닥뜨리는 미지의 사건에 어떻게 대처해야 하는지에 대한 실마리를 줄 수 있다.

나는 입자물리학의 여정에서 사회가 무엇을 배울 수 있을 것 같으냐고 동료들에게 물으면서 다양한 답변을 예상했다. 하지만 내 예상과 달리 그들은 이구동성으로 답했다. 협력하는 법을 배울 수 있다고. 입자물리학처럼 복잡한 사업은 우리로 하여금 혁신하고, (인간이 언제나 그렇듯이) 질서를 세우기 위해서 노력하고, 이해하고, 지식을 얻고, 지혜를 추구하도록 한다. 이 모든 행위를 설명하는 것은 미지의 세계에 끊임없이 발을 디디려는 강박이 우리에게 있는 듯하다는 것이다. 우리는 더 많은 것, 더 나은 것을 추구하며, 물리적 자원에는 제약이 있을지 몰라도 새로운 아이디어를 내놓는 인간의 능력은 거의 무한하다. 우리는 협력과 새로운 업무방식을 통해서 이 능력을 실현하고 그 어느 때보다 창의성을 진작할 수 있다.

우리의 세상을 "현대적이게" 하는 것이 무엇인지 생각하면 지구적 의미가 머릿속에 떠오른다. 사회가 거의 모든 분야에서 이룬 어마어마한 진보를 생각한다. 새로운 발명은 생산성의 증가로 이어져 재화의 희소성을 줄였다. 성장은 상생하는 경제로 이어졌다. 지구상에는 어느 때보다 많은 사람들이 어느 때보다 나은 삶을 누리고 있다. 더 많은 사람들이 교육을 받아 읽고 쓸 줄 안다. 1930년에는 15세 이상 인구의 30퍼센트만이 읽고 쓸 줄 알았지만, 지금은 전 세계적으로 그 비율이 86퍼센트에 이른다. 인구가 꾸준히 증가하는데도 1990년 이후 하루 평균 13만 명이 절대 빈곤에서 벗어났다. 하지만 20세기의 엄청난 진보에도 불구하고 오늘날 10명 중 9명 이상은 세상이 나아지고 있다고 생각하지 않는다.[3] 그들이 옳을지도 모른다.

우리는 기후 변화, 종 다양성 감소, 물 부족, 에너지 수요 증가, 인구 고령화, 그리고 물론 전염병 대유행과 감염병 등 전례 없는 위기를 맞닥뜨리고 있다. 우리의 존재를 위협하는 사건들이 끊임없이 보도되는 와중에 인류가 실은 더 오래 살고 더 잘살게 된 장기적 추세를 매일같이 상기시키는 언론은 하나도 없다. 우리는 그런 사실을 당연하게 받아들이기 때문이다. 이것은 이상한 일이다. 우리가 조상들보다 더 오래 살고 더 잘살라는 법은 전혀 없기 때문이다.

나는 낙관적이다. 인류가 맞닥뜨린 난제를 혁신적인 해법으로 이겨낼 수 있으리라 믿는다. 그래서 새로운 지식과 아이디어를 창출하는 과정을 이해하는 것이 중요하다고 생각한다. 입자물리학처럼 난해해 보이는 학문이 우리의 세상을 이토록 송두리째 바꿨다면, 우리가 간과한 다른 연구 분야가 (과학에서뿐 아니라 모든 탐구 영역에서) 틀림없이 많이 있을 것이다. 호기심에 이끌린 이런 연구는 우리가 상상하지도 못하는 방식으로 미래를 탈바꿈시킬 수 있는 바로 그런 탐구이다. 지금이야말로 미지의 것을 맞닥뜨리고 온 인류의 유익을 위해서 힘을 합칠 능력을 길러야 할 때이다.

이 열두 가지 실험을 돌아보면, 우리가 미래의 난제를 맞닥뜨리기 위해서는 협력 이외에도 세 가지 핵심 요소가 있음을 알 수 있다. 그것은 좋은 질문을 던지는 능력, 호기심의 문화, 끈질기게 매달릴 자유이다. 우리는 옳은 시기에 옳은 맥락에서 옳은 질문을 던져야 한다. 관건은 자신의 편견을 제쳐두고서 자신이 틀릴 수도 있다는 여지를 두고서 질문하는 것이다. 어떤 아이디어가 우리와 아무리 잘 맞더라도 자신의 생각을 바꿀 수 있도록 질문의 얼개를 짜야 한다. J. J. 톰슨은 "전자가 존재할까?"라고 물은 뒤에 첫 번째 실험의 일부 결과가 자신의 가설과 어긋났을 때 "아니다"라고 결론 내린 것이 아니다. **좋은** 질문은 미지의 심장부를 파고 들어야 한다. "음극선의 진짜 성질은 어떨까?"와 같은 좋은 질문은 "음극선은 전기장에서 휘어질까?"와 같은 작은 질문들을 수없이 낳는다. 이 작은 질문들을 던지는 것은 필수적 과정이다. 사실 톰슨이 앞으로 가야 할 길을 보여주는 불일치를 발견한 것은 이 작은 질문들 덕분이었다. 작은 질문들이 전부 해결되고 나서야 그는 큰 질문의 답을 찾을 수 있었다. 그 결과는 전자의 발견이었다.

또한 중요한 사실은 자신이 던지는 질문에 모조리 대답할 필요가 없다는 것이다. 수 세기 동안 답을 찾지 못한 질문도 있다. 그럼에도 좋은 질문은 강한 동기 부여가 된다. 우리가 물질과 힘의 본성을 이해하려고 노력하는 과정에서 온갖 경이로운 성취를 이루었음에도 우리를 계속 전진하게 하는 것은 답이 아니라 질문이다.

우리가 이 질문들을 던지는 환경도 중요하다. 우리는 어떻게 호기심이 놀라운 돌파구를 열어주는지 보았다. 그런데 호기심을 떠받치는 문화는 어떤 모습일까? 그것은 내 친구가 브레인스토밍을 진행할 때와 비슷해서 아이디어를 덧붙이는 것은 허용되지만 비판은 허용되지 않는 방식이다. 내 박사 과정 학생 한 명은 인공지능을 이용한 롤러코스터 설계에 대한 유튜브 영상을 보고서 입자 가속기에도 같은 방식을 도입해보면 어떻겠느냐고 제안했는데, 나는 그를 진심으로 격려했다. 갓 태어난 아이디어는 우선 보살펴야 한다. 윌슨은 입자 검출기를 발명하려던 것이 아니었고 뢴트겐은 의료 기술을 발명하려던 것이 아니었으며 CERN의 사명은 월드와이드웹을 발명하려는 것이 아니었다. 그들의 아이디어가 꽃핀 것은 오로지 인간의 호기심을 뒷받침하는 문화에서 성장했기 때문이다.

이 문화에 힘을 싣는 일은 **힘들다**. 저마다 나름의 목표, 목적, 계획, 주주, 보고서, 마감이 있는데 누가 시간을 낼 수 있겠는가? 하지만 이 일은 그럴 만한 가치가 있다. 지식을 추구하는 행위는 목적지를 염두에 두지 않을 때 더 멋진 풍경을 보여준다.

마지막으로, 우리는 자신의 일에 끈질기게 매달릴 자유를 스스로—여기에서 "스스로"란 개인, 팀, 사회, 인류를 뜻한다—에게 부여해야 한다. 숱한 헛발질, 많은 혼란, 수십 년에 걸쳐 복장이 터질 만큼 느릿느릿 쌓이는 지식이 없었다면 입자물리학의 표준모형을 조금씩 짜맞추는 일은 불가능했을 것이다. 무엇이든 처음으로 해내는 것은 엄청나게 힘들다. 하지만 이해하는 사람이 거의 없는 일을 처음으로 해내는 것은 더더욱 힘들다. 끈질기게 매달릴 자유를 함양해야 한다는 말은 의지력과 인내력을 넘어선 것을 뜻한다. 내가 말하는 것은 시간, 공간, 자원처럼 실체가 있는 것들이다.

우리는 사람들이 호기심을 추구하고 지적 위험을 감수하고 결실을 향유하는 환경을 장려해야 한다. 우리는 크나큰 기회의 문턱에 와 있다. 과학의 창의적 성격을 높이 평가하고, 호기심을 기르고, 스스로와 주변 젊은이들에게서 지적인 깊이와 넓이를 확장하는 법을 배울 수 있다면, 우리는 우리 앞에 놓인 현실을 정면으로 마주할 수 있다. 그럼에도 한 가지 중요한 측면에서 우리는 그러지 못하고 있다.

이 책을 통틀어 우리는 물리학의 가장 기본적인 부분들에 대한 이해가 실질적 결실을 낳은 사례들을 수없이 살펴보았다. 이 사실을 안다면 이른바 "영향"의 잠재력을 감안하여 연구에 자금 지원을 결정하기가 수월할 것이다. 많은 정부가 (적어도 부분적으로는) 그렇게 했지만, 그들은 단기적 성과에 급급할 때가 많다. 입자물리학처럼 많은 정치인들에게는 예측할 수 없고 시간이 가늠되지 않는 방식으로 사회에 어마어마한 영향을 미치는 분야에서 그런 근시안적인 생각에 뭐라고 답할 수 있겠는가?

단기적 성과에 급급하는 것이 상례였다면, 러더퍼드의 실험실은 결코 존재하지 못했을 것이고 로버트 윌슨의 테바트론 건설 제안은 결코 의회를 통과하지 못했을 것이다. 피터 힉스는 현행 학계 체제에서는 자신이 자리를 얻지도 못했을 거라고 말한 적이 있다.[4] 교수직을 유지하는 데에 필요한 논문을 뽑아낼 수 없었기 때문이다. 오늘날의 체제에서라면 그는 단기적인 현실적 성과를 전혀 내놓지도 못한다는 점에서 이중으로 배척당했을 것이다. 오늘날 우리는 초생산성, 책임성, 비용 대비 가치를 기대한다. 호기심과 돈을 같은 선상에 놓는 것이 천박하게 느껴지겠지만, 미래에 거대한 돌파구를 열고 싶다면 돈이 필요할 것이다.

끈질기게 매달릴 자유를 얻어내려면 호기심에 이끌린 연구가 우리 사회에서 수행하는 역할을 인정해야 한다. 이것은 과학의 가치에 대한 사고방식을 송두리째 바꿔야 한다는 뜻이다. 사실 나는 이 논증을 연구 일반의 가치에 대한 사고방식으로 확장하고자 한다. 인간은 한나 아렌트의 말마따나 질문을 던지는 존재이다. 앞에서 거듭거듭 보았듯이, 발견을 하는 사람은 그것이 무엇에 쓰일지, 그것으로부터 어떤 변화가 일어날지 전혀 모르는 경우가 많다. 질문과 호기심을 뒷받침해야 한다는 데에 우리가 동의해야 하는 것은 인류의 발전에 유익하기 때문이지 자국의 경제적 여건을 개선하거나 태양광 패널의 효율을 0.5퍼센트 높여주기 때문이 아니다. 물론 그런 유익을 가져올 수도 있겠지만 말이다. 우리가 발견을 홀대해서는 안 되는 이유는 그것이 어떤 가치를 만들어낼지 미리 알 수 없기 때문이다.

　게다가 우리는 이 일을 집단적으로 해내는 법을 배워야 한다. 한데 뭉쳐 공동의 노력을 기울이는 일에 인간보다 능한 존재는 없다. 이 이야기 후반부에서 소개한 소수의 실험들은 사람들이 수십 년간 위험을 감수하고 함께 노력하지 않았다면 결코 성공하지 못했을 것이다. 앞선 세대들이 그러지 않았다면, 지금 우리의 삶이 얼마나 달랐을지 상상해보라.

이것들이 내가 그날 멜버른에서 단상에 서서 다룬 주제들이다. 솔직히 말하자면 무대에서 어떻게 내려왔는지, 나 다음의 연사들이 뭐라고 말했는지 기억도 나지 않는다. 휴식 시간이 되어 다과 테이블에 가려고 했지만 몇 미터 나아갈 때마다 누군가가 나타나 활짝 웃으며 내 연설의 이모저모에 대해서 이야기를 늘어놓았다. 내가 아는 사람도 있었지만 대부분은 모르는 사람이었다. 연설위원회 위원장이 그날 내게 찾아와 내 연설이 학계에서 많은 대화를 이끌어냈다며 흐뭇하게 언급했다.

　나는 오랫동안의 연구를 통해서 단순한 물리학보다 훨씬 큰 것을 배웠다. 호기심을 따라 미지의 세계에 발을 디디는 법, 좋은 질문을 던지는 법, 나를 막아서는 많은 장벽을 넘어 끈질기게 나아가는 법을 배웠다. 그 교훈들을 우리 학계와 나누고 보니 우리 분야 사람들이 그곳에 나와 함께 있었고 나를 응원하고 있었음을 알게 되었다. 그것은 내가 잃어버린 줄도 몰랐던 것, 소속감이었다.

학회를 치르느라 기진맥진하여 마지막 금요일 밤에 인파를 벗어나 학과로 향했다. 지하의 고요가 나를 반겼다. 빅뱅 벽화를 지나 나무 문들을 향해 걸어가는데, 내 발소리가 콘크리트 복도에 울려퍼졌다. 새 대학 신분증을 카드 단말기에 긁자 문이 열리며 나를 받아들였다.

여기저기 흩어진 책상과 상자들을 지나 나의 새 실험실 공간 안에 섰다. 벽은 여기에서 생성되던—그리고 다시 생성될—입자 빔으로부터 바깥 세상을 막아줄 두꺼운 콘크리트 블록으로 만들어졌다. 나는 이 실험실에서 큰 목표들을 품고 있다. 이 공간을 새롭게 그려본다. 순백의 벽, 번득이는 안전등, 노란색 위험 표지, 검은색 케이블, 구리 가속 구조물을 상상한다. 학생, 직원, 공동 연구자—우리 부족—들이 일에 여념이 없는 모습이 보인다.

내가 던지고 있는 질문들은 입자 가속기의 물리학을 탐구하는 것인데, 한편에서는 물리학자의 요구와, 다른 한편에서는 의료계와 산업계의 요구가 나를 물리학과 발명이 맞부딪히는 지점으로 다시 데려간다. 나의 마음은 입자 빔과 그 소용돌이, 진동의 비선형적 율동, 전자기 상호작용 등의 물리적 원리에 대한 질문들로 가득하다. 훗날 우리는 엔지니어링, 비용, 구현 같은 문제를 다루게 되겠지만, 지금 나의 호기심은 작고 보이지 않는 입자 세계의 상호작용에서 출발하여 이것을 (설령 까마득한 미래의 일일지언정) 우리의 삶을 더 향상시킬 수 있는 아이디어와 연결한다. 이것은 인류가 밟고 있는 연구와 지식의 여정 안에서, 과학 안에서, 물리학의 거대한 스펙트럼 안에서 내가 차지한 작은 틈새이다.

물질과 힘을 이해하기 위해서 설계된 실험들은 수백 년 전으로 거슬러 올라가며 지금 우리가 이해하는 것들은 수천, 어쩌면 수만 가지 실험의 결과이다. 이 여정에서 우리는 그중 몇 가지만을 살펴보았다. 이 실험들은 우리가 우주의 본질에 대해서 생각하는 방식을 빚었고, 우리가 일상에서 이용하는 수많은 기술을 탄생시켰으며, 현대적이고 상호 연결된 우리의 세계를 공동으로 창조했다.

이곳 새 실험실에 선 채 나는 미지의 것과 대화를 시작할 참이다. 대화가 벌어질 수 있는 시간과 공간을 가진 것에 감사하면서. 나는 실패와 좌절이 성공과 나란히 이 실험실에 도사리고 있을 것임을 안다. 이 공간을 콘크리트 블록의 껍데기에서 새로운 지식의 원천으로 탈바꿈시키려면 에너지, 호기심, 창의력을 쏟아부어야 할 테지만, 단언컨대 나는 그에너지를 다른 무엇에도 쏟고 싶지 않다.

우리가 세상을 변화시킬 거라고 장담할 수는 없지만, 적어도 어떻게 나아가야 하는지는 안다. 한 번에 실험 하나씩.

감사의 글

내 이름이 표지에 적혀 있기는 하지만 이 책은—책에 실린 실험들과 마찬가지로—수많은 사람들 덕분에 탄생했다. 아래의 사람들에게 진심으로 감사한다.

인터뷰를 수락하고 내게 연구소를 구경시켜주고 이 이야기에 도움을 준 많은 동료, 연구자, 전문가인 롭 애플비, 엘리사베타 바르베리오, 앨런 바, 다니엘라 보르톨레토, 필립 버로스, 해리 클리프, 프랭크 클로스, 소니아 콘테라, 레스 개멀, 롭 조지, 데이비드 제이미슨, 스네하 말데, 스티브 마이어스, 존 패터슨, 래리 핀스키, 해리 퀴니, 세르게이 로마노프, 베르너 룸, 마틴 세비어, 마르코 시퍼스, 이언 십시, 제프 테일러, 레이철 웹스터에게 감사한다. 내가 궁금한 것이 있을 때마다 찾아간 이론물리학자이자 후원자 레이 볼카스를 특별히 언급하고자 한다. 하지만 모든 물리학적 오류는 전적으로 내 탓임을 분명히 밝혀둔다.

나의 물리학 여정을 현실로 만들어준 많은 멘토들에게 감사한다. 로저 러술은 내가 이 주제를 추구할 수 있다는 믿음을 내게 심어주었으며 나의 박사 과정 지도교수 켄 피치는 내가 연구와 더불어 과학 소통에 종사하는 것을 늘 지원하고 내가 스스로에게서 발견하는 것보다 조금 더 많은 것을 끊임없이 내 안에서 보아주었다.

저작권 대리인 크리스 웰빌러브의 창의성, 끈기, 인내심에 감사한다.

작가가 되는 나의 여정에 그보다 더 사려 깊은 길잡이는 찾을 수 없었을 것이다.

훌륭한 편집자 알렉시스와 에드워드, 그리고 블룸스버리와 크노프 편집부에 감사한다. 이 책에 대한 여러분의 구상 덕분에 나는 모든 면에서 성장할 수 있었다. 이 이야기를 사람들에게 들려줄 수 있게 도와준 것에 감사한다.

내가 이 책의 첫 대목을 나눌 수 있도록 공간을 마련해주고 격려해준 옥스퍼드 글쓰기 모임, 우리의 신성한 가상 글쓰기 공간에서 "혼자이지만 함께" 수많은 시간을 보낸 런던 작가 살롱에 감사한다. 여러분은 나의 공공연한 생산성 향상 비결이다.

내가 이 책을 쓰려고 거듭거듭 오랫동안 자리를 비워도 이해해준 여러 동료, 공동 연구자, 직원, 학생들에게 감사한다. 명석한 지도 학생들에게 특별히 감사한다. 그들은 끊임없는 영감의 원천이다. (루시의 말마따나) "물리학하러" 실험실에 돌아가고 싶어서 좀이 쑤신다(루시 마틴은 시히의 지도 학생이었으며 "물리학physics"을 동사로 쓰는 용법을 시히에게 소개했다고 한다/옮긴이).

집필 과정 내내 흔들림 없는 우정을 보여준 앨릭스 디 H, 이언 R, 얀 M, 세라 R에게 감사한다. 교육을 무척 중시한 나의 부모님 키피와 로스에게 감사한다. 이 이야기의 대부분을 살아서 겪은 100세의 할머니 이니드에게 감사한다. 믿음과 지지를 보내준 제이슨과 그레이스에게 고마움을 전한다. 마지막으로 나의 쌍둥이 자매 메건에게 감사한다. 감사한 마음을 표현할 말이 없어. 넌 정말이지 내 삶에서 가장 경이로운 사람이고 언제까지나 그럴 거야.

주

들어가는 말

1. 당신은 내가 여기에 중력을 포함하지 않은 것을 알아차렸을지도 모르겠다. 우리는 중력을 일상적으로 경험하지만, 중력은 표준모형에 포함되지 않으며 나머지 세 힘에 비해서 믿기지 않을 만큼 약하다. 왜 그런지, 이 이론들을 어떻게 통합할지의 문제는 21세기 물리학의 원대한 과제 중 하나이다.

1. 음극선관 : X선과 전자

1. 이것은 대개 음극선관으로 불린다. 엄밀히 말하자면 크룩스—히토르프 관이라고 해야겠지만, 전부 원리가 비슷하다. 이 실험들은 진공에 가까운 상태에서 실시해야 하는데, 그러지 않으면 음극선이 기체 분자와 충돌하여 흩어지거나 유실된다. 충돌과 충돌 사이의 평균 거리를 '평균 자유 행로(mean free path)'라고 하며, 이것은 기체를 통과하는 모든 분자, 원자, 그밖의 입자에 적용된다. 공기 중 음극선은 평균 자유 행로가 매우 짧아서 음극선관은 진공에서만 효과가 있다.

2. Nobel Lectures, Physics 1901–1921, *Elsevier*, Amsterdam, 1967.

3. Otto Glasser, *Wilhelm Röntgen and the Early History of the Roentgen Rays*, Norman Publishing, San Francisco, 1993을 보라. 그의 먼 친척이 괴상한 기계식 작동부가 달린 정교한 가구를 제작해서 명성을 얻었는데, 이 친척이 영향을 미쳤을 것이라고 생각하는 사람도 있다. 자세한 내용은 Wolfram Koeppe, *Extravagant Inventions: The Princely Furniture of the Roentgens*, Yale University Press, New Haven CT, 2012를 보라.

4. Glasser, *Röntgen*.

5. 그중 하나는 이반 풀류이라는 우크라이나의 물리학자가 그에게 준 것으로, 풀류이는 1889년 감광판을 음극선에 노출했더니 검은색으로 바뀌었다고 보고한 적이 있었다. 뢴트겐과 풀류이는 스트라스부르에서 함께 연구했으며 뢴트겐은 풀류이

의 강연에 정기적으로 참석했다. 풀류이는 '풀류이 램프(Puluj lamp)'라는 특수 음극선관을 개발했는데, 이것은 한동안 대량 생산되었다. 풀류이는 이 램프를 이용하여 생쥐와 태아의 골격을 촬영했다. 그렇다면 풀류이가 뢴트겐보다 먼저 X선을 발견했을까? 그렇지는 않을 것이다. 풀류이는 자신이 음극선관 안에 있는 광선과 근본적으로 다른 광선을 보고 있다는 사실을 알아차리지 못했기 때문이다. 이것이야말로 뢴트겐이 X선 발견의 영예를 차지하게 된 핵심적 통찰이었다.

6. Glasser, *Röntgen*.

7. '뢴트겐 선'이라는 명칭은 처음에는 (특히 독일에서) 호응을 얻었으나 전 세계로 퍼져 나가지 못했으며, 시간이 지나면서 'X선'이라는 기억하기 쉬운 명칭이 살아남았다. 그 대신 그의 이름은 방사선 단위인 '뢴트겐'으로 기억된다. 그런가 하면 일부 의학과에서는 X선과를 '뢴트겐과(Röntgenology department)'라고 부르기도 한다.

8. 이 시점에 음극선의 성질을 어떻게 볼 것인가를 놓고 지리적 분열이 존재했다. 대부분의 독일 과학자들은 음극선이 빛의 일종이라고 생각한 반면에 대부분의 영국 과학자들은 음극선이 일종의 입자로 이루어졌다는 쪽에 기울었다.

9. Lord Rayleigh (J. W. Strutt), *The Life of Sir J. J. Thomson OM*, Cambridge University Press, Cambridge, 1943, p. 9.

10. J. J. Thomson, 'XL. Cathode Rays', *Philosophical Magazine Series* 5, vol. 44, 1897, pp. 293–316.

11. J. J. Thomson, *Recollections and Reflections*, G. Bell, London, 1936.

12. Thomson, 'XL. Cathode Rays'.

13. 왕립연구소가 위치한 런던 앨버말 가(街)는 세계 최초의 일방통행로였는데, 이것은 금요 저녁 강연을 찾는 방문객들의 수많은 마차 통행을 관리하기 위해서였다.

14. 전자의 존재는 '입자' 학파와 '빛/에테르' 학파 둘 다에 받아들여졌는데, 그 이유는 전자가 이미 전기의 단위임이 밝혀졌고 후자의 이론에서는 에테르의 교란으로 간주되었기 때문이다.

15. *Proceedings of the Royal Institution of Great Britain*, vol. 35, 1951, p. 251.

16. Lewis H. Latimer, 'Process of manufacturing carbons', *US Patent* 252, 386, 1881년 2월 19일 출원.

17. P. A. Redhead, 'The birth of electronics: Thermionic emission and vacuum',

Journal of Vacuum Science and Technology, vol. 16, 1998.

18. 그는 1901년 12월 내서양을 가로질러 최초의 무선 신호를 보낸 무선 송신기를 설계하고 제작한 인물이기도 하다. 발명자는 플레밍이었지만 마르코니 회사와의 협약에 따라 개발의 공로는 마르코니에게 넘어갔다. 그는 훗날 자신이 마르코니로부터 부당한 대우를 받았다고 생각했다.

19. 이 회사는 전구 설계를 둘러싼 법률 분쟁 이후에 설립되었다. 이곳에서 생산한 전구는 필라멘트를 제외하면 전적으로 스완의 설계에 따른 것이었다.

20. 삼극관은 1906년 리 디포리스트가 초기 음향 증폭기인 오디언(audion)을 위해서 발명했다. Lee De Forest, 'The Audion: A new receiver for wireless telegraphy', *Transactions of the American Institute of Electrical and Electronic Engineers*, vol. 25, 1906, pp. 735–63을 보라.

21. 일찍이 1920년대부터 일부 사람들은 X선 방사원과 검출기를 이동시켜 여러 각도에서 다량의 X선 사진을 촬영한다는 아이디어를 떠올렸다. 그러면 장비의 한가운데에 있는 사물들은 초점이 맞고 바깥쪽에 있는 것은 흐릿해져 무시해도 무방해진다. 이 아이디어는 '단층촬영(tomography)'이라고 불렸으며 1921년부터 1934년 사이에 10명가량의 사람들이 이 아이디어를 근거로 각자 독자적으로 잇따라 특허를 출원했다. 그들은 모두 발명의 권한을 주장할 자격이 있었지만, 실제로 작동한 최초의 버전은 1930년대 후반 독일의 구스타프 그로스만이 지멘스−라이니거−바이파 사를 통해서 제작했다. 하지만 이 방법은 여전히 조잡하고 사용이 힘들었으며 다양한 체내 조직의 밀도 차이를 제대로 나타내지 못했다.

22. 아무 소의 뇌나 가능한 것도 아니었다. 당시 도살 방법은 뇌를 손상했기 때문에, 그는 CT 실험에 알맞도록 소의 뇌를 덜 손상하는 유대교 코셔(Kosher) 도살장을 찾아다녀야 했다.

23. S. Bates et al., *Godfrey Hounsfield: Intuitive Genius of CT, British Institute of Radiology*, London, 2012.

24. 같은 책.

2. 금박 실험 : 원자의 구조

1. 소디는 옥스퍼드 대학교에서 공부한 뒤에 캐나다로 이주했으며, 토론토 대학교에서 교수직을 얻으려고 했으나 성공하지 못하고 맥길 대학교 화학과의 실험교수로

채용되는 데 그쳤다.

2. Muriel Howorth, *Pioneer Research on the Atom: The Life Story of Frederick Soddy*, New World Publications, London, 1958.

3. 같은 책.

4. Richard P. Brennan, *Heisenberg Probably Slept Here: The Lives, Times and Ideas of the Great Physicists of the 20th Century*, J. Wiley, Hoboken NJ, 1997.

5. 마리 퀴리의 모국 폴란드를 따라 지은 명칭이다.

6. Ernest Rutherford, 'Uranium radiation and the electrical conduction produced by it', *Philosophical Magazine*, vol. 57, 1899, pp. 109–63.

7. M. F. Rayner-Canham and G. W. Rayner-Canham, *Harriet Brooks: Pioneer Nuclear Scientist*, McGill-Queen's University Press, Montreal, 1992.

8. T. J. Trenn, *The Self Splitting Atom: A History of the Rutherford-Soddy Collaboration*, Taylor and Francis, London, 1977.

9. Howorth, Pioneer Research.

10. A. S. Eve, *Rutherford: Being the Life and Letters of the Rt. Hon. Lord Rutherford*, Cambridge University Press, Cambridge, 1939, p. 88.

11. 같은 책.

12. 같은 책, p. 118.

13. 이 전통은 대부분의 직종에서 여성에 적용되는 결혼 '장벽(bar)'으로 불렸으며 캐나다에서는 1950년대에야 철폐되었는데 미국을 비롯한 서구 나라들에서는 1970년대 중엽까지 유지되었다.

14. Rayner-Canham, *Harriet Brooks*.

15. John Campbell, *Rutherford: Scientist Supreme*, AAS Publications, Washington DC, 1999.

16. 오늘날까지도 물리학자들은 자신들이 원자와 입자를 머릿속에서 작은 색색의 공으로 연상한다고 곧잘 인정한다. 이 비유가 어찌나 부정확한지 많은 물리학자들은 어릴 적에 결코 그렇게 배우지 말았어야 한다고 후회한다.

17. H. Nagaoka, 'Kinetics of a system of particles illustrating the line and the band spectrum and the phenomena of radioactivity', *Philosophical Magazine*, vol. 7(41), 1904.

18. C. A. Fleming, 'Ernest Marsden 1889–1970', *Biographical Memoirs of Fellows of the Royal Society*, vol. 17, 1971, pp. 462–96.

19. Arthur Eddington, *The Nature of the Physical World*, Macmillan, London, 1928.

20. United States Environmental Protection Agency, 'Mail irradiation'. 온라인 링크: https:www.epa.gov/radtown/mail-irradiation. 2021년 3월 29일 확인.

21. P. E. Damon et al., 'Radiocarbon dating the Shroud of Turin', *Nature*, vol. 337, 1989, pp. 611–15. https:doi.org/10.1038/337611a0.

22. C. J. Bae, K. Doouka and M. D. Petraglia, 'On the origin of modern humans: Asian perspectives', *Science*, vol. 358 6368, 2017. 10.1126/science.aai9067.

23. Sarah Zielinski, 'Showing their age: Dating the fossils and artifacts that mark the great human migration', *Smithsonian Magazine*, July 2008. 온라인 링크: https:www.smithsonianmag.com/history/showing-their-age-62874/. 2021년 3월 29일 확인.

24. C. Buizert et al., 'Radiometric 81Kr dating identifies 120,000-year-old ice at Taylor Glacier, Antarctica', *Proceedings of the National Academy of Sciences*, vol. 111, 2014, pp. 6,876–81. https:doi.org/10.1073/pnas.1320329111.

25. 소행성 가설은 원래 물리학자 루이스 앨버레즈(제8장을 보라)가 아들과 함께 제시했다. 그 뒤로 공룡의 멸종이 소행성 때문인지 화산 폭발 때문인지를 놓고 논쟁이 벌어졌으나, 2020년 각 시나리오를 모델링했더니 소행성 모형의 가능성이 가장 큰 것으로 판명되었다. Chiarenza et al., 'Asteroid impact and not volcanism caused the end-Cretaceous dinosaur extinction event', *Proceedings of the National Academy of Sciences*, vol. 117, 2020, pp. 17,084–93를 보라. https:doi.org/10.1073/pnas.2006087117

26. Adam C. Maloof et al., 'Possible animal-body fossils in pre-Marinoan limestones from South Australia', *Nature Geoscience*, 3, 2010, pp. 653–9. https:doi.org/10.1038%2Fngeo934.

3. 광전 효과 : 광양자

1. 당시에는 '소체(corpuscle)'라는 용어가 쓰였는데, 이 때문에 뉴턴은 '소체론(corpuscularianism)' 지지자로 불렸다.

2. 에테르 개념은 19세기까지 지속되다가 1887년 마이컬슨–몰리 실험으로 발광 에테르가 존재하지 않는다는 사실이 밝혀졌다. 이로 인해서 물리학자들이 당혹감에 빠졌으며 아인슈타인의 특수 상대성 이론이 수용되는 길이 열렸다.

3. 울타리에서는 회절이 일어나지 않으며 널판이 사라진 구멍을 통과하는 빛이 회절의 사소한 효과를 압도한다. '슬릿'이 빛의 파장과 비슷하면 회절 효과가 증가하는데, 이 길이는 몇백 나노미터에 불과하다.

4. 시간이 없거나 연못이 얼었다면, 베리타시움의 이 동영상을 비롯한 근사한 실험 장면을 온라인에서 볼 수 있다. 온라인 링크: https:www.youtube.com/watch?v=Iuv6hY6zsd0.

5. 당시 그들은 광전 효과를 전하의 관점에서 기술했다. 전자는 그 뒤로 10년이 지나도록 발견되지 않았기 때문이다.

6. 레나르트는 광전 효과에 대한 공로로 1905년 노벨상을 받았다. 그는 공공연한 반유대주의자였으며 아인슈타인의 상대성 연구를 '유대인의 사기'로 치부했다. 그는 훗날 히틀러 치하 '아리아인 물리학'의 수장이 되었다.

7. B. R. Wheaton, 'Philipp Lenard and the Photoelectric Effect, 1889–1911' *Historical Studies in the Physical Sciences*, vol. 9, 1978, pp. 299–322.

8. 그가 달성한 진공 수준은 수은 1밀리미터의 100만 분의 1로, 오늘날 단위로는 약 10^{-6}밀리바였다. 이것은 현대적 '고진공'에 거뜬히 속하며 유리관으로 구현한 것은 대단한 위업이다!

9. J. J. Thomson, *Conduction of Electricity Through Gases*, Cambridge University Press, Cambridge, 1903.

10. R. A. Millikan and G. Winchester, 'The influence of temperature upon photoelectric effects in a very high vacuum', *Philosophical Magazine*, vol. 14, 1907, pp. 188–210. https:doi.org/10.1080/14786440709463670.

11. 같은 책.

12. R. A. Millikan, *The Autobiography of R. A. Millikan*, Prentice-Hall, Inc., Englewood Cliffs, 1950.

13. 아인슈타인의 주요 업적 중 적어도 일부가 밀레바의 것이라는 몇 가지 증거가 있다. Pauline Gagnon, 'The forgotten life of Einstein's first wife' *Scientific American*, 2016을 보라. 온라인 링크: https:blogs.scientificamerican.com/guest-blog/the-

forgotten-life-of-einsteins-first-wife/

14. G. Holton, 'Of love, physics and other passions: The letters of Albert and Mileva' (part 2), *Physics Today*, vol. 47, 1994, p. 37.

15. 천체물리적 물체는 X선을 방사할 수 있다. 다른 주파수 범위에서 우주를 바라보는 방법은 X선천문학 말고도 전파천문학에서 감마선에 이르기까지 다양하다. 구글에서 찬드라 X선 관측선(Chandra X-ray observatory)의 영상을 검색해보라. 장관이 펼쳐질 것이다!

16. 흑체는 이론적인 물체이다(실험에서 근삿값으로 구현할 수는 있지만).

17. 우리는 파란색보다 보라색에 훨씬 둔감하기 때문에, 스펙트럼의 보라색 구간이 더 밝더라도 우리 눈은 파란색을 가장 밝게 지각할 것이다.

18. 플랑크가 흑체 복사를 들여다보기 시작한 것은 독일 당국으로부터 전구의 효율을 어떻게 높일지 계산하라는 요청을 받았기 때문이라는 이야기가 물리학자들 사이에서 회자되지만 이 소문은 신빙성이 낮다.

19. 플랑크는 흑체에서 빛이 방출되는 현상이 전자기 복사를 일으키는 이른바 공진체—진동하는 전하—의 진동 때문임에 틀림없다고 생각했다. 이 경우 공진체는 저마다 다른 진동수로 진동할 수 있었다. 이 개념은 열물리학의 통계역학적 관점에서 비롯했다.

20. 플랑크의 결정적인 논문에 대한 길지만 통찰력 있는 설명으로는 A. P. Lightman, *The Discoveries: Great Breakthroughs in Twentieth-Century Science*, Pantheon, New York, 2005를 보라. 한국어판은 『과학의 천재들』(다산초당, 2011).

21. h의 값은 6.626×10^{-34}줄초(Joule-second)(SI 단위로는 $m^2 kg/s$)이다. 요점은 이것이 매우 작은 수라는 것이다. 줄초 단위는 작용—에너지를 시간으로 나눈 것—의 단위로, 파동의 에너지를 파동의 진동수(Hz)로 나눈(s^{-1}) 값을 나타낸다.

22. A. Hermann, *The Genesis of Quantum Theory*, MIT Press, Cambridge MA, 1971.

23. Helge Kragh, 'Max Planck: The reluctant revolutionary', *Physics World*, vol. 13(12), 2000. 온라인 링크: https:doi.org/10.1080/ 14786440709463670.

24. Abraham Pais, *Subtle is the Lord: The Science and Life of Albert Einstein*, Oxford University Press, Oxford, 2005, p. 382.

25. 1909-1910년이 되었을 때 그는 광전 효과를 잠시 제쳐두고 일련의 주요 실험에 착수했는데, 이 실험들 또한 그에게 명성을 가져다주었다. 그의 아이디어는 무척

기발했으며, 당신이 어느 분야의 물리학을 공부했든 밀리컨의 이름을 들어본 적이 있는 것은 이 때문이다. 밀리컨은 전자가 입자라는 사실을 J. J. 톰슨의 1897년 연구 이후에 알게 되었지만, 전자의 전하를 측정하는 가장 정밀한 방법을 생각해냈다. 이 연구는 전자가 전기로서 전선을 통과하는 것이기도 하다는 생각에 대한 의심을 모조리 해소하기 시작했다. 대학의 학생들은 이 유명한 '기름 방울' 실험을 오늘날까지도 종종 재현한다. 하지만 내게 가장 인상적인 것은 덜 유명하고 훨씬 고역이던 광전 효과 실험이다.

26. 최근 칼텍은 건물, 명예교수직, 시설의 명칭에서 밀리컨의 이름을 삭제했다. 그가 좀처럼 받아들이지 못한 개념인 인종 평등 때문이다. "밀리컨은 도덕적으로 개탄스러운 우생학 운동이 자신의 시대에 이미 과학적 신빙성을 잃었는데도 자신의 명성과 평판으로 그 운동에 힘을 실어주었다." https:www.caltech.edu/about/news/caltech-to-remove-the-names-of-robert-a-millikan-and-five-other-eugenics-proponents를 보라.

27. 발광 다이오드(LED)는 정반대 과정을 이용하여 전기로 빛을 만들어낸다.

28. 이 방법은 광혈류량 측정(photoplethysmography, PPG)이라고 불리며 산소포화도 측정기에도 쓰인다.

29. 이 궤도는 엄밀히 말하자면 전자가 약 90퍼센트의 시간에 발견되는 장소이다. 전자의 위치는 하이젠베르크의 불확정성 원리 때문에 불확실하다.

30. V. Kandinsky, "Reminiscences" (1913), in V. Kandinsky, *Kandinsky: Complete Writings on Art.* Edited by Kenneth C. Lindsay and Peter Vergo. 2 vols. Boston: G. K. Hall and Co.; London: Faber and Faber, 1982, pp. 370.

31. 인간이 파장을 가진다는 것은 무슨 뜻일까? 별것 아니다. 질량과 에너지가 있는 물체는 전부 파장을 가진다고 말할 수 있으며, 우리가 걷는 속도로 이동할 때 우리의 파장은 10^{-37}미터로, 측정할 수 없을 만큼 작다. 실망했다면 유감이다.

32. 이 사건은 온라인 매체에 기록되어 있으며(https:medium.com/the-physics-arxiv-blog/physicists-smash-record-for-wave-particle-duality-462c39db8e7b) 참고 문헌은 Sandra Eibenberger et al., 'Matter-wave interference with particles selected from a molecular library with masses exceeding 10000 amu', *Physical Chemistry Chemical Physics*, vol. 15, 2013, pp. 14,696–700이다. https:doi.org/10.1039/C3CP51500A.

33. A. Tonomura et al., 'Demonstration of single-electron buildup of an interference

pattern', *American Journal of Physics*, vol. 57, 1989. https:doi.org/10.1007/s00016-011-0079-0.

34. R. Rosa, 'The Merli-Missiroli-Pozzi two-slit electron-interference experiment', *Physics in Perspective*, vol. 14, 2012, pp. 178–95. https:doi.org/10.1119/1.16104.

35. 고체의 에너지 준위—정확히 말하자면 에너지대(energy band)—에 대한 자세하지만 비교적 쉬운 설명으로는 Chad Orzel, 'Why do solids have energy bands?', *Forbes*, 2015를 보라. 온라인 링크: https:www.forbes.com/sites/chadorzel/2015/07/13/why-do-solids-have-energy-bands/2acb0b9d1080.

4. 안개상자 : 우주선과 새 입자들의 소나기

1. 프란츠 링케는 박사 과정 중에 풍선을 열두 번 날렸다. 알프레트 고켈과 카를 베르그비츠도 빅토르 헤스보다 앞서 열기구를 이용했다.

2. 1965년 펜지어스와 윌슨이 발견한 우주 마이크로파 배경 복사(cosmic microwave background radiation)와 혼동하지 말 것. 우주 마이크로파 배경 복사는 우주가 형성된 초기 단계에서 남은 희미한 전자기 복사이다.

3. C. T. R. Wilson, 'XI. Condensation of water vapour in the presence of dust-free air and other gases', *Philosophical Transactions of the Royal Society of London*, Series A, vol. 189, 1897, pp. 265–307. https:doi.org/10.1098/rsta.1897.0011.

4. C. T. R. Wilson, 'On the ionization of atmospheric air', *Proceedings of the Royal Society*, vol. 68, 1901. https:doi.org/10.1098/rspl.1901.0032.

5. Sue Bowler, 'C.T. R. Wilson, A great Scottish physicist: His life, work and legacy' (학술대회 논문), *Royal Society of Edinburgh*, 2012.

6. 현대의 대롱불기 작업실에서 쓰는 유리는 파이렉스(Pyrex)—당신의 부엌에 있는 바로 그 제품 맞다—로, 쉽게 구할 수 있고 표준 제조법에 따라 제조되기 때문에 오늘날의 과학용 대롱불기 장인들—희귀한 전문 기술을 가진 사람들—은 일본, 미국, 유럽에서 생산된 조각들을 감쪽같이 결합할 수 있다. 하지만 윌슨은 소다유리(soda glass. 소다회, 석회석, 규사를 주원료로 하는 유리로, 압축 세기는 크나 충격에는 약하며 가장 흔하고 실용적인 유리/옮긴이)를 썼을 텐데, 이것은 훨씬 약하고 모양을 빚기 힘들었다.

7. C. T. R Wilson, 노벨상 수상 연설, 1927년 12월 12일.

8. 같은 책.

9. G. Zatsepin and G. Khristiansen, 'Dmitri V. Skobeltsyn', *Physics Today*, vol. 45(5), 1992. https:doi.org/10.1098/rspl.1901.0032.

10. Harriet Lyle, 칼 앤더슨과의 인터뷰, 1979년 1월. 온라인 링크: http:resolver. caltech.edu/CaltechOH:OH_Anderson_C. 2021년 4월 6일 확인.

11. C. D. Anderson, 'The Positive Electron', *Physical Review*, vol. 43, 1933, p. 491. https:doi.org/10.1103/PhysRev.43.491.

12. '반물질'이라는 용어는 디랙이 아니라 아서 슈스터가 1989년에 창안했다(A. Schuster, 'Potential matter: A holiday dream', *Nature*, vol. 58, 1898). 하지만 디랙의 아이디어가 순전히 사변적이고 반중력을 끌어들인 데 반해 현대의 반물질 개념은 그렇지 않다.

13. John Hendry, *Cambridge Physics in the Thirties*, Adam Hilger, London, 1984.

14. E. Cowan, 'The picture that was not reversed', *Engineering and Science*, vol. 46(2), 1982, pp. 6–28. 온라인 링크: https:resolver.caltech.edu/CaltechES:46.2.Cowan. 2022년 1월 18일 확인.

15. Werner Heisenberg, letter to Wolfgang Pauli, 1928년 7월 31일. 출처: W. Pauli, *Scientific Correspondence*, vol. 1, Springer Verlag, Berlin, 1979.

16. A. Pais, *Inward Bound*, Oxford University Press, Oxford, 1986, p. 352.

17. 블래킷은 또다른 주요 발견을 한 뒤인 1948년에야 수상했으며 오키알리니는 아예 수상하지 못했다.

18. 뮤온은 진정한 기본 입자여서 전자로 구성되지 않았다. 또한 이 붕괴에서 방출되는 중성미자라는 유령 입자가 두 가지 있는데, 이것은 훨씬 뒤에야 발견된다. 중성미자는 제9장에서 만나볼 것이다.

19. 헝가리계 미국 물리학자 I. I. 라비가 한 말이다.

20. 나중에 보겠지만 중간자라는 용어는 쿼크 1개와 반쿼크 1개로 이루어진 불안정한 아원자 입자에 부여되는 이름이 되었으나, 이것은 먼 훗날의 일이다.

21. Lyle, 앤더슨과의 인터뷰.

22. Ruth Lewin Sime, 'Marietta Blau: Pioneer of photographic nuclear emulsions', *Physics in Perspective*, vol. 15, pp. 3–32. https:doi.org/10.1007/s00016-012-0097-6.

23. https:www.nobelprize.org/prizes/physics/1950/summary/를 보라.

24. Rajinder Singh and Suprakash C. Roy, *A Jewel Unearthed: Bibha Chowdhuri*, Shaker Verlag, Düren, 2018.

25. C. M. G. Lattes et al., 'Processes involving charged mesons', *Nature*, vol. 159, 1947. https:doi.org/10.1038/159694a0.

26. Singh and Roy, *A Jewel Unearthed*, p. 11. 하지만 흥미롭게도 파월은 노벨상 수상 연설에서 블라우와 초두리의 연구를 단 한 번도 언급하지 않는다.

27. Sime, 'Marietta Blau'.

28. M. W. Rossiter, 'The Matthew Matilda effect', *Social Studies in Science*, vol. 23(2), 1993. https:doi.org/10.1177/030631293023002004.

29. 뮤온은 전자와 중성미자로 붕괴한다. 제9장을 보라.

30. http:www.scanpyramids.org/index-en.html 및 실험 결과에 대한 논문 K. Morishima et al., 'Discovery of a big void in Khufu's Pyramid by observation of cosmic-ray muons', *Nature*, vol. 552, 2017, pp. 386–90를 보라. https:doi.org/10.1038/nature24647.

31. 이 기법을 활용할 새로운 방법을 고안할 수 있다면 '뮤오그래픽스(Muographix)' 협력체를 통해서 신산업 진흥 기금을 얻을 수 있다. 이 단체는 검출기 기술 이용 권한을 기업인에게 확대했다.

5. 최초의 입자 가속기 : 원자를 쪼개다

1. 이 장학금은 1851년 왕립 박람회 위원회(Royal Commission for the Great Exhibition)에서 수여했다.

2. E. Rutherford, '1928 Address of the President at the anniversary meeting', *Proceedings of the Royal Society*, vol. 117, 1928, pp. 300–16.

3. M. L. E. Oliphant and W. G. Penney, 'John Douglas Cockcroft 1897–1967', *Biographical Memoirs of Fellows of the Royal Society*, vol. 14, 1968. 온라인 링크: https:royalsocietypublishing.org/doi/pdf/10.1098/rsbm.1968.0007.

4. E. Rutherford, 'Structure of the radioactive atom and the origin of the α-rays', *Philosophical Magazine*, Series 7(4), 1927, pp. 580–605. https:doi.org/10.1080/14786440908564361.

5. George Gamow, *My World Line: An Informal Autobiography*, Viking, New York,

1970. 한국어판은 『조지 가모브』(사이언스북스, 2000).

6. 같은 책.

7. 같은 책.

8. 즉, 단일 전하를 가진 입자. E = qV는 전하 q를 입자가 통과하는 전압 V로 곱하여 입자가 얻는 에너지 E를 뜻한다.

9. Brian Cathcart, *The Fly in the Cathedral: How a Small Group of Cambridge Scientists Won the Race to Split the Atom*, Penguin, Harmondsworth, 2004.

10. 코로나 효과는 도체 주위의 전기장이 붕괴나 전기불꽃을 일으킬 만큼 강하지는 않지만 주위 공기를 도체로 만들 때 발생한다. 종종 공기 중에 푸르스름한 불빛을 내뿜는다.

11. 각 단계는 다이오드(마치 전기를 위한 일방통행로처럼 전류를 한 방향으로만 통과시킨다)와 축전기(마치 전기를 위한 주차장처럼 전하를 저장한다)로 이루어졌다. 그는 특허 출원을 추진하면서 비로소 하인리히 그라이나허가 이미 동일한 발명을 했음을 알게 된다.

12. J. D. Cockcroft and E. T. S. Walton, 'Disintegration of lithium by swift protons', *Nature*, vol. 129, 1932, p. 649. https:doi.org/10.1038/129649a0.

13. Cathcart, *The Fly in the Cathedral*.

14. 코크로프트와 월턴은 전압을 이 수준까지 내려도 실험 장비가 여전히 작동하는 것을 발견했다.

15. 코크로프트 연구소는 영국에 있는 두 곳의 가속기 연구소 중 하나로, 토드모던 출신 존 코크로프트를 기려 명명되었다(토드모던은 체셔 다스버리의 코크로프트 연구소에서 차로 약 한 시간 거리에 있다). 나머지 하나는 옥스퍼드 대학교 소속의 존 애덤스 가속기과학 연구소로, 나는 이곳에서 훈련받았고 이 책을 쓰는 지금 이곳에서 일하고 있다. 연구소 명칭은 전직 미국 대통령이 아니라 CERN의 전직 연구이사의 이름을 땄다.

16. ISIS 중성미자, 뮤온 방사원(The ISIS Neutron and Muon Source).

17. J. Thomason, 'The ISIS spallation neutron and muon source', *Nuclear Instruments and Methods in Physics Research A*, vol. 917, 2019, pp. 61–7. https:doi.org/10.1016/j.nima.2018.11.129.

18. Harry E. Gove, *From Hiroshima to the Iceman: The Development and Applications*

of Accelerator Mass Spectroscopy, Institute of Physics Publishing, Bristol, 1999.

19. 미국에서는 이전에 사이클로트론을 이용한 연구가 실시되었다. Richard Muller, 'Radioisotope Dating with a Cyclotron', *Science*, vol. 196, 1977, pp. 489–94을 보라. 단, 이 논문은 AMS를 이용한 탄소 연대 측정을 입증하지는 않았다. 고브 연구진은 최초로 이 일을 해내고 오늘날에도 여전히 선호되는 기술인 2단계 가속기(tandem accelerator)를 실험에 이용했다.

20. 고브와 베넷이 바이올린을 검사했는지는 확실하지 않지만, 설령 바이올린이 진품이더라도 연대가 모호하게 나왔을 가능성이 있다. 스트라디바리우스 바이올린이 제작된 시기는 공교롭게도 태양 활동이 저조했던 30년을 일컫는 몬더 극소기(Maunder minimum)와 일치한다. 이 시기에는 태양 자외선 수준이 낮아서 오존이 지구 대기에 더 많이 쌓인 탓에 우주선이 방사성 탄소−14를 대기 중에 더 많이 발생시켰다. 몬더 극소기에 생산된 목재는 탄소−14가 추가로 들어 있으며, 이 때문에 훨씬 최근(이 경우는 1950년대) 것으로 보인다. 더 전통적인 역사적 탐구를 동원하지 않고서는 이러한 연대상의 모호함을 없앨 방법이 없다. 이런 시기들은 알려져 있으며 현대 탄소 연대 측정 기법에서 보정된다.

21. 온라인 링크: https:inis.iaea.org/search/search.aspx?orig_q=RN:47061416.

6. 사이클로트론 : 인공 방사능의 생성

1. 이 시기 주기율표의 사례는 https:www.meta-synthesis.com/webbook/35_pt/pt_database.php?PT_id=1017에서 볼 수 있다.

2. Herbert Childs, *An American Genius: The Life of Ernest Orlando Lawrence, Father of the Cyclotron*, E. P. Dutton, Boston, 1968.

3. 금속관 같은 도체 내부에서는 외부의 전압이 전혀 안쪽으로 침투하지 못한다.

4. Childs, *An American Genius*.

5. 같은 책.

6. M. S. Livingston and E. M. McMillan, 'History of the Cyclotron', *Physics Today*, vol. 12(10), 1959. https:doi.org/10.1063/1.3060517.

7. L. Alvarez, *Ernest Orlando Lawrence: A Biographical Memoir*, National Academy of Sciences, Washington DC, 1970.

8. Childs, *An American Genius*.

9. E. O. Lawrence, 'Radioactive sodium produced by deuton bombardment', *Physical Review*, vol. 46, 1934, p. 746. https:doi.org/10.1103/PhysRev.46.746.

10. 동물 실험을 실시하는 것에 대한 윤리도 그 시대 이후로 대폭 변경되었다.

11. 의료 분야에서의 코발트-60 이용은 최근 핵 확산 위험으로 규정되었으며 방사선원을 올바르게 처리하지 않을 경우 원치 않게 방사선에 노출될 위험이 있다. 제 10장에서 설명했듯이 지금은 가속기가 선호되는 방사선원이므로 앞으로는 이용이 감소할 것으로 예상된다.

12. 오늘날 항성 스펙트럼에 테크네튬이 존재한다는 사실은 무거운 원소가 항성에서 생성된다는 증거가 되었다. 이 과정은 항성 핵합성(stellar nucleosynthesis)이라고 불린다. 하지만 이 사실은 1950년대 후반까지는 밝혀지지 않았다.

13. D. C. Hoffman, A. Ghiorso and G. T. Seaborg, 'Chapter 1.2: Early Days at the Berkeley Radiation Laboratory.' 출처: *The Transuranium People: The Inside Story*, University of California, Berkeley and Lawrence Berkeley National Laboratory, 2000.

7. 싱크로트론 방사광 : 뜻밖의 빛이 밝혀지다

1. 온라인 링크: https:www.nytimes.com/1998/06/09/nyregion/commemorating-a-discovery-in-radio-astronomy.html.

2. 벨 버넬은 오늘날 저명한 교수이자 과학에서의 다양성을 옹호하는 인사이다. 2018년 혁신상(Breakthrough Prize) 상금 300만 달러를 물리학에서의 다양성 증진을 위한 장학금으로 기탁했다.

3. 일리노이 대학교 물리학과에서 이름 짓기 대회를 열었는데, 출품작 중에서 "Ausserordentlichehochgeschwindigkeitselektronenentwickelndesschwerarbeitsbeigollitron" 이라는 84글자 길이의 독일어 이름이 당선되지 않은 것은 다행한 일이다(번역하면 "특별히 높은 속도의 전자를 발생시키기 위한 검은색 기계의 노고"이다).

4. 롤프 비데뢰에도 비슷한 개념을 제시했다.

5. 진공 용기는 실제로 전문가들에게 '도넛'으로 불린다.

6. 심지어 오늘날에도 가속기에서의 입자의 특징적 진동을 베타트론 진동(betatron oscillation)이라고 부른다.

7. 이론물리학자들은 일찍이 1897년에 이 현상을 밝혀냈으며, 러더퍼드의 원자 모

형에서 전자가 에너지를 잃고 핵을 향해 나선형으로 접근하는 현상을 기술하려는 초기 시도에 동원되었다. 하지만 보어가 양자역학을 이용하여 원자의 안정성을 설명함으로써 이 문제가 원자를 이해하는 데에 불필요해지자 대부분의 물리학자들은 더 이상 관심을 보이지 않았다. 그런데 1940년대에 베타트론이 탄생하면서 이 효과가 문제가 될 만큼 전자의 에너지를 끌어올릴 수 있게 되었다.

8. 몇 년 뒤 에드윈 맥밀런은 싱크로트론의 온전한 이론을 발표했는데, 올리펀트의 개념을 알았으면서도 올리펀트의 연구를 단 한 번도 언급하거나 인용하지 않았다.

9. 맞바람을 맞는 서퍼의 비유는 러더퍼드 애플턴 연구소의 전직 동료 스티븐 브룩스 박사에게 들었다(지금은 브룩헤이븐 국립연구소에 있다).

10. 자석은 납작한 조각인 '적층(lamination)'을 수없이 겹쳐서 만드는데, 마치 금속 케이크를 작고 얇은 조각으로 자른 것처럼 생겼다. 이렇게 자석을 분할하는 방법은 자석을 빠르게 위아래로 움직일 때 효과적이다. 전기적 '소용돌이' 흐름이 강철 속에서 마구잡이로 돌아다니지 않기 때문이다.

11. 그들은 두 명의 영국 물리학자 F. K. 가워드와 D. E. 반스에게 한 달 차이로 선수를 빼앗겼다. 두 사람은 울리지 군수공장에서 소형 베타트론을 8메브 전자 싱크로트론으로 개조했다.

12. H. Pollock, 'The discovery of synchrotron radiation', *American Journal of Physics*, vol. 51, 1983. https:doi.org/10.1119/1.13289.

13. 선글라스가 편광화되었는지 알려면 안경점에서 편광된 다른 안경에 90도로 대고 렌즈를 들여다보면 된다. 편광화되었다면 완전히 어두워진다. 각도를 0으로 회전시키면 다시 완전히 밝아질 것이다.

14. M. L. Perlman et al., 'Synchrotron radiation: Light fantastic', *Physics Today*, vol. 27, 1974. https:doi.org/10.1063/1.3128691.

15. 두 사람은 이 공로로 불과 2년 뒤인 1915년에 노벨상을 받았다.

16. 전자 빔은 전자가 점차 유실되게 하는 여러 효과들—진공에 남은 소량의 기체로부터 전자가 산란하는 것, 전자들이 서로 산란하는 것, 양자 들뜸—때문에 '수명'이 제한적이다. 전자가 양자—광자—의 형태로 빛을 방출하고 긱 진자는 싱크로트론에서 한 번 회전할 때마다 약 100개의 광자를 방출한다는 사실을 명심하라. 이런 양자화 효과는 갑작스러운 '혹'이 생기게 하여 전자에 영향을 미치며 빔이 확산하도록 하여 고리 안에서의 수명을 제한한다.

17. 방출되는 복사전력은 입자 질량의 네제곱에 비례한다.

8. 입자물리학이 확장되다 : 신기한 공명

1. 두 명의 물리학자 해럴드 애그뉴와 로런스 존슨이 앨버레즈와 동행했다.
2. https:www.manhattanprojectvoices.org/oral-histories/carl-d-andersons-interview.
3. 조카 오토 프리슈와 함께.
4. https:www.manhattanprojectvoices.org/oral-histories/evelyne-litzs-interview.
5. Winston S. Churchill, *Victory*, Rosetta Books, New York, 2013.
6. 어니스트 로런스에게 이 혁신적 방법을 귀띔한 사람은 앨버레즈이다.
7. 이 두 입자가 실제로는 우리가 지금 케이중간자라고 부르는 형태임을 물리학자들이 알아낸 것은 그로부터 8년이 더 지난 뒤였다.
8. R. Armenteros et al., 'LVI. The properties of charged V-particles', *The London, Edinburgh, and Dublin Philosophical Magazine and Journal of Science*, vol. 43, 1952, pp. 597–611. https:doi.org/10.1080/14786440608520216.
9. 파이온은 양성, 음성, 중성의 세 종류가 있다.
10. 이것은 만만찮은 난제였다. 앞에서 언급했듯이 양성자는 전자보다 약 2,000배 무거워서 고속으로 유지하려면 더 강력한 자석이 필요하기 때문이다. 하지만 앞 장에서 보았듯이 전자 빔은 대부분의 에너지를 싱크로트론 방사에 잃어버리기 때문에 속수무책이었다.
11. Luis W. Alvarez, *Alvarez: Adventures of a Physicist*, Basic Books, New York, 1987.
12. Eric Vettel, *Donald Glaser: An Oral History*, University of California, Berkeley, 2006.
13. 같은 책.
14. 물리학자들 사이에는 글레이저가 맥주병을 응시하다가 거품상자를 발명했다는 유명한 속설이 전해진다. 애석하게도 이것은 사실이 아니다. 실제 일화는 다음과 같다. 글레이저가 프레첼 벨이라는 동네 술집에서 동료들을 만났는데, 그들이 그의 실험을 들먹이며 그를 놀리기 시작했다. 한 사람이 맥주 거품을 가리키며 말했다. "이봐, 글레이저. 뭐가 어려운 거야. 어디에서나 망할 자취가 보이잖아!" 이 술집은 훗날 그의 사진을 벽에 걸고는 그가 술집에서 발명을 했다고 주장했으며 이

로부터 속설이 영원한 생명을 얻었다.

15. Vettel, *Glaser*.

16. L. M. Brown, M. Dresden and L. Hoddeson, *Pions to Quarks: Particle Physics in the 1950s*, Cambridge University Press, Cambridge, 1989, p. 299.

17. Vettel, *Glaser*.

18. 여성들은 적어도 1920년대부터 입자 데이터를 분석했는데, (제5장에서 언급했듯이) 빈에서 번쩍임을 기록한 사람들도 여기에 포함된다. 1940년대에 여성들은 핵 유제 데이터, 특히 브리스틀에 있는 세실 파월의 데이터를 분석하는 일에도 채용되었다. 전쟁 기간에 남성들이 싸우러 떠나자 많은 여성들은 새로운 기회를 찾았다. 그중에는 많은 프로젝트에서 제기된 미분 방정식을 풀기 위해서 꼼꼼하게 계산하는 인간 '컴퓨터'들도 있었다. 최초의 전자계산기가 탄생했을 때 이 기계는 '컴퓨터'라는 명칭을 부여받았으며 여성들은 자연스럽게 컴퓨터 프로그래머의 역할을 맡았다. 하지만 그들은 대체로 전혀 인정받지 못했으며 그들의 이야기는 오랫동안 외면당했다. 그렇기 때문에 거품상자에서 입자 자취를 분석해야 할 때가 되었을 때 전형적 성별 구분에 따른 노동 분업은 거의 문제가 되지 않았다. 이 일은 명백히 '여성의 일'이었다.

19. M. Gell-Mann, 'Isotopic spin and new unstable particles', *Physical Review*, vol. 92, 1953, p. 833. https:doi.org/10.1103/PhysRev.92.833 및 M. Gell-Mann, 'The interpretation of the new particles as displaced charged multiplets', *Il Nuovo Cimento*, vol. 4(S2), 1956, pp. 848–66. https:doi.org/10.1007/BF02748000.

20. '교류 기울기'는 새로운 집속 개념으로, 코스모트론에서 달성된 가속기물리학에서의 혁신으로부터 비롯했다. 하나 건너 하나씩 자석의 극성을 바꾸면 빔을 (차를 몰고 통과할 수 있는 빔 관이 아니라!) 훨씬 좁은 빔 관에 가둘 수 있음을 발견한 것이다. 이 덕분에 작고 값싼 자석을 장착한 기계로도 빔을 훨씬 큰 에너지에 도달시킬 수 있게 되었다.

21. 쿼크 개념은 조지 즈와이그도 독자적으로 창안했는데, 그는 '에이스(ace)'라고 불렀다.

22. V. E. Barnes et al., 'Observation of a Hyperon with Strangeness Minus Three', *Physical Review Letters*, vol. 12(8), 1964, pp. 204–6. https:doi.org/10.1103/PhysRevLett.12.204.

23. Vettel, *Glaser*.

24. Mary Palevsky, *Atomic Fragments—A Daughter's Questions*, University of California Press, 2000, p. 128.

25. 이것은 나의 연구 분야 중 하나이며 고백건대 윌슨은 내게 영웅 같은 인물이다. 나의 박사 논문은 사이클로트론과 비슷한 신형 가속기의 설계에 대한 것이었는데, 이것은 현대식 입자 요법을 위해서 특수하게 설계된 기계였다. 이 기계들은 '고정 장 교류 기울기(Fixed Field Alternating-gradient)' 또는 FFA 가속기라고 불리며 1950년대와 1960년대 미국에서 중서부 대학 연구 협력체(MURA)의 공동 연구로 처음 발명되었다.

26. 1904년 이 현상을 처음 예측한 오스트레일리아계 영국 물리학자 윌리엄 헨리 브래그의 이름을 땄다.

27. U. Amaldi, 'History of hadrontherapy in the world and Italian developments', *Rivista Medica*, vol. 14(1), 2008.

28. L. Hoddeson, 'Establishing KEK in Japan and Fermilab in the US: Internationalism, nationalism and high energy accelerators', *Social Studies in Science*, vol. 13(1), 1983. https:doi.org/10.1177/030631283013001003.

9. 메가 검출기 : 신출귀몰 중성미자를 찾아서

1. 출처: Fred Reines의 노벨상 수상 연설, 온라인 링크: https:www.nobelprize.org/uploads/2018/06/reines-lecture.pdf.

2. 엄밀히 말하자면 이 과정은 중성미자의 반물질 짝인 반중성미자를 포착하지만, 라이너스와 카원은 이 사실을 몰랐으며 당분간은 우리에게도 별 차이가 없다. 이것은 마이트너와 한의 초기 실험에서 일어난 방사성 베타 붕괴의 정반대이며 역베타 붕괴(inverse beta decay)라고 불린다.

3. 광전자 증배관을 언제 누가 발명했는지 명확하게 지목하기는 힘들지만, 러시아 아니면 미국에서 발명되었으리라 생각된다. 지금은 일본 기업 하마마쓰에서 주로 개발하고 판매한다.

4. 이것은 음극선 오실로스코프였을 것이다. 제1장을 보라.

5. 전신 방사선 계수기 아이디어는 이후에 (천연이든 인공이든) 방사성 물질이 인체에서 흡수되고 순환되고 이용되는 정도를 이해하기 위해서 의료용으로 쓰였다.

6. 엄밀히 말하자면 이것은 중성미자의 반물질 짝인 반중성미자이며, 이것이 필요한 이유는 붕괴가 '렙톤 수(lepton number)'를 보존해야 하기 때문이다. 전자는 렙톤 수가 +1이고 중성미자는 −1이어서 서로를 상쇄한다.

7. 이 현상이 쉽게 일어나지 않는 것은 양성자를 직접 융합할 수 없기 때문이다. 첫째, 양성자 4개를 중양성자 2개로 융합한 다음 양성자를 추가로 넣어 헬륨−3 핵 2개를 만들고 마지막으로 둘을 융합하여 헬륨−4 1개를 만든다. 연쇄 반응의 각 단계를 거치며 중성미자, 감마선, 양성자가 모두 방출된다.

8. 이에 반해 감마선은 전자기 상호작용으로 튕겨져, 표면에 도달하기까지 수십만 년이 걸리며, 결국 가시광선으로 빠져 나온다.

9. 새 입자의 물질 형태와 반물질 형태 중에서 어느 쪽을 먼저 검출하는지는 오늘날 물리학자들에게 별로 중요하지 않다. 하지만 중성미자는 이 점에서 흥미롭다. 우리는 중성미자와 반중성미자를 다른 입자와의 상호작용으로—이른바 렙톤 수의 값으로—정의하지만, 둘이 실제로 별개인지, 중성미자가 스스로의 반입자인지는 아직도 밝혀지지 않았다.

10. 폰테코르보의 생애는 매혹적인 이야기이다. Frank Close의 책 *Neutrino*, OUP, Oxford, 2010와 *Half Life*, Oneworld, London, 2015를 보라.

11. 가상 관람 링크: https:www.snolab.ca/facility/virtual-tour/

12. 가미오카 핵자 붕괴 실험 설비는 원래 양성자 붕괴를 측정하기 위해서 설계되었다. 이 기계는 양성자의 수명을 제한할 수 있었지만 중성미자에도 효과적인 것으로 드러났으며 시간이 흐르면서 이 목적으로 개량되었다. 물속에서 중성미자가 상호작용하면 광속—이것은 물속에서의 광속으로, 진공에서의 광속보다 느리다—보다 빠르게 이동하는 전자나 양전자를 생성할 수 있는데, 이 효과는 제트기의 음속 폭음(sonic boom. 제트기가 음속을 돌파하거나 음속 상태에서 감속할 때 또는 초음속으로 비행할 때 생기는 충격파로 발생하는 폭발음/옮긴이)과 같다. 여기에서 우리가 체렌코프 복사라고 부르는 빛의 원뿔이 생기며, 슈퍼가미오칸데는 이것을 측정하기 위해서 설계되었다.

13. https:www.symmetrymagazine.org/article/june-2013/cinderellas-convertible-carriage.

14. https:www.techexplorist.com/scientists-measured-neutrinos-originating-interior-earth/29364/.

15. https:www.sheffield.ac.uk/news/nr/nuclear-particle-physics-research-study-watchman-uk-us-boulby-1.828008.

16. https:www.popsci.com/science/article/2012-03/first-time-neutrinos-send-message-through-bedrock/.

17. C. Thome et al., 'The REPAIR project: Examining the biological impacts of sub-background radiation exposure within SNOLAB, a deep underground laboratory', *Radiation Research*, vol. 88(4.2), 2017, pp. 470–4. doi: 10.1667/RR14654.1.

10. 선형 가속기 : 쿼크의 발견

1. 일반적으로 약 20-50메가헤르츠에서 동작한다.

2. 클라이스트론은 기가헤르츠 주파수 범위에서 밀리와트 수준의 전력을 발생시켰다. 가속기 분야의 공학자와 물리학자들은 '마이크로파'(1기가헤르츠 이상)와 '전파'(메가헤르츠에서 기가헤르츠까지)를 둘 다 '무선 주파수(radiofrequency)'로 부르는 경향이 있다.

3. James P. Baxter, *Scientists Against Time*, Atlantic-Little Brown, Boston, 1947, p. 142.

4. 이것은 이 사업을 구상한 영국인 화학자 헨리 티저드의 이름을 따서 '티저드 작전(Tizard Mission)'으로 불렸다.

5. 두 사람은 몰랐지만 이토 요지도 1939년 일본에서 독자적으로 마그네트론을 개발했다.

6. 버클리에 있는 로런스의 래드 랩과 혼동하지 말 것. MIT 래드 랩에 헷갈리는 이름이 붙은 것은 의도적인 것으로, 사람들은 그들이 군 관련 레이더 연구가 아니라 기초 물리학 연구를 하는 줄 알았다.

7. Frank J. Taylor, 'The Klystron Boys: Radio's Miracle Makers', *Saturday Evening Post*, 1942년 2월 8일, p. 16.

8. 형제는 이후 1956년에 회사를 상장했다.

9. John Edwards, 'Russell and Sigurd Varian: Inventing the klystron and saving civilization', 온라인 링크: https:www.electronicdesign.com/technologies/communications/article/21795573/russell-and-sigurd-varian-inventing-the-klystron-and-saving-civilization. 2021년 6월 29일 확인.

10. Christophe Lécuyer, *Making Silicon Valley: Innovation and the Growth of High Tech, 1930–1970*, MIT Press, Cambridge MA, 2006.

11. E. Ginzton, 'An informal history of SLAC: Early accelerator work at Stanford', *SLAC Beam Line*, 1983년 특별호 2호.

12. 이 계산은 공간 분해능을 양성자나 중성자 반지름의 약 1퍼센트까지 높여야 한다는 가정을 근거로 삼았다. 이렇게 하면 드 브로이 파장을 이용하여 전자에 20게브의 에너지를 부여할 수 있다.

13. 쿼크 모형에서 모든 중입자와 기묘 입자는 쿼크와 (그들의 반물질 버전인) 반쿼크의 조합으로 이루어진 것으로 기술할 수 있다. 양성자는 위 쿼크 2개와 아래 쿼크 1개로 이루어진 반면에 중성자는 위 쿼크 1개와 아래 쿼크 2개로 이루어졌다. 파이온과 케이중간자 같은 중간자는 쿼크 2개, 또는 쿼크 1개와 반쿼크 1개로 이루어졌다. 중입자라고 불리는 기묘 입자는 세 종류의 쿼크 또는 반쿼크를 가졌다. 그러다 어느 시점에, 강력을 통해서 상호작용하는 모든 입자는 강입자라는 이름을 부여받았다.

14. 하지만 금박 실험과는 사소한 차이가 있었다. 이 경우에는 전자가 충돌에서 일부 에너지를 잃기 때문에 (금박 실험의 탄성 충돌과 대조적으로) 비탄성 충돌이라고 불린다. 이 실험은 깊은 비탄성 산란(deep inelastic scattering)이라고 불린다.

15. 그러다 1999년에 또다른 물리학 프로젝트인 중력파 간섭계(gravitational wave interferometer, LIGO)가 기록을 경신했다.

16. 오늘날은 50게브로 향상되었다.

17. Michael Riordan, 'The discovery of quarks', *Science*, vol. 256, pp. 1,287–93. https:doi.org/10.1126/science.256.5061.1287.

18. 온라인 링크: https:hueuni.edu.vn/portal/en/index.php/News/the-road-to-the-nobel-prize.html. 2020년 10월 5일 확인.

19. 수소 원자에는 양성자 1개와 전자 1개만 있는 반면에 중수소에는 양성자 1개와 중성자 1개가 있음을 명심하라.

20. 프리드먼, 켄들, 테일러는 이 발견으로 이후 1990년 노벨 물리학상을 받았다.

21. 이온화 방사선은—X선이 발견된 뒤—일찍이 1897년부터 피부 손상 치료에 쓰였으나, 저에너지로만 조사할 수 있어서 체내에 침투할 수 없었기 때문에 대부분의 종양에는 효과가 전혀 없었다. 빔이 충분한 침투력을 가지게 된 것은 가속기가 등

장하여 메가볼트 범위의 전자 에너지(와 이를 통해서 X선 에너지)를 공급할 수 있게 된 이후였다.

22. LINAC 이전에는 밴 더 그래프 가속기와 코크로프트–월턴 가속기에서 베타트론까지 몇 가지 방사선 요법 기술이 경쟁하고 있었다. 대부분은 너무 크거나 고품질 치료에 충분한 조사량을 공급할 수 없었다. 영국에서는 길이 3미터의 8메브 X선 기계가 LINAC으로서는 세계 최초로 환자를 치료했지만, 덩치가 큰 탓에 이동하며 여러 각도에서 빔을 조사할 수는 없었다. 이 시기에 영국에서는 이보다 작은 4메브 기계가 몇 대 제작되었으며 머지않아 오스트레일리아, 뉴질랜드, 일본, 러시아에도 설치되었다. 하지만 방사선 요법이 성장하면서 신형 베어리언 기계들이 이 초기 장비를 빠르게 대체했다.

23. https:www.iceccancer.org/cern-courier-article-developing-medical-linacs-challenging-regions/를 보라.

24. https:www.computerworld.com/article/3173166/bill-nye-backed-startup-uses-particle-accelerator-to-make-solar-panels-60-cheaper.html을 보라.

25. 매우 큰 에너지의 전자(Very High Energy Electron, VHEE) 요법과 신속 조사를 결합하여 이른바 '플래시(FLASH)' 효과를 거두는 방법은 현재 이 분야에서 각광받는 주제이다.

11. 테바트론 : 3세대 물질

1. 'R. R. Wilson's congressional testimony, 1969', *Fermilab*. 온라인 링크: https:history.fnal.gov/historical/people/wilson_testimony.html. 2021년 5월 31일 확인.

2. 같은 책.

3. 윌슨은 프랑스 보베에 있는 성당을 본보기로 삼았다.

4. https:history.fnal.gov/goldenbooks/gb_wilson.html

5. L. Hoddeson, A. W. Kolb and C. Westfall, *Fermilab: Physics, the Frontier, and Megascience*, University of Chicago Press, 2009, p. 101.

6. 페럿 청소 방식이 효과가 있었는지에 대해서는 보고가 엇갈리지만, 어쨌든 나중에 로봇 시스템이 펄리시아를 대체했다.

7. '느린 공진 추출(slow resonant extraction)'이라고 불린다.

8. Hoddeson, Kolb and Westfall, *Fermilab*.

9. 'J/Ψ' 입자는 맵시 쿼크와 반맵시 쿼크의 결합—또는 '속박 상태(bound state)'—이다. 쿼크는 고립되어 '발견될' 수 없기 때문이다. SLAC의 버턴 릭터 연구진은 새 입자를 'Ψ'로 명명한 반면에 브룩헤이븐의 새뮤얼 팅 연구진은 'J'로 명명했다. 발견 시점이 무척 비슷했기 때문에 이 입자는 둘을 합친 J/Ψ로 불리게 되었다.

10. D. C. Hom, L. M. Lederman et al., 'Observation of high mass dilepton pairs in hadron collision at 400 GeV', *Physical Review Letters* vol. 36(21), 1976, p. 1,236. https:doi.org/10.1103/PhysRevLett.36.1236.

11. 엄밀히 말하면, 이것은 새 입자가 존재하지 않을 경우 데이터가 그렇게 보일 가능성이 350만 분의 1이라는 뜻이다. 이런 식으로 말하는 것이 조금 번거롭기는 하지만, 조건문을 쓰지 않을 수는 없다. 이것이 통계학의 서술 방식이기 때문이다. 하지만 나는 "데이터가 우연일 가능성이 350만 분의 1보다 작다"라고 표현하는 쪽을 선호한다.

12. 'Revisiting the b revolution', *CERN Courier*, 2017. 온라인 링크: https:cerncourier.com/a/revisiting-the-b-revolution/.

13. 이 최초의 초전도 소재는 니오븀−지르코늄과 니오븀−티타늄이었다.

14. J. Jackson, 'Down to the Wire', *SLAC Beam Line*, vol. 73(9), spring 1993, p. 14.

15. 브룩헤이븐에서는 이 교훈을 호되게 얻어야 했다. 그들은 약간 작은 초전도 가속기 이사벨(ISABELLE)을 위해서 자석을 개발하고 있었다. 브룩헤이븐은 시제품을 적게 제작했는데, 짧은 길이에서 작동하던 자석이 온전한 크기에서는 제대로 작동하지 않는 것에 경악했다. 이 문제는 1982년 이사벨 프로젝트가 취소되는 데에 중요한 역할을 했다.

16. 최초의 충돌기 아이디어는 1953년 롤프 비데뢰에게서 시작된 것으로 보인다. 이후 러시아의 노보시비르스크, 중서부 대학 연구 협력체(MURA), 브룩헤이븐, SLAC, 케임브리지 전자 가속기(CEA) 등에서 아이디어가 제시되었다.

17. 1.6테브 충돌은 1985년 10월 13일 처음으로 실시되었다.

18. 이 붕괴에서는 전하를 띠는 약력 전달자 W 보손도 생성된다.

19. https:cerncourier.com/a/superconductors-and-particle-physics-entwined/를 보라.

20. https:www.elekta.com/radiotherapy/treatment-delivery-systems/unity/를 보라.

21. http:bccresearch.blogspot.com/2010/09/global-market-for-mri-systems-to-grow.html를 보라.

22. Judy Jackson, 'Down to the wire', *SLAC Beam Line*, vol. 23(1), 1993, p. 14. https:www.slac.stanford.edu/history/newsblq.shtml

12. 대형 강입자 충돌기 : 힉스 보손과 그 이후

1. 에번스는 나의 가속기물리학 분야에서 유일한 현역 왕립학회 회원이기도 하다.
2. M. Krause, *CERN: How We Found the Higgs Boson*, World Scientific, Singapore, pp. 98–107.
3. 린 에번스와의 인터뷰, BBC Wales(보존 자료). 온라인 링크: https:www.bbc. co.uk/wales/scifiles/interviewsub/liveevans.shtml.
4. Krause, *CERN*.
5. W 보손과 Z 보손은 무게가 약 70게브이다.
6. 이 숫자는 매우 특별해 보인다. 힉스 보손의 질량에 근거하기 때문이다. 이제 힉스 보손에 거의 다 왔으니 조금만 참으시길!
7. 런던 유니버시티 칼리지의 물리학자 데이비드 밀러가 제시했다.
8. J. D. Shiers, *Data Management at CERN: current status and future trends*, Proceedings of IEEE 14th Symposium on Mass Storage Systems, 1995, pp. 174–81, doi: 10.1109/MASS.1995.528227.
9. https:www.bondcap.com/pdf/Internet_Trends_2019.pdf를 보라.
10. 카슈미르의 1인당 GDP는 1,369달러이고 인구는 1,255만 명이므로, 총 GDP는 약 170억 달러이다. https:thediplomat.com/2020/08/perpetual-silence-kashmirs-economy-slumps-under-lockdown/를 보라.
11. 'Tevatron experiments close in on Higgs particle', *Symmetry*, 2011년 7월. 온라인 링크: https:www.symmetrymagazine.org/breaking/2011/07/27/tevatron-experiments-close-in-on-higgs-particle.
12. 자노티는 훗날 CERN 최초의 여성 사무총장이 되었으며, 이 책을 쓰는 지금까지도 이 직책을 맡고 있다.
13. 자세한 내용은 https:seeiist.eu를 보라.
14. CERN이 보유한 기술의 내역에 대해서는 https:kt.cern/technologies를 보라.
15. *The Impact of CERN*, CERN-Brochure-2016-005-Eng, 2016년 12월을 보라. https:home.cern/sites/home.web.cern.ch/files/2018-07/CERN-Brochure-2016-005-

Eng.pdf. 2021년 10월 11일 확인. P. Castelnovo et al., 'The economic impact of technological procurement for large scale infrastructures: Evidence from the Large Hadron Collider', *CERN paper*, 2018도 보라. 온라인 링크: https:cds.cern.ch/record/2632083/files/CERN-ACC-2018-0022.pdf.

16. David Villegas et al., 'The role of grid computing technologies in cloud computing', in B. Fuhrt (ed.), *Handbook of Cloud Computing*, Springer Verlag, Berlin, 2010, pp. 183–218.

17. P. Amison and N. Brown, *Evaluation of the Benefits that the UK has derived from CERN*, Technopolis Group, 2019.

18. 어쨌거나 중성미자의 질량으로는 우주의 누락된 질량을 설명할 수 없다.

13. 미래의 실험

1. 이 프로젝트는 고주파 'X 주파수대(X-band)' 가속 기술을 토대로 삼는다. 이 책을 쓰는 지금 이를 위한 검증 시스템 중 하나가 멜버른 대학교에 있는 나의 새 실험실에 설치되고 있으며, 의료용, 산업용 가속기 프로그램으로 성장하는 것과 더불어 미래의 선형 충돌기 개발에 일조할 것이다.

2. CERN에서는 에다 그슈웬트너가 400게브의 양성자 빔으로 플라스마 채널을 만들어 전자를 가속하는 어웨이크(AWAKE)(고급 웨이크필드 실험 설비Advanced Wakefield Experiment)를 감독하고 있다.

3. 이 조사는 코로나 대유행, 트럼프의 대통령 당선, 브렉시트 이전인 2015년에 실시되었다. 온라인 링크: https:ourworldindata.org/a-history-of-global-living-conditions-in-5-charts.

4. 온라인 링크: https:www.theguardian.com/science/2013/dec/06/peter-higgs-boson-academic-system.

역자 후기

2012년 7월 신의 입자가 발견되었다. 유럽 입자물리 연구소(CERN)에서 운영하는 대형 강입자 충돌기(LHC)에서 양성자와 양성자를 충돌시켜 지금껏 이론상으로만 존재하던 힉스 보손의 존재를 확인한 것이다. 1964년 힉스 입자의 존재를 예측한 피터 힉스는 50년 만인 2013년 이 공로를 인정받아 노벨 물리학상을 수상했다. 입자의 속도를 빠르게 하여 에너지를 높인 다음 충돌시켜 원자와 핵의 내부 구조를 들여다보는 가속기물리학은 입자물리학의 표준모형에서 예측한 입자들을 하나하나 발견하여 우주의 비밀을 밝혀내고 있다. 이 책은 원자의 속을 들여다본 최초의 실험으로부터 힉스 보손의 발견 이후 현재에 이르기까지 우리를 미시세계로 점점 깊이 이끌어간 열두 가지 실험을 살펴본다.

이 실험들의 목표는 딱 하나이다. 더 많은 입자들을 발견하여 물질의 근원을 찾아내는 것. 이전 실험이 멈춘 곳에서 다음 실험이 시작된다. 뢴트겐은 음극선관 실험을 통해서 미지의 광선 X선을 발견했으며, 톰슨은 음극선관에 전압을 걸어 "나눌(tomos) 수 없는(a) 것"을 뜻하는 "원자atom"가 원자핵과 전자로 이루어졌음을 밝혀냈다. 러더퍼드는 알파 입자를 금박에 충돌시키는 실험으로 전자가 푸딩에 박힌 건포도처럼 원자핵에 박혀 있는 것이 아니라 아주 작은 핵이 원자 한가운데에 들어 있음을 알게 되었다. 밀리컨은 빛이 입자라는 아인슈타인의 가설을 반박하려던 광전 효과 실험에서 오히려 빛이 광자라는 입자임을 입증했다. 윌슨이 발명한 안개상자는 양전자와 뮤온 같은 우주 방사선을 발견하는 데에 일조했다. 월턴과 코크로프트를 비롯한 러더퍼드의 제자들은 세계 최초의 입자 가속기를 만들어 핵을 쪼갰다. 로런스는 고리 모양 사이클로트론으로 방사성 동위원소를 생성했다. 올리펀트의 싱크로트론은 엄청난 크기의 자석이 필요한 사이클로트론의 단점을 해소했다. 코스모트론과 베바트론 같은 고에너지 가속기는 수많은 기묘 입자들을 만들어냈다. 맥도널드를 비롯한 연구자들이 건설한 서드베리 중성미자 관측소(SNO)에서는 중성미자의 미스터리를 풀어냈다. 베어리언 형제의 아이디어에서 출발한 선형 가속기는 쿼크의 발견으로 이어졌다. 윌슨의 테바트론은 표준모형의 마지막 입자인 꼭대기 쿼크를 발견했다. 대형 강입자 충돌기에서 힉스 보손을 발견한 것은 이미 이야기했다.

1895년부터 현재까지 130년 가까운 기간을 숨가쁘게 달려왔지만 입자 가속기가 새로운 입자를 발견한 역사는 이 책의 절반에 지나지 않는다. 나머지 절반은 입자와 기술이 의료, 공학, 요리, 건축, 보안 등 온갖 분야에 접목된 이야기이다. 처음에는 이러한 발견과 발명이 실생활에서 아무 쓰임새도 없을 것 같아 보였다. 심지어 전자를 발견한 톰슨은 캐번디시 연구소 만찬에서 이런 건배사를 외쳤다고 한다. "아무짝에도 쓸모없을 전자를 위하여!" 하지만 X선 촬영은 말할 것도 없고 방사성 연대 측정, 무선 리모컨, 전자 현미경, 뮤오그래피, 가속질량 분석법, 반도체 제조, PET 촬영, 물질 구조 분석, 백신 개발, 입자 요법, 핵개발 감시, 방사선 요법, MRI 촬영, 그리고 뜻밖에도 월드와이드웹까지 수많은 분야가 입자물리학과 가속기물리학으로부터 탄생하거나 막대한 도움을 받았다. 현재 전 세계에 3만5,000대의 가속기가 있다고 한다. 이것은 초소형 전자 가속기인 브라운관 텔레비전을 제외한 수치이다.

이 책에서는 역사에서 지워진 여성 과학자들도 복원된다. 러더퍼드와 소디가 노벨상을 받는 데 필수적으로 기여했으나 공을 인정받지 못한 해리엇 브룩스, 핵유제로 우주선을 연구하는 방법을 개발한 마리에타 블라우, 파이온을 처음으로 알아본 비바 초두리, "핵분열"이라는 용어를 만든 리제 마이트너, 거품상자 자취를 분석한 "스캐닝 걸" 등을 이 책에서 만나볼 수 있다.

"호기심에 이끌린 연구"는 우리를 "획기적인 혁신"으로 이끈다. 과학자들이 순수한 진리 탐구에서 느끼는 경이감은 알고 보니 현대 문명을 떠받치는 토대였다. 이 책이 또 한 명의 이론물리학자와 실험물리학자를 배출하는 계기가 되기를 바란다.

2023년 겨울
역자

인명 색인